战略性新兴领域"十四五"高等教育系列教材

流程型制造智能工厂设计与运行

制造循环工业系统

主　编　唐立新

副主编　汪恭书　杨　阳

全书知识图谱

机械工业出版社

本书面向"双循环"新发展格局国家重大战略需求，提出制造循环工业系统（MCIS）"三传一反"管理理论，将具有供需关系的制造企业之间，通过资源、能源、物流和信息等载体要素连接与交换，构成以制造业为核心具有立体网状结构特征的生态系统（ECO-System），进行有组织制造，解决高端制造"防卡"，畅通高质循环"防堵"，实现立体循环增效，有力支撑现代化产业体系高质、高效循环。

本书系统论述了制造循环工业系统的理论、技术、管理和平台。在循环理论方面，深入介绍了制造循环工业系统的"三传一反"理论、基于图与复杂网络的循环模式、基于博弈的制造循环管理机制设计，从战略层面展示如何实现高端制造的"防卡"。在循环技术方面，重点探讨产品质量与结构设计、面向服役场景的装备智能运维、高端制造风险应对与系统布局，从技术层面应对关键挑战。在循环管理方面，系统描述了综合资源配置计划、多目标生产调度、界面连接与物流优化管理、能源高效利用与低碳管理，从运作层面展示如何实现高质制造"防堵"。在循环平台方面，重点介绍工业互联网平台、数据制造循环机制与技术、设计仿真平台等，以平台为载体推动循环增效。

本书可供高等院校工业与系统工程、工业智能与系统优化、自动化与信息技术、管理科学与工程、材料科学与制造工程、物流优化与控制、能源与环境工程等专业的本科生、研究生使用，也可供从事流程工业的智能化、生产管理、质量管理、信息化建设等方向相关工作的技术人员和研究人员使用。

图书在版编目（CIP）数据

流程型制造智能工厂设计与运行：制造循环工业系统／唐立新主编. -- 北京：机械工业出版社，2024.
12. --（战略性新兴领域"十四五"高等教育系列教材）.
ISBN 978-7-111-77660-4

Ⅰ. TH166
中国国家版本馆 CIP 数据核字第 2024X6K462 号

机械工业出版社（北京市百万庄大街 22 号　邮政编码 100037）
策划编辑：丁昕祯　　　　　　责任编辑：丁昕祯　马新娟
责任校对：张　薇　张　征　封面设计：王　旭
责任印制：单爱军
保定市中画美凯印刷有限公司印刷
2024 年 12 月第 1 版第 1 次印刷
184mm×260mm · 22 印张 · 543 千字
标准书号：ISBN 978-7-111-77660-4
定价：79.80 元

电话服务　　　　　　　　　网络服务
客服电话：010-88361066　　机 工 官 网：www.cmpbook.com
　　　　　010-88379833　　机 工 官 博：weibo.com/cmp1952
　　　　　010-68326294　　金 书 网：www.golden-book.com
封底无防伪标均为盗版　　　机工教育服务网：www.cmpedu.com

为了深入贯彻教育、科技、人才一体化推进的战略思想，加快发展新质生产力，高质量培养卓越工程师，教育部在新一代信息技术、绿色环保、新材料、国土空间规划、智能网联和新能源汽车、航空航天、高端装备制造、重型燃气轮机、新能源、生物产业、生物育种、未来产业等领域组织编写了一批战略性新兴领域"十四五"高等教育系列教材。本套教材属于高端装备制造领域。

高端装备技术含量高，涉及学科多，资金投入大，风险控制难，服役寿命长，其研发与制造一般需要组织跨部门、跨行业、跨地域的力量才能完成。它可分为基础装备、专用装备和成套装备，例如：高端数控机床、高端成形装备和大规模集成电路制造装备等是基础装备；航空航天装备、高速动车组、海洋工程装备和医疗健康装备等是专用装备；大型冶金装备、石油化工装备等是成套装备。复杂产品的产品构成、产品技术、开发过程、生产过程、管理过程都十分复杂，例如人形机器人、智能网联汽车、生成式人工智能等都是复杂产品。现代高端装备和复杂产品一般都是智能互联产品，既具有用户需求的特异性、产品技术的创新性、产品构成的集成性和开发过程的协同性等产品特征，又具有时代性和永恒性、区域性和全球性、相对性和普遍性等时空特征。高端装备和复杂产品制造业是发展新质生产力的关键，是事关国家经济安全和国防安全的战略性产业，其发展水平是国家科技水平和综合实力的重要标志。

高端装备一般都是复杂产品，而复杂产品并不都是高端装备。高端装备和复杂产品在研发、生产、运维全生命周期过程中具有很多共性特征。本套教材围绕这些特征，以多类高端装备为主要案例，从培养卓越工程师的战略性思维能力、系统性思维能力、引领性思维能力、创造性思维能力的目标出发，重点论述高端装备智能制造的基础理论、关键技术和创新实践。在论述过程中，力图体现思想性、系统性、科学性、先进性、前瞻性、生动性相统一。通过相关课程学习，希望学生能够掌握高端装备的构造原理、数字化网络化智能化技术、系统工程方法、智能研发生产运维技术、智能工程管理技术、智能工厂设计与运行技术、智能信息平台技术和工程实验技术，更重要的是希望学生能够深刻认识和感悟高端装备智能制造的原生动因、发展规律和思想方法。

1. 高端装备智能制造的原生动因

所有的高端装备都有原始创造的过程。原始创造的动力有的是基于现实需求，有的来自潜在需求，有的是顺势而为，有的则是梦想驱动。下面以光刻机、计算机断层扫描仪（CT）、汽车、飞机为例，分别加以说明。

光刻机的原生创造是由现实需求驱动的。1952年，美国军方指派杰伊·拉斯罗普（Jay W. Lathrop）和詹姆斯·纳尔（James R. Nall）研究减小电子电路尺寸的技术，以便为炸弹、炮弹设计小型化近炸引信电路。他们创造性地应用摄影和光敏树脂技术，在一片陶瓷基板上沉积了约200μm宽的薄膜金属线条，制作出了含有晶体管的平面集成电路，并率先提出了"光刻"概念和原始工艺。在原始光刻技术的基础上，又不断地吸纳更先进的光源技术、高精度自动控制技术、新材料技术、精密制造技术等，推动着光刻机快速演进发展，为实现半导体先进制程节点奠定了基础。

CT的创造是由潜在需求驱动的。利用伦琴（Wilhelm C. Röntgen）发现的X射线可以获得人体内部结构的二维图像，但三维图像更令人期待。塔夫茨大学教授科马克（Allan M. Cormack）在研究辐射治疗时，通过射线的出射强度求解出了组织对射线的吸收系数，解决了CT成像的数学问题。英国电子与音乐工业公司（EMI）工程师豪斯费尔德（Godfrey N. Hounsfield）在几乎没有任何实验设备的情况下，创造条件研制出了世界上第一台CT原型机，并于1971年成功将之应用于疾病诊断。他们也因此获得了1979年诺贝尔生理学或医学奖。时至今日，新材料技术、图像处理技术、人工智能技术等诸多先进技术已经广泛地融入CT之中，显著提升了CT的性能，扩展了CT的功能，对保障人民生命健康有重要作用。

汽车的发明是顺势而为的。1765年瓦特（James Watt）制造出了第一台有实用价值的蒸汽机原型，人们自然想到顺势把蒸汽机和马力车融合到一起，制造出用机械力取代畜力的交通工具。1769年法国工程师居纽（Nicolas-Joseph Cugnot）成功地创造出世界上第一辆由蒸汽机驱动的汽车。这一时期的汽车虽然效率低下、速度缓慢，但它展示了人类对机械动力的追求和变革传统交通方式的渴望。19世纪末卡尔·本茨（Karl Benz）在蒸汽汽车的基础上又发明了以内燃机为动力源的现代意义上的汽车。经过一个多世纪的技术进步和管理创新，特别是新能源技术和新一代信息技术在汽车产品中的成功应用，汽车的安全性、可靠性、舒适性、环保性以及智能化水平都产生了质的跃升。

飞机的发明是梦想驱动的。飞行很早就是人类的梦想，然而由于未能掌握升力产生及飞行控制的机理，工业革命之前的飞行尝试都以失败告终。1799年乔治·凯利（George Cayley）从空气动力学的角度分析了飞行器产生升力的规律，并提出了现代飞机"固定翼+机身+尾翼"的设计布局。1848年斯特林费罗（John Stringfellow）使用蒸汽动力无人飞机第一次实现了动力飞行。1903年莱特兄弟（Orville Wright和Wilbur Wright）制造出"飞行者一号"飞机，并首次实现由机械力驱动的持续且受控的载人飞行。随着航空发动机和航空产业的快速发展，飞机已经成为一类既安全又舒适的现代交通工具。

数字化、网络化、智能化技术的快速发展为高端装备的原始创造和智能制造的升级换代创造了历史性机遇。智能人形机器人、通用人工智能、智能卫星通信网络、各类无人驾驶的交通工具、无人值守的全自动化工厂，以及取之不尽的清洁能源的生产装备等都是人类科学精神和聪明才智的迸发，它们也是由于现实需求、潜在需求、情怀梦想和集成创造的驱动而初步形成和快速发展的。这些星星点点的新装备、新产品、新设施及其制造模式一定会深入发展和快速拓展，在不远的将来一定会融合成为一个完整的有机体，从而颠覆人类现有的生产方式和生活方式。

2. 高端装备智能制造的发展规律

在高端装备智能制造的发展过程中，原始科学发现和颠覆性技术创新是最具影响力的科技创新活动。原始科学发现侧重于对自然现象和基本原理的探索，它致力于揭示未知世界，拓展人类的认知边界，这些发现通常来自基础科学领域，如物理学、化学、生物学等，它们为新技术和新装备的研发提供了理论基础和指导原则。颠覆性技术创新则侧重于将科学发现的新理论、新方法转化为现实生产力，它致力于创造新产品、新工艺、新模式，是推动高端装备领域高速发展的引擎，它能够打破现有技术路径的桎梏，创造出全新的产品和市场，引领高端装备制造业的转型升级。

高端装备智能制造的发展进化过程有很多共性规律，例如：①通过工程构想拉动新理论构建、新技术发明和集成融合创造，从而推动高端装备智能制造的转型升级，同时还会产生技术溢出效应；②通过不断地吸纳、改进、融合其他领域的新理论、新技术，实现高端装备及其制造过程的升级换代，同时还会促进技术再创新；③高端装备进化过程中各供给侧和各需求侧都是互动发展的。

以医学核磁共振成像（MRI）装备为例，这项技术的诞生和发展，正是源于一系列重要的原始科学发现和颠覆性技术创新。MRI技术的根基在于核磁共振现象，其本质是原子核的自旋特性与外磁场之间的相互作用。1946年美国科学家布洛赫（Felix Bloch）和珀塞尔（Edward M. Purcell）分别独立发现了核磁共振现象，并因此获得了1952年的诺贝尔物理学奖。传统的MRI装备使用永磁体或电磁体，磁场强度有限，扫描时间较长，成像质量不高，而超导磁体的应用是MRI技术发展史上的一次重大突破，它能够产生强大的磁场，显著提升了MRI的成像分辨率和诊断精度，将MRI技术推向一个新的高度。快速成像技术的出现，例如回波平面成像（EPI）技术，大大缩短了MRI扫描时间，提高了患者的舒适度，拓展了MRI技术的应用场景。功能性MRI（fMRI）的兴起打破了传统的MRI主要用于观察人体组织结构的功能制约，它能够检测脑部血氧水平的变化，反映大脑的活动情况，为认知神经科学研究提供了强大的工具，开辟了全新的应用领域。MRI装备的成功，不仅说明了原始科学发现和颠覆性技术创新是高端装备和智能制造发展的巨大推动力，而且阐释了高端装备智能制造进化过程往往遵循着"实践探索、理论突破、技术创新、工程集成、代际跃升"循环演进的一般发展规律。

高端装备智能制造正处于一个机遇与挑战并存的关键时期。数字化网络化智能化是高端装备智能制造发展的时代要求，它既蕴藏着巨大的发展潜力，又充满着难以预测的安全风险。高端装备智能制造已经呈现出"数据驱动、平台赋能、智能协同和绿色化、服务化、高端化"的诸多发展规律，我们既要向强者学习，与智者并行，吸纳人类先进的科学技术成果，更要持续创新前瞻思维，积极探索前沿技术，不断提升创新能力，着力创造高端产品，走出一条具有特色的高质量发展之路。

3. 高端装备智能制造的思想方法

高端装备智能制造是一类具有高度综合性的现代高技术工程。它的鲜明特点是以高新技术为基础，以创新为动力，将各种资源、新兴技术与创意相融合，向技术密集型、知识密集型方向发展。面对系统性、复杂性不断加强的知识性、技术性造物活动，必须以辩证的思维方式审视工程活动中的问题，从而在工程理论与工程实践的循环推进中，厘清并推动工程理念与工程技术深度融合、工程体系与工程细节协调统一、工程规范与工程创新互相促进、工程队伍与工程制度共同提升，只有这样才能促进和实现工程活动与自然经济社会的和谐发展。

高端装备智能制造是一类十分复杂的系统性实践过程。在制造过程中需要协调人与资源、人与人、人与组织、组织与组织之间的关系，所以系统思维是指导高端装备智能制造发展的重要方法论。系统思维具有研究思路的整体性、研究方法的多样性、运用知识的综合性和应用领域的广泛性等特点，因此在运用系统思维来研究与解决现实问题时，需要从整体出发，充分考虑整体与局部的关系，按照一定的系统目的进行整体设计、合理开发、科学管理与协调控制，以期达到总体效果最优或显著改善系统性能的目标。

高端装备智能制造具有巨大的包容性和与时俱进的创新性。近几年来，数字化、网络化、智能化的浪潮席卷全球，为高端装备智能制造的发展注入了前所未有的新动能，以人工智能为典型代表的新一代信息技术在高端装备智能制造中具有极其广阔的应用前景。它不仅可以成为高端装备智能制造的一类新技术工具，还有可能成为指导高端装备智能制造发展的一种新的思想方法。作为一种强调数据驱动和智能驱动的思想方法，它能够促进企业更好地利用机器学习、深度学习等技术来分析海量数据、揭示隐藏规律、创造新型制造范式，指导制造过程和决策过程，推动制造业从经验型向预测型转变、从被动式向主动式转变，从根本上提高制造业的效率和效益。

生成式人工智能（AIGC）已初步显现通用人工智能的"星星之火"，正在日新月异地发展，对高端装备智能制造的全生命周期过程以及制造供应链和企业生态系统的构建与演化都会产生极其深刻的影响，并有可能成为一种新的思想启迪和指导原则。例如：①AIGC能够赋予企业更强大的市场洞察力，通过海量数据分析，精准识别用户偏好，预测市场需求趋势，从而指导企业研发出用户未曾预料到的创新产品，提高企业的核心竞争力；②AIGC能够通过分析生产、销售、库存、物流等数据，提出制造流程和资源配置的优化方案，并通过预测市场风险，指导建设高效、灵活、稳健的运营体系；③AIGC能够将企业与供应商和客户连接起来，实现信息实时共享，提升业务流程协同效率，并实时监测供应链状态，预测潜在风险，指导企业及时调整协同策略，优化合作共赢的生态系统。

高端装备智能制造的原始创造和发展进化过程都是在"科学、技术、工程、产业"四维空间中进行的，特别是近年来从新科学发现到新技术发明再到新产品研发和新产业形成的循环发展速度越来越快，科学、技术、工程、产业之间的供求关系明显地表现出供应链的特征。我们称由科学-技术-工程-产业交互发展所构成的供应链为科技战略供应链。深入研究科技战略供应链的形成与发展过程，能够更好地指导我们发展新质生产力，能够帮助我们回答高端装备是如何从无到有的、如何发展演进的、根本动力是什么、有哪些基本规律等核心科学问题，从而促进高端装备的原始创造和创新发展。

本套由合肥工业大学负责的高端装备类教材共有十二本，涵盖了高端装备的构造原理和智能制造的相关技术方法。《智能制造概论》对高端装备智能制造过程进行了简要系统的论述，是本套教材的总论。《工业大数据与人工智能》《工业互联网技术》《智能制造的系统工程技术》论述了高端装备智能制造领域的数字化、网络化、智能化和系统工程技术，是高端装备智能制造的技术与方法基础。《高端装备构造原理》《智能网联汽车构造原理》《智能装备设计生产与运维》《智能制造工程管理》论述了高端装备（复杂产品）的构造原理和智能制造的关键技术，是高端装备智能制造的技术本体。《离散型制造智能工厂设计与运行》《流程型制造智能工厂设计与运行：制造循环工业系统》论述了智能工厂和工业循环经济系统的主要理论和技术，是高端装备智能制造的工程载体。《智能制造信息平台技术》论述了产品、制造、工厂、供应链和企业生态的信息系统，是支撑高端装备智能制造过程的信息系统技术。《智能制造实践训练》论述了智能制造实训的基本内容，是培育创新实践能力的关键要素。

编者在教材编写过程中，坚持把培养卓越工程师的创新意识和创新能力的要求贯穿到教材内容之中，着力培养学生的辩证思维、系统思维、科技思维和工程思维。教材中选用了光刻机、航空发动机、智能网联汽车、CT、MRI、高端智能机器人等多种典型装备作为研究对象，围绕其工作原理和制造过程阐述高端装备及其制造的核心理论和关键技术，力图扩大学生的视野，使学生通过学习掌握高端装备及其智能制造的本质规律，激发学生投身高端装备智能制造的热情。在教材编写过程中，一方面紧跟国际科技和产业发展前沿，选择典型高端装备智能制造案例，论述国际智能制造的最新研究成果和最先进的应用实践，充分反映国际前沿科技的最新进展；另一方面，注重从我国高端装备智能制造的产业发展实际出发，以我国自主知识产权的可控技术、产业案例和典型解决方案为基础，重点论述我国高端装备智能制造的科技发展和创新实践，引导学生深入探索高端装备智能制造的中国道路，积极创造高端装备智能制造发展的中国特色，使学生将来能够为我国高端装备智能制造产业的高质量发展做出颠覆性、创造性贡献。

在本套教材整体方案设计、知识图谱构建和撰稿审稿直至编审出版的全过程中，有很多令人钦佩的人和事，我要表示最真诚的敬意和由衷的感谢！首先要感谢各位主编和参编学者们，他们倾注心力、废寝忘食，用智慧和汗水挖掘思想深度、拓展知识广度，展现出严谨求实的科学精神，他们是教材的创造者！接着要感谢审稿专家们，他们用深邃的科学眼光指出书稿中的问题，并耐心指导修改，他们认真负责的工作态度和学者风范为我们树立了榜样！再者，要感谢机械工业出版社的领导和编辑团队，他们的辛勤付出和专业指导，为教材的顺利出版提供了坚实的基础！最后，特别要感谢教育部高教司和各主编单位领导以及部门负责人，他们给予的指导和对我们的支持，让我们有了强大的动力和信心去完成这项艰巨任务！

由于编者水平所限和撰稿时间紧迫，教材中一定有不妥之处，敬请读者不吝赐教！

合肥工业大学教授
中国工程院院士
2024 年 5 月

　　制造业作为物质生产的核心部门，为经济社会发展提供必需的物质基础，是现代化产业体系的核心部分。在新的国际形势与经济发展模式下，单一制造企业或行业难以独立掌握和整合构建现代产业体系所需的全部技术和资源，亟须对制造业集群加强企业间要素连接与有机循环，达到现代化产业体系固链强体。因此，针对制造模式从单兵作战向集群循环转型发展中面临的循环韧性、循环质量、循环效能等方面的系列挑战，以具有供需关系的制造业集群为对象，构建资源、物流、能源和信息等载体要素立体化连接的制造循环工业系统，通过高质、高效循环促进新质生产力发展，成为支撑现代化产业体系高质量发展的重要抓手。

　　为了加强卓越工程师培养，教育部组织编写了一批战略性新兴领域"十四五"高等教育教材，我们有幸承担了《流程型制造智能工厂设计与运行：制造循环工业系统》教材的撰稿任务。本书属于高端装备制造领域的系列教材之一，系统阐述了制造循环工业系统的理论、技术、管理及平台，旨在为工业与系统工程、工业智能与系统优化相关领域的学生梳理出一个相对清晰的脉络，为教学与实践提供全面支持。本书在内容组织上具有以下特点：

　　1）在循环理论方面，本书首先系统阐述了制造循环工业系统的核心理论基础——"三传一反"理论，将具有供需关系的制造企业之间，通过资源、物流、能源和信息等载体要素连接与交换，构成以制造业为核心具有立体网状结构特征的生态系统（ECO-System），进行有组织制造，解决高端制造"防卡"，畅通高质循环"防堵"，实现立体循环增效，有力支撑现代化产业体系高质、高效循环。"三传"指的是资源传递、物流传递和能源传递，"一反"则是信息反馈综合。"三传一反"理论从本质上揭示制造循环工业系统的运行规律，深刻解析资源、物流、能源在生态系统中的动态流动及信息综合的连接作用，为系统的高效运行提供理论支撑。针对企业主体围绕着资源、物流、能源和信息的循环关系，本书基于图论和复杂网络理论，分析制造循环工业系统的结构特征，识别关键节点与薄弱环节，为制造业从单点生产到集群生态的系统优化提供理论支持。本书还深入探讨了制造循环工业系统中的多主体博弈与机制设计，着重分析企业作为博弈主体所形成的复杂博弈关系，通过合理的机制设计，引导信息共享、优化收益分配机制，从而有效解决多主体系统决策难题，实现有组织制造。

　　2）在循环技术方面，本书以物质交换的循环本质为出发点，围绕着钢铁工业、装备制造及其下游服役场景所形成的循环关系，基于上游钢铁工业供给的材料，面向下游装备制造业对终端产品结构和功能的需求，介绍装备拓扑结构设计技术；面向下游装备制造业对钢铁产品质量和性能的需求，探讨"专、精、特、独"钢铁材料的设计技术。本书还从装备智能运维的感知、发现、决策和执行四个维度探讨钢铁工业与装备制造之间的循环关系，钢铁工业为装备制造提供了基础原材料，支撑其生产需求；在下游服役场景中，装备健康运行所反馈的信息则为钢铁工业的生产提供了技术创新和改进的依据。本书探讨了制约芯片等高端制造业发展的关键风险及"卡脖子"环节，基于制造循环工业系统的风险识别理论和管理方法，设计量化风险指标，揭示风险传播机理，并优化产业结构布局，提升循环韧性，防范高端制造风险，保障系统安全性。

3）在循环管理方面，本书围绕生产、物流和能源等关键环节，系统介绍了综合资源配置计划、多目标生产调度、界面连接与物流优化管理、能源高效利用与低碳管理等方法。针对综合资源配置计划，本书详细阐述了如何在不同主体、生产路径和时间段上配置生产资源和库存量，以提升制造循环工业系统的总体生产利润，增强各制造企业的运作效率与服务水平。针对多目标生产调度，介绍了调度理论、模型和算法，基于制造循环工业系统的网状关系特征，将资源、物流和能源等多要素融入调度决策，旨在协调生产与物流效率、资源与能源利用率等相互冲突的优化目标，实现全局生产的优化运行。针对钢铁和装备制造业中的典型物流场景，分析了不同制造环节内外的物流协同重要性，并探讨了物流节点规划、路径规划和物流网络规划等关键物流优化策略，通过案例分析阐述工业智能与系统优化技术对未来物流发展的影响。针对能源高效利用与低碳管理，本书从能源计量、诊断和预测角度阐述了能源解析的内容与方法，并结合多能源耦合介绍了能源优化的研究与技术手段，同时探讨了钢铁~装备制造循环工业系统中的能效解析、能源共用与碳排放解析，以及跨企业能源配置与多目标协同优化的实施方案。

4）在循环平台方面，本书重点介绍了工业互联网平台与技术、数据制造循环机制与技术、设计仿真平台等内容，试图使学生认识到平台技术对循环增效的重要驱动作用。在工业互联网平台方面，本书概要性地介绍了面向制造循环工业系统的平台架构和"端-边-云"（算力）、通信（运力）、安全（防力）等技术，以工业互联网为载体集成分散配置的核心要素，为构建循环网络提供技术支撑；在数据制造循环机制与技术方面，本书介绍了标识解析、区块链网和隐私计算技术，为解决跨企业数据流通壁垒高、数据标识解析难、数据集成隐私弱的难题提供技术实施路径；在设计仿真平台方面，本书将跨企业和企业内循环过程映射到数字空间，在数字空间对生产管理和质量管理前沿技术进行精准的性能分析和高效的优化迭代，实现工业设计制造一体化，为制造循环工业系统管理提供中试基地。

本书在参考大量国内外相关研究和工程实践的基础上，结合作者多年的研究成果编著而成，力图系统阐述制造循环工业系统的基础理论、关键技术、管理方法及平台建设。全书共14章，涵盖了制造循环工业系统的相关理论、技术、方法和平台。第1章概论，对制造循环工业系统的背景进行了简要的论述。第2章、第3章和第4章分别论述了制造循环工业系统"三传一反"理论、基于图与复杂网络的循环管理模式、基于博弈的制造循环管理机制设计，是制造循环工业系统的基础理论，从战略层面展示如何实现高端制造"防卡"。第5章、第6章和第7章分别论述了制造循环驱动的产品质量与结构设计、面向制造循环工业系统的智能运维、高端制造风险应对与系统布局，从技术层面展示如何应对关键技术挑战。第8章、第9章、第10章和第11章分别论述了制造循环工业系统的综合资源配置计划、制造循环工业系统的多目标生产调度、制造循环工业系统界面连接与物流优化管理、制造循环工业系统能源高效利用与低碳管理，从运行层面展示如何实现高质制造"防堵"。第12章、

第 13 章和第 14 章分别论述了面向制造循环的工业互联网平台与技术、制造循环工业系统数据循环机制与技术、制造循环工业系统设计仿真平台等内容，以平台为载体实现循环增效。最后，对全书进行了简要的总结与展望，并提出了值得深入思考的战略性和前沿性问题。

本书由唐立新教授主编。唐立新教授对全书的知识体系和撰写思路进行了系统规划，对知识点、知识图谱和能力图谱进行了系统梳理，参与书稿全部章节的撰写和课程建设。参加编写的还有汪恭书、杨阳、张颜颜、许特、苏丽杰、赵任、孙德峰、赵国栋、宋相满、赵胜楠等。这是一部融媒体新形态教材，相关的核心课程建设、重点实践项目建设及数字化资源和网络互动资源分别由各章作者组织完成。

东北大学工业智能与系统优化国家级前沿科学中心等国家科技创新平台的创新成果为本书的研究工作提供了重要理论和实践支撑。在本书的整体方案设计、知识图谱构建和撰稿审稿直至编审出版的全过程中，相关领域的很多专家学者给予了大量的支持和帮助，机械工业出版社的编辑团队的辛勤付出和专业指导，为教材的顺利出版提供了坚实的基础，在此向他们表示真诚的敬意和由衷的感谢！本书得到了国家自然科学基金重大项目"制造循环工业系统管理理论与方法"（72192830）及课题"制造循环工业系统的管理模式、计划与调度"（72192831）、111 引智基地（B16009）的资助，特此感谢！

由于编者水平所限，书中难免存在不妥之处，恳请广大读者不吝批评指正。

编　者

目　录

概　论

章知识图谱　　　说课视频

1.1　制造循环工业系统的背景

1.1.1　"双循环"新发展格局

2020 年，国家提出要构建"以国内大循环为主，国内国际双循环相互促进的新发展格局"，是基于国内发展形势、把握国际发展大势做出的重大科学判断和重要战略选择，反映了中国经济高质量发展的内在需要。党的十九届五中全会对"双循环"进行了重大战略部署，旨在激活高质量发展的强劲内生动力，打通行业内外壁垒，畅通国内大循环，培育新形势下我国参与国际合作和竞争新优势。

随着我国经济的发展，传统的低成本竞争优势逐渐削弱，经济结构转型升级成为必然选择。以国内大循环为主，旨在通过提升内需，增强经济发展的韧性和抗风险能力，推动产业结构的优化升级，促进经济高质量发展。在"双循环"新发展格局下，通过培育和激发国内市场的创新活力，形成以创新为核心的经济发展模式，提升科技创新能力和产业核心竞争力。国内大循环的一个重要方面是促进区域协调发展，通过加强区域合作和资源整合，优化生产力布局，形成优势互补、协调发展的新格局。

当前国际形势复杂多变，全球经济不确定性增加。通过构建以国内大循环为主的新发展格局，可以减少对外部市场的依赖，增强经济的自主性和安全性。国际贸易格局正在发生深刻变化，贸易保护主义和单边主义抬头，国际市场不稳定性增加。以国内大循环为主，可以提升国内市场的内需潜力，推动形成以国内市场为主体、国际国内市场相互促进的新格局。

"双循环"战略的主要目标是激活高质量发展的内生动力。通过深化供给侧结构性改革，推动消费升级，提升内需潜力。这不仅有助于拉动经济增长，还能促进产业升级和技术进步。内需的提升是经济高质量发展的重要动力来源。通过支持创新驱动，发展高新技术产业，推动传统产业转型升级，增强产业竞争力，形成具有国际竞争力的现代产业体系。产业升级和创新驱动是实现经济高质量发展的关键。

"双循环"战略目标还包括打通行业内外壁垒与畅通国内大循环。通过深化改革，打破行业壁垒和地区封锁，优化营商环境，激发市场主体的活力，推动形成统一开放、竞争有序的市场体系。加快新型基础设施建设，提升交通、物流、信息等基础设施水平，畅通经济循环的"血脉"，形成高效便捷的国内大循环体系。通过推进区域一体化发展，增强区域经济联系，促进要素自由流动，形成区域间的良性互动和协调发展，推动形成全国一体化的国内大循环。加快城乡融合发展，推动城乡要素双向流动，提升农村消费和投资潜力，形成城乡互动、共同发展的新局面。

"双循环"战略还旨在培育参与国际合作和竞争的新优势。通过提高产品质量和技术水平，增强企业国际竞争力，推动形成更多具有国际竞争力的中国品牌和企业。同时，积极参与全球经济治理，深化多双边合作，推动共建"一带一路"，形成更广泛的国际合作网络，为国内大循环提供支持和保障。通过这些措施，中国将能够更好地参与国际竞争，并在全球市场中占据更有利的位置。

"双循环"战略通过激活内生动力、打通行业壁垒、畅通国内大循环以及培育国际合作新优势，推动中国经济实现高质量发展。这一战略不仅有助于增强中国经济的韧性和竞争力，还将为全球经济的繁荣与稳定做出积极贡献。

1.1.2 新发展格局下的制造业

制造业是国民经济发展的支柱产业，直接体现国家的生产力水平，2024年，我国全部工业增加值完成40.5万亿元，制造业总体规模连续15年保持全球第一。因此，制造业是"双循环"新发展格局的重要主体，发展制造业内循环是国家重大战略需要。2021年3月，"十四五"规划提出"坚持把发展经济着力点放在实体经济上，加快推进制造强国、质量强国建设，促进先进制造业和现代服务业深度融合，强化基础设施支撑引领作用，构建实体经济、科技创新、现代金融、人力资源协同发展的现代产业体系"。党的二十届三中全会提出，加快推进新型工业化，培育壮大先进制造业集群，推动制造业高端化、智能化、绿色化发展。加快产业模式和企业组织形态变革，健全提升优势产业领先地位体制机制。健全提升产业链供应链韧性和安全水平制度。2025年《政府工作报告》强调，因地制宜发展新质生产力，加快建设现代化产业体系。推动科技创新和产业创新融合发展，大力推进新型工业化，深入推进战略性新兴产业融合集群发展，推动传统产业改造提升，加快制造业重点产业链高质量发展。

随着全球经济竞争态势的变化，单边贸易主义和技术封锁进一步加剧了国际循环壁垒，全球制造业格局面临深刻调整；发达国家开始布局"制造业回归"的同时，不断强化以制造业为核心的自我循环，从单一制造企业向制造企业集群发展模式转变，并初步形成制造循环网络。以制造业为核心发展工业循环系统，促进和推动本国产业集群式经济发展成为各国未来国民经济提升的重要方向和内容。在典型制造企业方面，2024年美国发布《制造业美国战略计划》，针对制造业生态系统（ECO-System），将创新技术发展和转变为规模化、高成本效益、性能优越的国内制造能力，维护美国在全球先进制造领域的领导地位。整合美国人才、思想和技术，解决与行业相关先进制造挑战，增强工业竞争力；德国正将AI技术融入制造业，通过虚拟与现实结合的技术，优化从设计到生产的全生命周期管理，减少实体测试成本，通过数字化和智能化技术提升制造业竞争力，同时推动中小企业数字化转型；英国提出制造业加强计划，围绕智能制造创新与发展，以增大制造业对经济贡献比率，计划建设新一代高端制造产业中心，设计合理的政策和机制重构产业关系；韩国提出"K-半导体战略"打造全球最大的半导体制造基地，同时支持本土企业研发先进技术，巩固其在全球半导体市场的领先地位。

在制造业集群方面，美国推行制造业回流的新举措，鼓励制造业在美国建厂，保障战略物资本土化和重振半导体产业体系，通过《先进制造伙伴计划》，把在战略上供应链产业链依赖外国关键产品的先进制造业提升到了与国家安全同等重要的高度；德国提出"供应链安全法案"德国政府要求企业加强供应链风险管理，减少对单一国家的依赖，采用先进技术提升制造业安全与质量效率，加强制造业的域内合作保障工业领先地位，支持制造业集群的创新战略；日本提出"供应链多元化战略"，政府鼓励企业将供应链从单一国家扩展转移至多个国家和地区或日本国内，以降低供应链风险；韩国现代制铁通过整合钢铁制造和汽车制造构建循环体系，将钢铁制造工艺、材料性能和终端需求紧密结合，实现新材料从研发到使用的精准衔接。

我国是世界第一制造业大国，拥有联合国产业分类目录中的所有工业门类，制造业体系完备。超大规模国内市场为制造业的发展提供了内生动力，带来巨大规模效应和聚集效应。我国社会制度在夯实制造业集群发展的基础设施、布局基于新技术的制造业生态、推进传统制造业的数字化转型等方面，都具有无可替代的优势。2021年上半年，我国制造业投资同比增长19.2%，高于全部投资6.6个百分点。其中，高技术制造业投资增长高达29.7%。因此，我国制造业具备发展内循环的优秀基因和动力。在"双循环"新格局下，珠三角、江浙、山东、湖南等制造业发达地区的循环已开始，但在制造模式从单一向集群循环转型发展中，由于缺乏管理理论指导，在循环韧性、循环质量、循环效能等方面面临诸多挑战。上游高端制造业缺乏系统布局和战略布局、外贸依存度高，经常导致下游制造业内循环断裂和高端制造受制于人；原有分散无序的制造模式无法适应有组织制造循环的要求，导致供需产能失配，下游定制化需求与上游粗放型供给难以精准匹配；具有供需关系的制造业之间资源、能源、物流等关键载体因信息不对称和管理失序，导致循环不畅、效能低下。

1.1.3 国家政策和企业实践

制造循环工业系统管理是在"双循环"背景下从我国工业场景提炼出的新概念、新模式、新问题。制造循环工业系统理论与方法研究的重要性以及企业需求的迫切性已日趋凸显。

在国家政策方面，"十四五"规划明确提出"加快培育世界级先进制造业集群，引领新兴产业和现代服务业发展，提升要素产出效率，率先实现产业升级"。制造业集群具有物理空间聚集化、组织结构网络化、制造分工专业化、产业发展协同化的特征，能够推动制造业关键环节或上下游多个环节在一定区域内的高度集聚，对畅通制造业在区域内的高效循环具有重要意义。

在"双循环"新发展格局下，珠三角、上海、山东等制造业发达地区已开始发展制造业循环。在珠三角，广州牵头联合深圳、佛山、东莞等市，以工业机器人和汽车制造生产线等区域优势行业为核心，汇聚了数控机床与关键零件领域的企业，以及新一代信息技术企业，以核心行业为中心向前后端具有关联企业辐射，逐步构筑较为完整的智能装备产业集群。在上海，要加快形成先进制造和现代服务业深度融合的高端产业集群，上海市具有集成电路企业较为集中的优势，芯片设计和芯片制造企业均超过30家。《中国（上海）自由贸易试验区临港新片区发展"十四五"规划》指出，围绕集成电路制造、贸易、核心装备、关键材料、高端芯片设计等领域，加快推动重点企业集聚、重点项目建设投产，加强关键材料本地化配套能力，形成集成电路全产业链生态体系。在山东，青岛智能家电集群入选了工业和信息化部先进制造业集群竞赛决赛优胜者名单，打造具备世界竞争力的产业集群。以海尔、海信、澳柯玛等家电制造龙头企业为核心，汇聚众多下游家居与上游家电组件供应企业，以及人工智能、物联网、集成电路等新一代信息智能企业，基于工业互联网平台打通不同行业鸿沟，实现对传统家居场景的全面智能改造升级，形成以客户需求为牵引、多产业联动发展的智能家电集群。国内多个制造业发达地区在响应国家"双循环"政策下，依托区域自身优势制造企业和行业进行相关企业行业辐射，逐步形成跨行业立体网状结构的制造业集群式协同发展。

在国内制造企业循环方面，河钢与海尔联合，围绕家电制造对钢材产品的需求，引入需求传导机制，实现产业链的无缝衔接，共同打造钢铁工业互联网平台，推进互联网生态下管理模式创新实践，通过上下游制造过程联动，更快地满足用户体验和个性化需求，在循环模式中实现增值。宝钢针对汽车板实施了先期介入模式，通过与汽车厂商密切合作，参与车身设计，将用户需求即时、前瞻性地传导到企业内部，从设计环节就考虑了上下游企业的循环，为量化生产提供有力支撑。鞍钢面向国家海洋战略用钢需求，针对极区远洋运输船和极地油气开发平台高端用钢材料"卡脖子"问题，与下游大连船舶重工、中集来福士等国家海洋工程装备设计建造重点企业联合，通过用户提前介入质量设计和产品应用数据反馈，共同研发了极寒环境高强韧易焊接海洋装备用钢，依靠循环制造模式实现关键技术创新。

在国外制造企业循环方面，以德国蒂森克虏伯为例，该公司作为一家全球性的专业材料和技术集团，拥有包括钢铁制造、汽车技术、机器制造、工程设计、电梯多个业务子单元，在立足主业的同时探索多元化发展新路径，逐步向产业下游发展，以下游企业需求为依据设计完整的解决方案，在集团内部形成了具有循环特征的网络结构，可以完成多个产业间的协调管理和生产。此外，蒂森克虏伯还紧跟全球工业趋势，深入挖掘物联网、大数据、云计算、人工智能等技术在生产方式、服务质量和商业模式等领域的应用，打造高度数字化的生态系统，向价值链中高端迈进。韩国现代制铁公司通过整合钢铁制造和汽车制造来构建循环体系，实现新材料研发到使用的无缝衔接，将钢铁制造工艺、材料性能和终端需求紧密结合，有力推动了钢铁和汽车制造企业的协同发展。澳大利亚博思格钢铁公司向建筑用钢深加工领域延伸，定制高端钢建筑产品，增加高附加值产品的比率，形成上下游制造循环模式。

1.2 制造循环工业系统的相关概念

1.2.1 制造业集群

制造业集群是指在地理上集中分布的相互关联的制造业企业和相关机构，它们通过专业化分工和协作，形成一个完整的产业链和创新网络。制造业集群的形成和发展不仅提高了生产效率和创新能力，还对区域经济发展和国际竞争力的提升有重要作用。

制造业集群具有地理集中、专业化分工、创新网络和产业链完整的主要特征。地理集中是指集群通常在特定区域内高度集中，有助于降低运输成本和提高协同效应；专业化分工则让集群内企业各自专注于特定的生产环节，提升生产效率和产品质量；创新网络通过企业和研究机构的合作与知识共享，形成一个活跃的创新生态，促进技术进步和产品创新；产业链完整则意味着集群内通常包含从原料供应、生产制造到销售服务的完整产业链，增强了产业链的稳定性和抗风险能力。

以美国东海岸波士顿地区为例，该地区汇聚了顶尖大学、一流医院、制药巨头、初创公司、风投机构和生物制药人才，形成了全球最具规模的生物医药创新区域，构建了"基础研究—应用开发—临床试验—生产制造—销售服务"的全链条协同的生物医药制造业集群和创新生态系统。该地区拥有哈佛大学、麻省理工学院，集聚生命科学实验室 308 家，辉瑞、诺华等全球 TOP 20 药企 18 家。在基础研究层面，哈佛大学、麻省理工学院等顶尖学府及 308 家生命科学实验室，为行业提供前沿理论突破和技术储备。丹纳-法伯癌症研究所、威斯生物工程研究所等科研机构，进一步推动生命科学领域的原始创新。在此基础上，应用研究层面通过合同研发外包机构、高校孵化企业和辉瑞、诺华等全球 TOP 20 药企的深度合作，将实验室成果转化为专利技术或产品原型。进入临床试验阶段，长木医学区（全美最大医疗综合体）与中试基地成为关键载体。生产制造层面则通过专业化分工提升效率；在销售服务端，合同销售外包机构与线上线下渠道企业负责市场推广，最终通过医院和消费者实现产品价值。这种资源集聚、高效转化与开放协作的模式，不仅缩短了创新周期，更成为全球生物医药产业发展的标杆，彰显了制造循环工业系统的核心优势。

美国的半导体产业生态也是以全球化集群效应为骨架：设计（美国）、材料（日韩）、工艺（中国台湾）、装备（荷兰）、系统（美国）环环嵌套，形成"设计-材料-工艺-装备-系统"五位一体的半导体产业生态。美国硅谷作为生态核心引擎，在半导体产业链高附加值环节占据主导地位，涉及芯片设计、EDA 工具、核心 IP（ARM 架构授权）以及终端芯片（如苹果、高通、英伟达）。斯坦福大学和加利福尼亚大学伯克利分校在微电子、材料科学等领域的顶尖研究，为半导体技术提供了底层理论支撑。上游企业如应用材料专注于设备制造，台积电提供先进制程代工；中游的英伟达、AMD 聚焦芯片设计，依赖 EDA（电子设计自动化）工具企业的技术支持；下游则延伸至消费电子、人工智能等终端市场。硅谷半导体生态的成功，本质是"开放协作"创新生态系统的构建与发展：高校提供原始创新，专业机构加速商业化，全球化分工优化成本，而政策与市场则驱动技术持续迭代。尽管半导体芯片制造部分不在美国本土，但硅谷通过掌控研发设计、IP 生态与资本网络，仍主导全球半导体产业的价值链高端环节。

中国制造业集群的典型案例包括珠三角地区、长三角地区和环渤海地区。珠三角地区是中国乃至全球重要的电子信息产业集群，深圳是这一集群的核心，聚集了华为、腾讯、大疆等知名企业，形成了从芯片设计、制造到终端产品的完整产业链。佛山的家电产业也是珠三角的重要组成部分，美的、格力等龙头企业在此扎根，带动了上下游配套企业的发展。长三角地区是中国集成电路产业的重要集群，上海、苏州、杭州等城市在这一领域具有较强的竞争力，通过产业链上下游企业的紧密合作，实现了快速发展。此外，苏州工业园区聚集了大量生物医药企业和研究机构，形成了从研发、生产到销售的完整产业链。环渤海地区的北京、天津、河北等地形成了高端装备制造产业集群，这里集中了大量的科研机构和高科技企业，推动了航空航天、轨道交通等高端装备制造业的发展。

制造业集群通过提升生产效率、增强创新能力和促进区域经济发展，展现出显著优势。通过地理集中和专业化分工，集群内企业可以降低生产和运输成本，提高资源利用效率，同时通过紧密合作和资源共享实现协同优化，提升整体生产效率。集群内企业和研究机构通过合作形成活跃的知识共享和技术创新网络，促进新技术的快速应用和推广，为企业提供良好的创新生态系统，有利于技术创新和产品升级。制造业集群通过完善的产业链和良好的营商环境，吸引大量国内外投资，带动区域经济发展，同时企业的集聚效应带来大量就业机会，促进区域内居民收入和生活水平的提升。

制造业集群在发展过程中面临资源和环境压力以及创新能力不足、国际竞争加剧的挑战。资源和环境压力方面，制造业集群的发展带来了资源消耗和环境污染的压力，需要在提升经济效益的同时注重可持续发展，对策是推行绿色制造和循环经济，采用节能减排技术，提升资源利用效率，减少环境污染。创新能力不足方面，部分制造业集群在核心技术和高端产品研发方面存在短板，影响了整体竞争力，对策是加强产学研合作，加大科研投入，推动技术创新和高端人才培养，提升自主创新能力。国际竞争加剧方面，全球化背景下，制造业集群面临来自国际市场的激烈竞争，尤其是高端制造领域的竞争日益加剧，对策是提升产品质量和技术水平，打造自主品牌，积极参与国际市场竞争，拓展全球市场。

1.2.2 制造循环工业系统

制造循环工业系统（Manufacture Circulation Industrial System，MCIS）是具有供需关系的制造企业之间，通过资源、能源、物流和信息等载体要素连接与交换，构成具有立体网状结构特征的制造业集群，进行有组织制造，是未来工业新形态。其中，资源、能源和物流循环对应质量、能量与动量传输，而信息是对物理系统的反馈映射，简称"三传一反"。制造循环工业系统的循环主体从单一企业向制造业集群转变，循环要素包括资源、能源、物流和信息等关键载体；循环要素在企业间形成的循环网络为主循环，在单一企业内形成微循环。制造循环工业系统管理在战略、运作和平台层面呈现新的管理特征。在战略层面，制造循环工业系统具有网络结构特征，亟须辨识网络风险节点和关键卡位环节，为管控风险提供前置布局策略，提升循环韧性，解决高端制造业防卡；在运作层面，管理方式发生变革，需要将制造、资源、能源、物流等作为整体进行系统优化，解决高质循环畅通防堵；在平台层面，工业互联网和大数据等新一代信息技术为制造循环工业系统运行提供了重要的技术支撑，亟须通过数字化转型提升制造企业之间的循环效率，实现循环增效。

单一企业关注的是产品的制造能力，制造业集群注重地理上的集聚效应，而制造循环工业系统则强调供需关系的立体化连接和高效循环，它们各自的主要功能、组织形式、实现目标和网络特性都有显著差异，对比见表1-1。

表1-1 单一企业、制造业集群和制造循环工业系统对比

项 目	关注重点	主要功能	组织形式	实现目标	网络特性
单一企业	制造能力（产品维度）	实现物质转换	需求驱动	收益最大化	—
制造业集群	地理集聚（空间维度）	发挥集聚效应	专业化分工	资源共享	弱连接（无标度）

（续）

项　目	关注重点	主要功能	组织形式	实现目标	网络特性
制造循环工业系统	供需关系（要素维度）	产业体系抓手	有组织制造	高质高效循环	内聚强（小世界）

单一企业：单一企业的关注重点在于制造能力，即产品维度上的物质转换功能。其组织形式以需求驱动为主，目标是通过最大化收益来实现经济效益。单一企业通常没有复杂的网络特性，其重点在于内部流程的优化和市场需求的满足。

制造业集群：制造业集群的关注重点在于地理集聚，即空间维度上的集聚效应。其主要功能是通过专业化分工来实现资源共享，具有弱连接的无标度网络特性。集群内企业通过地理上的集中，实现了协同效应和资源的有效利用，增强了整体竞争力。

制造循环工业系统：制造循环工业系统的关注重点在于供需关系，即要素维度上的产业体系抓手。其组织形式以有组织制造为主，目标是通过高质高效循环来实现可持续发展。制造循环工业系统具有内聚强的小世界网络特性，通过优化资源、物流、能源和信息等要素的流动，实现高效的生产循环和资源利用。

我国具备完整的工业体系，但仍然存在着供需不匹配、循环不畅通等问题，尤其在以单边贸易保护主义和资源要素流动壁垒为特征的逆全球化趋势下，制造业面临着循环断裂、阻滞等诸多挑战。因此，推动上下游制造企业供给和需求之间规模、结构的动态均衡化，形成有序、顺畅的循环体系，是我国制造业高质量发展的重大战略任务。本书旨在提出制造循环工业系统的循环机制和管理模式，为有组织制造、畅通制造业国内大循环、降低高端制造外贸依存度提供科学依据和理论支撑，为实现制造强国的总体目标提供有力保障。

制造循环工业系统是从我国工业场景提炼出的引领性、前沿性运作管理问题，管理对象和管理内容发生了深刻的变化，需要针对循环网络上多个主体，考虑资源、能源、物流和信息多要素，围绕多个目标进行有组织的管理，不仅要考虑制造循环工业系统上下游企业的博弈关系，还需要实现它们之间的均衡化、透明化发展，这使得运作管理理论与方法的复杂度和难度显著增加，原有理论和方法难以有效解决新的问题。

企业是制造循环工业系统的主体，是畅通循环的关键节点，发挥好企业在畅通工业循环中的主体作用至关重要。首先，要优先打通企业内部资源、能源、物流等关键要素，实现企业内微循环。只有循环系统内部企业微循环协同优化，才能保证宏观层面网络系统的健康运行。其次，保障重点区域循环网络中企业间主循环畅通也是制造循环工业系统发展的重要内容。一方面，推动全网络上下游各环节协同发展；另一方面，系统梳理系统内网络链接短板，深刻全面掌握薄弱环节和主要瓶颈。最后，要大力发展战略性新兴产业，培育新的经济发展动能，为循环畅通搭建新的载体和通道，为产业融合发展抢位布局。

1.2.3　循环模式

钢铁是国民经济建设中最重要的基础材料之一，其发展水平影响我国高端制造行业的国际竞争力，铁素在工业系统中循环流动，为现代化产业体系提供关键的物质基础和循环保障，存在典型循环模式，如图 1-1 所示。

"钢铁~装备~钢铁"：钢铁工业为装备制造业提供原材料，而装备制造业产出的冶金装

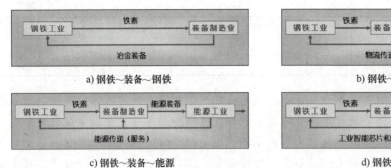

图 1-1　典型循环模式

备又应用于钢铁工业，以及装备更新拆解形成的再生资源也回到钢铁工业，构成以"铁素"流动为主的同物质循环模式。

"钢铁~装备~物流"：钢铁工业为装备制造业提供原材料，装备制造业下游延伸至物流系统等应用场景，通过物流服务双向连接支撑钢铁与装备跨企业流通，为生产提供动量支撑，构成以"服务"连接的循环模式。

"钢铁~装备~能源"：钢铁工业为装备制造业提供原材料，装备制造业下游延伸至能源工业等应用场景，为钢铁工业和装备制造业提供能量支撑，构成从"铁素"到"碳素"流动的变物质循环模式。

"钢铁~装备~电子"：钢铁工业为装备制造业提供原材料，装备制造业产出的高端装备应用于电子工业，电子工业产出的工业智能芯片又赋能钢铁工业，通过两级牵引，构成从"铁素"到"硅素"流动的变物质循环模式。

1.3　内容概述

第 1 章为概论，主要介绍制造循环工业系统的背景、相关概念等。

第 2 章围绕现代化产业体系的内涵、特征进行了全面的阐述，深入探讨了制造业集群和制造循环工业系统在现代化产业体系中的作用。该章从制造业发展面临的挑战、生态系统的循环过程以及化工过程的"三传一反"理论三个方面，阐述了提出制造循环工业系统"三传一反"理论的背景。生态系统通过物质循环、能量流动和信息反馈实现了自我调节和可持续发展，这一过程中的循环理念被应用于制造业循环工业系统。"三传一反"理论，即质量传递、动量传递、能量传递和化学反应的相互作用，为制造业循环工业系统的理论构建提供了重要参考。该章以钢铁~装备制造循环为例，详细介绍了制造循环工业系统中的企业内微循环过程和企业间主循环过程。钢铁工业和装备制造业之间存在紧密的联系，钢铁工业提供装备制造所需的原料，装备制造业则为钢铁工业提供高效的生产设备。企业内部的微循环过程涵盖了从原料到成品的各个生产阶段，包括资源的传递、能源的利用和物流的管理。企业之间的主循环过程则强调产业链上各个环节之间的协同和配合，通过高效的资源、能源、物流和信息传递，实现整个产业体系的高效运行和可持续发展。

第3章探讨了基于图与复杂网络的循环管理模式，重点关注立体网状管理模式和动态演化管理模式。首先，该章阐述了复杂系统网络拓扑结构的稳定性分析方法，强调了网络鲁棒性、脆弱性和动态特性的评估，以及数学模型和计算方法在其中的应用。接着，该章介绍了制造循环工业系统的立体网状管理模式，通过超图模型识别企业间的连接关系和循环能力，利用图论和拓扑学分析关键节点和循环网络的薄弱环节，进而优化从企业个体到集群系统的转变。该章还详细讨论了中心性指标在网络分析中的作用，解释了不同中心性概念的适用范围和局限性，并强调了在实际应用中选择适当指标的重要性。最后，该章探讨了基于复杂网络的动态演化管理模式，包括生长机制（节点的加入与退出、连接的生成与断裂）、演化模式（随机演化、优先连接、复杂连接、混合演化）以及演化路径（时间动态性、事件驱动演化、演化趋势）的分析。通过这些探讨，该章为理解和优化制造循环工业系统的网络结构与功能提供了理论基础和实践指导。

第4章主要围绕制造循环工业系统中的博弈管理机制设计、制造循环工业系统多主体博弈理论及应用以及制造循环工业系统机制设计进行介绍，讨论了制造循环工业系统中的典型博弈场景，并基于场景特征分析了代表性的三类博弈问题：企业间多主体博弈、企业内部多主体博弈和策略演化。针对制造循环工业系统中不同参与者之间的互动关系，该章分别从博弈模型与策略分析、供应链管理中的博弈应用以及制造资源优化中的博弈讨论了系统中的资源配置和优化问题，重点针对制造循环工业系统中的信息共享、激励与约束机制以及多主体协同决策进行了讲述。该章以制造循环工业系统为背景，分别从博弈策略与均衡分析、机制设计中的直接机制和间接机制以及激励机制和约束机制设计等方面，对系统中的博弈机制设计方法以及典型案例进行了分析和讨论；对比分析了博弈模型在企业间多主体博弈和企业内部多主体博弈中的应用，探讨了问题及求解方法的异同；通过对国内外典型制造循环工业系统中的博弈案例分析，引出博弈论及其机制设计在未来制造循环工业系统中的发展与应用前景。最后，该章从制造循环工业系统的整体协同和创新发展的角度，讨论了博弈与机制设计对于系统优化和可持续发展的重要性。

第5章概述了制造循环驱动下产品质量和结构设计的核心内容，主要涉及钢铁材料质量设计、面向下游制造装备需求的钢铁产品质量设计、装备产品结构设计及循环驱动的结构设计方法。钢铁工业作为国民经济的支柱产业，承担着为各类基础设施提供关键原料的任务。我国工程技术的发展对钢铁材料的种类与性能提出了更高的要求，特别是在高强度、耐久性和环境适应性等方面。在钢铁材料质量设计中，工艺参数、成分和组织结构的控制直接影响材料的物理和化学性质，并最终决定其在特定应用场景中的表现。通过相场模拟与金相组织识别技术，可以深入解析钢铁材料内部微观结构，优化材料设计，以满足严格的下游装备制造需求。这种设计方法不仅提高了材料的力学性能，还促进了材料的轻量化和可持续发展。在结构设计方面，特别是针对装备产品的结构设计，该章探讨了通过拓扑优化和进化算法等先进技术，实现装备结构的优化。通过这些方法，可以有效减轻装备的重量，提高其服役性能和使用寿命。同时，结构优化设计还注重降低生产成本、提高制造效率，满足现代工程领域日益增长的技术挑战。

第6章讨论了制造循环工业中的智能运维决策与执行，重点在维修规划、备件管理、维修决策，以及运维资源管理维修成本控制和运维调度等方面。维修规划通过数据解析与优化，制定合理的设备维护策略，有效提升设备的可靠性和生产效率，并降低维护成本。备件管理作为智能运维的重要组成部分，通过优化库存管理、需求预测和供应链协同，确保关键备件的及时供应，从而减少设备停机时间，提高生产效率。维修决策涉及预防性维修和修复性维修，利用寿命预测和状态监控，制订更科学的维修计划，优化资源配置。运维资源管理涵盖了人力资源、维修工具和备品备件的优化配置，通过提升资源管理效率，确保设备的高效、安全运行。维修成本控制则通过优化维护计划、加强设备监测和提升技术人员技能，降低整体运营成本。运维调度通过智能优化算法和多目标优化，实现设备的高效调度，提升生产效率和设备利用率。

第7章探讨了高端制造风险应对与系统布局，以芯片产业为代表的高端制造业作为国家信息安全的核心部分，面临着国际竞争、技术封锁和供应链不稳定等多方面的风险。为了保障芯片产业链的稳定，确保经济增长与国家安全，该章提出了多层次的风险管理策略，涵盖了关键节点风险识别、风险治理结构设计与柔性系统布局的优化。通过识别和科学管理高端制造中的风险，该章强调从系统规划的层面进行有效的结构设计，制定灵活的供应链与产业链防护机制，提升制造循环工业系统的韧性与循环质量。这为未来应对复杂风险环境中的高端制造提供了理论支持和实践指导，助力我国在全球供应链重构背景下保持竞争优势。

第8章聚焦于如何在制造循环工业系统中合理配置资源，以提升系统整体效益和各制造企业的运作效率。该系统汇聚了大量的物料、设备和能源等生产资源，科学配置这些资源能够促进物料流通顺畅、设备产能充分利用、库存水平稳定，从而实现制造循环工业系统的整体生产利润最大化。该章概述了综合资源配置计划的基本概念，指出在我国制造业规模庞大的背景下，传统的分散管理模式导致了生产资源利用效率低下，亟须通过资源的优化配置来提升制造业的竞争力；分析了制造循环工业系统中的资源耦合关系，包括物料、设备、能源、人力等，强调了这些资源在生产过程中的紧密关联及其对生产效率的影响；介绍了资源配置计划的解决思路，讨论了主循环和微循环中的资源配置策略。在主循环中，通过"三传一反"的管理模式，基于实时信息反馈实现资源的动态优化配置；在微循环中，关注企业内部生产、物流、能源等环节的协同优化，通过合理的生产和库存管理，实现资源的高效利用。该章还探讨了钢铁企业与机械制造企业间的资源协同，通过信息、技术、设备共享等方式，提高整体效益。最后，该章提出了基于优化决策和博弈决策的综合资源配置方法，旨在通过系统优化和多主体博弈，提升制造循环工业系统的资源配置效率和整体竞争力。

第9章主要探讨了制造循环工业系统中的生产调度问题。制造循环工业系统是一个复杂的制造业集群，具有立体网状结构特征，其生产过程呈现出强混合生产模式，产品种类多样，生产路径复杂交错。生产调度在该系统中至关重要，因为它不仅是系统运行管理的核心内容，还对实现制造业的高质量发展具有重要意义。该章概述了制造循环工业系统的特征，强调了生产、物流、能源在该系统中的协同运作方式与传统企业模式的差异。通过将资源、能源和物流等多要素的循环融入调度决策，实现生产与物流效率、资源与能源利用率等多目标的全局优化。该章探讨了生产调度的优化方法，介绍了包括精确算法、智能优化算法等在内的多种调度策略。同时，该章还探讨了博弈论在调度中的应用，阐述了如何通过合作与非合作博弈解决调度过程中的冲突与竞争问题，进而提高系统整体的调度效率。此外，该章还讨论了制造循环工业系统多目标调度的应用，重点分析了钢铁微循环调度和钢铁~装备主循环调度，展示了如何通过优化和博弈决策实现生产、物流、能源等多目标的协调优化，进而提升系统的整体运作效率。

第 10 章主要围绕物流系统典型优化问题、钢铁微循环物流优化、装备微循环物流优化以及钢铁~装备界面连接物流设计与优化四个方面进行介绍，讨论了制造循环工业系统中的典型的物流场景，并基于场景特征分析了具有代表性的三类物流优化问题：节点规划设计、线路规划设计和网络规划设计。针对钢铁企业生产过程的特征，该章分别从钢铁企业设施布局规划、钢铁物流园区规划设计、钢铁企业物流系统优化调度以及典型物流优化调度讨论钢铁企业内部物流问题，并重点针对钢铁生产过程中的原料物流、半成品物流和成品物流进行阐述。该章以装备制造企业为背景，分别从生产线的设施布局规划、装备企业物流园区规划、装备制造仓储物流优化以及装备生产物流优化四个方面，对装备企业内部物流的管理方法以及典型案例进行了分析和讨论。同时，该章对比分析了装备制造企业的设施布局规划和物流园区规划在问题以及求解方法方面的异同；通过对国内代表性装备企业装备生产过程的物流优化案例分析，引出人工智能以及机器学习等关键技术对于未来装备物流的发展和影响的讨论；从钢铁~装备界面连接物流设计与优化的角度，讨论了企业间物流问题，分析制造循环工业系统背景下多环节协同和多式联运的重要性。

第 11 章主要探讨了制造循环工业系统中能源高效利用与低碳管理的关键问题，特别是在钢铁工业和装备制造业中的应用。随着全球对能源管理和碳排放问题的关注不断提升，钢铁工业和装备制造业作为主要能源消耗行业，其能源协同管理和优化成为实现工业绿色发展的重要途径。钢铁工业的生产流程复杂，能源消耗涉及多个环节，各工序对能源的需求存在显著差异，因此，能源的高效利用和优化调度在钢铁工业中具有重要意义。同样，装备制造业在电力和压缩空气等能源的消耗上占有很大比重，通过精准的能源管理，可以有效提升生产效率，降低能源消耗和碳排放。通过分析钢铁与装备制造企业内部的能源管理现状，该章提出了制造循环工业系统的能源管理路径，探讨了如何通过能源解析与优化，实现能源的高效配置和低碳排放。此外，该章还介绍了多能源耦合和多目标调度策略，旨在通过系统化的能源管理，提高企业的整体能效，促进可持续发展。通过加强钢铁工业与装备制造业的能源协同管理，优化能源消耗结构，实现工业系统的绿色低碳发展，是推动制造业实现可持续发展的关键途径。

第 12 章主要探讨了面向制造循环的工业互联网平台与技术的发展及应用。工业互联网作为新一代信息技术与制造业深度融合的基础设施，通过全面连接人、机、物、系统，构建了覆盖全产业链的新型制造和服务体系，是推动制造业数字化、智能化转型的重要工具。工业互联网平台在制造循环系统中扮演着关键角色，它不仅打通了企业内部的各个环节，还促进了跨企业的数据流通，为资源、能源、产能等数据的精准对接提供了技术支持。该章概述了工业互联网在制造循环中的驱动作用，强调其在生产、物流、能源等要素循环中的核心作用；针对制造循环的具体需求，介绍了工业互联网平台的架构，包括设备层、车间层、企业层和系统层四个层次；探讨了"端-边-云"协同技术、通信技术以及安全技术在工业互联网中的应用。"端-边-云"协同技术通过资源、数据和应用的协同处理，提升了数据处理的效率和系统的灵活性，为制造循环中的各类应用场景提供了支持。通信技术通过无线通信、信道估计、频谱管理等手段，确保了制造系统中的高效信息传递和数据共享。安全技术则通过多层次的防护措施和隐私保护，保障了工业互联网平台的安全性和可靠性。

第 13 章详细探讨了制造循环工业系统中的数据循环机制及其关键技术，特别关注了跨企业数据的确权、数据流通管理和隐私保护等挑战。工业互联网作为数据采集、存储和传输的基础设施，在推动制造循环工业系统的数据流通中起着至关重要的作用。为了解决数据确权问题和数据共享面临的挑战，提出应将标识解析技术、区块链技术和隐私计算技术作为关键技术手段。通过标识解析技术，物理实体和虚拟对象能够被赋予唯一身份，实现跨企业的资源、物流和能源等数据的可追溯性。区块链技术则建立了一个去中心化的数据循环秩序和信任机制，而隐私计算技术保障了企业间数据的安全性与隐私保护。该章详细介绍了标识解析技术，包括其体系架构、关键技术和应用。

第 14 章探讨了制造循环工业系统设计仿真平台的理论基础、技术实现以及应用前景。该平台旨在通过数字化手段实现传统物理制造过程的优化，支持智能工业的高质量发展。制造循环工业系统设计仿真平台通过系统工程思想，整合多种技术，优化制造系统的整体性能和产品质量。通过在数字空间中模拟复杂的工业过程，打破物理世界的限制，从而实现生产和质量管理的高效优化，支持工业设计与制造的一体化，最终推动工业生产模式的创新和升级。该章针对系统建模与仿真、计算机图形学、虚拟现实和增强现实技术进行详细描述，为仿真平台的构建提供了理论支持。通过对实际系统的建模与仿真，帮助理解和优化复杂的工业过程。计算机图形学中的三维建模、动态仿真和人机交互技术为仿真平台提供了直观的视觉表现和交互功能。虚拟现实和增强现实技术的应用，则进一步增强了仿真平台的沉浸感和操作体验，使得复杂的工业操作过程更加直观可控。该章探讨了制造循环工业系统设计仿真平台的具体应用场景。该平台可以通过离线或在线仿真方式，模拟钢铁制造、装备制造等典型工业过程，提供高效、精准的虚拟生产环境。钢铁制造全流程设计仿真平台通过对钢铁制造过程的全生命周期进行建模和仿真，优化生产调度和物流管理，提升生产效率和产品质量。装备制造设计仿真平台则通过模拟装备制造全过程，优化工艺流程和设备管理，为装备制造业的数字化转型提供支持。

第2章

制造循环工业系统"三传一反"理论

针对制造业目前的产业体系中存在的单打独斗模式导致产业链、供应链存在的断链风险，加强有组织制造的战略引导，将具有供需关系的制造企业之间，通过资源、能源、物流和信息等载体要素连接与交换，构建制造循环工业系统，形成以制造业为核心具有立体网状结构特征的生态系统

章知识图谱　　说课视频

（ECO-System），进行有组织制造，保障制造业产业体系自主可控和安全可靠，解决高端制造"防卡"，畅通高质循环"防堵"，实现立体循环增效，为"双循环"新发展格局下的制造业现代化产业体系发展提供有效的实施路径。

本章首先介绍现代化产业体系的内涵和特征；然后从制造业发展面临的挑战、生态系统和化工过程的"三传一反"出发，介绍制造循环工业系统"三传一反"理论提出的背景，最后以钢铁~装备制造循环工业系统为例，介绍企业内微循环过程和企业间主循环过程。

2.1　现代化产业体系的内涵和特征

党的二十大报告提出构建现代化产业体系，加速建设制造强国，并明确指出"没有坚实的物质技术基础，就不可能全面建成社会主义现代化强国"。习近平总书记在二十届中央财经委员会第一次会议上强调"现代化产业体系是现代化国家的物质技术基础"。

"现代化产业体系"概念由现代化、产业和体系三个核心部分构成。现代化是一个描述经济社会从传统形态向现代状态转变的过程，涵盖从农业基础的经济社会结构转向以工业和信息技术为主导的经济社会结构的变化。产业是指从事相似或相同经济活动的企业和组织的集合，可按其主要生产内容或服务功能分类，如农业、制造业、服务业等。制造业作为物质生产的核心部门，为社会经济的发展提供了必要的物质基础，其发展水平在很大程度上决定了一个国家的经济实力和工业化水平。体系是指由多个相互联系和依赖的部分构成的有序整体。在任何体系中，各部分之间不仅相互作用，还通过这些作用维持系统的稳定和发展。现代化产业体系特指达到国民经济整体上产业间及其细分产业内部构成结构合理、产业发展质量处于高水平的状态。

　　无论从历史演化视角还是同时期不同国家对比，现代化产业体系都意味着处于较高的发展水平，并需要体现对国家经济稳定运转和持续发展的坚实支撑作用。因此，现代化产业体系表现出完整性、先进性和安全性三个基本特征。

　　现代化产业体系的完整性是指各类产业门类齐全、产业链条完整、产品品种丰富完备、零件配套能力强的基本特性。 任何一个产业或行业都不能孤立存在，都需要和其他产业或行业密切联系，以确保产业体系的高效运作和持续发展。我国目前是产业体系最完整的制造业第一大国，拥有 41 个工业大类、207 个工业中类、666 个工业小类，是全世界唯一拥有联合国产业分类目录中全部工业门类的国家。我国制造业规模已经连续多年居世界第一，占全球比重近 30%。这一完备的工业规模和体系确保了各制造业之间的相互支持与依赖，为制造业的高质量发展提供了坚实基础。

　　现代化产业体系的先进性是指其各类技术水平、生产效率和产业链地位处于前沿状态的基本特性。 科学技术是现代化进程的核心动力，推动了生产方式、生活方式以及管理模式的根本改革，奠定了产业体系先进性的基础。创新是产业发展最核心的推动力，产业体系的现代化从根本上依靠创新能力的提升及其推动下科技的持续进步。通过科技创新，生产效率的提升直接转化为经济效益，体现出技术进步对产业升级的直接影响。新兴技术和颠覆性创新正在引发全球产业格局的重大变革。当一个国家具备强大的创新能力和较高的技术水平时，它能够在全球产业链分工中占据领导和控制地位，具备综合国际竞争力和领先优势。制造业是技术创新活动最活跃、技术创新成果最丰富、技术创新应用最集中、技术创新溢出效应最强的产业，制造业的先进性是现代化产业体系先进性的主要体现。

　　现代化产业体系的安全性是在统筹发展与安全的前提下，保证核心技术自主可控和产业链安全可靠的基本特性。 自主可控要求：能够独立研发和掌握关键核心技术，包括基础研究、应用研究和技术开发，确保关键核心技术不受制于人；所掌握的技术在行业或领域内处于领先地位，能够引领行业或领域的发展方向和技术进步；构建完整的技术体系，支撑国家科技创新和发展需求，具有较强的体系化创新能力。产业链安全可靠要求：具备从基础原料到高端制造的全链条产业结构，打通堵点，确保产业链各环节循环畅通；实现关键原料、零件和生产设备的多元化供应，避免对单一来源的过度依赖；构建完善的应急管理机制，保持适当的安全库存水平，应对突发需求变化或供应中断，提升产业链抗风险能力。

　　新一轮科技革命和产业变革的孕育兴起，对全球制造业格局产生了重大影响，使全球制造业面临重大调整。在这一背景下，制造业转型升级成为适应新发展需求的必然选择。高端化、智能化、绿色化是制造业转型升级带来的现代化产业体系的时代特征。

　　制造业高端化的内涵主要表现在三个方面：**第一，技术含量高，表现为知识、技术密集，体现多学科和多领域高精尖技术的继承；第二，处于价值链高端，具有高附加值的特征；第三，在产业链占据核心部位，其发展水平决定产业链的整体竞争力。** 现代化产业体系的高端化是指制造业向技术含量高、价值链高、战略地位方向发展的特性。传统制造业多依赖技术水平低和劳动密集型工艺，导致生产效率低和劳动强度大。通过应用高新技术和先进装备实现对传统制造业转型升级，是迈向高端制造的重要途径。战略性新兴产业是指建立在重大前沿科技突破基础上，代表未来科技和产业发展新方向，对经济社会具有全局带动和重大引领作用的产业。以科技创新引领和驱动战略性新兴产业的高端化发展，是建设现代化产业体系的核心任务和主要路径。

制造业智能化是指通过使用人工智能、机器学习和大数据等技术，使系统、设备或服务具备模仿人类智能的能力，从而能够自动分析、推理、学习和适应不同情境的能力。智能制造是将新一代信息技术与先进制造技术深度融合，贯穿于设计、生产、管理、服务等制造活动各个环节，具有自感知、自决策、自执行、自适应、自学习等特征，旨在提高制造业质量、效益和核心竞争力的先进生产方式。制造业智能化不仅是技术层面的革新，它还深刻影响着生产组织方式和产业形态的变革，推动着制造业向更高层次、更高效能的方向发展。通过智能化生产线，可以实现生产过程的高度自动化和精细化管理，提升产品质量一致性。通过智能化设计和研发平台，可以实现产品设计和开发的快速迭代和定制化生产，满足市场对个性化、高品质产品的需求。通过智能化服务平台，企业可以实现设计、制造、售后全生命周期的管理和服务，推动着制造业服务模式的变革。

制造业在满足人类日益增长的物质需求方面发挥了重要作用，为经济发展和生活水平的提高做出了巨大贡献。然而，制造业在生产过程中大量消耗资源、能源，并排放大量污染物和温室气体，对生态环境造成了严重的负面影响。因此，在享受制造业带来的物质丰富的同时，我们也面临着生态环境保护的巨大挑战。制造业绿色化是指科技含量高、资源消耗低、环境污染少的产业结构和生产方式。绿色制造本质是制造业发展过程中统筹考虑产业结构、能源资源、生态环境、健康安全、气候变化等因素，在产品设计、生产、使用、回收利用等全生命周期过程中，实现资源利用效率最大化、污染物排放最小化，以达到经济效益、社会效益和环境效益的协调统一。绿色制造强调可持续发展，倡导清洁生产、生态设计，推动制造业向高效、清洁、低碳、循环的方向转型，实现人与自然的和谐共生。

从关联结构上看，产业链是从原料到最终产品的整个生产链条，反映各个产业部门之间的联系和互动关系，链条化是现代化产业体系的基础。从空间结构上看，产业集群是指一定地域内，由相对密集的关联产业形成的群体，集群化是现代化产业体系高水平发展的空间形态要求。从组织结构上看，产业生态系统是指产业内部及其与外部环境之间相互作用、相互影响的组织结构，各个细分领域的产业生态系统构成了现代化产业体系。因此，现代化产业体系还呈现链条化、集群化、生态化的结构特征。

产业链是指各个产业部门之间基于一定的技术经济联系和时空布局关系而客观形成的链条式关联形态。任何企业和行业都不能独立存在，必须通过复杂的产业链条进行紧密的互联互通。产业链上游企业负责提供原料、零件或基础产品，例如钢铁工业为汽车制造业提供钢材，化工工业为纺织工业提供染料。上游产品经过初步加工，成为下游企业生产所需的原料。下游企业接过这些原料，对其进行进一步的加工和组装，最终生产出面向市场的终端产品，如汽车、电子产品或服装。产业链纵向延伸是从上游原料、能源基础、生产环节直接向下游中间产品以及产成品拓展或反向延伸的过程；产业链横向延伸是在产业链的某个环节上向与之配套的关联产业延伸，通过业务拓展、横向并购、数字化融合等途径从事研发、设计、材料供应、营销、市场开拓等。现代化产业体系建设需要畅通产业链上下游的联通环节，连接内外资源，实现产业链的高效运作。通过将各个环节紧密联系在一起，形成完整的链条，以链带面，打通科技创新及产业培育的堵点，推动整个产业的协同发展和技术进步。

产业集群是指以同类产品生产企业及相关机构在特定地理区域大规模集聚为主要特征，依托基础设施、信息、技术及劳动力等资源的共享而形成的庞大的分工协作体系。集群化发展通过集聚同一地区的相关企业，使得生产要素和企业向较小尺度的地理空间聚集，通过企业间的紧密联系和合作，优化生产流程，减少中间环节，提高生产效率。由于集群地理集聚的特征，基础设施可以在集群内共享，资源在产业集群内具有更高的利用效率。同类企业、上下游企业的高度集聚能够强化知识的创新和传播，并通过共用基础设施降低成本，促进上下游高效衔接。另外，在数字经济时代，企业主体之间的联系不再完全依靠面对面的交流，高效的信息网络和数字平台可以把更广泛地理范围内的生产相关方聚集起来，实现相互之间的高效交流，形成一种虚拟集聚现象，进一步降低搜寻、签约、合作等交易成本，提高研发、设计、服务等生产活动的效率。

生态系统是由生物群落、非生物环境及其动态相互作用共同构成的复杂综合体。类似于生物学中的生态系统，产业生态系统由产业生物群落和产业生态环境两大部分组成。产业生物群落是由在物质、物流、能源和信息上相互联系的企业和组织所构成的整体，如生产者、流通者和使用者等参与实体。产业生态环境则是对产业生存和发展起关键调控作用的外部因素集合，包括产业政策、市场需求和经济状况等。在现代化产业体系的高质量发展中，生态化已成为制造业发展的重要趋势。生态化强调系统内部的协同和共生关系，致力于构建一个具有高度互联、相互依赖、自我修复、共同演化等特征的产业生态系统。与传统点状、线性、平面型的生产组织集合相比，产业生态系统的形成、转移与复制的难度更大，也具备了更强的抗风险能力和适应能力，成为决定产业根植性和持续发展的关键因素。生态化的发展路径将推动制造业从传统的增长模式向更加可持续和创新驱动的方向迈进。

2.2 制造循环工业系统"三传一反"理论提出的背景

在现代化产业体系建设中，制造业集群发展面临着企业间物质交换失衡、物流流通阻塞、能量循环不畅等挑战。制造循环工业系统是在这一背景下，借鉴生态系统循环原理，提出的新理念。以资源、能源、物流和信息等各种要素立体化连接的制造循环工业系统，是支撑现代化产业体系高质量建设的重要抓手，通过高质、高效循环促进新质生产力发展。

2.2.1 制造业发展面临的挑战

人类社会的生存和发展与制造业紧密相关。自工业革命以来，制造业一直是推动社会进步和经济增长的关键力量。制造业为其他产业提供必要的生产设备、原料和中间产品，奠定了实体经济发展的基础。制造业通过技术进步和生产力提升，推动实体经济的整体发展，增强经济的稳定性和抗风险能力。制造业为技术创新提供载体，推动新技术、新工艺的应用，促进产业升级和技术进步。制造业发展带动上下游产业链的优化和完善，促进产业集群的形成，提高产业集聚效应和协同效应。制造业重点发展方向包括高端化、智能化和绿色化。高端化是指通过技术创新、产业升级和全产业链优化，推动制造业向高附加值、高技术含量和高质量标准方向发展。智能化融合新一代信息技术和先进制造技术，提高生产效率和产品质量。绿色化减少资源消耗和环境污染，提高资源利用效率，实现经济效益、社会效益和环境效益的协调统一。

资源是产业发展的物质基础，没有充足且稳定的资源供应，任何产业发展都难以为继。

资源是现代化产业体系建设的关键要素之一，在关键领域发挥战略性作用，对国家经济、国防和战略性新兴产业的发展至关重要。提升资源保障能力的主要措施包括：制定科学的资源开发规划，确保战略性资源开发可持续性；推动资源利用技术的创新和应用，提升资源利用效率，减少资源消耗；建立和完善资源的储备机制，确保关键资源在紧急情况下的供应安全。传统资源型产业需要通过技术升级和结构调整，向高附加值、低污染的方向转型，推动整体产业结构的优化。战略性新兴产业的发展则依赖于资源的合理开发和高效利用，推动产业结构的多元化和高端化。

物流是实体经济循环的脉络，连接生产和消费，为现代化产业体系建设提供通道保障。随着全球产业链供应链加速重构，物流能够为畅通国内大循环提供支撑作用。为发展壮大战略性新兴产业，促进服务业繁荣发展，物流需要适应现代产业体系对专业化、多元化服务的需求，深度嵌入产业链供应链，促进实体经济降本增效。现代信息技术、新型智慧装备广泛应用，为物流创新发展注入新活力。为促进现代化产业体系建设，物流发展重点方向包括：推进物流枢纽建设，有效衔接多种运输方式，强化多式联运组织能力，实现枢纽间干线运输密切对接；推进运输、仓储、配送等领域"数改智转"，完善现代物流服务体系，推动物流向供应链上下游延伸；强化重大物流基础设施安全和信息安全保护，提升战略物资、应急物流的保障水平，保持产业链供应链稳定。

能源是驱动物质转换的力量，为现代化产业体系中各类生产设备和工艺流程提供必需的动力。制造业的各个环节，包括原料加工、生产制造都依赖于稳定能源的供应。能源的高效利用和管理直接影响制造业的生产效率、成本控制和环境影响。现代化产业体系建设要求产业以绿色低碳的能源供给为基础，构建清洁低碳、安全高效的新型能源体系，实现"双碳"战略目标。在现代化产业体系建设中，能源发展重点方向包括：研发清洁能源技术，提升绿色低碳能源利用比例；推动能源结构多元化，构建多种能源互补的综合能源系统；推广使用高效节能设备和技术，提高能源利用效率。

新一代信息技术实现了物理实体的数字化映射，数据成为新的生产要素，是现代化产业体系建设的重要支撑。数据共享促进产业协作，实现共赢和可持续发展。数据驱动决策模式能够帮助企业更准确地了解市场动态、客户需求和生产过程，做出更科学的决策。信息构成现代化产业体系中的反馈机制，帮助企业及时调整和优化决策，保持系统的动态平衡和稳定运行。在现代化产业体系建设中，信息发展重点方向包括数字化、网络化和智能化。

在全球经济一体化背景下，制造业的竞争正在由企业间、行业间逐渐转为产业集群、产业生态间的竞争。制造业集群化是产业发展的基本规律之一，也是制造业结构调整和转型升级的必由之路，其发展水平在一定程度上代表了国家的产业竞争力。培育先进制造业集群是建设现代产业体系的内生要求，也是实施制造强国战略的重要举措。

制造业集群是指在特定地理区域内，由一系列具有相互关联性的制造企业、供应商、服务提供商、科研机构和其他相关组织所组成的产业集合体。集群内的企业和机构通过紧密的合作和竞争关系，形成了高度互补和协同的产业生态系统，提升整体的生产效率和竞争力。制造业集群不仅提升单个企业的竞争力，也推动区域经济的发展和产业结构的优化。

集群内的企业和机构通常集中在特定的地理区域内，形成了明显的空间集聚效应。这种地理集中性有助于降低运输成本，促进信息和技术的快速流动。集群内的企业涵盖了从原料供应、生产加工到销售服务的完整产业链，各环节之间高度关联和协作。企业之间的供应关系紧密，上下游企业相互依赖，形成了稳定的合作关系网络。集群内的企业可以共享基础设施、技术设备、研发成果和市场信息，降低了单个企业的运营成本。集群内的企业和科研机构通过合作能够更有效地进行技术创新和产品研发，提升整体创新能力。集群内的企业在市场上相互竞争，通过竞争推动技术进步和效率提升。集群内企业通过协同合作共享资源和信息，共同应对市场变化和外部冲击，提升整体的抗风险能力和市场响应速度。集群通常能够获得地方政府的政策支持，如税收优惠、资金补贴和基础设施建设等，从而促进集群的发展。制造业集群通过集聚创新资源和创新主体，形成了创新驱动的发展模式，促进技术进步和产业升级。

在现代化产业体系建设中，制造业集群发展也面临着诸多挑战。由于制造业集群的主体之间仅是物理空间上的集中，没有构建以资源、物流、能源和信息等要素为纽带的"化学"聚集，存在"集而不群""聚而不合"等现象。集群内上游企业供给在"质"和"量"方面与下游企业需求的匹配性不强，导致物质交换失衡。集群内企业间关联度不高、没有形成紧密协作的上下游关系，导致资源、能源和物流等要素循环流通不畅。

2.2.2　生态系统"三传一反"

生态系统是指在一定的空间范围内，生物群落（包括植物、动物和微生物）与其所处的非生物环境（如水、空气、土壤等）通过物质循环和能量流动相互作用、相互依存而形成的动态系统。生态系统中的生物成分（生产者、消费者、分解者）和非生物成分（物理环境、化学环境）通过各种生态过程（如光合作用、呼吸作用、分解作用、营养物质的循环等）共同维持系统的结构和功能，实现物质和能量的持续流动和循环。

生产者是生态系统中通过光合作用或化学合成作用将无机物转化为有机物的生物，如绿色植物、藻类和某些细菌。它们利用太阳能或化学能合成有机物质，为整个生态系统提供能量和营养基础。生产者通过吸收二氧化碳和释放氧气，在碳循环中起到关键作用，同时也是其他生物体（消费者和分解者）的主要食物来源。

消费者是生态系统中通过摄食其他生物获取能量和营养的生物，包括草食动物、肉食动物和杂食动物。它们分为初级消费者（食草动物）、次级消费者（食肉动物）和三级消费者（顶级掠食者）。消费者在食物链中通过捕食和被捕食传递能量和物质，维持生态系统的动态平衡。消费者的代谢活动和排泄物也为分解者提供了物质来源。

分解者是生态系统中通过分解动植物遗骸和排泄物将有机物转化为无机物的生物，包括细菌、真菌和某些无脊椎动物。分解者在生态系统循环中起到清理者和再循环者的作用，将复杂的有机物分解成简单的无机物质，如水、二氧化碳和矿物质，释放回环境中供生产者重新利用。它们在维持生态系统的物质循环和净化环境中具有重要作用。

非生物环境包括生态系统中所有非生命的成分，如空气、水、土壤、矿物质和阳光。非生物环境为生产者提供生长所需的原料和能量来源，如水、二氧化碳和光能，同时也是消费者和分解者生活的基础。非生物因素如温度、湿度、光照和土壤成分等，直接影响着生态系统中生物的分布、繁殖和生存。非生物环境在物质和能量循环中起到传递和储存的作用。

生态系统中的循环元素主要包括碳、氮、水、磷等，这些元素通过生态系统中的各个成分（如生产者、消费者、分解者）进行循环流动，维持生态系统的功能和稳定。

碳循环是指碳元素在大气、水体、土壤和生物体之间通过光合作用、呼吸作用、分解作用和燃烧等过程不断转移和循环的过程。通过光合作用，植物将大气中的二氧化碳转化为有机物，而动植物通过呼吸和分解作用释放二氧化碳。人类活动如工业生产中化石燃料的燃烧也增加了大气中的二氧化碳含量。碳循环确保碳在生态系统中的平衡和持续利用。

氮循环是指氮元素在大气、土壤、水体和生物体之间通过固氮、氨化、硝化和反硝化等过程不断循环的过程。固氮细菌将大气中的氮气转化为氨或铵盐，植物吸收这些化合物用于生长。分解者将有机氮转化为无机氮，硝化细菌进一步将其转化为硝酸盐，最终通过反硝化作用将氮返回大气。氮循环对维持生态系统的生产力和土壤肥力至关重要。

水循环是指水在大气、地表和地下之间通过蒸发、凝结、降水、渗透和径流等过程不断循环的过程。太阳能驱动蒸发作用，将水从地表蒸发到大气中，形成水蒸气。水蒸气在大气中凝结成云，最终以降水形式返回地表。降水通过径流和渗透补充河流、湖泊和地下水系统，重新进入水循环。水循环维持全球的水资源分布和生态系统的水分平衡。

磷循环是指磷元素在岩石、土壤、水体和生物体之间通过风化、吸收、食物链传递和沉积等过程不断循环的过程。磷矿物在岩石风化过程中释放磷酸盐，植物吸收这些无机磷化合物并将其转化为有机磷。动物通过食物链获取有机磷，分解者将动植物遗骸中的有机磷分解为无机磷酸盐。部分磷酸盐通过沉积作用进入水体沉积物，形成新的磷矿物。磷循环对生物体的核酸、ATP（三磷腺苷）和骨骼等的重要成分至关重要。

生态系统通过一系列复杂的相互作用和过程，维持其结构和功能的动态平衡，物质代谢、物质流动、能量流动和信息反馈是构成生态系统循环的重要机制，它们共同形成了生态系统循环的"三传一反"。

物质代谢是指生物体与外界环境之间物质的交换和生物体内物质的转变过程。通过物质代谢，生物体能够维持生命活动、生长、繁殖和适应环境。物质代谢包括同化作用（合成代谢）和异化作用（分解代谢），它们通过物质的传递和转化，确保生物体的正常功能。物质流动是指在生态系统中，元素和化合物在生物和非生物成分之间的转移过程。通过物质流动，生态系统能够维持自身的结构和功能，确保生物体获得生存所需的营养物质。能量流动是指在生态系统中，能量从一个生物体传递到另一个生物体的过程。能量在生态系统中以各种形式流动，但主要来源是太阳能。通过生产者、消费者和分解者之间的相互作用，能量在生态系统中不断传递和转换，确保生物体的生命活动。信息反馈是指生物体通过检测内部或外部环境的变化，产生相应的反应来调节自身的生理状态，以维持稳态（平衡状态）的过程。信息反馈机制广泛存在于生物体内，涉及神经系统、内分泌系统和免疫系统等。信息反馈分为负反馈和正反馈，通过调节生物体的各项生理功能，确保其适应环境变化和维持内稳态。

根据其环境特点和组成成分的不同，生态系统可以分为陆地生态系统、水生生态系统和人为生态系统等。

陆地生态系统是指存在于地球陆地表面的生态系统，包括森林、草原、荒漠和湿地等类型。这些生态系统由生物成分和非生物成分相互作用、相互依存而形成。物质代谢方面，植物通过光合作用将二氧化碳和水转化为有机物质和氧气。生物体通过呼吸作用将有机物质转化为能量，释放二氧化碳和水。分解者将死去的动植物和有机废物分解成无机物质，重新进入生态系统的循环。物质流动方面，营养物质通过食物链和食物网从生产者传递到消费者和分解者。重要元素（如碳、氮、磷等）在生态系统中循环。能量流动方面，植物通过光合作用将太阳能转化为化学能。能量通过食物链从初级生产者传递到初级消费者、次级消费者和更高营养级的捕食者。信息反馈方面，动植物通过化学信号、物理信号（如声音、视觉信号）和行为（如觅食、迁徙）进行信息交流，调节种群动态和生态系统平衡。

水生生态系统是指由水环境和其中的生物群落组成的生态系统，包括淡水生态系统和海洋生态系统。水生生态系统中的生物通过光合作用和化学合成，将无机物质转化为有机物质，形成基础生产力。浮游植物和水生植物是主要的初级生产者，通过光合作用吸收二氧化碳和水，释放氧气，合成有机物质。水体中的物质流动主要通过水流和生物活动进行。水流促进了溶解物质和营养盐的循环。水生生物通过摄食和排泄将物质从一个环节转移到另一个环节。能量流动主要通过食物链和食物网进行。太阳能通过光合作用被水生植物转化为化学能，供给初级生产者。能量在食物链中逐级传递，捕食者和分解者将能量向上和向下传递，同时伴随能量的损失。水生生态系统的信息反馈机制主要通过生物信号、环境变化和物理化学指标实现。水生生物的行为和生理变化，如迁徙、繁殖和觅食，也会对生态系统的稳定性和功能产生反馈作用，维持生态平衡。

人为生态系统是指受人类活动强烈影响或完全由人类创造的生态系统，这些系统在很大程度上依赖于人类的管理和维护。物质代谢过程受到人类活动调控。农业生态系统中，植物通过光合作用合成有机物，提供食物和其他资源。人工施肥和灌溉促进了植物的生长，提高了生产力。人为生态系统高度依赖外部物质输入，如农业系统依赖化肥、农药和水资源，城市系统依赖食品、建筑材料和消费品的输入。人为生态系统具有高能耗特点，如农业机械化、工业生产和城市照明等需要大量能源输入。能源来源多样化，包括化石燃料（煤、石油、天然气）、电力以及可再生能源（太阳能、风能等）。通过信息技术和智能化管理系统进行实时监控和反馈调控。例如，农业中使用精准农业技术，根据传感器数据调节施肥和灌溉。

生态系统是生物和环境长期协同进化的结果，通过物质代谢、物质流动、能量流动和信息反馈实现系统的动态平衡、有序演化和循环畅通，为揭示现代化产业体系建设中制造业集群的发展规律和机制设计提供了可借鉴的理论基础。

2.2.3　化工生产过程的"三传一反"

化工生产过程是将原料经过化学加工以获得有价值产品的生产过程。由于原料和产品的多样性以及生产过程的复杂性，化工生产工艺种类繁多，数以万计。尽管化工生产过程复杂多样，但其基本原理具有共性，即通过化学反应和若干物理操作有机组合而成。在这些过程中，化学反应及反应器是化工生产的核心部分，决定了生产的主要方向和产物；物理过程则为化学反应提供合适的反应条件，并通过分离和提纯步骤获得最终产品。化工生产过程是一个高度复杂的动态系统，其中，质量传递、动量传递、能量传递以及化学反应（简称"三传一反"）被视为该系统中的一个重要理论体系，它全面而系统地概括了化工生产过程的共性本质特征。

质量传递是化工生产过程中的物质迁移现象，是物质在介质中因化学势差的作用发生由化学势高的部位向化学势低的部位迁移的过程。质量传递有分子扩散和对流扩散两种方式。分子扩散是指由于浓度差异而导致物质自高浓度区域向低浓度区域传递的过程，可以发生在气体、液体、固体等不同相的物系中。影响分子扩散速度的关键因素有浓度梯度、物质性质等。在气体中，扩散速度与分子的质量和温度有关，高温和低质量的分子更容易扩散；在液体中，扩散速度受到分子大小、黏度和温度的影响，相对较小的分子在液体中更容易扩散；在固体中，扩散速度较慢，通常以离子或原子的迁移为主。对流扩散由流体微团的宏观运动所引起，仅发生在流动的流体中，分为自然对流和强制对流两种形式。自然对流是由于温度差异引起的流体的自发运动，强制对流是通过外部力施加在流体上引起的运动。

动量传递是指在流动着的流体中动量由高速流体层向相邻的低速流体层的转移，影响流动空间中速度分布的状况和流动阻力的大小，并且因此影响能量和质量的传递。动量传递以动量守恒原理为基础，常见的形式有动量扩散、动量对流和动量转移。动量扩散是指在流体中由于分子间碰撞和相互作用导致的动量的随机扩散现象，通常是由流体的黏性引起的，即流体内部分子间的黏滞作用所致。动量对流是指当流体被外部力场作用或流体内部存在梯度时，流体中的动量将随着流体运动而传输，描述流体的流动将动量从一个区域输送到另一个区域的过程。动量转移是指流体中动量从一个物体传递到另一个物体的过程，通过黏性耗散、压力作用、涡旋生成等多种机制实现。动量传递可以用动量守恒定律来描述，即系统内的总动量在没有外部作用力的情况下保持不变。

能量传递是化工生产过程中能量在不同形式之间转移或转换的过程，包括热传递、功传递以及可能涉及的其他能量形式。其中，热传递是指热量在不同物体、系统或物质之间传递的过程，可以通过热传导、对流和辐射等方式实现。传导是指能量在物体内部通过分子的热运动传递的过程，对流是指物体间通过流体的对流传递能量的过程，辐射是指能量通过辐射波传递的过程。能量的传递方式取决于能量传递介质的性质和传递条件等。

化学反应是物质间发生化学变化的过程，它是化工过程的核心环节，通常会受到质量传递、能量传递和动量传递的影响。在化学反应中，合成、分解和取代是三种基本的反应类型，分别描述了不同的化学变化。合成反应涉及两种或更多种物质结合生成一个或多个新物质；分解反应则是一种物质分解为两种或更多种物质；取代反应发生时，一个原子或官能团被另一个原子或官能团替代。化学反应可以通过化学方程式来描述，这种方程式展示了反应物和生成物的化学式。这些反应不仅驱动着化工生产中的各种化学过程，还是质量传递、能量传递和动量传递的具体体现。

在化工生产过程中，传递现象的推动力、遵循定律和关键参数见表2-1。

表 2-1 化工生产中传递现象的推动力、遵循定律和关键参数

传递现象	推动力	遵循定律	关键参数
质量传递	浓度梯度	费克定律（Fick's Law）	扩散系数
动量传递	速度梯度	牛顿黏性定律（Newton's Law of Viscosity）	黏度
能量传递	温度梯度	傅里叶定律（Fourier's Law）	导热系数

以上每个传递现象的推动力分别指导物质、动量和能量在空间上的传递。在具体的化工生产过程中，这些现象通常是交织在一起的，而不是孤立发生的。例如，在进行化学反应时，质量的转移会导致物料的组成发生变化，而反应过程中可能会释放或吸收热量，影响温度分布，同时也会由于物料性质的变化而改变流体的动力学特性，比如黏度的变化，进而影响动量的传递。

"三传一反"理论强调这些现象的相互依存性和相互作用，提供了一个综合视角来审视和理解化工过程。从系统化的角度出发，可以更全面地分析过程中发生的复杂交互作用，为工程师在设计和优化化工过程时提供理论基础和实践方法。这种理论不仅帮助识别各种传递现象之间的内在联系，还有助于制定相应的控制和优化策略，从而提高化工生产的效率和产品质量。

2.2.4　制造循环工业系统"三传一反"理论概要

在现代制造业体系中，单个企业难以独自拥有和整合所有必要的资源和技能，制造业集群成为一种重要的发展趋势。制造业集群架构有助于企业在面对竞争激烈的市场中提供更具竞争力的解决方案。制造循环工业系统是制造业集群高质量发展的重要抓手。在从单一企业向制造循环工业系统发展的过程中，不同企业主体之间存在着资源传递、物流传递、能源传递，以及基于新一代信息技术的信息反馈。制造循环工业系统宏观层面的资源传递、物流传递、能源传递和信息反馈与生态系统的物质代谢、物质流动、能量流动和信息反馈，以及化工过程微观层面的质量传递、动量传递、能量传递和化学反应具有共性特征。基于资源传递、物流传递、能源传递和信息反馈的"三传一反"理论能够揭示制造循环工业系统的运行规律，如图 2-1 所示。

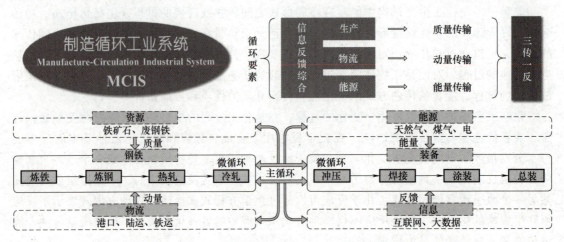

图 2-1　制造循环工业系统"三传一反"

资源传递：制造是一个涵盖从原料投入到最终产品产出的全过程。这个过程包括一系列的加工步骤，涉及物质的物性变化（如温度、压力、密度等的改变）和物态变化（如固体到液体、液体到气体的转变）。对于单一企业而言，制造的本质是将原料资源转变为最终产品资源的物质传递过程。当企业之间存在供需关系时，物质传递成为连接它们的基础，涉及原料、成品等资源在企业间的循环流通。在现代化制造环境中，企业很少能够独立完成所有制造过程，因此，物质传递变得至关重要。通过合理的物质传递，企业能够更好地专注于自身的核心竞争力，同时通过合作伙伴间的资源传递，能够更灵活地适应市场需求的变化，提高生产的灵活性和效率。

物流传递：物流是指在产品从生产地点到消费者手中的全过程中，通过运输、仓储、配送等环节，实现物质的时空转移。这一过程包括原料、半成品和成品在具有供需关系的上下游企业中的流动。物流传递是实现企业高效连接的纽带，通过优化企业间的物流传递，能够保障原料、零件、半成品和成品的快速、准确流通，确保原料准时供应，避免生产中断，提高生产效率；通过精细的物流规划和协同管理，能够降低库存水平，减少资金占用，提高资金周转效率。对于具有供需关系的制造业而言，物流对象主要为工业品，具有单重大、体积大、运输复杂等特征，属于典型的重物流。

能源传递：能源在制造中扮演着至关重要的角色，是推动生产过程、提供动力和维持设备运转的基本要素。在制造过程中，原料经过加工、变化和转化成为成品，这一系列过程通常需要消耗大量的能源，如电力、热能等。在钢铁冶金、化工生产等能源密集型行业中，能源不仅是生产的必需品，还是成本和效率优化的重点领域。能源传递不仅关注能源的使用和消耗，还涉及能源的采集、转化、回收和循环利用。通过在企业之间建立能源互供机制，使得能源生产的多余部分能够被输送给需要的企业，既减少了能源浪费，又提升了能源的整体使用效率。高效的能源传递机制有助于推动制造业朝向更加环保和可持续的方向发展，降低碳排放，支持生态文明建设。

信息反馈：以工业互联网为代表的新一代信息技术促使制造业运营模式、管理体系发生深刻变革。通过信息的传递、共享、连接，以及对物理世界的反馈，实现了数字化的、智能化的工业生产方式，为提高效率、降低成本、改善生活质量提供了强大的工具和手段。从技术角度看，工业互联网的本质就是构建一套数据采集、存储、管理、计算、分析和应用的工业大数据体系，将正确的数据在正确的时间传递给正确的人和设备，进而不断优化制造资源的配置效率，因此数据是工业互联网的核心要素。从数据管理的角度看，为充分发挥数据连接物理世界和信息世界的桥梁和纽带作用，挖掘数据中所蕴含的规律，形成新动能，为制造循环工业系统优化提供更加精准高效的服务，需要对制造相关数据进行深度解析和优化。

制造循环工业系统的"三传一反"理论不仅有助于实现成员企业之间的协同合作，提高整体效益，还为集群中的企业提供了更灵活、更强大的竞争力。通过共享资源、优化物流、有效利用能源和建立良好的信息反馈机制，制造业集群能够更好地适应快速变化的市场环境，加速新技术的引入和应用，从而为企业的发展创造更有利的条件。

2.3　钢铁~装备制造循环工业系统

制造业门类繁多，有多种不同的分类方法。按照生产方式和生产过程中物质所经历的变化和产品特点，制造业可以分为流程型制造业和离散型制造业。钢铁工业是典型的流程型制造业，其被加工对象不间断地通过生产设备和一系列的加工装置使原料进行化学或物理变化，使其形态或化学性质发生变化，最终形成新形态或新材料的生产方式，钢铁工业的物料是均匀、连续地按一定工艺顺序流动的，特点是工艺过程的连续性。装备制造业是典型的离散型制造业，产品往往由多个零部件经过一系列并不连续的工序进行加工，最终装配而成。从产品形态来说，装备制造业的产品相对较为复杂，包含多个零件，一般具有相对较为固定的产品结构和零件配套关系。

2.3.1 钢铁～装备主循环

钢铁工业和装备制造都是国民经济的重要支柱产业，钢铁工业为装备制造提供重要的原料支撑，而装备制造产出的冶金装备、物流装备、能源装备和高端装备又服役于钢铁工业，二者构成具有显著循环特征的制造循环工业系统，为现代化产业体系建设提供物质基础。钢铁工业的进步依赖于装备制造业提供的高效设备，而装备制造业的发展又需要高质量的钢铁材料作为基础。将钢铁工业与装备制造上下游铁链协同联动，通过资源、物流、能源和信息等载体要素转换与传递，构建制造循环工业系统，实现钢铁行业与装备制造业供需高质高效循环，可以促进新质生产力发展。

钢铁～装备制造循环工业系统的逻辑关系如图 2-2 所示。钢铁～装备主循环主要强调钢铁工业、装备制造及其下游服役场景所形成的循环关系。钢材产品供给构成了钢铁工业到装备制造的正向连接，针对装备制造对钢材产品性能的需求，材料设计则构成钢铁工业到装备制造的反向连接。装备制造业的下游是装备的各种服役场景，包括制造系统、物流系统、能源系统等，其中涉及的设备运维通过生产性服务为钢铁工业提供支撑，构成装备制造到钢铁工业正向连接。针对钢铁生产过程对冶金装备的需求，装备结构设计则构成装备制造到钢铁工业的反向连接。从拓扑结构上来看，钢铁～装备～钢铁的正反向连接构成了莫比乌斯带，其描述物质在环形系统中的流动，代表了一种无限循环的思想。钢铁～装备～钢铁的循环与莫比乌斯带对应，钢铁～装备主循环的本质是一个拓扑问题，具有分形特征。

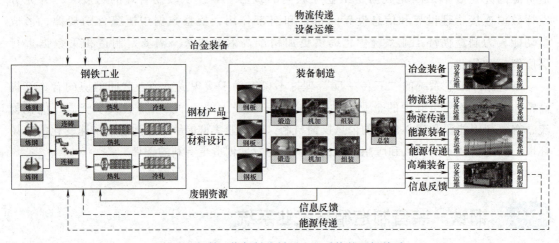

图 2-2 钢铁～装备制造循环工业系统的逻辑关系

分形理论源自对广泛存在于自然界中一类没有特征尺度却有自相似结构的复杂形状的研究，其数学基础是分形几何学。当前分形理论已经超越了几何的范畴，在自然科学、工程科学、社会科学等领域都获得了广泛的应用，成为研究复杂对象的重要方法和工具。分形理论是描述复杂对象背后规律性、揭示局部与整体之间关系的一种方法论，其基本思想是挖掘客观对象的自相似层次结构，通过认识局部来认识整体，从有限中认识无限，揭示介于整体与局部、有序与无序、复杂与简单之间的新形态、新秩序。应用分形理论认识事物时，总是把复杂对象分解为若干简单的要素来研究，从宏观向微观逐步深化的认识论，是基于系统自相似性的思想，与系统论互为补充，二者完整地构成了辩证的认识论体系。

自相似是分形理论的重要原则，按照其性质，可以分为精确自相似、半自相似和统计自相似三类。精确自相似是一类最强的自相似，分形在任一尺度下都显得一样，由迭代函数系统定义出的分形通常会展现出精确自相似。例如，科赫曲线就是一个典型的精确自相似分形，每个部分都和整体相似。半自相似是一种较松的自相似，分形在不同尺度下会显得大略（但非精确）相同。半自相似分形包含有整个分形扭曲及退化形式的缩小尺寸。由递推关系式定义出的分形通常是半自相似，但不是精确自相似。统计自相似是最弱的一种自相似，这种分形在不同尺度下都能保有固定的数值或统计测度。大多数对"分形"合理的定义自然会导致某一类型的统计自相似（分形维数本身即是个在不同尺度下都保持固定的数值测度）。随机分形是统计自相似，但非精确及半自相似的分形的一个例子。

钢铁~装备制造循环工业系统包括企业间主循环以及企业内微循环，企业间主循环是通过不同企业之间资源、能源、物流和信息的循环实现全要素的系统优化，企业内微循环是针对生产要素在企业内不同运作环节的系统优化。从循环的要素、结构和功能来看，主循环和微循环之间具有分形特征，即在不同的空间尺度或时间尺度上，二者具有相似性。

2.3.2 钢铁工业微循环

钢铁工业是典型的流程型制造业，从原料输入到成品产出通常需要经过炼铁、炼钢、热轧、冷轧等四个主要阶段。炼铁阶段是通过焦炭等还原剂将金属铁从铁的氧化物中还原出来的连续生产过程。炼钢阶段是以铁液为输入，在转炉中吹氧脱碳以调节成分形成高洁净度钢水，在精炼炉中真空脱气、添加合金形成特定成分等级的钢液，在连铸机上冷却凝固并切割成固态板坯的过程。热轧阶段是将板坯加热至高温并通过轧辊连续辗轧使其延展变薄形成板卷的过程。冷轧阶段是将热卷经酸洗去除氧化皮后进行压力加工形成轧硬卷，通过连退、镀锌和彩涂等不同工序改善其力学性能与表面质量，形成高附加值产品的过程。钢铁生产流程如图2-3所示。

图2-3 钢铁生产流程

炼铁是钢铁工业生产过程中物质转换的第一步。输入物质包括铁矿石、焦炭、熔剂（如石灰石）和热风等，铁矿石提供铁元素，焦炭作为还原剂和燃料，熔剂用于去除杂质，热风提供反应所需的高温。输出物质包括生铁、炉渣和废气等，其中生铁是目标产品，炉渣主要是熔剂和矿石中的杂质结合形成的副产品，废气主要是含有二氧化碳和一氧化碳的气体。炼铁过程的物理变化主要表现为铁矿石从固态变为液态，熔剂与杂质结合形成液态炉渣，物质形态发生改变；化学反应表现为在高温下铁矿石中的铁氧化物被焦炭还原为金属铁。能量转换主要表现为热风提供的高温能量使化学反应得以进行，焦炭燃烧释放的化学能转化为热能，维持高炉内的高温环境。炼铁过程的能源消耗及环境影响显著，大量焦炭和电力的使用伴随着二氧化碳和炉渣的排放。原料的质量直接影响高炉的运行效率和生铁的品质，因此原料选择和处理成为炼铁生产的关键环节。高炉产出的铁水需要兑入鱼雷罐内，由机车牵引经铁水预处理站进行脱磷、脱硫、扒渣后送往炼钢车间作为原料进行下一步加工。炼铁过程的显著特征包括高温作业、连续生产、能源消耗高和环境影响大。

炼钢阶段对应的主要生产工序为冶炼、二次精炼和连铸。冶炼过程输入物质包括铁水、废钢、合金元素、氧气、熔剂等，输出物质包括钢水、炉渣和废气等。主要物理变化表现为铁水和废钢在高温下熔化形成钢水，熔剂与杂质结合形成炉渣，浮在钢水表面便于去除。主要化学反应包括碳的氧化、硅的氧化和硫的去除。精炼过程的目的是进一步去除钢水中的杂质，调整合金元素含量，改善钢水的纯净度和均匀性，主要的精炼方式包括真空脱气、炉外精炼等。连载是将精炼后的钢水变为固态半成品（如板坯、方坯）的过程，包括钢水浇注、结晶器成型、二次冷却和火焰切割等一系列步骤。

热轧阶段对应的主要生产工序为热轧、精整。主要生产设备包括步进式加热炉、粗轧机、飞剪、精轧机、平整线、分卷线等，运输设备包括台车、吊机、运输链、卡车。该区域的主要生产工序是将炼钢工序送来的板坯由吊机送到加热炉进行加热，然后在各热轧机组上轧制成各种规格的钢卷（或其他轧材），钢卷由台车、吊机、运输链输送到平整线、分卷线进行精整、修理、打捆、取样、外发、转库等作业。按合同要求，热轧工序产品可以直接出厂，也可以送到冷轧区域经过进一步精加工后再出厂。

冷轧阶段主要生产设备包括轧机、罩式炉、连续退火机组、连续热镀锌机组、连续电镀锌机组、连续彩色涂层机组、重卷机组、纵切机组、横切机组和翻板清洗机组，运输设备主要是卡车。该区域的主要生产工序是对来自热轧工序的半成品，按照客户订货要求，有选择地进行酸洗、冷轧、退火、热镀锌、电镀锌、彩涂等，形成满足客户要求的各种规格尺寸、表面等级、机械性能的产品。酸洗作业清除产品表面的杂质；冷轧作业可以将产品轧制到精确的规格尺寸，或改善产品的机械性能；退火作业减轻产品的内部应力，提高产品的可塑性；彩涂作业可以增强产品的抗腐蚀能力等。

钢铁工业是一个资源密集、能源密集、重型物流和信息密集的行业。物质和能量在特定装备中按照一定的工艺次序和方法进行转换和流动，形成一个复杂而有序的生产系统。在生产过程中，钢铁工业消耗大量的铁矿石、废钢、合金和水资源。此外，钢铁生产还涉及大量的煤炭、电力和天然气等能源的消耗，占据了全球能源消费和碳排放的显著比例。钢铁物流则涵盖了原料的采购、储存、运输以及成品的配送，涉及大规模、高强度的物流活动。信息技术在钢铁工业中起到了至关重要的支撑作用，通过自动化控制、实时监控和智能决策支持系统，提升了生产效率和质量。

1. 资源传递

钢铁工业生产过程中需要消耗大量的铁矿石、废钢、合金、水等自然资源，是典型的资源密集型行业。铁矿石是钢铁生产的主要原料，主要分布在全球少数几个国家和地区，如澳大利亚、巴西、俄罗斯、中国和印度等。矿产资源的地域分布不均使得一些国家对进口铁矿石的依赖程度较高。2023 年，全球粗钢产量达到约 19 亿 t，按生产 1t 粗钢需要 1.5~2t 的铁矿石计算，全球钢铁工业 2023 年铁矿石消耗量为 28.5 亿~38 亿 t。矿产资源的枯竭或供应不足会直接影响钢铁行业的生产能力和持续发展。为应对上述挑战，钢铁企业和各国政府采取了多种措施，包括：加强资源勘探和开发，特别是在未开发或开发程度较低的地区进行地质勘查，寻找新的矿藏；提高矿石的利用效率，通过技术创新和工艺改进，降低矿石消耗量，提高资源利用率；研发新材料和替代技术，如直接还原铁（DRI）工艺和氢基炼钢技术，减少对传统高品位铁矿石的依赖，并降低碳排放。

废钢铁是钢铁工业可持续发展的重要资源，尤其是电炉炼钢重要的、必不可少的原料。

利用废钢可以显著降低对铁矿石的依赖，减少原料采购成本。废钢回收利用不仅成本较低，还能减缓铁矿石资源的枯竭。随着科技进步和环保要求的提高，废钢利用将在钢铁生产中发挥越来越重要的作用。其主要发展方向：通过完善废钢回收体系，推动废钢回收率的提高，确保更多的废钢能够进入再利用环节；开发和应用先进的废钢处理技术，提高废钢的纯净度和质量，确保其满足高端钢材生产的要求；电炉炼钢以废钢为主要原料，具有能耗低、污染少、灵活性高的优点，推广电炉炼钢技术，有助于提高废钢利用率，推动钢铁工业的绿色发展。

钢铁生产过程中不仅需要大量的铁矿石和废钢，还需要添加各种合金元素以提高钢材的性能和质量。合金元素的加入使得钢材具有不同的物理特性和化学特性，满足各类工业应用的需求。钢铁生产中常用的合金元素包括锰、铬、镍、钼、钛、钒、钨、硅等，每种元素都有独特的作用。例如，锰用于提高钢的强度和韧性，铬用于增强耐腐蚀性，镍用于提高韧性和抗冲击性。合金元素大多来源于矿产资源，通过复杂的开采和冶炼工艺获得。合金元素在开采和冶炼过程中会产生大量的废水、废气和固体废弃物。这些污染物如果不经过有效处理，可能会对周边环境和生态系统造成严重破坏。因此，钢铁企业在使用合金元素时，必须高度重视环保措施，采取有效的技术手段减少生产过程中的污染排放，保护环境，确保可持续发展。

钢铁工业还需要大量的水资源，主要用于冷却和除尘。炼铁和炼钢过程中的高温工艺需要大量的冷却水，以保证设备的正常运行和工艺的稳定进行。例如，高炉炼铁需要持续供水进行冷却，以防止设备因高温损坏或工艺中断。在电炉炼钢过程中，冷却水同样用于控制高温，确保冶炼的稳定和安全。水资源使用不局限于冷却和除尘，还包括其他工艺用水。例如，在连铸连轧过程中，水用于冷却钢坯，防止高温下的钢材变形和氧化。此外，水还用于钢材的表面处理和清洗，以去除生产过程中附着的氧化皮和杂质，确保钢材的质量。钢铁工业对水资源的需求量巨大，通过循环水系统可以实现水资源的多次利用，减少新鲜水的消耗。

2. 能源传递

钢铁行业作为典型的能源密集型产业，能源消费总量约占全国能源消费总量的 11%，碳排放量约占全国碳排放总量的 15%。铁生产过程中涉及大量的煤炭、电力、天然气等能源，这些能源不仅是钢铁生产的必要投入，也是决定其成本和环境影响的关键因素。

煤炭在钢铁生产中扮演着至关重要的角色。高炉炼铁是钢铁生产的主要工艺之一，而焦炭则是高炉炼铁过程中不可或缺的能源和还原剂。焦炭由煤炭高温炼制而成，在高炉中燃烧提供高温热量，并与铁矿石中的氧化铁发生还原反应，生成铁水和二氧化碳。据统计，每生产 1t 生铁需要 0.5~0.7t 焦炭，而每吨焦炭的生产又需要大约 1.3t 煤炭。因此，钢铁工业对煤炭资源的消耗量是巨大的。

电力也是钢铁生产中的重要能源。特别是在电炉炼钢过程中，电力消耗尤为显著。电炉炼钢是将废钢等原料放入电弧炉中，通过电弧放电产生的高温来熔化金属。这个过程需要消耗大量的电力，电炉炼钢的电耗为每吨钢 400~500kW·h。此外，在连铸连轧等现代钢铁生产工艺中，电力也广泛用于驱动各种设备和机械，如电动机、加热炉、轧机等。

天然气也是钢铁工业的重要能源之一。随着环保要求的提高，天然气作为一种清洁能源，在钢铁生产中的应用越来越广泛。例如，天然气可以作为加热炉的燃料，用于钢坯的加热和轧制，也可以用作还原剂，在直接还原铁生产工艺中，天然气通过裂解生成的氢气和一氧化碳与铁矿石中的氧化铁发生还原反应，生成铁水。这种工艺相比传统高炉炼铁具有更低的碳排放量，是一种绿色环保的钢铁生产方式。

钢铁工业的高能耗特点还带来了环境保护的压力。能源的消耗不仅意味着资源的消耗，还伴随着大量的污染物排放。例如，煤炭燃烧产生的二氧化碳、二氧化硫、氮氧化物等温室气体和有害气体，都是大气污染的主要来源；电力生产过程中，如果采用燃煤发电，同样会产生大量的二氧化碳和污染物。因此，钢铁企业在使用能源的同时，必须采取有效的环保措施，减少污染物的排放。

3. 物流传递

钢铁物流涵盖多个关键环节，确保从原料到成品钢材的高效运转。在原料采购与运输方面，铁矿石、焦炭和石灰石等原料通常通过海运或铁路运输到钢铁厂，使用大型货船、火车和卡车等运输工具。到达钢铁企业后，这些原料需要进行储存和管理，使用专用的储存设施和设备，确保生产过程中的持续供应。在生产物流环节，原料需要进行搬运、装卸和配送，以确保炼铁、炼钢、热轧和冷轧等各个环节的顺畅进行，这一过程使用各种起重设备和搬运工具。成品钢材生产出来后，需要及时运输到市场和用户手中。根据不同产品的特点，选择合适的运输工具和方式，如铁路运输、卡车运输或海运。最终，钢铁产品在运输到目的地后，通常需要进行仓储管理，并根据用户需求进行分拣和配送，使用现代化的仓储管理系统和配送设备，确保产品能够及时、准确地送达用户手中。钢铁物流作为重型物流的典型代表，具有以下几个显著特点：

1）大规模原料运输。钢铁生产需要大量的原料，如铁矿石、焦炭和石灰石。这些原料往往来自不同国家或地区，需要通过海运、铁路运输和公路运输等方式进行大规模运输。每次运输的体积和重量都非常庞大，物流过程中需要使用大型运输工具和设备。

2）高频次和高强度的运输需求。钢铁生产是一个连续性很强的过程，对原料和成品的运输需求非常高频次和高强度。炼铁和炼钢过程中需要持续不断地供应原料，同时还需要将生产出的钢材及时运送到市场和用户手中。由于钢铁产品的体积和重量大，对运输工具和基础设施的要求高。

3）特殊的装卸和储存要求。钢铁物流涉及的产品形态多样，包括铁矿石、焦炭、钢坯、钢卷等。这些产品在装卸和储存过程中需要使用专门的设备，如起重机、吊车、专用货架等。尤其是钢卷等产品，对运输和储存过程中的防护措施要求很高，以防止产品损坏。

4）高成本和高风险。由于钢铁物流的运输距离长、运输量大，且涉及的物资价值高，因此其物流成本非常高。此外，钢铁物流还面临着运输过程中的各种风险，如交通事故、自然灾害、市场波动等，这些因素都可能对物流过程造成重大影响。

4. 信息映射

信息技术的引入和发展极大地提升了钢铁生产的效率和质量，推动了钢铁工业的现代化进程。没有信息技术，现代化钢铁生产的复杂性和精细程度将难以实现。信息技术的应用包括自动化控制系统、实时数据监控、智能决策支持系统等多个方面。这些技术手段不仅提高了生产过程的精确度和一致性，还大幅减少了人为操作的误差和风险。通过使用传感器和数据采集系统，钢铁厂可以实时监控高炉、转炉和轧钢设备的运行状态，及时发现并处理异常情况，确保生产过程的连续性和稳定性。通过大数据分析和人工智能算法，企业可以对生产数据进行深度挖掘和分析，预测生产趋势，优化生产工艺，提高产品质量。例如，机器学习算法可以根据历史生产数据，优化炼钢过程中的配料和温度控制参数，从而生产出更高质量的钢材。通过能耗管理系统，钢铁企业可以实时监控生产过程中的能耗情况，识别高能耗环节，采取措施降低能耗，减少二氧化碳排放。此外，先进的环保监测系统可以实时检测生产过程中产生的废气、废水和固体废弃物，确保排放符合环保标准，保护环境。

钢铁生产过程中的各个环节，包括原料供应、生产制造、质量控制、物流配送等，都是相互联系、相互作用的。信息技术通过集成这些环节的数据和信息，实现整体优化和协调。信息技术将钢铁生产中的设备、人员、流程等通过网络连接起来，形成一个高度互联的系统。这样的系统能够实时监控和调节生产过程，提高生产的灵活性和响应速度。钢铁生产过程中的环境和条件是动态变化的。信息技术通过实时数据采集和分析，能够动态调整生产参数，确保生产过程的稳定和优化。

2.3.3 装备制造微循环

装备制造业是典型的离散型制造业，包括机械装备、航空装备等，都与钢铁工业的关系密切。以机械装备为例，从原料输入到成品产出通常需要经过材料成型、机械加工、热处理和装配等主要阶段。

材料成型的目的是将原料加工成接近最终形状的毛坯，为后续加工提供基础，包括铸造、锻造和冲压等不同工艺。铸造是将熔融金属倒入预先制好的模具中，经过冷却凝固后形成具有预定形状和尺寸的零件，具体作业步骤包括模具准备、金属熔炼、浇注、冷却与凝固、脱模清理等，适用于大批量生产复杂形状的零件，如汽车发动机缸体、船舶螺旋桨、机器底座等。锻造是利用锻锤或压力机等设备对金属坯料施加压力，使其在高温下产生塑性变形，得到具有一定形状、尺寸和机械性能的锻件，具体作业步骤包括加热、锻打挤压、冷却等，适用于制造高强度、高韧性的零件，如发动机叶片、汽车传动轴、起重机吊钩等。冲压是利用冲压机和模具对金属板材施加压力，使其产生塑性变形或分离，从而获得具有一定形状、尺寸和性能的零件，具体作业步骤包括准备、冲压、弯曲、拉深、冲孔等，适用于大批量生产零件尺寸精度高、质量稳定的薄板零件，如汽车车身面板、电子设备外壳、家用电器零件等。

机械加工阶段则是通过一系列精密的工艺过程，将原料加工成符合设计要求的零件，包括"车、钳、铣、刨、磨"五种常见的加工工艺。车削是使用车床加工旋转体零件的工艺，通过切削去除材料，使工件达到所需的尺寸和形状，主要使用车床，包括普通车床、数控车床和自动车床，用于加工圆柱形、圆锥形、球形和螺纹形等工件。钳工是使用手工工具进行加工和装配的工艺，用于精密调整、修整和装配工作，使用手锉、锯子、锤子、钻床等手工工具和小型机械设备，进行钻孔、攻丝、铰孔、锉削、锯切、打磨等手工操作。铣削是使用铣床加工工件的平面、沟槽和复杂轮廓的工艺，通过旋转的多刃刀具进行切削，主要使用立式铣床、卧式铣床、数控铣床和龙门铣床等，适用于加工平面、沟槽、斜面、螺旋面和成形面等。刨削是使用刨床通过往复运动的刨刀进行加工的工艺，用于加工大型平面和沟槽，主要使用牛头刨床、龙门刨床等，适用于加工平面、直槽、成形面等。磨削是使用磨床通过高速旋转的砂轮进行精密加工的工艺，用于提高工件的表面质量和尺寸精度，主要使用平面磨床、外圆磨床、内圆磨床、工具磨床和数控磨床等，适用于加工硬度高、精度要求高的工件。

热处理主要用于改变材料的物理性能和力学性能，使其达到所需的硬度、强度、韧性和耐磨性等特性，包括淬火、回火、退火、正火、表面淬火和渗碳等工艺。①淬火是将金属材料加热到临界温度以上，保温一定时间后迅速冷却的过程，目的是提高材料的硬度和强度，工艺步骤为加热→保温→快速冷却（通常在水、油或空气中冷却），适用于轴类、齿轮、刀具和其他需要高硬度和耐磨性的零件。②回火是淬火后的热处理工艺，通过加热到低于临界温度的某一温度，保温后再缓慢冷却，目的是减少材料的脆性，提高韧性和塑性。其工艺步骤为加热→保温→缓慢冷却，适用于各种经过淬火处理的零件，以减少内应力和脆性，如弹簧、工具和轴承。③退火是将金属材料加热到一定温度后缓慢冷却的过程，用于消除内应力、软化材料、改善塑性和韧性，以及细化晶粒。其工艺步骤为加热→保温→缓慢冷却，适用于板材、线材和焊接结构等，特别是在冷加工前的预处理。④正火是将金属材料加热到临界温度以上，保温后在空气中冷却的过程，目的是细化晶粒、均匀组织、改善机械性能。其工艺步骤为加热→保温→空气冷却，适用于碳钢和低合金钢零件，如齿轮、轴和焊接结构件。⑤表面淬火是将金属材料表面加热到淬火温度后迅速冷却的工艺，使表面硬化，而心部仍保持韧性和塑性。其工艺步骤为表面加热→快速冷却，适用于需要表面硬度和耐磨性，而心部需要保持韧性的零件，如齿轮、凸轮轴和滚动轴承。⑥渗碳是将低碳钢件置于含碳物质的介质中加热，使碳原子渗入表面层，然后进行淬火和回火，以提高表面硬度和耐磨性。其工艺步骤为渗碳加热→保温→淬火→回火，适用于表面要求高硬度和耐磨性，而心部保持韧性的零件，如齿轮、轴和凸轮。

装配是机械装备制造过程的最后一个重要阶段，旨在将各个加工完成的零件和组件按照设计要求组装成完整的装备。 涂装是指在零件或产品表面覆盖一层保护层或装饰层，以提高其耐腐蚀性、美观性和使用寿命的工艺。装配是将加工完成的零件和组件按照设计要求组装成子组件或成品的过程。总装是将各个子组件和零件按照设计要求进行最终组装，形成完整产品的过程。

机械装备制造在资源传递、能源传递、物流传递和信息映射方面也有显著的特征，主要体现在资源多样化，依赖大量电力和热能，具有复杂的物流需求，并且信息技术被广泛应用于提升生产效率和产品质量。

1. 资源传递

机械装备制造需要大量的金属材料（如钢铁、有色金属、稀有金属等）以及非金属材料（如塑料、复合材料等），与钢铁工业相比，其资源消耗并不如钢铁工业那样集中和巨大。机械制造业更多依赖于加工成品和半成品，而不是原料，因此其资源消耗相对分散和多样化，这种特性使得机械制造业能够灵活应对不同的材料需求，通过优化材料利用率和资源配置来实现高效生产和成本控制，从而提升整个行业的竞争力和可持续发展能力。

采用先进的加工技术，如增材制造和精密加工技术，可以提升机械装备制造业资源传递效率。 增材制造是一种通过逐层堆积材料来制造零件的技术，这种技术能够显著提高材料利用率，减少浪费。与传统的减材制造（如切削、铣削等）相比，3D打印能够根据设计需求精确添加材料，从而减少废料的产生。金属3D打印技术被广泛应用于制造复杂、高精度的零件，不仅提高了材料利用率，还降低了生产成本和时间。精密加工技术包括激光切割、水刀切割和高精度数控机床等，这些技术能够显著减少材料浪费，提高加工精度。激光切割适用于高精度、复杂形状的金属和非金属材料加工，能够实现高效、无接触的精密切割；水刀切割则通过高压水流切割材料，适用于各种材料的切割，特别是热敏感材料；高精度数控机床根据材料的尺寸和形状，智能规划切割路径和布局，最大限度地利用材料，减少浪费。

2. 能源传递

机械装备制造业的能源结构主要由电能、热能等构成，形成多样化和复合型的能源利用体系。能源传递过程表现为高电能消耗、显著热能需求、间歇性高能耗和瞬时高功率消耗等特征。机械加工设备如数控机床、激光切割机和焊接设备等主要依赖电能，电能消耗占据了装备制造业能源使用的主要部分。现代数控机床和其他高效设备虽然具有较高的能效，但其高频率、高强度的运行使得整体电能消耗依然巨大。这些设备在运行过程中依赖电能进行驱动和操作，以实现高精度和高效率的生产。热能在装备制造业中也是不可或缺的，主要通过燃烧燃料或电加热获得，用于热处理、铸造、锻造和表面处理等工艺。热处理工艺需要高温条件来改变工件的物理和机械性能，而铸造和锻造工艺则需要熔炼金属并进行成型。另外，铸造和锻造等工序通常是间歇进行的，在短时间内需要大量能量输入，表现出明显的间歇性高能耗特征。而焊接和切割等工序则在工作时瞬时功率需求高，导致瞬时高能耗。此外，冷却系统在热处理、焊接和切割等高温工艺中发挥重要作用，这些系统的运行需要额外的电能，增加了间接的能源消耗。

3. 物流传递

机械装备制造企业内的物流作业内容涵盖了从原料接收到成品出厂的整个生产流程。原料和零件的接收和检验是物流作业的起点。企业通常设置专门的仓储区对接收的原料进行验收和质量检验，确保材料符合生产要求。物料的存储和保管是关键环节，仓库管理系统被广泛应用于优化库存管理，确保物料在需要时能够及时供应。物料的搬运和配送是物流作业的核心，包括从仓库到生产线的物料输送，以及各个工序之间的在制品的搬运。为此，企业可能采用自动化立体仓库、传送带、AGV（自动导引车）等现代物流技术，以提高搬运效率和准确性。生产过程中的物料跟踪与管理也至关重要，通过条码、RFID（射频识别）等技术，企业可以实现对物料的实时跟踪，确保生产过程的透明和可控。成品的包装、存储和出库也是物流作业的重要组成部分。成品需要经过严格的质量检验和包装后存入成品库，并根据订单需求进行配货和发运。

机械装备制造企业内物流传递具有高频次、多环节、复杂性和技术密集性的特点。高频次的物流作业是机械制造企业的一个显著特征。由于生产过程中的原料和零件需求量大，各工序之间的物料输送频繁，因此，物流作业必须高效且无缝衔接，确保生产线的连续运行。多环节的物流作业涉及多个独立但互相关联的流程，从原料入库、存储、分拣、输送、在制品管理到成品出库，每一个环节都需要精细管理和协调。物流环节的复杂性也体现在物料种类多、数量大和需求变动频繁等方面，企业需要灵活的物流管理策略以应对各种变化和挑战。机械制造企业的物流作业高度依赖现代物流技术和信息技术。自动化仓储系统、AGV、条码和RFID技术被广泛应用，以提升物流作业的效率和准确性。机械制造企业物流作业还需要高度的协调和协同，物料的及时供应是保障生产顺利进行的基础。

4. 信息映射

信息技术使得数据的流动更加迅速和准确，提高企业的响应速度和决策效率。机械装备制造企业内的数据流通过程涵盖从订单接收到产品出厂的整个生产周期。企业通过客户关系管理系统（CRM）接收订单信息，随后将订单数据传输到企业资源计划（ERP）系统，进行生产计划的制订。ERP 系统根据订单需求和库存情况，生成生产计划和物料需求计划（MRP），并将相关数据传递给制造执行系统（MES）。在生产过程中，MES 负责协调和管理生产任务，实时监控各工序的进展情况，并将数据反馈给 ERP 系统。各生产环节的设备数据、工艺参数、工序进度等通过物联网（IoT）和传感器实时采集，上传至 MES 进行分析和处理。生产完成后，质量管理系统（QMS）对产品进行检验和测试，生成质量报告并将数据反馈给 MES 和 ERP 系统，以确保产品符合标准。在产品出库阶段，仓库管理系统（WMS）负责管理成品的存储和运输，相关数据也会反馈至 ERP 系统，完成整个数据流的闭环管理。

机械装备制造企业内数据流动具有实时性、高集成度、复杂性和精准性的主要特征。实时性是机械装备制造企业数据流动的一个重要特征。通过物联网、传感器和实时数据采集系统，企业能够实时获取生产过程中的各类数据，如设备运行状态、工艺参数、生产进度等，这些数据被即时传输到 MES 和 ERP 系统，以便进行实时监控和动态调整，确保生产过程的顺利进行和效率优化。高集成度体现在企业各业务系统的高度互联和数据共享上。CRM、ERP、MES、QMS、WMS 等系统之间的数据无缝传递和共享，实现从订单管理、生产计划、生产执行、质量控制到物流管理的全流程数据集成，打破"信息孤岛"，提升企业整体运营的协同效率。数据流动的复杂性则表现在数据类型多样、数据来源广泛和数据处理复杂等方面。大量结构化数据和非结构化数据来自不同的生产设备、管理系统和业务流程，需要经过复杂的分析和处理，以支持决策和优化管理。准确性是指准确的数据采集、传输和处理是保证生产质量和管理决策科学性的基础。

本 章 小 结

本章探讨了现代化产业体系的内涵与特征，指出完整性、先进性和安全性是现代化产业体系的三大特征，制造业通过资源整合、技术创新和高效管理推动产业体系的建设与发展。高端化、智能化和绿色化成为制造业转型升级的主要方向。针对制造业集群发展中的供需失配、流通阻塞等挑战，本章提出了制造循环工业系统的"三传一反"理论，重点解析了资源传递、物流传递、能源传递和信息反馈在企业间与企业内的循环过程，并通过钢铁~装备制造循环工业系统，阐明了"三传一反"理论对提升产业协同效应与高质量发展的支撑作用。

💡 思考题

1. 描述现代制造业体系中制造业集群的优势和发展趋势。
2. 简述制造循环工业系统中的"三传一反"理论及其重要性。
3. 讨论在钢铁工业中，资源、能源和物流的传递如何影响生产效率和环境。
4. 探讨信息技术如何提升机械制造企业的数据流动效率和精准性。
5. 比较钢铁工业与机械制造业在资源传递和能源消耗方面的异同点。

参 考 文 献

［1］ 中华人民共和国国务院，国务院办公厅关于印发"十四五"现代物流发展规划的通知，2023 年 02 月 21 日，《中国对外经济贸易文告》，北京.

［2］ 干勇，谢曼，廉海强，等. 先进制造业集群现代科技支撑体系建设研究［J］. 中国工程科学，2022，24（2）：22-28.

［3］ 李晓华. 面向制造强国的现代化产业体系：特征与构成［J］. 经济纵横，2023（11）：59-70.

［4］ ALCACER J, DELGADO M. Spatial organization of firms and location choices through the value chain［J］. Management science, 2016, 62（11）：3213-3234.

［5］ BAUER T, BANZER P, KARIMI E, et al. Observation of optical polarization Mobius strips［J］. Science, 2015, 347（6225）：964-966.

［6］ HELLWEG S, CANALS L M I. Emerging approaches, challenges and opportunities in life cycle assessment［J］. Science, 2014, 344（6188）：1109-1113.

［7］ KURNSTEINER P, WILMS M, WEISHEIT A, et al. High-strength damascus steel by additive manufacturing［J］. Nature, 2020, 582（7813）：515-519.

［8］ WEST G B, BROWN J H, ENQUIST B J. The fourth dimension of life：fractal geometry and allometric scaling of organisms［J］. Science, 1999, 284（5420）：1677-1679.

第3章

基于图与复杂网络的循环管理模式

制造循环工业系统是一个由多主体按照特定交互关系连接而成的网络，各制造主体的角色日益多元化。图论作为研究对象间特定关系的理论，可以有效地应用于制造循环工业系统的基本组成和功能结构分析。通过图论方法，可以将制造循环工业系统中的多个主体映射为点集，并将各主体之间

章知识图谱　　　　说课视频

的资源、能源、物流和信息交换关系映射为边集。通过构建图模型，能够精确刻画各主体之间的逻辑关系和关联特征，深入挖掘制造循环工业系统的整体网状结构特性。制造循环工业系统的对象不断变化，其发展演化过程具有动态性、复杂性、整体性和关联性等特征，本质上可视为一个动态演化的复杂网络系统。采用复杂网络理论，可以分析系统的整体结构特征及其形成机理；通过分析制造企业节点的微观行为，挖掘制造循环网络的演化规律，解析不同演化机制下的网络拓扑性质，发现网络中的关键动力节点。应用统计物理方法，探讨制造循环工业系统的动态不确定性，分析系统中企业主体及其相互关系随时间的动态演化。利用网络关联分析方法，刻画制造企业间的相互关联及依存关系，设计管理机制以实现制造网络的畅通循环，实现有组织制造。

本章首先介绍图与复杂网络的基础理论，然后介绍基于图论的立体网状结构管理模式，最后介绍基于复杂网络的动态演化管理模式。

3.1 图与复杂网络的基础理论

3.1.1 图的基础理论

图论起源于18世纪瑞士数学家莱昂哈德·欧拉（Leonhard Euler）对哥尼斯堡七桥问题（Seven Bridges Problem）的解决。这一问题是图论历史上的里程碑事件，标志着图论这一数学分支的诞生。在18世纪，位于普鲁士的哥尼斯堡（现为俄罗斯加里宁格勒）城中有普雷格尔河（Pregel River）流过，河中有两座岛屿，岛屿与河岸通过七座桥相连，如图3-1左侧所示。欧拉提出的问题是：能否从城市中的某个陆地区域出发，经过每座桥一次且仅一次，

最终回到起点？无数次的尝试都未成功，直到欧拉提出了一种抽象的方法解决这一问题。他将每个陆地区域表示为一个点（顶点），将每座桥表示为一条线（边），从而构建出一个抽象的"图"，如图3-1右侧所示。

图3-1　哥尼斯堡七桥问题

欧拉证明了这个问题没有解，他的证明方法成为图论的开端。他提出的判定法则指出，对于一个图能否按某种方式走遍（即一笔画），必须满足以下条件：若一个图中所有顶点的度（与该顶点连接的边的数量）均为偶数，则该图可以一笔画；若只有两个顶点的度为奇数，则可以从一个奇数度顶点开始，一笔画到另一个奇数度顶点；若有超过两个顶点的度为奇数，则该图不能一笔画。在哥尼斯堡七桥问题中，所有顶点的度均为奇数，因此无法通过每座桥一次且仅一次。这项工作不仅解决了一个实际问题，还引入了一个新的数学研究领域——图论。欧拉因此被誉为"图论的创始人"。

图以点边连接的形式刻画不同对象的内在联系，其拓扑结构能够形象地描述问题特征，为发现系统结构提供有效的建模工具。图论研究专注于为图的性质提供严格证明，如图划分、图着色和图覆盖等，应用范围涉及计算机科学、物理学、社会学和生物学等诸多领域。基于图的性质分析能够从深层次挖掘对象在不同尺度下行为的相关性，进而为系统的优化决策提供理论支撑，为高效算法设计提供有力工具。下面介绍图的定义、类型、基本术语、表示方法、重要定理和主要应用。

1. 图的定义

图（Graph）是由一组顶点和连接这些顶点的边构成的数学结构。形式上，一个图 G 通常表示为 $G=(V, E)$。其中，V 是顶点的集合，E 是边的集合。

1）顶点：图的基本元素，表示事物或节点。通常用字母 v 表示顶点。

2）边：连接顶点的线，表示顶点之间的关系。边可以是无向的，也可以是有向的。无向边表示对称关系，有向边表示有序关系。

在图的定义中规定顶点集 V 为非空集，但在图的运算中可能产生顶点集为空集的运算结果，为此规定顶点集为空集的图为空图，并将空图记作 $\varnothing$。

2. 图的类型

1）无向图（Undirected Graph）：边没有方向，表示关系是对称的。无向图记为 $G=(V, E)$。其中，每条边 $e \in E$ 是顶点集 V 的无序对。

2）有向图（Directed Graph）：边有方向，表示关系是有序的。有向图记为 $G=(V, E)$。其中，每条边 $e \in E$ 是顶点集 V 的有序对。

3）加权图（Weighted Graph）：边带有权重，表示关系的强度或距离。权重可以是正数、负数或零。

4）简单图（Simple Graph）：没有重边（多条边连接同一对顶点）和自环（连接自身的边）的图。

5）多重图（Multigraph）：允许存在重边和自环的图。

6）平面图（Planar Graph）：可以在平面上绘制而没有边的交叉的图。

7）二部图（Bipartite Graph）：顶点集可以划分为两个不相交的子集，使得每条边连接的顶点分别属于这两个子集中的一个。

3. 图的基本术语

1）度（Degree）：一个顶点的度是连接该顶点的边的数量。在无向图中，顶点 v 的度记为 $\deg(v)$；在有向图中，顶点 v 的入度（In-degree）记为 $\deg^-(v)$，出度（Out-degree）记为 $\deg^+(v)$。

2）路径（Path）：从一个顶点到另一个顶点的边的序列。路径中所有的边和顶点必须是相连的。路径的长度是路径中边的数量。

3）环（Cycle）：以同一顶点开始和结束的路径。环不允许重复边和顶点（除了起点和终点相同）。

4）连通图（Connected Graph）：在无向图中，若任意两个顶点之间都有路径相连，则称该图为连通图。

5）强连通图（Strongly Connected Graph）：在有向图中，若任意两个顶点 u 和 v 之间都有路径相连（即 u 到 v 和 v 到 u 都有路径），则称该图为强连通图。

6）诱导子图（Induced Subgraph）：由原图的一个顶点集所诱导出来的子图，包含所有在原图中连接这些顶点的边。

7）支撑子图（Spanning Subgraph）：包含原图中所有顶点的子图，但只包含原图边集 E 的一个子集。支撑子图可以保持原图的整体顶点结构，同时减少边的数量。

8）支撑树（Spanning Tree）：一个连通无环的子图，包含图中所有顶点并具有最小数量的边。

9）团（Clique）：高度连通的子图，其中任意两个不同的顶点都通过一条边直接相连。

10）补图（Complement Graph）：顶点集为原图的顶点集，边集为原图边集的补集。

4. 图的表示方法

1）邻接矩阵（Adjacency Matrix）：使用一个 $n \times n$ 的矩阵 A 表示图，其中，$A[i][j]$ 表示顶点 i 和顶点 j 之间的边的存在情况。对于无向图，邻接矩阵是对称的。

2）邻接表（Adjacency List）：使用顶点列表和边列表表示图。每个顶点对应一个链表，链表中存储该顶点的所有邻居。

3）边列表（Edge List）：直接列出图中的所有边，每条边表示为两个顶点的对。

5. 图的重要定理

1）Handshaking 定理：在任何无向图中，所有顶点的度之和等于边数的两倍。该定理也表明具有奇数度数的顶点数目是偶数。

2）Euler 定理：一个连通无向图存在 Euler 回路（经过每条边一次且仅一次的闭路径）的充要条件是所有顶点的度数均为偶数。一个连通无向图存在 Euler 路径（经过每条边一次且仅一次的路径）的充要条件是恰有两个顶点的度数为奇数。

3）König 定理：在任何二部图中，最大匹配数等于最小顶点覆盖数。其中，匹配表示图中一组两两不相交的边，即没有两个边共享同一个顶点，最大匹配是包含最多边的匹配。顶点覆盖是一个顶点集，使得图中的每条边至少有一个端点在这个顶点集中，最小顶点覆盖是包含最少顶点的顶点覆盖。

4）库拉托夫斯基（Kuratoski）定理：一个图是平面图的充要条件是它不包含 K_5 或 $K_{3,3}$ 的任意子图。其中，K_5 是 5 个顶点的完全图，其中每一对不同的顶点之间都有一条边；$K_{3,3}$ 是一个完全二部图，其中顶点集可以划分为两个子集，每个子集有 3 个顶点，且每个子集中的顶点与另一个子集中的所有顶点相连。

6. 图的主要应用

1）化学分子建模。在化学中，分子可以表示为图。其中，顶点代表原子，边代表化学键。图论用于研究分子的结构、性质和反应机制。化学图论的方法有助于识别分子的同分异构体、预测化学反应的产物和优化分子结构。通过计算分子的顶点度分布、环结构和路径，可以研究分子的稳定性和活性。

2）生物网络分析。在生物信息学中，图论用于分析和建模生物网络，如基因调控网络、蛋白质相互作用网络和代谢网络。顶点表示基因或蛋白质，边表示它们之间的相互作用或调控关系。通过图论分析，可以揭示生物系统复杂性和功能机制。基于网络拓扑结构，可以识别关键基因或蛋白质，有助于理解疾病机制和开发新的治疗方法。

3）电力网络分析。电力网络可以用图来表示。其中，顶点代表发电站、变电站和用户节点，边代表输电线路。图论在电力网络中的应用包括分析网络的连通性、稳定性和可靠性。最小支撑树算法用于设计低成本、高效的输电网络。图论还用于检测网络中的关键节点和薄弱环节，提升电网的鲁棒性和抗故障能力。

4）交通网络管理。交通网络可以用图来表示，顶点代表交通枢纽（如城市、机场、车站），边代表连接枢纽的交通线路（如道路、航线、铁路线）。图论在交通网络管理中用于优化路径规划、交通调度和资源配置。图论还用于分析交通网络的连通性和脆弱性，通过识别关键节点和边，提升交通系统的鲁棒性和抗灾能力。

5）社交网络分析。社交网络可以用图来表示。其中，顶点代表用户，边代表用户之间的关系。通过图论方法，可以分析网络中节点的中心性，识别关键人物或影响者。社交网络的社区发现算法能够帮助识别社群和群体行为。

3.1.2 超图的基础理论

现实世界是由多种主体、多种关系组成的复杂系统。不同系统结构在网络中表现为节点（Nodes）与边（Edges）的不同质性。然而，在某些情况下，普通的图并不能完全刻画真实世界的网络特征。例如，在合作撰写论文的网络中，普通图虽然能表示作者之间是否合作，但不能表示出是否有三个或者更多的作者合作撰写一篇论文。

为了解决这个问题，数学家克劳德·贝尔日（Claude Berge）于 20 世纪 60 年代提出了一种新的图理论：超图（Hypergraph）。在超图中，以作者为节点，以合作成果为超边，完美地描述了这类网络特性。超图中的每条超边可以连接多个节点，从而准确表示多个作者共同合作的关系。

随后，学者们对超图理论进行了深入研究，发展了有向超图理论，研究了超图的超回路（Hypercycle）、着色问题以及 t-设计等方面的内容。这些研究极大地扩展了图论的应用范围，提供了更为强大的工具来描述和分析复杂系统中的多元关系。超图是图论中的一种推广形式，与传统图不同，超图中的边可以连接多个顶点，而不仅仅是两个顶点。超图广泛用于描述和分析复杂系统中的多元关系，在计算机科学、信息论、生物信息学等领域有重要应用。下面介绍超图的定义、类型、基本术语、表示方法和重要定理。

1. 超图的定义

一个超图 H 是由一个顶点集 V 和一个超边集 E 构成，记为 $H = (V, E)$，其中：

1）V 是顶点的集合。

2）E 是超边的集合，每条超边是顶点集的子集，即 $e \subseteq V$。与传统图不同，超边可以连接两个或多个顶点。

设 $V = \{v_1, v_2, v_3, v_4, v_5, v_6\}$，$E = \{e_1 = \{v_1, v_2, v_3\}, e_2 = \{v_2, v_3\}, e_3 = \{v_3, v_5, v_6\}, e_4 = \{v_4\}\}$，超图 $H = (V, E)$ 可表示为图 3-2，包括 6 个顶点，4 条超边。

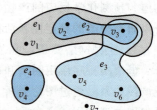

图 3-2　超图

2. 超图的类型

1）k-一致超图（k-uniform Hypergraph）：每条超边都连接恰好 k 个顶点的超图。

2）d-正则超图（d-regular Hypergraph）：每个顶点都包含在恰好 d 条超边中的超图。

3）完全超图（Complete Hypergraph）：每个顶点子集都是超边的超图。

4）r-部分超图（r-partite Hypergraph）：顶点集可以划分为 r 个不相交的子集，每条超边都包含来自所有 r 个子集的顶点。

5）分离超图（Separated Hypergraph）：超边集中的每一对超边相交的顶点数量不超过一个的超图。

3. 超图的基本术语

1）顶点的度（Degree of a Vertex）：包含该顶点的超边的数量，记作 $\deg(v)$。

2）超边的度（Degree of a Hyperedge）：超边中包含的顶点的数量。

3）连通性（Connectivity）：一个超图是连通的，任意两个顶点之间存在一个超边链，使得这些超边依次相连。

4）顶点覆盖（Vertex Cover）：一个顶点集，使得每条超边至少包含一个顶点。最小顶点覆盖是顶点数最少的顶点覆盖。

5）匹配（Matching）：一个超边集，使得每两个超边没有公共顶点。最大匹配是包含超边数最多的匹配。

6）交错路径（Alternating Path）：一条路径，在匹配边和非匹配边之间交替。

7）交错环（Alternating Cycle）：一条环，在匹配边和非匹配边之间交替。

8）支撑图（Support Graph）：将超图中的每条超边连接的所有顶点两两相连，得到的普通图。

9）子超图（Subhypergraph）：从一个超图中选取部分顶点和超边构成的超图。

10）诱导子超图（Induced Subhypergraph）：由超图的一个顶点子集所诱导出来的子超图，包含所有在原超图中连接这些顶点的超边。

4. 超图的表示方法

1）邻接矩阵（Adjacency Matrix）：使用一个矩阵来表示顶点和超边之间的关系。行表示顶点，列表示超边，矩阵中的元素表示顶点是否属于相应的超边。

2）邻接表（Adjacency List）：使用链表来表示每个顶点所属的超边。

3）边列表（Edge List）：直接列出所有超边，每条超边表示为顶点的集合。

5. 超图的重要定理

1）Berge's 定理：对于一个超图，其匹配多面体的顶点（极点）对应于超图的最大匹配。

2）超图 König 定理：在二部超图中，最大匹配的大小等于最小顶点覆盖的大小。

3）Lovász 定理：在一个 k-一致超图中，极大独立集的大小至少为 n/k。

4）Hall 定理：对于一个 k-一致二部超图，如果对于超图中任意大小为 k 的顶点集 S，都有 $|U_{v \in S} N(v)| \geq |S|$，则该超图存在完美匹配。

5）Erdös-Rényi 定理：在一个 k-一致超图中，如果每个顶点的度数不超过 Δ，则该超图中存在一个匹配，其大小至少为 $n/k\Delta$。

6. 超图的主要应用

1）科研合作网络。每个顶点代表一个作者，每个超边连接一组共同发表论文的作者，表示他们之间的知识共享和传播关系，通过分析这些超边，可以发现合作关系和社群结构，追踪知识在网络中的传播路径，识别知识传播的关键节点和桥梁。

2）数据库设计。超图用于表示表和多属性关系，每个顶点代表一个属性，超边代表多个属性之间的依赖关系，通过超图，可以直观地表示数据库的结构和约束，优化查询性能和数据完整性。

3）信息搜索引擎。每个顶点代表一个网页，超边表示多个网页之间的链接，应用超图可以建立网页之间的多层次链接关系的模型，进而提出超图算法分析网页的链接结构，提高搜索引擎的精确度和相关性。

4）产品结构设计。在产品结构设计中，不同设计元素（如零件、功能模块、材料等）之间往往存在复杂的多元关系，应用超图建模多元关系，超边表示多个设计元素之间的依赖关系或功能联系，确保设计的协调性和一致性。

3.1.3 复杂网络的基础理论

网络是自然界和社会系统中普遍存在的现象，从生物体的神经网络、细胞网络，到电力网络、交通网络、万维网，再到人与人之间的关系网络和全球经济金融贸易网络，几乎所有的复杂系统都可以抽象为网络模型。网络已成为世界的重要存在形式，网络科学则成为探索自然和社会的重要工具。自 20 世纪 80 年代以来，复杂网络的研究受到统计物理学、系统科学和社会科学的广泛关注。复杂网络没有精确严格的定义，但可以用图论来描述：复杂网络是具有复杂拓扑结构和动力学行为的大规模网络，由大量节点和边构成的图 $G(V, E)$。在复杂网络中，节点代表系统的基本单位，边表示这些基本单位之间的关系或联系。通过复杂网络的分析，可以揭示微观形态（个体节点及其局部相互作用）与宏观现象（整体网络行为和特性）之间的联系。

1. 复杂网络特征

尽管不同类型的复杂网络具有各自的特殊性质，但它们也具有诸多共性特征。

1）拓扑结构复杂。复杂网络具有复杂的连接结构，包括大量节点和边，并且通常具有非均匀的度分布，可能包含集聚、社团结构等特性。

2）时空动态演化。复杂网络在时间和空间上都是动态变化的，节点和连接可能随时间变化而增减，网络结构也随之演化，可能会自发地形成有序结构。

3）动力学复杂性。节点和边展现出复杂的动力学行为，这些行为受节点本身的属性和与其他节点的相互作用影响，通常是非线性的，可能表现出混沌、振荡等复杂现象。

4）多尺度特征。网络可能具有多层次结构，从局部集群到全局网络的层次分布。部分网络在不同尺度下呈现出相似的结构，即分形特征。

5）鲁棒性和脆弱性。对随机节点或边的失效具有较高容忍度，能够在一定程度上维持其整体功能，但对特定攻击（如枢纽节点的失效）较为脆弱，可能导致网络功能迅速崩溃。

2. 复杂网络统计性质

复杂网络作为研究各种复杂系统的重要工具，具有一系列统计性质，这些性质帮助我们理解网络的结构和功能。

1）度分布。节点度的概率分布，对于无向网络，度分布 $P(k)$ 表示节点度为 k 的概率；对于有向网络，分别考虑入度和出度的分布。常见的度分布有幂律分布（Power-law Distribution）和泊松分布（Poisson Distribution）两种类型。许多真实网络的度分布呈幂律分布，即 $P(k) \propto k^{-r}$，其中 r 是幂律指数。幂律分布说明大多数节点的度很小，少数节点的度很大，这些高度节点被称为"枢纽"（Hubs）。互联网、社交网络和生物网络等常表现出幂律分布。随机图（如 Erdös-Rényi 图）的度分布近似为泊松分布，即 $P(k) = \dfrac{e^{-\lambda} \lambda^k}{k!}$，其中 λ 是平均度。泊松分布表示节点度在均值附近波动，不存在明显的枢纽。

2）聚类系数。聚类系数用于衡量网络中节点倾向于聚集成团的程度。局部聚类系数 C_i 表示节点 i 的邻居之间实际存在的边数与可能存在的最大边数之比。全局聚类系数 C 是所有节点局部聚类系数的平均值。聚类系数的公式为

$$C_i = \frac{2 \times \text{实际存在的边数}}{\text{可能存在的最大边数}}$$

$$C = \frac{1}{N} \sum_{i=1}^{N} C_i$$

式中，N 是节点总数。

高聚类系数表明网络中存在大量的紧密连接的子群体，社交网络和生物网络通常具有较高的聚类系数。

3）平均路径长度（Average Path Length）。网络中所有节点对之间最短路径长度的平均值，反映了网络的整体连通性。公式为

$$L = \frac{1}{N(N-1)} \sum_{i \neq j} d(i,j)$$

式中，$d(i, j)$ 是节点 i 和节点 j 之间的最短路径长度。

4）度关联性（Degree Assortativity）。它描述节点度之间的相关性。度关联系数 r 反映了高度节点是否倾向于连接其他高度节点。度关联系数的取值范围是 $[-1, 1]$，具体公式为

$$r = \frac{\sum_{jk} jk(e_{jk} - q_j q_k)}{\sigma_q^2}$$

式中，e_{jk} 是度为 j 和 k 的节点之间的连接概率；q_j 和 q_k 是度分布；σ_q 是度的标准差。

正度关联（$r>0$）：高度节点倾向于连接其他高度节点，如社交网络。

负度关联（$r<0$）：高度节点倾向于连接低度节点，如互联网网络。

无关联（$r\approx0$）：随机连接，无明显关联性。

5）连通分量（Connected Component）。无向图的连通分量是极大连通子图，有向图的强连通分量是极大强连通子图。连通分量分析有助于理解网络的整体连通性和脆弱性。大多数复杂网络通常存在一个巨大的连通分量，称为"主连通分量"（Giant Component）。

6）社区结构（Community Structure）。社区结构是网络中节点按某种方式聚集成的子群体。社区内部节点连接密集，社区间节点连接稀疏。社区结构在社交网络、生物网络和信息网络中广泛存在，揭示了网络的层次性和模块性。

3. 典型复杂网络模型

典型复杂网络模型有随机网络、小世界网络和无标度网络。

（1）随机网络　随机网络通常被称为 Erdös-Rényi 网络（ER 网络），是由匈牙利数学家保罗·埃尔德什（Paul Erdös）和阿尔弗雷德·雷尼（Alfred Rényi）于 20 世纪 50 年代末提出的一种随机图模型。在 ER 模型中，一个包含 N 个节点的网络中，每一对节点之间以独立的概率 P 连接，形成一条边。

ER 随机图有两种产生方法：第一种即在由 N（$N\gg1$）个节点构成的图中以概率 P 随机连接任意两个节点而形成的网络，即节点间有无连边是一个不确定的事，由概率 P 决定。这样就会得到一个有 N 个节点，约 $P\cdot N(N-1)/2$ 条边的随机网络；第二种是给定 m 条边塞入网络。在随机网络中，实际连接数是一个随机变量，其期望值为 $E(N)=m=P\cdot N(N-1)/2$，那么，从 N 个节点中任意选择两个节点，若这两个节点之间没有连接则连之；反之重新选择两点。重复这一过程，直到 m 条连接全部用完，即可得到一个有 N 个点和 m 条边的随机网络。

随机网络的一个基本特征是其度分布近似于泊松分布。在大规模的 ER 网络中，大多数节点的度数集中在某个平均值附近，这意味着网络中的节点度数分布较为均匀。具体来说，节点的度数 k 满足泊松分布 $P(k)=\dfrac{e^{-\lambda}\lambda^k}{k!}$，其中 λ 是网络中节点的平均度数。由于这种分布特性，ER 网络中很少出现度数极高的节点。对于 ER 网络，平均路径长度通常随着网络规模的增大而增大，但其增长速率较慢，通常是对数级别的，即 $<l>=\dfrac{\ln N}{\ln \lambda}$。即使是大型网络，任意两个节点之间的平均路径长度也不会太大，这一特性在一定程度上反映了 ER 网络的高效性。在 ER 网络中，集聚系数较低，说明节点邻居之间的连接概率较小。这种低集聚系数使得 ER 网络与现实世界中的许多复杂网络（如社交网络、生物网络等）存在显著差异，因为后者通常具有较高的集聚系数。因此，尽管 ER 模型在研究随机网络性质方面具有重要意义，但其在模拟现实复杂网络方面存在一定的局限性。

ER 网络模型在网络科学的早期研究中起到了重要的推动作用，帮助研究者理解了随机性对网络结构和行为的影响。然而，由于其假设每对节点之间连接的概率是相等且独立的，ER 模型未能捕捉到许多现实网络的关键特征。现实世界中的网络通常表现出高度的异质性和复杂的连接模式，这些特征在 ER 网络中难以体现。例如，社交网络中的节点连接往往受到社交偏好的影响，生物网络中的蛋白质互作网络则展示出显著的集聚和分层结构。

尽管如此，ER 模型在某些领域仍然具有应用价值。它可以用于模拟和分析一些简单的网络系统，例如通信网络、某些计算机网络和随机生成的拓扑结构。通过研究 ER 网络，研究者可以获得关于网络连通性、鲁棒性和动态行为的重要见解。此外，ER 模型也为后续更加复杂和现实的网络模型（如小世界网络和无标度网络）的发展奠定了基础。

（2）小世界网络　ER 随机图虽然具有小的平均路径长度但是没有高聚类特性，因此不能反映一些真实网络的重要特征，毕竟实际网络很难是完全随机的；无论是社交网络还是万维网都不会完全随机地连接在一起。小世界网络是完全规则图向完全随机图的一种过渡，由邓肯·瓦茨（Duncan Watts）和史蒂夫·斯托加茨（Steven Strogatz）在 1998 年提出，旨在解释现实世界中许多网络的高集聚性和短路径长度特性。小世界网络的构造过程为：先生成一个规则网络——含有 N 个节点最近邻耦合网络，其中每个节点都和它左右相邻的 $K/2$ 个节点相连，K 为偶数；再进行随机化重连，以概率 P 随机地重连网络中的每个边，保持一个节点不变，另一个节点在网络中随机选取。重连的边需要保证任意两个节点之间最多只可以有一条边并且节点不可以和自身连接。那么，当 $P=0$ 时，网络为完全规则网络；$P=1$ 时，网络为完全随机网络。

小世界网络的一个显著特征是其高集聚系数和短平均路径长度的结合。在小世界网络中，集聚系数较高，说明节点的邻居往往也是彼此的邻居。这种高集聚性反映了许多现实网络的特性，如社交网络中的"朋友的朋友也是朋友"的现象。同时，小世界网络的平均路径长度较短，通常为对数级别，这意味着网络中的任意两个节点之间通常只需通过少数几步就能连接。小世界网络的度分布介于规则网络和随机网络之间。初始的规则网络具有确定的度分布，每个节点的度数相同。经过随机重新连接后，度分布开始向随机网络靠拢，但并不完全相同。重新连接的概率 P 控制了网络的集聚系数和路径长度：当 P 较小时，网络仍然保留较高的集聚系数；当 P 较大时，网络的平均路径长度迅速减小，但集聚系数也随之下降。

通过调节重新连接概率 P，小世界网络可以在规则网络和随机网络之间进行平滑过渡。在较低的 P 值下，网络仍然保留了大部分初始的规则结构，具有高集聚性和较长的路径长度；在较高的 P 值下，网络的结构更接近于随机网络，具有较低的集聚性和较短的路径长度。小世界网络模型展示了一个连续的谱系，从高度规则到完全随机。

小世界网络模型在解释和模拟现实世界中的许多网络方面具有重要意义。社交网络是小世界网络的典型例子，人们的社交关系往往表现出高度的集聚性，同时，通过少数几个中介，人们之间可以实现快速联系。生物网络，如神经元网络和代谢网络，也展示了小世界特性，神经元之间的连接既有局部的紧密连接，也有远程的快速传递通道。

技术网络，如互联网和电力网络，也可以用小世界网络模型进行描述。这些网络需要在保持高效信息传递和资源分配的同时，维持一定的冗余和鲁棒性。通过小世界网络模型，研究者可以分析和优化这些网络的结构和功能，提出改进网络性能和可靠性的策略。

（3）无标度网络　ER 随机图和小世界网络模型都有一个共同的特征：网络中大多数节点的度都分布在度的平均值附近，这意味着当 $k \gg <k>$ 时，度为 k 的节点几乎不存在。在复杂网络的研究历程发现许多复杂网络的连接度函数具有幂律形式，这类网络的连接度没有明显的特征长度，所以被称为无标度网络。

无标度网络（Scale-Free Network）由艾伯特-拉斯洛·巴拉巴西（Albert-László Barabási）和雷卡·阿尔伯特（Réka Albert）在1999年提出，旨在解释现实世界中许多网络的高度异质性特征。无标度网络的生成过程基于优先连接机制，即新的节点更倾向于连接到已有度数较高的节点，这种机制被称为"富者愈富"效应。无标度网络模型构造过程分为两个步骤：增长过程和优先连接过程。增长过程即从一个具有 m_0 个节点的网络开始，每次引入一个新的节点，并且连接到 m 个已经存在的节点上（$m_0 < m$）。优先连接即一个新节点与一个已经存在的节点 i 相连，连接的概率为：$\pi_i = k_i / \sum_j k_j$。再经过 t 步后，该过程产生一个有 $N = t + m_0$ 个节点和 mt 条边的网络。

无标度网络的一个显著特征是其度分布遵循幂律分布，即少数节点具有非常高的度数（枢纽节点），而大多数节点的度数较低。数学上，度分布 $P(k)$ 可以表示为 $P(k) \sim k^{-r}$，其中 k 是节点的度数，r 是幂律分布的指数，通常介于2和3之间。无标度网络的这种特性意味着网络中存在少数高度连通的节点，它们在网络的连通性和信息流通中起到关键作用。

无标度网络的幂律度分布导致其具有显著的异质性。枢纽节点连接了大量的其他节点，这些枢纽节点的存在使得网络在随机失效下具有较高的鲁棒性，因为随机失效通常不会影响这些关键节点。然而，无标度网络对有针对性的攻击（特别是针对枢纽节点的攻击）较为脆弱。攻击或失效这些枢纽节点可能导致网络的分解和功能丧失。

无标度网络广泛存在于各种现实世界的网络系统中。互联网是无标度网络的一个典型例子，网络中的少数服务器和节点具有非常高的连接度，承担了大量的数据传输任务。社交网络也是无标度网络的实例，少数具有大量朋友和关注者的用户（如社交媒体上的名人和影响者）在信息传播中起到关键作用。

生物网络（如蛋白质相互作用网络和代谢网络）也展示出无标度特性。蛋白质相互作用网络中，少数蛋白质与许多其他蛋白质相互作用，这些枢纽蛋白质在生物过程和疾病机制中具有重要作用。金融网络中的银行和金融机构的连接关系也可以用无标度网络来描述，少数大型金融机构与众多小型机构之间的广泛联系对金融系统的稳定性和风险管理具有重要影响。

4. 复杂网络分析方法

网络结构分析的目的是理解网络中节点的连接方式，以及这种连接方式对网络功能的影响。通过分析网络中节点的连接关系、连接密度、节点的集聚程度以及节点的中心性等因素，洞察网络的拓扑结构，评估网络的稳定性、韧性以及网络中信息传播的效率等。

常用的网络结构分析工具和算法包括聚类系数、平均路径长度、模块性和中心性指数等。聚类系数用于描述网络节点中的聚集程度；平均路径长度帮助我们理解网络的规模；模块性则用于评估网络的社区结构；中心性指数可以用于确定哪些个体在网络中起到关键性作用。聚类系数和平均路径长度实际上在上文分析一些网络模型的特性中已经有所体现，如小世界网络的高聚类、低平均路径长度特性。

动态行为分析的目的是理解网络行为随时间的发展和变化。这包括许多维度的内容，如节点和边的动态、社区结构的演化、网络信息的传播、稳定性分析、网络的优化和网络的预测等。每一个方向都是一个研究领域，而具体的方法会根据具体的网络类型和研究问题而有所不同。不同的方法有不同的使用场景，可以根据实际情况选择或者组合。

3.2 基于图论的立体网状结构管理模式

3.2.1 金刚石和石墨的结构对比

金刚石的晶体结构是由碳原子通过共价键形成的极为稳定且坚固的三维网络。这一结构使金刚石成为地球上最硬的天然物质。金刚石中每个碳原子与四个其他碳原子结合，形成正四面体，每个正四面体的碳原子都位于中心，周围的四个碳原子占据了四面体的顶点。这样的四面体结构在三维空间中无限延伸，构成一个紧密而均匀的网络。金刚石的每个碳原子与邻近碳原子之间形成的共价键角为 109.5°，处于最稳定的键合角度，使得整个晶体结构非常稳定。强力的共价键赋予金刚石极高的硬度和密度，使其能够抵抗极高的外部压力。金刚石的晶体结构高度对称，属于面心立方晶格结构。对称性和均匀性进一步增强金刚石的机械强度，使其在各个方向上都具有极高的硬度，并在极高温度下保持稳定，不易发生化学反应。

石墨是碳的另一种同素异形体，其晶体结构与金刚石截然不同。石墨的晶体结构由碳原子以共价键形成的平面状六边形网格组成，这些网格层叠加在一起形成层状结构。在石墨的平面内，每个碳原子与三个其他碳原子通过共价键结合，形成六边形网格，在二维平面上无限延伸。平面内的碳原子之间通过强共价键结合，而不同平面之间则通过较弱的范德华力相连。范德华力比共价键弱得多，使得石墨的各层之间可以相对容易地滑动和分离。正是这种层间弱结合的特性，使得石墨具有润滑性和柔软性。石墨的层状结构和层间弱力使得它在各个方向上的硬度和强度差异显著，平面内的共价键赋予了它一定的强度，而层间的弱结合则使其垂直于层面的方向上非常柔软，整体硬度和强度远不如金刚石。

金刚石和石墨作为碳的两种同素异形体，尽管都由碳原子组成，但由于其晶体网络连接方式的差异，导致了它们具有截然不同的物理特性。通过分析这种差异，对制造循环网络理解带来重要启示。

1）网络结构对系统性能有决定性影响。相比于石墨的层状结构以及层间的弱范德华力相连，金刚石通过强共价键连接形成三维网络结构使其具有更稳定的结构。因此，不同的节点连接方式和连接强度会显著影响整个网络的稳定性和性能。针对制造循环网络，强化节点间连接的方式和强度，确保网络的稳定性和性能。

2）多维度的连接可以增强网络稳定性。金刚石三维结构通过各个方向上的强共价键连接，确保了其在任何方向上的一致硬度和强度。石墨的二维平面网络结构虽然在平面内有较强的连接，但在层间的连接非常弱，导致其整体强度和稳定性较低。制造循环网络通过资源、能源、物流和信息等要素的多层次、多维度连接，可以提高网络的鲁棒性和抗干扰能力。

3）局部弱连接对整体性能的影响。石墨的弱层间结合导致其在某些方向上的强度极低，尽管其平面内的连接较强。这表明，网络中即使存在一些强连接，如果同时存在明显的弱连接，也会显著影响整体性能。针对制造循环网络需要关注局部弱连接的优化，通过强化薄弱环节，提高整体网络的性能和稳定性。

4）网络的多样性和适应性可以增强其应对复杂环境的能力。尽管石墨的结构在硬度和强度上不如金刚石，但其独特的层状结构赋予了它优良的导电性和润滑性。因此，不同的网络结构在特定条件下可能表现出优异的特性。

3.2.2　制造循环工业系统的立体网络结构

在新的时代和技术背景下，制造企业的价值创造方式发生了根本性的转变。过去，企业主要依靠自身资源和能力进行"单兵作战"，即通过独立完成产品的设计、生产和销售来实现价值创造。然而，随着市场环境的变化和技术的进步，单一企业难以应对复杂多变的市场需求和快速的技术革新。价值创造的方式逐渐由"单兵作战"向"兵团作战"转变。

制造循环的内涵是通过高效的组织方式提升生产要素在制造企业之间的流通效率，促进供需两端协调。先进制造业集群通过强化制造企业的水平分工和垂直集成，有效畅通制造业在区域内高效循环，是促进制造业循环发展的一种重要形式。先进制造业集群为具有供需关系的制造企业提供了集聚发展的平台，集群内部构建了生产要素高效传递的网络，通过紧密高效的分工协作机制，实现集群内企业的产供销协同发展，提高了循环的韧性。制造业集群在新的时代背景下，作为价值创造"兵团作战"模式的核心组成部分，发挥了重要的作用。价值创造不再是一个由单个企业独立完成的线性过程，而是一个由多个参与主体共同完成的复杂非线性过程。各个企业之间通过紧密的协作与互动，形成了一个网络式的价值创造体系。在这个体系中，不同企业基于自身的核心能力和资源优势分别承担不同的角色，通过信息共享、资源整合和协同创新，共同推动价值的创造和提升。

立体网络是指在多维空间中组织和分布的网络结构，它不仅包括节点之间的连接关系，还体现了这些关系在不同维度中的层次和布局。立体网络通过复杂的拓扑结构，展示了多层次、多维度的交互关系和功能。

制造循环工业系统在结构上也是一个复杂的立体网络，其核心在于资源、能源、物流和信息在多维空间中的组织和分布。制造循环网络不仅包括节点（如各个制造企业）之间的连接关系，还反映了这些关系在不同维度中的层次和布局。多维空间分布使得制造循环工业系统能够更有效地展示复杂的关系和交互。资源传递在立体网络中体现了原料从供应商到制造企业再到成品流通的全过程，这种分布方式使得资源流动路径更加直观和高效。能源传递则通过连接不同的能源供应和使用节点，形成一个综合能源管理系统，实现能源的优化配置和循环利用。物流传递确保了物料和产品在不同节点之间的快速流通，减少了运输成本和时间。信息网络则通过实时数据采集和传输，实现了对全系统的动态监控和智能决策支持。

制造循环工业系统中的立体网络不仅在空间上具有多维分布，还包含显性和隐性的层次结构。显性层次结构是指物理上的连接关系，如制造企业之间的资源供应链、能源管道和物流线路。这些层次结构通过物理连接，形成了一个稳定的基础网络。隐性层次结构则包括逻辑上的关联关系，如数据共享、信息反馈和企业间的协同管理。这种层次结构通过信息系统和数据平台表现出来，使得网络能够在更高维度上进行复杂的互动和协作。例如，制造企业之间通过信息系统实现生产计划的协调和库存管理的优化，物流企业通过数据共享平台实时调整运输路线和调度方案。层次结构的多维度互动确保了系统的灵活性和响应速度，使其能够在动态环境中保持高效运作。

制造循环工业系统的立体网络具有复杂的拓扑结构，能够模拟和表示现实世界中的复杂系统和关系。这种复杂拓扑包括多种类型的节点和连接方式，如资源节点、能源节点、物流节点和信息节点，以及它们之间的多种互动关系。资源节点之间的互动主要表现为原料和成品的流动。能源节点之间的互动则涉及电力、热能和燃气的供应和利用。物流节点之间的互动包括物料的运输、仓储和配送。而信息节点之间的互动则涉及数据的采集、传输和分析。通过这些复杂的互动关系，制造循环工业系统能够形成一个高度集成和协同的网络，确保各个环节的高效运作和资源的最佳配置。例如，在一个典型的制造循环工业系统中，生产企业可以实时获取供应链上的原料数据和物流信息，通过智能决策系统调整生产计划，提高生产效率和市场响应速度。

3.2.3　制造循环立体网状结构的度量指标

随着科技的发展和信息时代的来临，网络已经成为社会生活和经济活动中不可或缺的一部分。复杂系统网络拓扑结构稳定性分析的研究，正是为了深入了解网络结构的稳定性、预测网络失效的可能性，并进行相应的调整和优化。网络拓扑结构是指网络中各节点之间连接和组织的方式。复杂系统网络拓扑结构不仅涉及节点之间的相互连接关，还涉及节点的特性、节点间的相互作用等因素。因此，稳定性分析需要综合考虑多种因素。

首先，稳定性分析需要考虑网络结构的鲁棒性。网络中的节点和连接可能会受到各种因素的干扰，如故障、攻击等。一个稳定的网络应该具有良好的鲁棒性，即在节点或连接出现故障时，网络的整体功能仍能保持或最小限度地受到影响。为了评估网络的鲁棒性，可以引入节点和连接的度分布、聚类系数、最短路径长度等指标。

其次，稳定性分析还需要考虑网络的脆弱性。脆弱性是指网络在受到一定程度的干扰或攻击时，会出现连锁反应导致整个网络崩溃的可能性。为了评估网络的脆弱性，可以引入节点和连接的关键程度、节点和连接的重要性等指标。通过分析网络的脆弱性，可以为网络的优化和维护提供重要的参考依据。

最后，稳定性分析还需要考虑动态网络的特点。动态网络是指网络中节点和连接的状态随时间发生变化的情况。在动态网络中，节点和连接的增加、删除、更新等操作会对网络的稳定性产生影响。为了评估动态网络的稳定性，可以引入网络的生存时间、节点的更新频率等指标。

在进行复杂系统网络拓扑结构稳定性分析时，可以采用数学模型和计算方法。数学模型通过定量描述网络的结构和特性，可以建立网络节点和连接之间的关系。计算方法通过模拟、实验等手段，可以对网络进行稳定性分析，并得到相应的结果和结论。

通过复杂系统网络拓扑结构稳定性分析，可以提供对网络结构的深入了解和研究，为网络的优化和维护提供指导。同时，稳定性分析还能帮助我们预测网络可能出现的故障和问题，并提前采取相应的措施进行调整和改进。

制造循环工业系统的立体网状管理模式如下：

（1）**制造循环关键节点识别**　在制造循环工业系统中，构建超图模型辨识企业间连接关系和循环能力，基于图论构建制造业从企业个体向循环系统转变的立体网状结构，基于点集拓扑学分析系统结构，挖掘系统拓扑结构和系统行为的关联性，实现对系统稳定性、中心性、循环性等状态的精准刻画。

针对制造循环工业系统的立体网状结构，以图论和拓扑理论为基础，开展管理模式研究，分析企业主体间的资源、能源、物流和信息的流通关系，发现关键节点、识别循环网络薄弱环节，为制造业从企业单点优化向集群系统优化转变奠定理论基础。

在图论和网络分析中，中心性（Centrality）指标用于识别图中最重要的顶点。其应用包括在社交网络中识别出最有影响力的个人，在因特网或城市网络中识别出最为关键的基础设施节点，以及识别疾病的超级传播者。中心性的概念最初是在社交网络分析中发展起来的，许多用于衡量中心性的术语都反映出了它们的社会学起源。中心性不应与节点影响度相混淆，后者意在量化网络中每个节点的影响。

中心性指数（Centrality Indices）是对"重要顶点的特征是什么？"这一问题的回答。这个回答是以图中顶点的实值函数的形式给出的，可根据产生的函数值排序以确定最为重要的节点。

"重要性"的含义十分广泛，因此导致了许多不同的中心性定义方式，我们可以将各种不同的定义方式划分为两类。"重要性"可以被设想为与网络中的某种流动或传输有关，这允许根据重要的流动的类型对中心性进行分类。"重要性"还可以被设想为与网络的内聚力（Cohesiveness）有关，这允许根据内聚力的度量方式对中心性进行分类。这两种方法在不同类别中划分了中心性。进一步的结论是，适用于某一类别的中心性在应用于另一类别时往往会"出错"。

当根据内聚力方法对中心性进行分类时，很明显大多数中心性都将被划分于同一类别。起始于给定顶点的步数总和仅取决于步数的定义以及计数方式。这种分类方式的不足表现为它仅能较弱地描绘中心性特征，即按照一步步长（度中心性）到无穷步步长（特征向量中心性）的方式将中心性置于一种光谱状的分类中。观察到许多中心性共享这种家庭关系，这或许能解释这些指数之间的高阶相关性。

一个网络可以被看作某种物体流动的路径描述。这允许基于流动的类型和由中心性编码的路径类型进行表征。第一种情况是流可以基于传输，即每个不可分割的项目从一个节点到另一个节点，就像一个包裹从配送站传递到客户的房子。第二种情况是串行复制，在这种情况下，一个项目被复制以便源头和目标节点都拥有它。例如，通过流言传播信息，信息以私有方式传播，并在流程结束时通知源节点和目标节点。第三种情况是并行复制，即项目同时被复制到几个链接，就像无线电广播一次性向多个听众提供相同的信息。

同样，路径类型可以被限定为测地线（Geodesics）（最短路径）、路径（对顶点的访问不超过一次）、小径（可以访问多次顶点，没有边被访问超过一次）或者步子（可以多次访问/穿过多次顶点和边）。

可以从中心性的构造方式推导出另一种分类方法。这又分成了两个类。中心性可以是径向的，也可以是中间的。径向中心性计算从给定顶点开始/结束的步数，度中心性和特征向量中心性是径向中心性（Radial Centrality）的例子，计算长度为一或无穷大的步数。中间中心性（Medial Centrality）计算通过给定顶点的步数，典型的例子是弗里曼（Freeman）的中介中心性（Betweenness Centrality），即通过给定顶点的最短路径的数量。

同样，计数可以记录行走的数量或长度。量是给定类型的总步数。长度则给出从给定顶点到图中其余顶点的距离。弗里曼的接近中心性（Closeness Centrality），即从一个给定顶点到所有其他顶点的总测地线距离，是最著名的例子。注意，这种分类独立于步行计数的类型

（即步行、小道、路径、测地线）。

博加提（Borgatti）和埃弗里特（Everett）提出，这种类型为如何最好地比较中心性度量提供了见解。在这个 2×2 分类中，放在同一盒子中的中心性足够相似，可以做出合理的选择；人们可以合理地比较哪个对于给定的应用更好。然而，不同盒子中的度量方法是截然不同的。只有在预先确定哪个类别更适用的情况下，对相对适应性的评估才会发生，这使得比较变得毫无意义。

中心性指标存在两个重要的局限性，其中一个显而易见，另一个则较为隐晦。显而易见的局限性是，针对某一应用最优的中心性指标往往在其他应用中表现为次优。事实上，如果没有这种差异，我们就不需要那么多不同的中心性指标。克拉克哈特风筝图便为这一现象提供了典型的例证，其中三个不同的中心性概念分别给出了最中心节点的不同选择。另一个较为隐晦的局限性是，中心性指标常被误解为反映顶点相对重要性。虽然中心性指数被设计用于排序最重要的节点，但它们并不总能准确度量节点的实际影响力。近期，网络物理学家开始开发顶点影响力度量（Node Influence Metrics），以更好地解决这一问题。

第一，一个排名只根据顶点的重要性排序，它并不对节点重要性的不同水平进行量化区分。这可以通过将弗里曼中心度（Freeman Centralization）应用到中心性度量来缓解，这可以根据节点的中心度得分差异对节点的重要性提供一些见解。此外，弗里曼中心度使人们能够通过比较几个网络的最高中心度得分来比较它们。然而，这种方法在实践中很少见到。

第二，用以（正确地）识别给定网络/应用中最重要顶点的特征并不一定适用于其余顶点。对于大多数其他网络节点，排名可能是没有意义的。这就解释了为什么谷歌图片搜索只有前几个结果以合理的顺序出现等的原因。网页排名是一个非常不稳定的度量，在对跳转参数进行小的调整之后显示了频繁的秩逆转。

虽然中心性指数未能推广到网络的其他部分，乍看起来似乎是违反直觉的，但它直接遵循上述定义。复杂网络具有异构的拓扑结构。如果最佳度量取决于最重要顶点的网络结构，对于这些顶点最优的度量对于网络的其余部分是次优的。

历史上第一个并且概念上最简单的是度中心性，它的定义为：一个节点上事件的链接数量（即一个节点拥有的关系数量）。度可以解释为节点捕获的任何流经网络的东西（例如病毒或某些信息）的直接风险。在有向网络的情况下（关系有方向），我们通常定义两个独立的度中心性的度量，即入度（Indegree）和出度（Outdegree）。因此，入度是指向该节点的关系数，出度是该节点指向其他节点的关系数。当关系与一些积极的方面（如友谊或合作）有关时，入度通常被解释为一种受欢迎的形式，而出度则被解释为一种合群的形式。

（2）立体网络循环的关键路径与循环韧性　网络韧性是指网络系统在面临各种外部和内部的干扰、攻击或故障时，仍然能够保持正常运行并提供基本的服务。网络韧性的概念源于对现实世界中的韧性概念的借用，强调了网络系统在遭受剧烈冲击时的能力，即网络系统的弹性和适应性。

网络韧性的重要性在于网络已经成为现代社会的关键基础设施之一，在政府、教育、金融、交通、能源等领域扮演着重要角色。网络韧性的提高不仅关乎个体用户在日常生活和工作中的便捷性，还关乎整个社会的运转和发展。为了提升网络韧性，需要从多个维度来思考和进行改进。

物理韧性是指网络系统在物理设备方面的抵抗能力。在现实世界中，抵抗自然灾害和突发事件是保持社会运转的基本要求。同样，网络系统也需要具备一定的物理韧性，以应对更为严峻的外部冲击。首先是网络的多样化建设，通过部署多个数据中心和网络节点，可以降低单一点故障的影响范围，提高系统的抗击毁性。通过采用多条网络线路进行互联，以防止单条线路的断裂导致整个系统崩溃。其次是网络设备和电力设施的韧性设计。网络设备应具备防震、防水、防雷击等功能，以抵御自然灾害的冲击。电力设施应具有备用电源供电和停电恢复等功能，以确保网络系统的稳定运行。

逻辑韧性是指网络系统在面对网络攻击、大规模故障或异常流量时的抵抗能力。网络攻击是唯一能够在全球范围内同时发生的突发事件，因此逻辑韧性对于保持网络系统的运行至关重要。首先是网络安全的防御能力。网络系统需要具备防火墙、入侵检测系统、反恶意软件系统等安全设施，以保护网络免受恶意攻击。还需要进行定期的安全演练和应急预案的制定，以增强网络安全意识和应对能力。其次是网络系统的负载均衡和容错能力。通过热备份、负载均衡、故障切换等技术手段提高系统的稳定性和可用性。例如，通过多节点的分布式系统可以实现数据的冗余备份，并在一些节点不可用时自动切换到其他节点，以保证系统的连续性。

社会韧性是指网络系统在面对社会性事件和社会变迁时的适应能力。社会性事件是指网络系统面临的法律法规变更、政策调整、市场需求变化等各种社会因素所带来的挑战。首先是政策和法规的支持。政府应加强对网络系统的监管和管理，制定相关法律法规，明确责任和义务。同时应鼓励相关企业和组织加大网络韧性的投入和研发，提高网络技术的创新和应用水平。其次是社会的宽容与包容。网络系统应考虑用户需求的多样性，提供更加灵活和多样化的服务。同时，社会各界应督促提高网络使用者的素质，增强网络系统的公序良俗，营造一个积极健康的网络环境。

总之，网络韧性是保证网络系统稳定运行和提供基本服务的关键要素，从物理、逻辑和社会等多个维度来思考和改进网络韧性是提升网络系统稳定性和可靠性的重要措施。只有提高网络韧性，才能够更好地适应各种外部和内部的变化及挑战，确保网络在任何时候都能保持稳定和可用。

3.3 基于复杂网络的动态演化管理模式

3.3.1 动态演化模式和机制分析

网络是一个重要的分析模型，可以用来描述很多复杂的现象。本节将从生长机制和演化模式两个维度，深入探讨网络的动态演化模式和机制。

1. 生长机制

(1) 节点的加入和退出 在复杂网络的演化过程中，节点的产生对城市联通网、生态系统网络等网络结构具有关键性作用。每一个节点的诞生代表一个新的实体加入了网络。这个实体可以是一个个体、城市、物种等，与网络的现实情况相关。新节点的产生模拟一种观察到的可持续增长的过程。

另外，一个已经存在的节点可能会在一定时间退出网络，这可能模拟了个体的死亡、社团解散、城市荒废等，与现实情况相关联。节点的失效也可能会导致网络结构中断，甚至形成孤立的组件。

随机或非随机的节点动态行为可能对网络的全局和局部特性产生深远的影响。例如，新节点的产生可能使得网络的规模扩大，改变了网络密度和平均路径长度。节点的退出可能导致网络的分割，影响网络连通性，减小网络聚类系数。

（2）连接的生成和断裂　在复杂网络的演化过程中，任意两个节点之间有可能产生新的连接，这反映了网络中新的关系的产生，对应到实际情况中可能是新的朋友关系的产生，互联网中信息的新的路径的建立。连接的建立可能倾向于选择某些特定属性的节点对，也可能随机发生。

与此同时，网络中任意对节点之间的连接也可能发生断裂，这对应现实情况可能模拟了关系的破裂、交通道路的关闭等，表示信息传播的路径中断。

连接的形成和断裂是网络演化的重要驱动力。新连接的生成增加了网络的边的密度，可能降低网络平均路径长度，而连接的断裂可能破坏网络的连通性。

2. 演化模式

研究网络的演化模式，能帮助我们更深入地理解网络的构造原理，解释网络的功能，预测网络未来的变化，以及更好地设计和优化网络。网络的演化模式通常包括随机演化、优先连接、复杂连接、混合演化等模式。

（1）随机演化　在随机演化模型中，网络的生长是随机的，因为连接的概率 P 是固定的，与连接特性和网络结构没有关系，并且每一对节点之间存在边的概率都是等可能的，这意味着没有明显的规则可以预测一个节点连接到另外一个节点的概率。这类网络也被称为随机网络，在前文典型复杂网络模型中对其的生成规则有所介绍。这种随机选择导致了 ER 随机网络的度分布服从二项分布，或者当节点数足够多时，服从泊松分布。

随机演化生成的网络模型较为直观，并且易于用公式进行数学处理，但是它很难刻画现实中的网络问题，例如"六度分隔理论"。

（2）优先连接　优先连接模型是应用非常广泛的生成模型之一，描述了现实世界出现的一个普遍现象，这个模型也就是前文提到的无标度网络模型。模型的基本思想就是新节点优先连接者更多的节点。基于这种机制构建的网络，由于度分布服从幂律分布，即有优势节点的存在，因此显然更符合现实世界大多数复杂系统。

（3）复杂连接　在现实世界的复杂网络中，节点和边的选择往往受到多种因素的共同影响，属于多因素决定型。这种演化模式下，往往没有一个特定的规则、公式或者模型，不仅要考虑节点的度或者随机性，还可能要考虑节点级别的属性、全局或者局部的网络结构以及其他可能的多元性。

常见的复杂连接模式有基于属性的连接和基于模块性的连接。

属性驱动的连接模式中，节点的属性扮演重要的角色。这里的"属性"，可以是内在属性，也可以是社会属性。例如，在社交网络中，朋友关系可能和兴趣爱好、年龄、共同朋友、工作等有关。这些都可以作为节点属性，在网络模型中进行刻画。它可以简单抽象地表示为

$$P(a_i, a_j) \propto \theta(a_i, a_j) \tag{3-1}$$

式中，$P(a_i, a_j)$ 是具有相同属性的两个节点建立连接的概率；$\theta(a_i, a_j)$ 是和属性相关的函数，通常是一种相似性的度量。如果情况简单，可以设置为差的绝对值、欧氏距离或者余弦角度等。

模块性驱动的连接模式中，模块性起到主导作用。网络中的节点被划分为不同的模块，节点间的连接更多地出现在相同的模块之内。这种现象在现实中也经常出现，这种模式下，模块内的节点更加紧密地连接在一起，而跨越模块的连接更为稀疏。一般情况下，它可以简单地描述为

$$P(i,j) = k_{\text{in}} / (k_{\text{in}} + k_{\text{out}}) \tag{3-2}$$

式中，$P(i, j)$ 是两个节点建立连接的概率；k_{in}、k_{out} 分别是节点 i 与内部模块和外部模块连接的度。

当然，这只是复杂连接中的两个例子，实际中，连接模式会根据实际情况采取更多的连接方式，这往往需要根据实际的研究背景和目标来设计。

（4）混合演化 在某些情况下，网络可能同时表现出不同的演化规则。例如，一个网络中可能既会有优先连接的影响，也会有随机连接的影响，也可能受到社区结构的影响。这种情况下的演化就会被称为混合演化。这种演化模式往往能够更加准确地反映现实世界的网络演化。

例如，在实际情况中，我们可以设置一个参数 α 来调节不同参数的影响比例，进一步模拟现实中的情况，比如我们可以用它来调节随机连接和优先连接的比例，当 α 趋近于 0 时，更倾向于选择随机连接，趋近于 1 时选择优先附着。

实际上，混合演化并没有固定的公式或者形式，它可以是上述两种演化模式的结合，也可以有更多的因素共同作用，这些都是视实际情况决定的，要对实际情况进行建模、简化和抽象。

混合演化在实际研究中有着举足轻重的地位，诸多实验也可以表明混合演化往往更能拟合实际网络数据。

3.3.2 动态演化路径及驱动因素

网络演化不仅是节点的加入和连接的增长，还是网络结构、功能等诸多因素改变和演化的过程。在网络演化的同时，网络的分布、连通性和稳定性等重要的性质也会随之发生变化。

1. 演化动力学

（1）节点状态 在复杂网络理论中，节点状态是对节点特性的一种表示，可以反映网络的动态特性和演化过程。节点的状态可以包含活跃与否、连接性、状态值、影响力等信息。

一个节点的状态可以用多个参数描述，在此罗列一些节点的状态：

1）活动状态。例如，在社交网络中，一个用户可以处于在线、离线、忙碌等状态。

2）控制状态。例如，在技术网络中，每个节点的控制状态可以是开关的打开或关闭。

3）感染状态。疾病传播模型中，节点状态可以是易感、感染、恢复等状态。

这些状态通常是离散的，但是在某些情况下，也可以是混合的或者连续的。对不同的节点状态，我们可以用不同的数学模型进行刻画，比如马尔科夫链模型和影响模型。

了解节点的状态，对复杂网络的研究可以有一定的指导作用。例如，可以帮助我们了解网络的拓扑结构和性能，从而优化节点状态，还可以通过监测节点的状态来保护网络安全等。

(2) 节点模型　在复杂网络理论中，节点模型为每个网络节点提供了定量的描述方式。以下是针对复杂网络的一些典型的节点模型：

1) 阈值模型。这是研究传播现象的常用模型之一。在这个模型中，一个节点的状态（比如哪种意见、哪种行为、是否感染了某种疾病等）取决于其邻居的状态，主要用于模拟各类传播现象，包括信息传播、疾病传播、创新的扩散等。形式上，如果节点 i 的邻居处于某一状态的节点比例超过某一个阈值 θ_i，那么该节点在下一个时刻就会转变为这个状态。阈值的选择通常取决于实际情况和数据，当然也可以用机器学习等方法对阈值进行优化。此外，模型里面每个节点的阈值可能不同，这就反映了网络中的独特性。例如，社交网络中，有人比较容易受到影响，而顽固的人不容易改变自己的决定。

2) 竞争模型。在复杂网络中，竞争模型是一种描述节点相互作用和影响的模型，尤其是有多种选择方案的时候。模型中，节点是参与竞争的个体，个体需要在多种选项中做出选择。

在竞争模型中，每一个节点可以采用一种策略或选择一种状态。一般情况下，节点会综合考虑自己的利益和周围邻居节点的选择，并对此做出反馈。具体的反馈规则根据实际情况可以多样化并且具有复杂性。需要注意的是，竞争模型的假设中，信息是不完全的，即一个节点无法知道其他所有节点的状态，其选择决策的过程是基于局部信息的。

因此，在竞争模型中，系统何时能够达到稳态是一个重要的研究问题。通常，系统可能存在多个稳态，每个稳态的结构与初始状态和节点反馈规则有关。

(3) 稳定性分析　稳定性分析是演化动力学研究中的核心问题之一。其目标是理解在复杂系统的动态演化过程中，哪些状态是稳定的，即一旦系统达到这些状态，将不会再发生显著的变化，稳定性的条件可以是当小的扰动出现时，系统不会发生显著的改变；也可以是即使出现绕容，系统仍能在一段时间后回到初始状态。

在复杂网络中，稳定性分析是一个关键的理论工具，主要用于研究网络的动态行为。主要思想是在施加扰动时，研究网络的状态是否可以回归到稳定状态或者达到一个新的稳态，这反映了网络的本质属性对网络动态行为的影响。

通过进行稳定性分析，我们不仅可以理解网络动态行为的基本规律，还可以为网络的设计和控制提供理论指导。例如，我们可以通过优化网络结构来提高网络的稳定性和鲁棒性。

2. 演化路径

复杂网络的演化路径主要是针对系统状态随时间的变化过程进行分析，即网络动态性的研究。通常会关注以下三个方面：

(1) 时间动态性　时间动态性是复杂网络研究的重要领域，主要研究的是网络的结构或者功能随时间的变化规律，时间的尺度可能是几秒钟，也可能是数月或者数年。

在许多的复杂网络模型中，每个节点都有一个关联的状态，代表了该节点在某一时刻的特征和行为。节点的状态演化就是描述这些状态是如何随着时间变化的。一般情况下，我们可以用离散时间动态方程来描述节点的状态演化。状态演化的研究可以帮助我们理解网络的动态行为，如同步、振荡和混沌等。

时间的动态性对于理解、预测和控制网络的行为都有至关重要的作用，同时也为诸如流行病分析、交通网络优化等提供了理论支持。

（2）事件驱动演化　事件驱动演化的研究是指具体的时间或行为触发的网络动态变化。这可以解释网络结构和状态如何响应特定环境或者内部事件。

对于事件驱动演化，需要触发事件的驱动。触发事件可以是网络内部结构的变化（如结点的故障、连接的生成和断裂等），也可以是外部环境（针对不同实际情况，可以是政策变动、自然灾害等）。这些事件的发生会导致网络的状态发生转移。

每个事件都会对网络的状态结构产生一定的影响。例如，节点故障可能会破坏网络的连通性。事件的影响可以量化为影响力，这种影响力通常与事件的大小和网络的初始状态有关系。

通过事件驱动演化，可以更好地理解网络动态变化的原因，并预测网络未来的行为。

（3）演化趋势　演化趋势主要描述了网络在长时间尺度上的发展规律和稳态行为。它研究的主要内容包括长期趋势、稳态行为和演化模型。

长期趋势描述了网络的全局性质如何随时间变化。例如，网络的规模也许会随着时间按照某种增长率增长。长期趋势分析可以帮助我们预测网络的未来规模，或者评估网络的可持久性。

稳态行为描述了网络在平衡状态下的特性。例如，网络的聚类系数也许会在达到稳态之后，趋于一个常数。稳态行为分析可以帮助我们理解网络的结构特性和动态特性，指导我们设计和优化网络。

为了理解预测网络的演化趋势，我们还可以通过一些经典的网络模型，例如前文提到的无标度网络和小世界网络，它们的提出成功地复制了许多网络的统计特性。通过理解和应用这些演化模型，我们可以更好地预测网络未来的行为，并提出有效的网络策略和措施。

演化趋势分析可以帮助我们理解网络的结构和动态特性，也可以为实际应用提供理论依据。

本 章 小 结

本章深入探讨了制造循环工业系统的网络化管理模式。通过比较金刚石与石墨的晶体结构，揭示了网络结构在系统稳定性和性能中的关键作用，强调了多维度连接、局部弱连接的优化及网络多样性对于增强系统韧性的重要性，这为制造循环网络的构建提供了启示。本章还详细介绍了制造循环工业系统的立体网状结构，分析了资源、能源、物流和信息在多维空间中的流通模式，揭示了其显性和隐性的层次结构。通过将这些复杂关系映射为网络模型，应用图论和复杂网络理论，提出了基于中心性等网络分析工具的度量指标，用于识别关键节点，以及评估网络的稳定性、脆弱性和鲁棒性。整体而言，本章通过理论分析和实际应用的结合，为制造循环系统的优化和管理提供了系统化的理论支持和实践指导，旨在提升系统的整体效率和可持续性。

💡 思考题

1. 解释制造循环工业系统中的多主体网络特性，并说明这些特性如何影响系统的动态演化和整体效率。

2. 什么是图论？举例说明图论在制造循环工业系统中的应用场景。

3. 复杂网络理论中的度分布、聚类系数和平均路径长度分别代表什么？它们如何帮助分析制造循环系统的性能？

4. 简述中心性在复杂网络中的作用。

5. 描述制造循环工业系统中的资源流通模式，并讨论其对系统效率的影响。

6. 简述复杂网络中的鲁棒性与脆弱性概念，并举例说明其在制造循环工业系统中的意义。

7. 解释制造循环工业系统的动态演化特征，并说明这些特征如何影响管理决策。

8. 阐述图论中的无向图与有向图的区别，并举例说明它们在制造循环工业系统中的应用。

9. 讨论在制造循环系统中实施图论和复杂网络理论分析的潜在挑战。

10. 解释制造循环工业系统中多维连接的概念，并讨论其对系统韧性的影响。

参 考 文 献

[1] BARABÁSI A L. Scale-free networks: a decade and beyond [J]. Science, 2009, 325 (5939): 412-413.

[2] BORGATTI S P. Centrality and network flow [J]. Social networks, 2005, 27 (1): 55-71.

[3] BORGATTI S P, EVERETT M G. A graph-theoretic perspective on centrality [J]. Social networks, 2006, 28 (4): 466-484.

[4] BORGATTI S P, EVERETT M G. Models of core/periphery structures [J]. Social networks, 2000, 21 (4): 375-395.

[5] KOSCHÜTZKI D, LEHMANN K A, PEETERS L, et al. Centrality indices [J]. Network analysis: methodological foundations, 2005: 16-61.

[6] LAWYER G. Understanding the influence of all nodes in a network [J]. Scientific reports, 2015, 5 (1): 8665.

[7] NEWMAN M E J, STROGATZ S H, WATTS D J. Random graphs with arbitrary degree distributions and their applications [J]. Physical review E, 2001, 64 (2): 026118.

第4章

基于博弈的制造循环
管理机制设计

博弈论是研究具有冲突和合作特点的决策者之间互动的数学理论。在制造循环工业系统中，博弈理论和机制设计可以优化资源分配、减少浪费、提高效率和促进可持续发展。在制造循环管理中，博弈论可以帮助企业识别和预测不同利益相关者的行为，机制设计理论设计有效的激励机制，以实

章知识图谱　　　　说课视频

现资源的最优分配和循环利用。通过博弈论的应用，可以更科学地分析和设计循环管理机制，实现资源的高效利用和产业的转型升级。

在制造循环工业系统背景下，企业间的组织与协同效率对整个循环系统的循环效能有重大影响。应在制造商与供应商之间建立有效的信息交互机制，促进企业之间能源、物流和资源的有效流通，提高企业的生产效率和产品质量，实现企业之间的高效循环。通过设计有效的机制，建立合理的激励机制，促进企业间及企业内部多工序之间的高效合作，为制造循环工业系统的高效系统策略提供重要的理论支撑，为实现制造业大循环提供有力保障。

4.1节介绍了博弈管理机制设计在制造循环工业系统中的应用；4.2节介绍了多主体博弈在制造循环工业系统中的理论和应用；4.3节介绍了机制设计在制造循环工业系统中的基础理论和典型应用。

4.1 制造循环工业系统博弈管理机制设计

4.1.1 制造循环工业系统多主体关系

在制造循环工业系统中，多元产业主体的异质性特征体现为差异化的商业目标及运营策略，催生了高度复杂的竞合交互网络。这一网络既包含基于资源共享的协同合作，也存在围绕要素配置的隐性竞争。尤其在资源、物流、能源和信息等系统级耦合环节，企业需在双重约束下寻求动态平衡：一方面通过精益管理提升个体生产要素配置效率，以强化市场竞争优势；另一方面通过契约设计、收益共享等机制创新，构建上下游主体之间的协同进化路径，

从而实现系统整体的高效运作。

以钢铁和装备制造业为例的典型制造循环系统呈现"纵向协同-横向博弈"的多维竞合特征：在纵向维度，钢铁企业需要响应装备制造端对高性能、定制化材料的动态需求，形成技术适配性极强的供需闭环；在横向维度，全球碳关税、绿色供应链认证等政策压力，使钢铁企业在负碳技术研发、全生命周期碳足迹管理等领域展开技术竞速。这一双重张力推动行业竞争逻辑发生结构性转变，竞争维度从传统的成本管控、质量对标延伸至生态溢价创造能力，而合作边界则从供应链效率优化拓展至跨产业技术共生。在此背景下，钢铁和装备制造企业需通过契约设计、收益共享等机制设计工具，将个体减排投入转化为系统级环境收益，从而在"零和博弈"与"集体行动"的阈值区间内锚定动态均衡点，实现产业生态韧性提升与环境外部性内化的双目标收敛。

在高耗能制造循环工业系统中，企业间的交互呈现典型的"竞合共生"特征。以石化行业为例，其作为基础原材料的核心供应者，与下游的化工、塑料制造等产业形成深度协同：上游石化企业通过催化裂解技术优化与供应链数字化升级，持续提升原料纯度与交付稳定性；下游企业则通过定制化需求反馈反向驱动石化装置工艺改良，形成双向适配的技术闭环。这种纵向协作关系构筑了产业价值链的基础韧性。然而，合作框架下始终交织着多维度竞争张力。在显性层面，原油价格波动与地缘政治风险催生资源控制权博弈，石化企业通过长协合约锁定优质客户，下游制造商则构建多元化采购组合以增强议价能力；在隐性层面，碳关税政策与绿色供应链标准正在重塑竞争规则，推动石化企业竞逐废塑料化学回收、生物基单体合成等低碳技术突破，下游产业则通过材料循环认证体系争夺生态溢价。这种"效率-可持续性"双轨竞争范式，使企业将环境成本内部化，最终通过契约设计与循环经济指标绑定，在供应链协同中实现环境效益与商业价值的动态平衡。

物流网络作为物质代谢与价值流转的物理载体，运行效能直接决定了系统资源循环率与环境足迹。物流业与制造业间的"竞合协同"关系贯穿于全链条：在合作维度，双方通过运营协同与数据互通构建端到端透明化供应链，实现库存成本削减与响应速度倍增。例如，通过实时数据交换，物流公司可以更精确地预测制造需求，调整运输资源，从而减少库存成本和提升供应链的整体效率。然而，在合作的同时，物流业内部也存在激烈的竞争。这种竞争使得物流公司能够提供更快、更经济、更可靠的服务，以吸引和维持制造业客户。同时，也促使物流业不断创新，例如，开发更高效的运输方法、采用先进的自动化技术和信息系统，甚至探索使用环境友好型运输工具，以减少运输过程中的碳排放。如何有效管理和优化上述合作与竞争关系，对于提升制造循环的整体性能和竞争力至关重要，同时也为使用博弈论和机制设计提供了丰富的实际应用场景。这些理论工具的运用能够深化对物流与制造业互动机制的理解，推动供应链管理向更高效、更环保的方向发展。

制造循环工业系统内，跨产业主体的交互呈现多维度竞合动态平衡特征。从钢铁与装备制造的纵向技术共生，到石化与下游产业的资源代谢耦合，乃至物流网络的弹性集成，各节点企业始终在效率优化与环境约束的双重驱动下，构建"协同进化-有限竞争"的复杂网络。这对企业提高生产效率、降低成本、优化资源分配及响应环境保护的需求至关重要。通过博弈论和机制设计的应用，不仅可以更好地理解这些复杂的互动机制，还能推动供应链管理向更高效、更环保的方向发展。这一理论-实践闭环不仅为供应链的绿色跃迁提供方法论框架，更通过揭示"竞争驱动创新、合作实现增值"的辩证规律，重塑了循环经济范式下产业竞争力的评价基准——从单一经济指标转向涵盖资源循环率、碳生产率等维度的复合指标体系，为制造循环工业系统可持续发展和转型锚定新坐标。

在下面的内容中，本节将进一步探讨从博弈与机制设计的角度观察制造循环工业有哪些启示。

4.1.2 博弈与机制设计视角下的制造循环工业系统

1. 博弈视角下的制造循环工业系统

如前所述，制造循环工业系统涉及众多企业主体，这些主体间的关系错综复杂。在这种环境下，有效管理多主体间的互动关系对于提升整个系统的运行效率至关重要。本节将从博弈论的视角出发，探索其在处理制造循环工业系统中管理问题上的应用价值和实际效果。以下为从博弈视角观察，制造循环工业系统中的一些典型博弈问题。

1）合作与竞争的动态博弈：分析企业在长期合作关系中，如何处理合作与竞争的复杂动态。例如，两家企业可能在某些业务领域内合作，在其他领域内竞争。探讨如何使用博弈论来优化企业间的合作协议，包括如何通过动态博弈模型来预测和管理合作中可能出现的变化。

2）供应链协同与优化博弈：分析供应链中各方如何通过博弈策略优化合作，尤其在应对市场需求变化和供应不确定性时的博弈策略。探讨如何通过博弈论来设计激励机制，确保供应链中的信息共享，减少信息不对称导致的效率损失。

3）资源优化与配置博弈：探讨企业如何通过博弈论来优化有限资源的配置，包括原材料、机器设备、工作人员等的配置。分析在资源分配中，企业如何通过战略性决策来最大化利用效率，同时考虑与其他企业的相互依赖和影响。

4）定价策略博弈：在具有强竞争性的市场中，如何通过博弈论分析企业之间在定价策略上的互动。例如，如何在保持竞争力的同时避免恶性价格战，以及如何反应竞争对手的价格变动。

2. 机制设计视角下的制造循环工业系统

在制造循环工业系统中，多主体协同决策、信息不完全及不对称、激励与约束不平衡是制约系统效率和协同发展的关键问题。它们直接影响企业内各工序的资源配置、企业间的协同效率以及系统整体的循环效能，为制造循环工业系统实现全局最优带来了显著的挑战。通过机制设计引导信息共享、优化奖惩机制、建立透明度规则，可以有效应对这些问题，推动制造循环工业系统向更加协同和创新的方向发展，如图4-1所示。

制造循环工业系统涉及多个主体，包括不同制造业和相关工业实体，这些主体之间需要协同决策，以确保整个系统的高效运作。然而，由于每个主体都有自身的目标和利益追求，单一主体决策的模式已不再适用。多主体协同决策的挑战主要体现在以下几个方面：

1）目标差异。不同主体的追求目标不一致，包括经济效益、资源节约等，因此需要协同决策来统一各方的目标，以实现系统整体效益最大化。

2）信息不对称。信息不完全和不对称在制造循环工业系统中可能导致决策者面临不确定性和信息失衡的挑战。由于各主体无法获取系统内的所有信息，决策可能基于部分、不准确的信息，影响其对整体系统的理解和最优决策的制定。同时，信息的不对称可能导致某些主体在交互过程中占据更有利的地位，从而影响系统的整体协同效能。

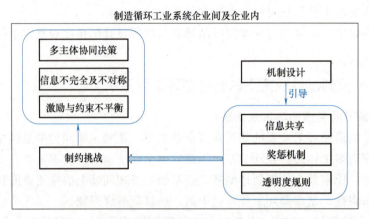

图 4-1　机制设计在制造循环工业系统中的作用

3）资源分配不均。在多主体协同决策中，涉及资源的分配和利用问题。资源的合理分配对于整个循环系统效率至关重要，但不同主体之间可能存在资源分配不均、资源利用不合理等问题，导致资源浪费和效率低下。

4）复杂性和动态性。制造循环工业系统通常具有复杂的结构和动态的特性，其运行涉及多因素耦合作用。多主体协同决策需考虑这种复杂性和动态性，这增加了决策的难度和复杂性。

5）协同合作难度。多主体协同决策需不同实体之间进行合作和协调。然而，由于竞争关系、信息不对称等因素，合作可能受到一些障碍的影响，例如，缺乏信任、合作协调困难等，从而影响整个系统的运作。

在制造循环工业系统中，激励与约束是推动系统发展和优化的两大驱动力。两者需保持恰当的平衡，以确保系统的高效运作。激励措施的设计旨在激发各参与方的积极性和创造性，鼓励他们投入更多的资源和精力。通过实施有效的激励，如经济奖励、资源共享或技术支持，不仅可以提升生产效率和质量，还能激发创新和促进技术进步。此外，激励还有助于加强合作伙伴关系，推动合作共赢的局面。

与此同时，约束机制的设立至关重要，目的在于规范各参与方的行为，防止违规操作或对系统利益造成损害。这种措施通过确保所有参与者不会因追求短期个体利益而威胁到系统的长期可持续性。有效的约束策略，如合同条款的明确规定、性能基准的设定以及责任的明确划分，能够预防不当行为，防止资源的滥用和浪费，从而维护系统的整体健康和稳定。

为了使激励与约束达到最佳平衡，设计合适的奖惩机制至关重要，包括建立明确的奖励机制来增强积极性，以及制定严格的惩罚措施来制约不当行为。优化奖惩比例，确保奖励与惩罚之间的平衡，是防止参与者行为过于保守或过度冒险的关键。一个平衡的奖惩系统不仅能够促进循环效率，还能够形成稳定、可持续的合作环境，如图4-2所示。

通过上述描述，我们可以看到，合理配置激励与约束是制造循环工业系统中实现长期和稳定发展的基石，而这正是机制设计需要解决的问题。这种平衡的策略，既能激发系统内各方的潜力，也能确保整体运行的规范性和安全性，从而推动整个制造系统向更高效、更绿色的方向发展。

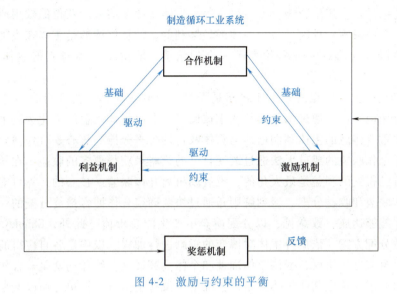

图 4-2 激励与约束的平衡

4.2 制造循环工业系统多主体博弈理论及应用

4.2.1 制造循环工业系统多主体博弈理论

1. 多主体博弈理论基础概念

博弈论是研究决策制定者之间相互作用的一门数学科学。该理论探讨在各种决策环境中，不同决策制定者（称为主体）之间的策略选择、收益和相互影响。在博弈问题中，每个主体在决策时都必须考虑其他主体如何行动。博弈论作为跨学科研究方法，其适用范围已延伸至经济学、社会学、政治学、生物学及计算机科学等多个学术领域。博弈论的发展历史可以追溯到 20 世纪初，早期博弈论研究主要集中在棋类游戏等简单情境下的问题；正式的博弈论体系形成于 20 世纪 40 年代。在这一时期，数学家，如冯·诺伊曼（John von Neumann）和奥斯卡·摩根斯特恩（Oskar Morgenstern）将博弈论应用到经济学领域，提出了著名的《博弈论与经济行为》一书，系统地建立了博弈论的理论框架；后续研究随着不完全信息博弈、演化博弈等分支的发展，理论体系持续完善。

制造循环工业系统各个环节均包含多个利益主体，其高效运转与持续优化必须建立在所有主体的协同配合之上。由于系统运行在资源利用、产品设计与生产效率等方面不同，利益主体之间形成了竞争与合作关系。因此，制造循环工业系统作为一种典型的多主体博弈模型，其中存在复杂的角色关系。通过分析各个主体之间的策略选择和行为反应，可以更好地理解制造循环工业系统中的复杂性和不确定性。

59

（1）基础要素　博弈的基础要素包括主体、策略、支付和信息。主体即博弈中的决策者，既包含自然人个体，也涵盖企业组织、国家实体等，各主体均基于差异化的利益开展策略互动。策略则指主体在博弈中可选择的行动方案，每个主体都面临选择的可能性，而每个选择都对最终结果都会产生影响。支付表示每个主体在博弈结束时获得的效用或收益，支付可以是正数、负数或零，反映了每个主体的最终利益。信息描述的是主体在决策时所拥有的知识，博弈可以分为信息完全和信息不完全的情境，取决于主体对其他主体信息的了解程度。

（2）博弈的分类　根据博弈主体之间是否存在同盟或合作，博弈可分为合作博弈和非合作博弈。合作博弈中，通过协同契约约束彼此行为，以集体利益最大化为决策导向，强调集体理性，注重合作后的主体利润增加与总体收益的公平分摊。核心是合作博弈中的一个概念，表示一个合作联盟的成员无法通过改变自己的策略来获得更多的收益。在核心内，每个成员都认为自己得到的利益是最大化的，没有动机离开该联盟。核心的计算可能需要考虑各种可能的合作联盟和收益分配。谈判解则是通过协商确定合作博弈最终分配的一种方法，它通常要求主体能够达成一致意见，以分配博弈中产生的总价值。此外，Shapley 值作为合作博弈中的利益分配方案，依据各主体对博弈的贡献进行加权，以确定各自应得的份额。在非合作博弈中，没有合作协议，强调个体理性和个体决策最优。纳什均衡是非合作博弈中的一个概念，它描述了在给定其他主体策略的情况下，没有主体有动机单方面改变自身策略的稳定状态。博弈矩阵作为非合作博弈的一种表示方式，展示了所有主体在不同策略下的收益或损失，有助于识别和确定纳什均衡。最优对策是指在其他主体采取特定策略时，某个主体能够选择的最有利策略，纳什均衡正是由这样一组最优对策组合而成的。

根据主体行动的先后顺序，博弈可分为静态博弈和动态博弈。静态博弈是指所有主体在决策时无法观察到其他人的行动选择，或所有行动在实质上被视为同时发生。此类博弈中，策略制定仅基于对他人行为的预期，而非实际观察到的历史信息。典型例子包括囚徒困境（双方同时决定是否坦白）、石头剪刀布游戏以及经济学中的古诺竞争模型（企业同步决定产量）。静态博弈中的均衡分析通常采用纳什均衡，强调策略组合的相互最优性。静态博弈常用于分析价格竞争、投标拍卖等场景，策略设计依赖于对手理性与收益结构的预判。动态博弈则强调主体行动存在先后顺序，即主体的行动能够观察到另一个主体先前的行动后，从而调整自身策略，再选择如何行动。此类博弈中，决策具有时序依赖性，策略需包含对历史行动的反应规则，例如象棋中的回合制对弈。动态博弈中的均衡概念通常采用子博弈精炼均衡，它要求策略在每一决策节点均最优。

根据主体对其他主体的私人信息了解程度，博弈可分为完全信息博弈和不完全信息博弈。完全信息博弈是指所有主体在决策时都能准确掌握对方的全部信息，包括策略空间、收益函数及历史行动等。此类博弈中不存在私人信息，所有参与者对局势的认知完全对称。例如，国际象棋对弈时，双方不仅清楚棋盘上每一枚棋子的位置，还完全知晓对手所有可能的走法与胜负规则，决策仅依赖于对策略组合的理性推演，经典理论如纳什均衡便用于刻画这种信息透明下的稳定策略状态。不完全信息博弈则指参与者无法完全获知其他方的关键信息（如收益函数或私有类型），需在不确定性下进行策略决策。这类博弈要求参与者通过观察对手行为动态调整策略，并借助概率推断来修正对隐藏信息的认知，例如拍卖中竞拍者根据报价节奏推测标的物的潜在价值。此时，均衡分析需引入贝叶斯纳什均衡，即参与者在概率分布下对他人类型进行预测并优化自身策略。

（3）博弈的均衡分析　博弈的均衡分析是博弈论中的核心内容，旨在研究博弈中各参与者的策略选择及其相互作用下形成稳定状态的过程。对于合作博弈，均衡通常表现为一种合作联盟的稳定利益分配状态，如核心或 Shapley 值描述的利益分配，此时各成员在现有合作框架下无法通过改变策略获得更高收益。对于非合作博弈，均衡则表现为一种策略组合，其中各主体在给定他人策略的情况下，没有动机或理性意愿单方面改变自己的策略，则表示达成纳什均衡。

博弈的解是对博弈中可能出现的结果的系统描述。例如：石头剪刀布游戏可以认为是一种简单的双人静态博弈，双方各有三种策略，即石头、剪刀、布，而策略之间有循环克制关系：石头克制剪刀，剪刀克制布，布克制石头。规则为双方同时选择策略，如果一方策略恰好克制另一方，则克制对方的一方获胜，被克制的一方失败；如果两人选择的策略相同，则视为平局。将两位主体抽象为主体 A 和主体 B，收益为一次博弈的胜负（获胜时的收益为1，失败时的收益为-1，平局时的收益为0），双方收益矩阵如图 4-3 所示，可以看出，石头剪刀布对游戏双方是相对公平的，该博弈的唯一纳什均衡是主体均等概率地使用三种策略。

		主体B	
	石头	剪刀	布
主体A 石头	0,0	1,-1	-1,1
剪刀	-1,1	0,0	1,-1
布	1,-1	-1,1	0,0

图 4-3　双方收益矩阵

博弈论中，策略与均衡分析揭示了主体如何在理性决策下达到稳定的均衡状态。然而，这种均衡是否必然存在是一个关键问题，特别是在复杂的现实问题中，均衡解的存在性直接影响博弈模型的应用价值。为了确保博弈模型在特定条件下至少存在一个稳定解，博弈论通过数学方法深入探讨均衡解的存在性。

目前，均衡状态存在性的证明方法主要有以下几种：

1）不动点定理（Fixed Point Theorem）：指出特定条件下映射存在的不动点［即满足 $f(x)=x$ 的点］。在博弈论中，通过将博弈策略映射到自身空间构造对应关系，利用不动点定理证明均衡存在性。其中，Brouwer 不动点定理（Brouwer′s Fixed Point Theorem）和 Kakutani 不动点定理（Kakutani′s Fixed Point Theorem）是分析纳什均衡的核心工具。

2）Sperner 引理（Sperner′s Lemma）：组合拓扑学中的定理，证明 n 维单纯形在特定染色规则下存在奇异单形。博弈论中可将策略空间离散化映射到单纯形，构造顶点的标签系统，结合 Sperner 引理推导均衡存在性，常见于离散策略空间的证明。

3）扰动方法（Perturbation Method）：引入微小扰动（如策略概率的 ε-扰动）改造原博弈，克服策略空间非凸性或不连续性问题。典型应用包括构造扰动后的辅助博弈证明均衡存在，再通过极限过程（如扰动趋零）回归原博弈解，常见于不满足标准不动点定理条件的场景。

4）拓扑方法（Topological Method）：基于策略空间的拓扑性质（紧致性、凸性、连通性）进行存在性分析。此方法为框架性思路，常通过不动点定理（如 Brouwer/Kakutani）或拓扑度理论实现，适用于连续/动态博弈等复杂模型，强调空间结构对均衡存在的基础保障作用。

在合作博弈中，各主体通过联盟形式寻求整体利益的最大化，均衡分析旨在探索如何在合作框架内实现利益的合理分配和策略的稳定选择。合理的合作均衡需要满足两个关键条件：①合作联盟内部的利益分配能够使每个成员至少获得其单独行动所能获得的最低收益，以确保合作的吸引力；②不存在任何子联盟或个别成员有动机偏离合作联盟，以维持合作的稳定性和持续性。其中，核心是合作博弈中重要的均衡概念，其存在性通常要求博弈的特征函数满足凸性。这些条件确保了合作联盟的收益分配，能够使每个成员至少获得其单独行动的收益，且不存在任何子联盟通过脱离大联盟而获得更高的收益。

2. 制造循环工业系统中的博弈模型

在制造循环工业系统中，博弈模型可用于分析供应商、制造商、分销商等主体之间的相互作用和决策过程。该系统中的博弈涉及定价策略、生产计划、库存管理等关键环节，主体在追求自身利益最大化的同时，彼此决策相互影响。运用博弈分析框架可对策略组合下的收益矩阵进行定量刻画，揭示主体之间的竞争与合作关系，从而优化资源分配，促进生产与供应链活动的协同，提升整个系统的运行效率和可持续性。此外，博弈模型还能帮助识别潜在的瓶颈与冲突，为决策者提供科学依据，实现制造循环工业系统中各方利益的动态平衡与长期稳定。

在制造循环工业系统中，合作博弈是一种有效策略，多个主体之间通过形成联盟，共同实现利益最大化。例如，制造企业通常与供应商和分销商建立长期合作关系，共享需求和产能信息，协调订单和交付时间，从而实现供应链高效运作和库存优化。此外，制造企业之间还可以通过共享资源、联合营销、市场互通等方式形成战略联盟，共同扩大市场份额、提升品牌知名度，并实现利益的共同提升。在制造循环工业系统的微循环中，合作博弈的应用更普遍。在这种微循环中，制造企业通常涉及多个产线、工序和管理部门，这些部门之间需要密切合作与协调，以确保生产流程的顺利进行。具体而言，多个工序之间的生产计划协调、能源与资源的优化分配、产品质量的控制与追踪等问题，都需通过跨部门协作来解决。通过合作博弈，各方共同努力，实现降低成本、提高生产效率以及确保产品质量等目标。

制造循环工业系统中，博弈模型的研究需要考虑的内容主要有以下几个方面：

(1) 合作博弈与联盟形成　在制造循环工业中，无论主循环或微循环，主体之间进行充分的信息交流是形成联盟的基础。通过分享信息、目标和利益，主体可以更好地理解彼此的需求和期望，从而更自然地形成联盟。形成联盟时，主体需要明确利益分配的方式。常见的方式有协商、讨价还价和制定合理的分配规则等。合理的利益分配，可以激励各方积极参与合作，形成稳定的联盟，这也是主体之间能够顺利进行合作的关键。此外，利益分配的公平性和公正性是合作博弈中的重要考虑因素。主体在合作的同时格外关注各自的贡献和收益的公平性，合理的利益分配会增强主体的满意度和合作的可持续性，从而促进联盟的可持续性。制造企业之间联盟如图4-4所示。

(2) 竞争博弈与竞争策略　除了合作关系，制造企业之间存在竞争关系，且由于企业之间客户、资源、技术、能力等的不同，其获取的信息互相不对称，为追求自身的利益最大化，每个企业在利益相互影响的情境中，根据自身的技术优势来制定策略。但这种竞争可能导致企业之间的非合作博弈。在非合作博弈中，主体的决策是相互独立的，他们不考虑其他人的行动和利益，只关注自己的利益最大化。主体做出的决策可以基于一个确定的策略

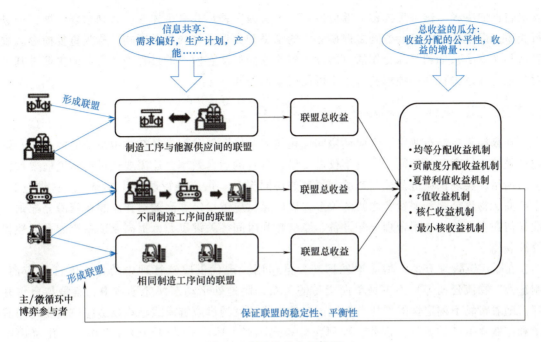

图 4-4 制造企业之间联盟

（纯策略）或者基于概率分布的概率性策略（混合策略）。

此外，在制造循环工业中，对于某种资源或者市场份额的竞争，存在零和博弈和负和博弈。其中，零和博弈的参与者之间是完全对抗的关系，一方的收益等同于另一方的损失，且两者的总和始终为零。与此不同，在负和博弈中，尽管双方利益相互对立，最终的结果是双方都面临一定程度的损失，意味着双方的总收益为负，即每一方的得益都小于其损失。另外，制造循环工业中，多个流程工业之间的业务逻辑时常出现主从博弈，又称为 Stackelberg博弈，它是一种一方先行动、另一方后行动的博弈模型。在主从博弈中，参与者的角色不同，跟随者的策略选择受领导者策略的影响。

前面提到的制造循环工业中的非合作博弈是基于以下假设：所有主体拥有完全信息。这一假设使得博弈模型简化，便于从实际问题中抽象出完全信息博弈。然而，不完全信息博弈更符合制造循环工业中的实际博弈情境。不完全信息是指在博弈中，主体无法完全了解其他主体的策略选择和支付信息。在这种情况下，主体只能基于自身的观察和对其他主体行为的推测来做出决策，而这种不确定性通常源于主体之间的不同利益类型和信息不对称。贝叶斯博弈则提供了一种有效的框架来处理这种不确定性，它通过对主体的行为设定先验概率分布，将每个主体的行动的随机性与其利益类型相联系，从而将混合策略博弈转化为不完全信息的静态博弈，即静态贝叶斯博弈。在贝叶斯博弈中，每个主体根据对其他主体信息的先验概率分布进行推理和决策，这种方法使得博弈更加贴近现实情况，尤其是在制造循环工业系统中，主体之间通常面临信息不对称的挑战。

（3）制造循环工业系统中的协同与竞争动态演化 与静态相对应，动态博弈是考虑了时间的因素。动态博弈中，通常有时间上的先后顺序且分多个阶段进行博弈。例如，制造循环工业中的一个主体的策略选择可能受到前一个已做出决策的主体的影响，并根据这些信息做出自己的决策，这种形式称为顺序博弈。也有另一种形式是主体在一系列重复的博弈中进行决策，即主体的决策会受到之前博弈中的结果和其他主体的行动影响，称为重复博弈。重复博弈考虑了长期利益和合作的可能性。但无论如何动态博弈的过程中，主体的决策是基于对其他主体过去行动的观察和对未来可能行动的预测。

4.2.2 制造循环工业系统多主体博弈应用

在高端装备制造业中，供应链协同优化与多主体资源分配是复杂决策系统的两个核心课题。随着市场竞争的加剧，企业不仅需要优化自身的运营效率，还需要通过博弈论框架重构价值网络，实现供应链弹性与资源利用率的协同提升。供应链管理涉及协调原材料供应商、生产商、物流公司和消费者之间的关系，以确保供应链稳定、高效运作。制造资源分配则关注如何在多个主体之间合理分配设备、原材料和时间等关键资源，提高制造系统的灵活性和资源利用率。

在供应链管理方面，博弈论发挥着关键作用。现代供应链管理中的各主体（供应商、制造商、物流公司等）不再是单向交易的关系，而是处于动态博弈环境中，竞争与合作并存。随着市场不确定性的增加，传统依赖集中式调度的供应链模式已难以适应快速变化的需求和定制化生产的挑战。因此，如何在分布式、多主体决策的供应链体系中，优化资源配置、提升协同效率，是一个关键的研究问题。博弈论提供了一套系统化的分析工具，使供应链中的各主体能够在合理的竞争与合作机制下调整决策，以兼顾个体利益和整体供应链效益，从而提升企业竞争力，实现供应链的高效、稳定与可持续发展。

制造资源分配方面，博弈论提供了有效的解决方案。随着制造业的网络化和分布式发展，制造资源的配置优化更加灵活而复杂。通过博弈论，可以分析设备资源分配中的博弈过程，并寻求使各方满意的资源分配方案。此外，多主体决策框架也变得越来越重要。多个主体之间需要协调行动，以达成共同目标或最大化自身收益。在这种情况下，需要考虑资源效益平衡，以确保有限的资源得到有效和公平的使用。

本节将深入探讨高端装备制造业中供应链管理和制造资源分配的多主体博弈问题。通过分析博弈策略、合作机制和信息共享，探索如何提升供应链效率、优化制造资源分配，并提高企业在复杂市场环境下的竞争力和适应性。

1. 供应链管理多主体博弈

供应链的高效运作对企业竞争力和整体经济发展至关重要。然而，传统的供应链管理方式往往依赖于集中式调度和单向交易模式，缺乏灵活性，难以适应现代制造环境下的高度不确定性和个性化需求。因此，研究如何通过博弈论优化供应链资源配置，实现供应链各环节主体之间的协同优化，已成为当前的重要课题。博弈论为供应链中的多主体互动提供了有效的建模工具，不同主体可以在博弈框架下调整策略，以最大化自身收益，同时提升整个供应链的运行效率。

（1）供应链资源配置博弈与优化 现代供应链呈现出全球化、分布式、多主体协同的趋势，供应链资源的配置优化已成为企业提高效率、降低成本的核心问题。供应链资源不仅包括实物资源（如原材料、生产设备、仓储设施和运输工具等），也包括信息资源（如订单数据、库存信息和对市场需求的预测等）。供应链资源的优化配置不仅涉及企业内部的管理问题，更涉及供应链上下游各主体之间的协作与竞争，其复杂性远超单一企业的资源管理。

由于供应链中的各主体具有不同的目标和利益诉求，因此，资源分配的合理性不仅需提高整体效益，还必须兼顾各主体的个体收益。

供应链资源配置问题可通过博弈论建模，形成一个供应链博弈环境。例如，在库存管理中，供应商、生产商和零售商需要就原材料采购、生产批次、库存水平和交货周期等问题进行决策。若供应商希望通过大批量生产降低单位成本，而零售商更倾向于灵活补货以减少库存成本，双方的目标存在一定冲突。传统的集中式决策方式难以协调各方需求，而博弈论能够通过设计合理的激励机制，使各主体在满足自身利益的同时，实现供应链整体效益的优化。

以供应链中的运输调度为例，假设存在多个制造企业，它们分别需要将产品配送至多个不同的市场区域，同时共享有限的物流资源。在此情境下，可以将物流企业视为博弈主体，每个主体的策略是其运输线路的选择和配送时间的安排。运输资源的使用会产生一定的成本，同时配送延迟可能导致市场需求下降，因此，各主体的收益应综合考虑运输成本与交货时间。此时，每个制造企业都希望尽可能降低自身的物流成本，但由于运输资源有限，不同企业的决策会相互影响。若采用非合作博弈建模，每个企业会基于自身最优利益决策，这可能导致资源使用不均或整体效率下降；在合作博弈框架下，各主体可以形成联盟，共享运输资源，并通过合理的收益分配机制激励合作，实现整体物流效率的最大化。

特别地，该情境的一种典型情况是联合运输优化问题。在联合运输优化问题中，多个制造企业可以联合安排运输计划，以减少空载率和重复运输成本。假设所有企业的货物需经过相同的中转仓库，则可通过合作博弈的方式建立联合运输联盟，联盟中的企业共同分担运输成本，并依据出货量、运输距离等因素分配收益。研究表明，在该合作博弈模型下，联盟的特征函数可以由总运输成本节省量决定，且合理的收益分配方式可以基于夏普利值或核稳定性原则，使所有参与企业均受益。

(2) 多主体协作与供应链整体效益平衡　在供应链管理的多主体决策框架下，不同主体拥有各自的目标和信息，它们之间的协作不仅需考虑局部收益，还需兼顾供应链整体效益。各主体在博弈框架下的决策不仅影响自身绩效，也会影响整个供应链的运作效率。因此，供应链管理的核心问题之一是如何在多主体的独立决策与整体效益之间实现平衡，使供应链资源得到最优配置，同时保障各参与方的利益。

为解决供应链中的多目标优化问题，研究者提出了多种优化方法，其中包括多目标优化博弈。在此框架下，每个供应链主体的收益可以表示为一个多维向量，其中每个维度对应其在每个目标上的表现，如成本、交付时间、库存水平等。每个主体基于其效用函数来决定各目标的权重，并据此选择最优策略。博弈的结果不仅影响个体收益，还会对供应链的整体稳定性产生作用。

此外，供应链合作博弈也是实现供应链优化的重要方法之一。在合作博弈框架下，不同供应链主体可以通过形成联盟的方式优化资源配置，并通过合理的收益分配机制确保合作的可持续性。通过合作与协同优化，供应链各环节主体可以在共享信息、减少冗余、优化库存管理等方面形成协同效应，从而提升整体竞争力。合理的收益分配机制能够增强供应链联盟的稳定性，避免"搭便车"或"囤积资源"等不良行为。

例如，在供应链金融中，供应商、制造商和金融机构可以形成联盟，共享信用资源，从而降低融资成本并提高资金流动性。此时，联盟的特征函数可设置为整体融资成本节省量，合理的收益分配方案则需要确保所有主体参与联盟的收益足够，使各方的收益不低于其单独行动时的收益。

在供应链管理的多主体博弈框架下，资源的分配与利用不仅影响个体企业的盈利能力，也决定了整个供应链的运行效率。合理的博弈建模与优化方法能够在资源成本与供应链效益之间取得平衡，确保供应链的稳定、高效与可持续发展。

2. 制造资源优化多主体博弈

我国是制造资源大国，所拥有的制造资源居于世界领先地位。如何调度这些资源，是社会普遍关心的问题。传统的制造资源分配方式为：平台将制造资源集中在一起，而若干具有个性化需求的客户将自身的制造需求提交至平台，从而获得制造服务。这种分配方式已经难以应用于现今灵活、由需求驱动的制造系统，因此，寻求新的制造资源分配方式至关重要。博弈论是解决此类问题的有效手段。客户之间可以通过博弈来最大化其自身收益，而平台之间也可以通过博弈进行合作以优化资源配置。

(1) 生产资源博弈与优化　如今的制造业呈现网络化、分布化、多主体的趋势，制造资源与服务的配置优化是现今制造系统的核心。制造资源既包括实际的物质资源，也包括抽象的时间资源。具体来说，制造资源具有原材料资源、设备资源、设备工时资源、设备维护资源等多种体现形式。此种资源的配置优化与企业内部的资源配置优化不同，灵活性更高，难度也更大。在多个主体之间，无法通过强制的力量来命令所有主体遵守特定的资源分配方案，因此，合适的资源分配应做到使各方均满意。这也意味着，多主体博弈不能仅以最大化总收益为目标而忽略了每个主体自身的收益，而要以最大化每个主体的收益为目标。此外，为确定资源在多个主体之间的分配是否合理，需要将资源产生的效用量化。效用函数是一种常用的量化工具，常被用于定量分析资源产生效用的大小。

对于设备资源分配中的博弈，其典型情景为：有若干项制造任务，每一项任务具有若干工序，完成全部工序即可得到制造出的产品，不同任务产出的产品可以不同。此外，存在若干种不同的资源（如加工设备），每项任务的每个工序需要使用一定数量的一种或多种资源。使用资源会带来一定的成本，且完成每一项任务的每个工序需要一定时间。资源在被一个工序占用时，不可被其他工序抢占，希望使用同一设备资源的其他工序需要等待排在自身前面的其他工序加工结束。

在此情景下，对制造工序的一种博弈建模方法为将每一台加工设备视为一个博弈的主体，所有能够处理当前任务的加工设备构成主体的集合。每一台加工设备对自己的加工任务序列的一种调度方式为该主体的一个策略。加工设备运行会带来成本，所以应尽可能优化其运作效率，如在约束范围内尽可能增大其使用率、尽可能减小其运转功率的波动等。据此，将各主体的收益设计为与其利用率正相关、与负载波动负相关的一个变量。在纯策略空间下，若加工设备的调度策略满足凸性条件，则上述博弈模型存在纳什均衡，该均衡点对应各设备利用率与负载波动的最优权衡。

特别地，该情景的一种特殊情况是排序流水车间调度问题。在排序流水车间调度问题中，有若干件需要进行的工作，每个工作又包含若干个工序。同时，车间内有若干机器，每一台机器可加工任一工作的一个工序。每一工作都需要在机器上以相同的顺序完成所有工序的加工。任一工作同时只能进行一个工序的加工，任何机器同时只能加工一个工序。此外，所有工作在任意一台机器上加工的顺序均要求相同。

排序流水车间调度问题中，我们可以以合作博弈的方法建立模型。此时我们将每一件工作作为一个博弈主体，主体之间可以形成联盟。在每一种工作的排序下，对于每一个联盟，该合作博弈的特征函数会计算出一个数值。我们以联盟中所有工作的完成时间加权和作为联盟的成本，由于调换工作的次序会导致最终联盟的总成本发生变化，我们以联盟内通过交换工作次序达到的最大费用节省作为该联盟的特征函数值。研究表明，若机器仅有两台，且在任意一台机器上所有工作的加工时间均相等，则对于某个初始加工顺序和某一联盟，只有在联盟内的连续加工的若干任务之间进行交换，才不会影响联盟外工作的成本（即加权完成时间），因此仅允许这样的次序交换，如图4-5所示。此外，研究还表明，这样的一个合作博弈模型是超可加的，且核是非空的。核中的分配方案对每一个博弈主体的分配等于其夏普利值。

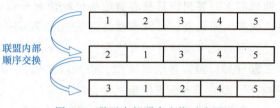

联盟内部顺序交换

图 4-5　联盟内部顺序交换示意图

以上是一个制造过程中生产资源博弈的例子，事实上，设备分配还有许多一般的情形，且博弈也不仅围绕设备分配开展。但是，非合作博弈情境下的效用函数方法和合作博弈情境下的寻求核分配是两种常用的建模方式。

（2）多主体决策与资源效益平衡　在一个多主体决策的框架中，多个主体各自拥有不同的目标、偏好以及信息。各主体在框架下以共同决策、协调行动的方式进行互动，以达成共同目标或最大化自身收益。因此，现实制造环节中的多主体决策问题往往是多目标的。为解决这样的多目标优化问题，人们开发了众多多目标优化方法，在这些方法中，每个主体会有一个奖励向量，每一维度代表该主体在对应目标上的表现情况。若以博弈的视角看待多主体决策框架，则该向量是主体在博弈中的收益。在此基础上，每个主体会具有自己的效用函数，体现出其对各目标的价值考虑。相应地，主体可选择的策略也是一个向量。在每一时刻，每个主体根据他观察到的环境来选择策略，所有主体选出策略后，根据所有主体的策略，每个主体会得到它的奖励向量，同时环境状态也随之更新。此外，还可以站在合作博弈的视角上，不同主体通过形成联盟优化整体收益，并通过核分配确保成员间的稳定性。

如前所述，供应链管理是一个多主体决策与资源效益平衡的例子。供应链中往往存在原材料供应商、生产厂家、物流公司和消费者（或零售商），它们分别构成决策主体，共同对整个供应链产生影响。生产厂家的决策会影响商品产量，进而影响物流公司的发货量，还会影响自身的库存情况。物流公司的决策会影响其车辆调度和运输路线，进而影响运输成本。不难看出，在这个多主体决策的情境下，每个主体的决策在影响自身效益的基础上，均会对其他主体产生影响。

总之，多主体决策情境下，博弈时要综合考虑资源成本和获得的效益。将二者均纳入考虑后，再视情境中各主体之间的关系，采用合作博弈等方法，得到一个使各主体均可接受的效益分配结果。由于各主体均可接受，通过多主体决策和资源效益平衡理念得到的政策或方案往往是可行且可持续的。

4.3 制造循环工业系统机制设计

4.3.1 制造循环工业系统机制设计基础理论

1. 机制设计的定义与环境

（1）机制设计的起源 机制设计理论，又称逆向博弈论，是 20 世纪经济学与博弈论交叉演进的重要成果。其核心命题与传统博弈论形成鲜明对比：后者研究既定规则下参与者的策略选择，而机制设计则聚焦于逆向构建规则体系——在信息不对称、决策分散化的环境中，如何通过主动设计制度或契约，引导自利主体在追求个体利益的同时，自发实现系统整体目标（如资源高效配置或社会福利最大化）。这一理论突破，为解决"个体理性与集体效率冲突"提供了方法论框架。

机制设计理论的起源可追溯到 20 世纪 60 年代。经济学家里奥尼德·赫维克兹（Leonid Hurwicz）首次系统性提出"机制设计"概念，对经济机制理论做了开创性研究。他证明了激励相容（Incentive Compatibility）"不可能性定理"，破解了信息不对称条件下的制度设计难题，为理论发展奠定基石。20 世纪 70 年代，埃里克·马斯金（Eric Maskin）提出了实施理论（Implementation Theory），阐述了在何种条件下可以通过机制设计来实现社会福利最大化，进一步发展了机制设计理论。罗杰·迈尔森（Roger Myerson）在拍卖理论和契约理论领域的突破性研究，极大地拓展了机制设计的理念和应用边界。2007 年，赫维克兹、马斯金和迈尔森的开创性工作形成完整理论体系，三人共同获得了诺贝尔经济学奖。

随着工业系统复杂性的提升，机制设计理论在 21 世纪被引入工程领域，成为优化资源配置、协调多主体决策的关键工具。尤其在循环工业系统中，通过设计资源定价、分配和交易机制，可有效调和企业个体利益与系统可持续性之间的冲突，驱动线性经济向闭环模式转型。这一从经济学理论到工程实践的跨越，彰显了机制设计作为"社会技术构建方法论"的深远价值。

（2）机制设计的基本要素 机制设计的基本要素包括主体、策略空间、结果函数、支付结构及目标等。

1）主体：机制设计研究的基本对象。他们通常是拥有一定私人信息和追求自身利益最大化的个人或组织。这些主体在特定规则下相互影响、互动，其策略选择最终决定了机制的结果。主体可能是拍卖中的竞价者、公共项目的受益人或者寻求共享资源的经济主体等。机制设计要充分考虑主体的个体异质性和信息不对称性。

2）策略空间：定义了主体在机制中能够采取的所有可能行动。例如，在拍卖中，每个竞价者的策略空间就是所有可能的出价。策略空间与主体拥有的信息和偏好密切相关。有时，适度缩小策略空间，限制某些非理性行为，可以帮助机制达到更好的结果。

3）结果函数：规定了在给定策略选择下，如何分配资源或做出集体决策。例如，在选举中，投票规则就是一种典型的结果函数，决定了哪些候选人当选。通常，我们希望结果函数能满足一定的性质，如对策略变化的连续性和单调性。结果函数的设计需要仔细权衡效率、公平等目标。

4）支付结构：决定主体在不同结果下获得的收益或支出。合理的支付结构能够调和个人激励与集体目标，使主体愿意采取有利于整体的策略。常见的支付结构包括资源分配所得、补贴/税收，以及根据行为表现给予的奖惩等。设计支付结构需要充分利用主体的私人信息，同时避免过度复杂导致机制的脆弱性。

5）目标：包括实现社会福利最大化、保证结果的公平性，以及激励主体据实报告信息等。然而，这些目标之间往往存在内在冲突，难以通过单一机制完全兼顾。因此，机制设计的本质是一个多目标优化过程，需要根据机制应用的具体场景、主体的特征，以及设计者所持的价值理念等，在目标间进行动态权衡与优先级排序。

（3）机制设计的环境　在机制设计理论中，环境是指构成主体相互作用背景的所有要素的集合，它涵盖了机制运行的外部条件，包括主体、个体的特征。环境不仅刻画了主体的偏好，还定义了主体可供选择的行动集合以及行动可能导致的结果。个体偏好是机制设计的基础，它决定了主体如何评估不同的行动和结果，偏好可能因个体而异，反映了他们的价值观、风险态度等主观因素，例如，在公共物品供给机制中，环境必须考虑不同主体对公共物品的重视程度，机制设计需要在异质偏好下寻求集体福利最大化。

主体拥有的信息也是环境的重要组成部分。现实中，个体常掌握一些私人信息，如自身的偏好、成本或技术参数等，而这些信息可能难以被他人所观测。信息结构的复杂性给机制设计带来了挑战，因为主体可能是基于私人信息采取战略行为，机制设计必须提供适当的激励，使主体据实报告关键信息。行动集合与机制实施的复杂性密切相关，集合太小可能无法充分调动主体积极性，而集合过大又给机制运行和监督带来困难，因此，确定合适的行动集合是机制设计中的重要部分。结果是行动组合的函数，反映了个体决策的集体后果，机制设计的目标往往就是实现特定的结果，如资源配置的帕累托效率、福利分配的公平性等，然而不同的行动往往对应着多样的结果，权衡取舍在所难免，衡量和比较可能的结果是设计最优机制的关键。总的来说，环境为机制设计提供了现实的约束条件。设计者必须充分了解和把握主体所处的外部环境，才能设计出行之有效的机制。以拍卖为例，环境包括了拍卖标的物的属性、潜在买家的估值分布、市场习惯等。拍卖机制必须嵌入这一特定环境，既为买家创造足够激励，又为卖家追求收益最大化。

2. 社会选择函数

社会选择函数是机制设计理论中的一个重要函数，反映了社会选择（集体决策）与所有代理人个人偏好之间的关系。在机制设计中，社会选择函数通常以一种数学形式确定主体之间的博弈结果或决策结果，以满足一定的准则或目标。最终的选择结果可能是一个决策、一个政策、一个候选人或一种行为。这些函数可以根据机制设计的具体目标和环境而定制，以促进合作、协调或资源分配。

（1）社会选择函数的定义　假设 $N = \{1, 2, \cdots, n\}$ 是一个智能体集，智能体的类型分别是 $\Theta_1, \Theta_2, \cdots, \Theta_n$。给定结果集 X，社会选择函数是一个映射 $f: \Theta_1 \times \Theta_2 \times \cdots \times \Theta_n \to X$，这个映射对每个可能的类型组 $(\theta_1, \theta_2, \cdots, \theta_n)$ 都指定了集合 X 中的一个结果，如图4-6所示。对于特定类型组的结果，称为该类型组的社会选择或集体选择。

（2）社会选择函数的常见类型　在机制设计中，社会选择函数的设计需要综合考虑公平、效率和激励等因素。常见的社会选择函数类型包括：①多数投票规则，这是一种简单直

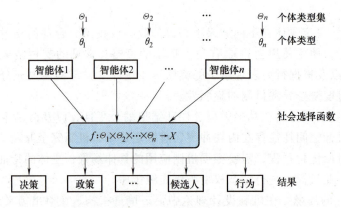

图 4-6　社会选择函数

接的规则，通过选取获得最多投票的选项作为最终决策结果；②凯梅尔投票规则，根据每个选项在所有投票中的排名来确定最终选择，这种规则考虑了个体偏好的次序信息，通常用于评估候选人或方案的相对优劣；③合理性投票规则，每个个体可以选择或不选择某个选项，最终选取得到最多支持的选项作为结果，这种规则简单易实施，常用于评估候选人或提案的受欢迎程度；④加权投票规则，给予不同个体的投票不同的权重，根据加权总和确定最终选择，这种规则考虑了个体的重要性差异，通常用于涉及利益分配的决策过程；⑤博弈理论中的核心，它描述了一个稳定的集体选择结果，其中没有个体或个体联盟能够通过改变策略来获得更好的结果，核心概念在涉及资源分配和合作博弈的场景中广泛应用。

（3）社会选择函数的性质　在机制设计中，社会选择函数是确定最终结果的规则或机制，它通常需要具备一些基本性质，以确保决策过程的公平性、合理性和有效性。例如，社会选择函数应具备单调性，即如果一个候选选项在所有个体的偏好中上升，那么它在最终结果中也应相应上升。同时，社会选择函数还应满足非独裁性，即不存在一个个体能够单方面决定最终结果，应由多数人的意见来决定。此外，它还应具备无偏差性，即当所有个体对某个选项有相同的偏好时，该选项应成为最终选择。最后，社会选择函数还应满足事后效率，即在给定社会选择函数的情况下，对于智能体的每个类型组，得到的结果都应是一个帕累托最优结果。

（4）社会选择函数的公理化方法　社会选择函数的公理化方法是一种基于公理原理的理论框架，用于确定一个社会选择函数应该具备的性质。这些性质被称为公理，它们对社会选择函数的行为和性质进行了规范，确保了社会选择的合理性和公正性。常见的社会选择函数公理化方法包括：①无偏好悖论，要求社会选择函数不应偏向任何特定偏好，不将某个个体的偏好强加于其他个体之上，而是尊重所有个体的选择；②社会独立性，要求社会选择函数的结果应独立于未被选中的选项，即使某些选项不在最终选择结果中，其结果也不应受到它们的影响，而应仅基于被选中的选项；个体偏好的完备性，要求社会选择函数应考虑所有个体的偏好，能够处理所有可能的个体偏好排列，而不忽略或歧视任何个体的偏好；集体偏好的传递性，要求社会选择函数应考虑到个体偏好的传递性，即如果个体认为选项 A 优于选项 B，而选项 B 优于选项 C，则整体应认为选项 A 优于选项 C，从而确保整体的偏好排序是一致的。

3. 直接机制与间接机制

在机制设计中，直接机制和间接机制是两个核心概念，用于设计和调整激励结构，促使主体采取期望的行为。机制设计可被理解为在信息约束下求解多目标优化问题的框架。核心挑战在于：设计者需先通过规则构建（信息诱导机制）获取参与者的私有信息（如偏好、资源禀赋等），再基于这些信息求解符合预设目标的最优配置方案。这一过程本质上包含两个递进阶段：信息诱导阶段（揭示真实信息）与资源配置阶段（实现优化目标）。

信息诱导的核心任务是解决类型披露问题（Type Revelation Problem），即如何设计激励规则使参与者自愿、真实地报告其私有类型（如成本函数、估值偏好等）。根据信息获取方式的不同，机制可分为两类：直接机制（Direct Mechanisms）和间接机制（Indirect Mechanisms）。下文分别给出这两种机制的定义以及机制之间的关系。在给出定义前，先假定如下：代理（Agents）集合：N；结果（Outcomes）集合：X；类型（Types）集合：$\Theta_1, \cdots, \Theta_n$；共同优先事项（Common Prior）：$\Phi \in \Delta(\Theta)$；效益函数（Utility Functions）：$u_i: X \times \Theta_i \to R$。机制设计如图 4-7 所示。

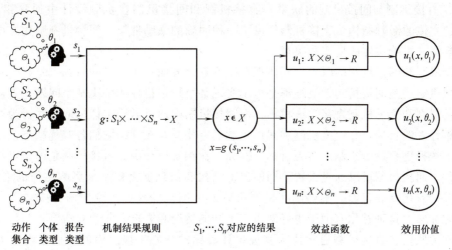

图 4-7　机制设计

（1）直接机制的定义与性质　直接机制是指通过对主体制定具体的规则、合同或激励机制，直接影响其行为的方式。这种机制的核心在于简化信息传递过程，使设计者能够直接获取主体的真实信息，从而更有效地实现机制的目标。定义：给定一个社会选择函数 f：$\Theta_1 \times \Theta_2 \times \cdots \times \Theta_n \to X$，直接机制由（$\Theta_1, \Theta_2, \cdots, \Theta_n, f(.)$）组成。直接机制的理念是通过要求代理披露其真实类型，直接从代理获取类型信息。

直接机制的性质主要体现于其对机制设计的简化作用。一方面，直接机制通过要求主体直接报告信息，极大地简化了机制设计的复杂性；另一方面，设计者无须考虑主体可能采取的各种策略性行为，而是可以直接基于主体报告的信息来设计规则和分配资源。这种简化的框架使得机制设计更加直观和易于分析，同时也降低了机制运行的成本。

（2）间接机制的定义与性质　相对于直接机制，间接机制则通过影响主体的信息环境、信念结构或其他中介变量，从而间接引导其采取期望的行为。间接机制不依赖于主体直接向机制设计者报告其类型或偏好，而是通过设计一系列规则和激励措施，促使主体在这些规则框架下进行互动，并根据自身的评估和利益最大化原则选择行为策略。定义：间接机制由 $(S_1, S_2, \cdots, S_n, g(.))$ 组成，S_i 是代理 $i(i=1, 2, \cdots, n)$ 可能的动作集合，g 是将每一个动作映射到最终结果的函数，$g: S_1 \times S_2 \times \cdots \times S_n \rightarrow X$。

间接机制的核心特性体现为信息效率与策略复杂性的双重属性：一方面，通过限定策略空间引导参与者以行为信号间接传递信息，减少直接披露私有类型（如偏好、成本结构）的需求，从而降低信息收集与处理成本，同时依托激励相容设计，确保诚实行为成为参与者的最优响应；另一方面，由于依赖策略互动实现目标，设计者需要精准预判多主体博弈的均衡路径，显著提升了机制稳定性分析与规则优化的复杂度。此外，间接机制虽展现出更强的现实适应性——能够灵活嵌入非完全信息环境（如供应链协作）或多阶段决策场景（如碳排放权交易），但其策略空间的开放性亦可能诱发非合作行为（如合谋、虚假报价），使设计者引入抗操纵条款（如随机分配规则、动态惩罚机制）以平衡灵活性与风险控制。这一多维权衡特性，使得间接机制在循环工业系统的资源协同、能源定价等场景中兼具潜力与挑战。

（3）直接机制与间接机制的联系　直接机制和间接机制在机制设计中通常相互作用，共同塑造主体的激励结构。直接机制提供了一种明确的激励框架，间接机制则允许设计者塑造信息环境来影响主体的期望和决策。

直接机制和间接机制的联系主要体现在以下五个方面：①二者在目标上具有一致性，无论是直接机制还是间接机制，最终都是为了实现某个特定目标或解决某个问题。直接机制通过明确的规则和奖惩机制直接达成目标，而间接机制则通过激励主体采取某些行为，从而间接实现设计者的目标。②直接机制和间接机制具有相互补充性，它们各有优缺点，可以根据具体情况选择更合适的机制来实现目标。例如，在拍卖设计中，直接机制是确定出价规则和赢标条件，间接机制可以通过设置不同的出价结构和信息披露规则来影响主体的策略选择。③二者还具有相互转化性，某些间接机制可以通过调整参数或改变实施方式转变为直接机制，反之亦然，这种转化有助于更好地适应不同的情况和需求。④直接机制和间接机制在逻辑上存在关联性，直接机制通常作为实现设计目标的核心手段，而间接机制则作为辅助手段，通过影响主体的行为来增强直接机制的效果。⑤二者的影响因素也可能相同或相似，例如，政策制定者的决策可能会同时影响直接机制和间接机制的实施和效果。

现实应用中，有效的机制设计需要遵循动态适配原则：基于信息结构特征、参与主体的行为模式及系统约束条件，灵活选择直接机制与间接机制的组合范式。例如，在循环工业系统的资源定价场景中，通过直接机制强制披露企业污染治理成本（确保信息真实性），同时嵌入间接机制构建弹性交易市场（如允许梯度报价以激发减排技术创新）。这种模块化耦合策略不仅能够平衡信息效率与执行成本，还可通过持续反馈迭代（如动态调整激励强度、优化策略空间边界）提升机制的多目标兼容性，最终，在个体理性与集体效率的张力中逼近帕累托最优解。

4. 激励相容与显示原理

机制设计理论破解"信息黑箱"困境的核心钥匙在于激励相容（Incentive Compatibility）与显示原理（Revelation Principle）的协同构建。前者确立"自利行为可导向集体最优"的规则设计准则，后者则为复杂现实问题提供理论化简的范式——任何机制的有效性均可转化为直接机制下的信息真实披露问题。二者的结合使得设计者能够穿透策略博弈的表象，直击信息不对称的核心矛盾。20世纪70年代，埃里克·马斯金（Eric Maskin）通过显示原理证明，无论间接机制的形式如何复杂，均衡结果均可等价于某个激励相容的直接机制。这一洞见不仅大幅降低了机制设计的分析维度，更在循环工业系统的多主体协同中展现出强大解释力。它意味着，设计者无须穷尽所有可能的策略互动路径，只需聚焦于构造真实信息传递的激励框架，即可实现从个体理性到系统可持续性的帕累托跃迁。

（1）激励相容的定义与性质 激励相容（Incentive Compatibility）是机制设计理论的核心原则，它确保主体在机制运行过程中能够真实表达自己的偏好和信息。其定义为：在一项规则或制度下，每个参与者在追求自身利益最大化的过程中，其最优策略（如真实披露信息、遵守协议）恰好与机制设计者预设的集体目标（如资源高效配置、社会福利最大化）一致。换言之，激励相容机制通过规则设计消除个体理性与集体效率的冲突，使得参与者的自利行为无须外部强制即可自动导向系统整体最优状态。

激励相容性质主要体现在其对机制设计的约束和引导作用。首先，激励相容要求机制设计必须充分考虑主体的个体理性，即主体只有在参与机制时能够获得不低于不参与时的效用时，才会愿意参与。其次，激励相容还要求机制设计满足主体的激励约束，即主体在如实报告信息时获得的效用，必须高于通过隐瞒或歪曲信息获得的效用。这种激励约束的存在使得机制设计者必须精心设计激励机制，以确保主体有动机如实行动。此外，激励相容还与机制设计中的其他性质密切相关，例如，效率性和公平性。一个激励相容的机制不仅能够引导主体真实表达信息，还能在一定程度上实现资源配置的效率和福利分配的公平，从而在个体利益与集体目标之间达成一种平衡。

（2）显示原理的定义与性质 显示原理（Revelation Principle）为机制设计提供了一种简化的分析框架，极大地推动了该领域的理论发展。其定义为：对于任何一种能够实现特定目标的机制，无论其结构多么复杂，总存在一个直接机制，能够通过要求主体直接报告自己的私人信息（如偏好、成本等）来实现相同的目标。换句话说，任何间接机制（即主体通过策略性行为间接影响结果的机制）都可以被一个直接机制替代，而这个直接机制要求主体如实报告其真实信息，从而简化机制设计的复杂性。

显示原理的性质主要体现在其对机制设计的指导作用和理论价值。首先，它揭示了机制设计的核心问题——激励相容性。由于主体通常掌握私人信息，而这些信息对机制的有效运行至关重要，因此，机制设计的关键在于如何激励主体真实报告这些信息。显示原理表明，只要能够设计出一个激励相容的直接机制，那么无论主体如何策略性地行动，最终都能实现设计者期望的结果。其次，显示原理为机制设计提供了一种简化的分析方法。在没有显示原理的情况下，设计者需要考虑各种复杂的间接机制，而显示原理允许设计者专注于直接机制的设计，从而大大降低了分析难度。此外，显示原理还强调了机制设计的效率性。通过直接机制，设计者可以直接获取主体的真实信息，从而能够更精准地实现资源配置的效率和福利分配的公平性。

然而，显示原理也存在一定的局限性。它假设主体能够准确地报告自己的私人信息，而现实中可能存在主体难以准确表达自身信息的情况。此外，显示原理在实际应用中需要满足一定的假设条件，例如，主体行为必须是理性的，且他们能够理解机制的规则。尽管如此，显示原理仍然是机制设计理论中一个极为重要的工具，它不仅为理论研究提供了清晰的方向，也为实际机制设计提供了重要的指导意义。通过显示原理，机制设计者可以更加高效地设计出能够实现特定目标的机制，同时，确保主体在其中的行为符合设计者的预期，从而在复杂的经济和社会环境中实现资源的有效配置和福利的最大化。

5. 经典机制与案例

在经济学的广阔领域中，机制设计理论以其独特的视角和深远的影响，成为理解市场和社会组织运作的关键。在机制设计中，信息的不对称性是一个核心问题。设计者通常无法完全知晓所有主体的私人信息，如他们对某项资产的真实评价。因此，机制设计需要能够激励主体，揭示其私人信息，同时保证机制的激励相容性，即主体按照真实信息行动是其最优策略。机制设计的核心在于如何设计合理的规则和机制，激励个体在追求个人利益的同时，实现社会福利的最大化。这一理论的实践意义在于，它为解决信息不对称、外部性、公共品供给等复杂经济问题提供了一种系统的方法论。

本节重点分析拍卖机制、VCG 机制和多任务委托代理机制等几种经典的资源分配和激励设计方法，分析其设计原则、实施过程以及实际案例。以下是对这些机制的简要介绍和案例分析。

(1) 拍卖机制　拍卖机制是一种用于资源分配和交易的经济机制。在拍卖中，主体通过出价来竞争获得某种物品、服务或权益。拍卖机制可分为多种类型，其中，一些经典的拍卖机制包括第一价格拍卖、第二价格拍卖和升价拍卖。第一价格拍卖中，主体以秘密报价的方式竞争，最高报价者获得物品并支付其所报价格。第二价格拍卖中，主体同样以秘密报价的方式竞争，但最高报价者获得物品，却只需要支付次高报价。升价拍卖是一种动态拍卖方式，拍卖者逐步提高出价，主体可以根据当前出价决定是否继续竞拍。这些拍卖机制在资源分配、频谱拍卖、广告位拍卖等领域得到广泛应用。拍卖机制的设计目标包括提高效率、公平性以及激励主体报出真实估值。不同的拍卖机制在主体策略、收益分配和市场效果等方面有所不同，因此，在具体应用中需要选择适合的拍卖机制以达到期望的目标。

案例：无线电频谱拍卖是一个经典的拍卖机制应用案例。政府通过拍卖的方式将无线电频谱的使用权分配给电信公司。这种机制能够确保频谱资源的有效利用，并且为政府带来收入。例如，美国联邦通信委员会（FCC）经常使用拍卖机制来分配无线电频谱。

(2) VCG 机制　VCG 机制是一种用于拍卖和资源分配的经典机制。它基于拍卖主体的真实估值，并通过让主体支付其他主体对其行为造成的影响来实现效率最大化和公平性。VCG 机制是一种基于支付的拍卖机制，通过最小化社会福利的损失来激励主体真实地报告其估值。在 VCG 机制中，每个主体根据其竞价对整个市场产生的外部影响来支付相应的费用，最终获得的物品或资源则由报价的次高价决定。这种机制能够激励主体报告真实的估值，并实现拍卖的效率和公平性。VCG 机制在经济学和机制设计领域得到广泛研究和应用，特别在拍卖和资源分配的问题上具有重要意义。

案例：VCG 机制在公共物品的提供中有所应用。例如，为了决定一个社区是否应该建立一个新的公园，居民可能被要求支付他们愿意为公园支付的最高金额。VCG 机制会根据居民的支付意愿来决定公园的建设和维护成本的分配，确保总福利最大化。

(3) 多任务委托代理机制　多任务委托代理机制设计是一种用于协调多个任务和代理的机制。在这种机制中，一个委托方（通常是一个任务的发起者）将多个任务委托给代理方（通常是一个独立的个体或组织），并要求代理方协调和完成这些任务。多任务委托代理机制设计涉及任务分配、资源分配、任务调度和结果的整合等方面。在设计中，需要考虑任务之间的相互关系、任务的优先级、代理方的能力和资源限制等因素。该机制旨在提高任务执行的效率和质量，并实现任务的整体最优化。多任务委托代理机制设计在实际应用中具有广泛的应用领域，如项目管理、人力资源分配、机器人协作等。设计一个高效的多任务委托代理机制需要综合考虑任务特性、代理者能力和资源情况，并采用适当的算法和策略来实现任务的协调和管理。

案例：在环境保护和经济发展的政策执行中，地方政府可能同时面临促进经济增长和保护环境的双重任务。为了解决这种多任务冲突，可以适当调整激励结构。

机制设计理论中，英式拍卖、荷式拍卖、密封出价拍卖、VCG 机制和多任务委托代理机制等经典机制在不同的经济活动中被广泛应用，如商品拍卖、资源分配、公共项目融资等。各类机制在应用领域和功能特性上存在显著异质性，设计者需要进行多维度评估，选择最有效的机制。通过分析具体的经济活动，可以观察到机制设计理论的实际效果，了解其在特定情境下的优势与局限性。例如，无线电频谱拍卖的案例就展示了机制设计在资源分配中的有效性，同时也揭示了在设计和实施这些机制时需要考虑的复杂因素。

机制设计理论提供了一套强大的工具，用于设计能够引导个体行为以实现社会目标的规则。深入分析经典机制和案例，我们可以更好地理解这些机制如何在现实世界中被应用，以及它们面临的挑战和局限性。无线电频谱拍卖案例展示了机制设计在资源分配中的有效性，同时也揭示了在设计和实施这些机制时需要考虑的复杂因素。这些机制在设计时需要考虑到信息不对称、主体的激励和资源的有效分配等问题。在实际应用中，选择哪种类型的机制需要依赖于应用场景的特征。

4.3.2　制造循环工业系统机制设计典型应用

1. 能源定价机制设计

随着全球能源需求不断增长以及对环境可持续性的关注度日益提高，设计和实施合理的能源定价机制成为当今世界面临的重要挑战之一。能源定价机制直接影响能源市场的运行方式、能源资源的配置效率以及能源产业的发展方向。能源定价机制设计是指制定和实施能源价格的规则和方法，通过价格信号动态反映资源稀缺性、环境成本与市场供需关系，引导资源优化配置、平衡能源供求关系，同时确保能源供应的稳定性和可持续性。这一复杂系统工程需要整合经济学、环境科学、公共政策等多学科知识，既要运用市场规律调节供需，也要通过政策干预矫正环境外部性，最终建立既能激励清洁能源对一次能源的替代，又能满足制造循环工业系统的基本用能需求，且具备生态可持续性的动态定价体系。

常见的能源定价机制包含以下四大核心维度。①依据市场结构设计，建立包含能源市场（现货/期货交易）、容量市场（备用容量补偿）和辅助服务市场的多层次市场体系，通过竞价、拍卖等机制发现真实价格信号。②依据外部性、内部化原则，运用碳定价（碳税/碳交易）、污染税等方式将环境成本纳入价格形成机制，配合可再生能源补贴实现清洁替代激励。③动态定价模式选择：根据市场发展阶段与系统特性，灵活运用成本基准型（成本加成定价、收益率管制定价）、市场联动型（节点边际电价、区域差价合约）及需求响应型（实时定价、尖峰电价）等模式，实现资源配置效率与系统灵活性的动态平衡。④创新合约机制设计：通过差价合约（CFD）锁定长期价格波动风险，如运用绿色电力采购协议（PPA）绑定可再生能源消纳，并引入电力期货、期权等风险对冲，构建连接短期市场信号与长期投资激励的契约网络，为能源转型提供稳定的价格锚点。以下是能源定价机制的一些具体应用案例。

案例一：欧洲碳排放交易机制

欧洲碳排放交易机制设立了一定数量的碳排放许可证（排放配额），这些排放配额被分配给工业和能源企业。企业可以在市场上买卖这些排放配额，排放量超过配额的企业需要购买额外的排放配额，而排放量低于配额的企业可以出售多余的排放配额。这种市场机制通过经济激励，使企业降低碳排放，推动了欧洲的低碳经济转型。

案例二：美国加利福尼亚州碳排放交易机制

加利福尼亚州碳排放交易机制始于 2013 年，旨在通过市场机制减少温室气体排放。加利福尼亚州碳排放交易体系同样设立了一定数量的碳排放许可证，涵盖了能源、工业、交通等多个行业。企业必须持有足够数量的排放许可证来覆盖其碳排放量，否则需要向政府购买额外的排放许可证。此外，加利福尼亚州还设定了逐年递减的总排放量上限，以逐步减少温室气体排放。加利福尼亚州碳排放交易体系在一定程度上推动了加利福尼亚州碳排放的减少。根据加利福尼亚州环保局的数据，该体系使得加利福尼亚州的温室气体排放量从 2013 年到 2019 年减少了约 12%。

案例三：成品油价格调整机制

中国是世界上最大的石油消费国之一，因此成品油价格的稳定对经济稳定至关重要。中国政府制定了成品油价格调整机制，根据国际原油价格、汇率等因素，定期对汽油、柴油等成品油价格进行调整。调整方式包括税费调整、政府补贴等措施，以维持国内成品油价格的稳定。该机制有助于缓解国际油价波动对国内油价的影响，维护了能源市场的稳定。然而，调整幅度和频率的合理性仍是一个挑战，需要综合考虑国内外市场情况和经济发展需要等。

案例四：电力上网电价调控机制

中国政府对不同类型的发电企业制定了不同的电力上网电价调控机制，特别是对可再生能源企业给予了较高的上网电价或补贴，同时采取了分阶段降低补贴水平、逐步实现市场化定价等措施。这些政策措施有助于降低可再生能源发电成本，提高了可再生能源的竞争力和市场占有率。然而，长期依赖补贴也存在财政压力和市场扭曲的风险，需要逐步引入市场机制和竞争机制。

案例五：煤炭价格调控机制

煤炭是中国主要的能源资源，对于维护能源安全和促进经济发展至关重要。但煤炭市场价格波动较大，价格调控成为政府的重要政策工具。中国政府通过政府定价、市场调节和政策指导等手段来维护煤炭市场的稳定。根据煤炭供需情况、生产成本、环保要求等因素，制定不同类型煤炭的价格政策，并定期进行调整。这些调控措施助于缓解煤炭价格波动对市场和企业的影响，维护煤炭市场的稳定和供需平衡。

2. 资源分配机制设计

资源分配机制设计是通过规则与程序，解决有限资源在多元主体间的配置矛盾，本质是在效率、公平与可持续性之间寻找动态平衡。在全球化与资源稀缺性加剧的背景下，这一机制的价值凸显为三大维度：①经济效率维度，通过市场与非市场手段（如拍卖、算法定价）将资源配置到边际效益最高的领域，典型如无线电频谱拍卖；②社会公平维度，借助税收调节、按需分配等机制缓解"强者通吃"问题，例如，通过对高收益工业的高税收实现资源均等化；③可持续发展维度，通过碳排放交易、跨期资源配额等机制协调代际公平与环境约束。机制设计的复杂性源于现实场景中的信息不对称，激励冲突与制度惯性的交织作用。为应对这一挑战，遵循激励相容原则，通过规则设计使参与者主动披露真实偏好，激励个体或企业真实表达他们对资源的需求和评价，例如，采用Vickrey拍卖机制，抑制投标者虚报价格的动机，从而促进信息的真实揭示和资源的有效分配。资源分配机制设计的实施方法主要有以下几种途径：

1）匹配市场机制。通过规则与算法，在双边或多边参与者（如能源供应商与制造业）之间实现资源的合理分配，核心挑战在于平衡稳定性、效率性、公平性与抗策略性等目标。传统匹配市场机制中，Gale-Shapley延迟接受算法通过多轮"提议-拒绝"迭代达成稳定匹配，确保不存在相互更偏好的未匹配对（即无阻塞对）。尽管该算法能保障稳定性，但其依赖严格的偏好排序，且主动方可能因被动方偏好不透明而策略性虚报偏好。也可通过去中心化匹配机制识别制造循环工业内能源盈余用户与短缺用户之间的互补需求，形成本地化能源交换环，避免依赖中央能源调度，通过本地化交易提高能源利用效率。

2）市场机制。市场机制是资源分配的一种自然方式，其运行依赖于供求关系的互动、价格信号的指引以及竞争的推动力。市场机制中，资源的分配由个体的经济行为决定的，这些行为受到价格和市场规则的影响。价格是市场机制中最基本的信号，它反映了资源的自身价值和稀缺性。在资源分配中，价格变动能够指导生产者和消费者的行为。价格参数的调整实质是资源配置最优化的动态反馈机制，通过连续策略空间中的占优策略选择实现社会剩余最大化。当某种资源或商品的需求增加时，价格上升，这会激励生产者增加供应，同时抑制消费者的过度消费。相反，当供应过剩时，价格下降，这会减少生产并刺激消费。市场机制下的资源分配机制设计旨在通过这些要素的相互作用，实现资源的有效配置，促进资源社会价值的提升。市场机制的设计和实施需考虑到这些要素和原则，以确保资源分配既高效又公平。然而，市场机制并非万能，它可能在某些情况下无法实现资源的最优分配，如公共品的供给、外部性问题等，这就需要政府的适当干预。政府可通过税收、补贴、法规等手段来纠正市场失灵，实现更合理的资源分配。

3）拍卖机制。拍卖机制是一种特殊的资源分配机制，它通过竞价过程来决定资源的归属和价格。设计拍卖机制时，需要考虑多种因素，以确保资源的有效分配和市场的公平性。设计拍卖机制时需要考虑以下关键要素：拍卖目标、拍卖类型、信息结构和拍卖规则。明确拍卖的主要目标是资源配置的效率、公平性还是收益最大化。不同的目标可能需要不同的拍卖设计。选择合适的拍卖类型，如英式拍卖（升价拍卖）、荷式拍卖（降价拍卖）、第一价格密封拍卖或第二价格密封拍卖。每种类型都有其特定的适用场景和优势。考虑拍卖中的信息结构，包括是否允许公开出价、是否存在信息不对称等。信息结构会影响拍卖的设计和主体的策略。制定清晰的拍卖规则和程序，包括出价方式、时间限制、违约处罚等。规则的透明度和公平性对于吸引主体和确保拍卖成功至关重要。

4）协作机制。资源分配机制设计中的协作机制是指在多个主体之间建立一种合作框架，以实现资源的有效和公平分配。这种机制通常涉及共享资源、协调行动、信息交流和利益平衡等方面。协作过程中，需要建立一个透明的信息共享平台，让所有主体都能够访问到关于资源状态、分配规则和市场动态的信息。在分配过程中确保机制设计能够平衡各方的利益，避免资源分配过程中的不公平现象，确保所有主体对资源分配的最终目标有共同的理解和认可。同时引入激励措施，如奖励那些为共同目标做出贡献的主体，或者惩罚那些损害集体利益的行为。协作机制的设计需要考虑主体的多样性和复杂性，以及资源分配过程中可能出现的各种挑战。通过有效的协作，可以提高资源利用效率，促进共同目标的实现，并增强主体之间的信任和合作意愿。在实际应用中，协作机制可能涉及跨组织合作、供应链管理、公共资源管理等多个领域。

本 章 小 结

本章围绕制造循环工业系统的多主体博弈和机制设计展开，介绍了制造循环工业系统中各行业的企业作为博弈主体，形成复杂的多主体博弈关系。通过机制设计引导信息共享、优化奖惩机制、建立透明度规则，可以有效解决多主体系统决策和信息不完全的问题，推动制造循环工业系统向更加协同和创新的方向发展。

💡 思考题

1. 在制造循环工业系统中，如何设计一个基于博弈论的机制，确保不同规模和类型的制造商在资源分配中获得公平的机会？
2. 信息不对称可能导致效率低下，如何利用博弈论解决这一问题？
3. 机制设计的基本要素有哪些？
4. 社会选择函数的作用有哪些？
5. 在制造循环工业系统中，制造商、供应商之间的合作与竞争关系如何影响循环管理机制的设计？
6. 在企业间多主体博弈中，不同主体在管理中可能面临不同的挑战和机遇。如何设计一个多主体的循环管理机制？

参 考 文 献

［1］ SHUBIK M. The uses of game theory in management science ［J］. Management science, 1955, 2 (1)：40-54.

［2］ MILLER J G, ROTH A V. A taxonomy of manufacturing strategies ［J］. Management science, 1994, 40 (3)：285-304.

［3］ GOPALAKRISHNAN S, GRANOT D, GRANOT F. Consistent allocation of emission responsibility in fossil fuel supply chains ［J］. Management science, 2021, 67 (12)：7637-7668.

［4］ SHANG W, LIU L. Promised delivery time and capacity games in time-based competition ［J］. Management science, 2011, 57 (3)：599-610.

［5］ MOHEBBI S, LI X. Coalitional game theory approach to modeling suppliers' collaboration in supply networks ［J］. International journal of production economics, 2015, 169：333-342.

［6］　HURWICZ L. Optimality and informational efficiency in resource allocation processes ［J］. Mathematical methods in the social sciences，1960，65：8-40.

［7］　American Economic Association，Royal Economic Society，Simon HA. Theories of decision-making in economics and behavioural science ［M］. London：Palgrave Macmillan UK，1966.

［8］　JV N，MORGENSTERN O. Theory of games and economic behavior ［M］. Princeton：Princeton University Press，1944.

［9］　HARSANYI J C. Games with incomplete information played by "Bayesian" players，I-III Part I. The basic model ［J］. Management science，1967，14（3）：159-182.

［10］　NASH J. Equilibrium points in n-person games ［J］. Proceedings of the national academy of sciences，1950，36（1）：48-49.

［11］　NASH J. Non-cooperative games ［J］. Annals of mathematics，1951，54：286-295.

［12］　BROUWER L E J. Uber abbildung von mannig-faltigkeiten ［J］. Mathematishche annalen，1912，71：97-115.

［13］　KAKUTANI S. A generalization of Brouwer's fixed point theorem ［J］. Duke mathematical journal，1941，8（3）：457-459.

［14］　MASKIN E S. Mechanism design：how to implement social goals ［J］. American economic review，2008，98（3）：567-576.

［15］　HURWICZ L. The design of resource allocation mechanisms ［J］. American economic review，1977，63（2）：1-30.

［16］　PARTHA D，PETER H，ERIC M. The implementation of social choice rules：some general results on incentive compatibility ［J］. Review of economic studies，1979，46（2）：185-216.

［17］　MYERSON R B. Game Theory：Analysis of Conflict ［M］. Cambridge：Harvard University Press，1997.

［18］　KAKADE S M，LOBEL I，NAZERZADEH H. Optimal dynamic mechanism design and the virtual-pivot mechanism ［J］. Operations research，2013，61（4）：837-854.

［19］　MASKIN E. Nash equilibrium and welfare optimality ［J］. Review of economic studies，1999，66（1）：23-38.

［20］　GIBBARD A. Manipulation of voting schemes：a general result ［J］. Econometrica：journal of the econometric society，1973：587-601.

［21］　MYERSON R B. Incentive compatibility and the bargaining problem ［J］. Econometrica：journal of the econometric society，1979：61-73.

第5章

制造循环驱动的产品质量与结构设计

制造循环工业系统本质是产品生产、流通与交换，装备产品是企业间循环的物质基础，产品质量是实现供需精准匹配的核心。制造循环中的产品设计包括钢铁质量设计和装备结构设计，直接影响和决定最终装备质量和服役性能，同时装备产品的服役场景又对钢铁材料的质量和结构提出需求。

章知识图谱　　　说课视频

钢铁与装备制造系统中产品质量与结构设计关系如图 5-1 所示，钢铁质量设计受钢铁材料市场的需求驱动，同时钢铁材料受下游装备产品市场的需求影响，装备结构设计连接钢铁材料和装备产品，形成一个完整的制造循环系统。钢铁质量设计是针对材料和工艺参数进行优化设计的，目的是不断提高钢铁产品的性能，同时设计出新的钢铁材料，满足高端装备产品对钢铁材料日益增长的性能需求。装备制造业的重要创新主题之一就是轻量化，轻量化能够明显地节省资源和能源、降低成本、增加效益。新型轻量化技术的开发和应用已成为装备制造业的研究热点。因此，产品质量与结构设计是构成制造循环、实现轻量化创新的关键环节。

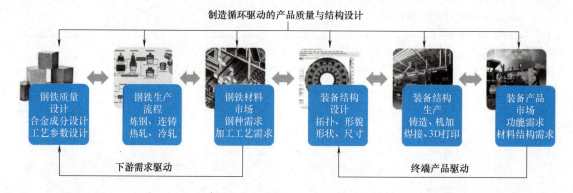

图 5-1　钢铁与装备制造系统中产品质量与结构设计关系

本章介绍制造循环驱动的产品质量与结构设计的内容和方法，主要是钢铁材料的质量设计、面向下游制造装备需求的钢铁产品质量设计、装备产品的结构优化设计和循环驱动的结构优化设计及应用。

5.1　钢铁质量设计

钢铁工业是国民经济的支柱产业，为建筑、车辆、桥梁、船舶、电力等当代基础设施提供重要的原料。钢铁材料主要包括钢、生铁、铁合金、铸铁及各种合金，由于面向不同下游装备制造需求，对钢铁材料的种类和性能需求各不相同。随着我国经济的快速发展，面对下游装备制造行业升级要求，在高牌号无取向和取向硅钢、高强度汽车板、高强高韧性板、高性能齿轮钢和轴承钢，以及高速重载铁路用车轮等钢材方面的自给率需要大幅提高。

在钢铁材料生产和加工过程中，工艺参数决定了钢铁材料内部物相组成和演变规律；组织则反映钢铁材料微观结构的种类和形貌；成分是材料的基本组成元素，直接影响了材料的物理和化学性质；而性能则是材料在一定条件下的宏观表现，反映了材料适应性和适用性。建立钢铁材料工艺、组织、成分、性能间"黑箱式"隐性构效关系，为钢铁材料设计提供理论依据和数据支撑。基于上述四个因素间的内在联系和影响机制，以服役性能（力学性能）为目标量，以材料成分和工艺参数为输入，建立钢铁材料质量预测模型，辅助钢铁材料设计和优化。

5.1.1　钢铁材料质量解析

铁、碳成分含量不同的钢铁材料，其微观组织和服役性能也不相同，在解析钢铁材料质量时，需要熟练运用铁碳相图。通过铁碳相图可以了解不同碳含量的钢材在不同温度下的物相演变规律，控制加热和冷却速度，调控钢中显微组织，从而实现钢铁材料所需的机械性能。同时，通过铁碳相图还可以对钢铁材料的成分进行调整，相图揭示了含碳量对钢组织的影响，为钢的成分设计提供依据，通过调整含碳量，可以生产出具有不同性能的钢材，满足各种应用需求。尽管铁碳相图主要讨论纯碳钢物相演变，但在实际生产中，钢中常加入其他合金元素，合金元素会影响相变温度和组织结构，基于上述影响机制，可以更好地控制合金钢的性能。此外，在实际生产中，当钢铁材料出现性能问题时，可以通过相图分析其原因。例如，由于过冷度导致的组织异常时，可采取相应的热处理改进措施，优化钢铁材料设计方案，现有钢铁材料的一般热处理工艺如下：

1）退火处理工艺是通过热力学调控改善金属材料性能的关键工艺。其核心操作流程包含三个阶段：首先将工件加热至临界相变温度区间，随后在设定温度下进行充分的热均质化处理，最终通过炉冷方式实现梯度降温至常温。

退火处理工艺可根据钢件加热温度划分为完全退火、球化退火和去应力退火。完全退火工艺是将钢件加热到临界温度（不同钢材临界温度也不同，一般是 710~750℃，个别合金钢的临界温度可达 800~900℃）以上 30~50℃，保温一段时间，然后随炉缓慢冷却（或埋在沙中冷却）。该工艺可以细化晶粒，均匀组织，降低硬度，充分消除内应力。完全退火适用于含碳量在 0.8% 以下的锻件或铸钢件。球化退火工艺是将钢件加热到临界温度以上 20~30℃，经过保温以后，缓慢冷却至 500℃ 以下再出炉空冷。该工艺可以降低钢的硬度，改善切削性能，并为后续淬火做好准备，以减少淬火后变形和开裂。球化退火适用于含碳量大于

0.8%的碳素钢和合金工具钢。去应力退火工艺是将钢件加热到 500~650℃，保温一段时间，然后随炉缓慢冷却。该工艺可以消除钢件焊接和冷校直时产生的内应力，消除精密零件切削加工时产生的内应力，以防止后续加工过程中发生变形。去应力退火适用于各种铸件、锻件、焊接件和冷挤压件等。

2）正火处理工艺是通过控制固态相变实现材料性能调控的关键热处理技术。其实施流程包含三个核心阶段：首先将钢材加热至铁碳相图临界点，随后在保护性气氛（如氮气或可控气氛）中完成奥氏体均匀化，最后在静止或强制循环空气介质中实现非平衡冷却。

3）淬火处理工艺是将钢件加热到淬火温度，保温一段时间，然后在水、盐水或油（个别材料在空气中）中急速冷却。淬火处理工艺根据不同淬火溶剂可以分为单液淬火和双液淬火。此外，还有火焰表面淬火和表面感应淬火等淬火工艺。该工艺可以提高钢件硬度和耐磨性，使钢件在回火以后得到某种特殊性能，如较高的强度、弹性和韧性等。

4）回火处理工艺作为热处理流程的终端环节，是对淬火钢件进行组织调控的关键步骤。该工艺实施时将经过淬火的金属工件置于低于相变点的温度范围进行恒温处理，随后根据材料特性选择空冷或油冷方式进行降温。淬火工序虽能显著提升钢材的硬度和抗拉强度，但会伴随塑性指标和冲击韧性的急剧衰减，而工件实际应用环境需兼具强度和韧性。通过调控回火温度参数，可使材料达到预期力学性能指标。

钢铁材料的金相组织反映了钢铁材料微观结构的种类和形貌，用来展示金属材料内部微观结构的图像，而金相组织之间的关系则反映了材料内部各物相之间的组合、分布和相互作用。下面是钢铁材料中典型的金相组织描述：

1）铁素体（α 相）。作为碳原子在体心立方结构 α-Fe 中的间隙型固溶体，铁素体（符号 F）的晶体特性决定了其独特的固溶行为。尽管 α-Fe 晶格具有较大的理论间隙空间，但由于其八面体间隙尺寸仅为 0.19Å，导致碳原子固溶度极其有限。常温条件下碳含量不超过 0.005%，即使在共析温度 727℃ 时也仅能容纳 0.0218% 的碳原子。这种低固溶度赋予铁素体近似纯铁的机械特性：具有优异的延展性（断面收缩率达 70%~80%）和冲击韧性（可达 300J 以上），但维氏硬度仅在 80HV 左右，抗拉强度约 300MPa。

2）奥氏体（γ 相）。在面心立方结构的 γ-Fe 中形成的置换-间隙复合固溶体（符号 A），其晶体学特征与铁素体形成显著对比。虽然 γ-Fe 的晶胞间隙总体积较小，但较大的八面体间隙半径（0.53Å）使其具备更强的碳固溶能力。该相在共析温度 727℃ 时可溶解 0.77% 碳原子，至 1148℃ 时固溶度达到 2.11% 的峰值。这种结构特性使奥氏体展现出独特的力学性能组合：在维持良好塑性（延伸率 40%~50%）的同时，其强度（500~800MPa）和硬度（170~220HV）显著优于铁素体。

3）渗碳体。渗碳体（Fe_3C）作为铁碳体系中的金属间化合物，其晶体学特征与力学行为具有显著特性。该化合物具有严格化学计量比，碳含量精确达到 6.69%（质量分数），在铁碳相图中属于高碳端重要组成相。从晶体学角度来看，其正交晶系结构由交替堆叠的铁原子层与碳原子层构成，这种特殊排列方式导致其展现出极高硬度（约 1000HV）与本质脆性，塑性变形能力几乎为零。

4）珠光体（P 相）结构演化。作为铁碳合金共析反应的典型产物，珠光体由铁素体与渗碳体两相构成精确的层状复合组织（碳含量锁定于 0.77% 共析点）。其力学性能呈现两相协同效应：维氏硬度范围 190~250HV，显著高于铁素体但低于渗碳体；延伸率 20%~25%，兼具适中的强韧性匹配。根据第二相形态差异可分为两种典型类型：①层状珠光体，通过连续冷却形成的交替片层结构，其片层间距（$0.1\sim1\mu m$）与奥氏体分解时的过冷度呈负相关，遵循动力学方程；②球化珠光体，经特殊球化退火处理后，渗碳体以纳米级颗粒（$50\sim500nm$）均匀弥散分布于铁素体基体，这种形态转变使材料切削加工性能提升$40\%\sim60\%$。

5）马氏体相。作为非扩散型相变产物，马氏体是碳在α-Fe中的过饱和固溶体，其亚结构特征与碳含量存在显著相关性：板条马氏体（低碳型，C<0.25wt.%），由尺寸约$0.2\mu m\times2\mu m\times10\mu m$的板条单元构成束状组织，相邻束间存在>15°的晶体学取向差，形成温度区间$200\sim400℃$，伴随动态回火效应，内部析出ε碳化物（尺寸$2\sim5nm$），典型硬度$450\sim600HV$，断后延伸率$7\%\sim10\%$；透镜状马氏体（高碳型，碳的质量分数大于1.0%），呈现特征性的中脊面结构，碳含量升高导致中脊面厚度增加至$100\sim200nm$，初生马氏体片可贯穿原奥氏体晶粒（尺寸$50\sim100\mu m$），次生片受空间限制呈放射状分布。

从铁碳相图中可以获得铁碳合金的典型组织、相图剖析及平衡结晶等信息，Fe-Fe$_3$C合金相图如图5-2所示。铁碳合金相图准确反映铁碳合金在不同温度下的相变规律，这是理解和控制钢铁材料性能的关键，铁碳相图中的关键曲线及其意义说明如下：

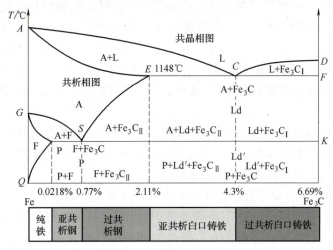

图5-2 Fe-Fe$_3$C合金相图

1）*AC*线（液态线）表示合金开始凝固的温度，随着含碳量的增加，合金的凝固起始温度逐渐降低。*AC*线反映了过冷度为0或很小的情况。*AE*线（固态线）表示合金完全凝固的温度。*AE*线以下，合金完全呈现固态。*AC*线和*AE*线之间为液态与奥氏体的混合状态。

2）*GS*线表示不同含碳量的奥氏体在冷却过程中开始向铁素体转变的温度。*GP*线表示奥氏体在冷却过程中完全转变为铁素体的温度。

3）*ES*线表示奥氏体对碳的溶解度曲线。*ES*线上的各点表示奥氏体在不同温度下溶解碳的最大量。从1147℃到723℃，奥氏体的最大溶碳量从2.06%降至0.8%。超过溶解度的碳会在温度降低时以渗碳体（Fe$_3$C）的形式析出。

4）*PQ*线表示铁素体中最大溶碳量随温度变化的曲线。冷却过程中，含碳量超过*PQ*线的合金会析出渗碳体（Fe$_3$C）。在铁素体晶界上的渗碳体会降低铁素体的塑性和韧性。

5）*PSK*线表示奥氏体的终结线。在*PSK*线以下，奥氏体完全转变为铁素体、珠光体或二者的混合物。S 点为共析点，对应含碳量为 0.8%，奥氏体在 723℃时发生共析转变，形成珠光体组织。

基于上述铁碳相图关键曲线解析，不同含碳量的碳钢在冷却过程中的相变规律可以归纳为以下三种典型过程：

1）含碳量 0.8%的碳钢（共析钢）冷却过程中相变。凝固过程：从液态开始，在 AC 线（约 1500℃）开始凝固，完全凝固在 AE 线（约 1420℃）处，形成含碳量 0.8%的奥氏体。奥氏体转变：继续冷却到 723℃时，奥氏体同时转变为铁素体和渗碳体，形成珠光体（铁素体和渗碳体的混合物）。在室温下，由于铁素体的溶碳能力降低，进一步析出渗碳体（Fe_3C）。

2）含碳量 0.45%的碳钢（亚共析钢）冷却过程中相变。凝固过程：从液态开始，在 AC 线开始凝固，在 AE 线处完全凝固，形成奥氏体。铁素体析出：冷却到 GS 线时，奥氏体开始析出铁素体。随着温度进一步降低，奥氏体的含碳量逐渐增加，维持饱和状态的奥氏体继续析出铁素体。珠光体形成：在 723℃时，剩余的饱和奥氏体全部共析转变为珠光体。在室温下，也会析出少量的 Fe_3C。

3）含碳量 1.2%的碳钢（过共析钢）冷却过程中相变。凝固过程：从液态开始，在 AC 线开始凝固，在 AE 线处完全凝固，形成奥氏体。渗碳体析出：从 E 点开始，随着温度降低，奥氏体因溶碳能力不足而析出 Fe_3C。同时，剩余奥氏体的含碳量逐渐降低。珠光体形成：在 723℃时，剩余的饱和奥氏体共析转变为珠光体。由于 Fe_3C 的存在，过共析钢具有高硬度、低塑性和韧性，尤其是 Fe_3C 在晶界上形成连续网状时，会大幅降低材料的强度和韧性。

在解析钢铁材料质量时，除考虑铁、碳成分含量外，还需要考虑其他合金元素，如锰、硅、铬等元素对钢铁材料质量的影响，合金元素会影响钢铁材料中物相转变温度和微观组织形貌，最终影响钢铁材料质量及其服役性能。

1）铬元素在钢铁材料中的合金化效应分析。铬作为重要的合金化元素，铬在钢中展现出多维度强化机制。其固溶强化作用显著提升钢的淬透性（淬硬层深度增加 30%~50%），并通过二次硬化现象（M2C 型碳化物在位错处弥散析出）实现高温强度优化。在渗碳钢体系中，铬与碳形成的 $(Fe,Cr)_3C$ 复合碳化物（显微硬度可达 1200HV）可同步提升材料表面硬度（HRC60~65）与耐磨特性，同时保持基体韧性（冲击功≥50J）。当铬含量突破 12%临界值时，材料表面将形成致密 Cr_2O_3 氧化膜（厚度 2~5nm），使高温抗氧化温度提升至 900℃以上，并赋予钢材在 pH 为 1~3 酸性介质中的钝化能力。这种特性奠定了铬在不锈钢（如 304、316 系）及耐热钢（如 310S、253MA）中的核心地位。值得注意的是，铬含量对力学性能呈现非线性影响：在低浓度区（<15%），每增加 1% Cr 可使轧态钢抗拉强度提升约 20MPa，同时延伸率降低 0.5%~0.8%；但当浓度超过 15%时，因 δ 铁素体形成导致强度指标下降 15%~20%，塑性指标则回升 5%~10%。

2）镍元素在低碳钢中的合金强化机理研究。镍作为奥氏体稳定化元素，镍在钢中展现出独特的强化机制。其固溶强化作用主要通过两种途径实现：一方面镍原子置换铁素体晶格中的铁原子（原子半径差 3.6%），产生晶格畸变强化效应；另一方面通过抑制珠光体粗化进程，将珠光体片层间距细化至 0.5~1.2μm 范围。这种复合强化效应特别适用于非调质处理的轧制态或正火态低碳钢（C≤0.25%），可在保持材料冲击韧性（AKv≥50J）的前提下，使屈服强度提升至 350~450MPa 级别。镍含量与材料强度呈线性正相关，其强化系数达 29.4MPa/wt.%。例如，在 Q345 级钢中添加 2%镍，可使抗拉强度从 470MPa 提升至 530MPa，同时延伸率仅下降 2%~3%。这种特性使其在建筑用高强螺栓（8.8 级及以上）和冷成形汽车结构件中得到广泛应用。值得注意的是，镍的强化效果具有温度敏感性，在 −50℃ 低温环境下，每 1%镍可使材料韧脆转变温度降低约 15℃。

3）钼元素在钢铁材料中的多功能合金化效应。淬透性与热强性调控机制，钼作为强碳化物形成元素，可显著提升钢的淬透性（淬硬层深度增加 40%~60%），其作用机理包括：抑制先共析铁素体形核，延长奥氏体转变孕育期；形成 Mo_2C 型碳化物（熔点 2690℃），提高材料高温强度（600℃时强度保持率>80%）；通过固溶拖曳效应降低晶界迁移率，抑制回火脆化倾向（FATT 温度降低 30~50℃）。特殊钢种中的应用特性，钼含量 0.2%~0.5%时，可使临界淬火直径提升至 150~200mm，建立二次硬化峰（550~600℃回火），维氏硬度可达 550~600HV，提高回火稳定性（每 0.1%Mo 可使回火温度窗口扩展 15~20℃）。

4）钒元素的合金强化机制及其工程应用。钒在钢铁材料中主要通过形成纳米级碳化钒（VC，晶格常数 4.16Å）实现组织调控，其独特作用体现在：当以固溶态存在时可提升淬透性（每 0.1%V 使临界淬火直径增加 10~15mm），而以 20~50nm 碳化物弥散分布时则产生 Zener 钉扎效应，将奥氏体晶粒尺寸细化至 ASTM 8~10 级，使材料在保持延伸率 15%~20% 的同时屈服强度提升 30%~50%。这种双重特性使其在工具钢领域表现尤为突出，添加 0.3%~0.5%V 可使高速钢红硬性提高至 600~650℃（硬度保持≥60HRC），过热敏感性温度区间拓宽 80~100℃，刀具寿命延长 3~5 倍。

5）钛元素的多元合金化效应及工程应用机制。钛作为强亲氮、亲氧及亲碳元素（结合能分别为 Ti-N 476kJ/mol、Ti-O 662kJ/mol），在钢铁冶金中展现出独特作用：其优先与间隙原子结合形成纳米级 TiN（晶格常数 4.24Å）和 TiC（4.32Å）的特性，使钢液脱氧效率提升至 98%以上，同时将固溶氮含量控制在 ≤20×10⁻⁶。在奥氏体不锈钢体系中，钛的碳亲和力较铬高 2~3 个数量级（Ti-C 结合能 860kJ/mol vs Cr-C 380kJ/mol），通过形成稳定 TiC（晶格常数 4.32Å）优先于 $Cr_{23}C_6$ 析出，可有效消除晶界贫铬区（铬含量从 <10.5% 恢复至 ≥12%），使晶间腐蚀速率降低至 <0.01mm/a。这种稳定化处理需遵循 Ti/C≥5 的化学计量比，典型应用如 321 不锈钢（0.08%C＋0.4%Ti）在 650℃ 敏化处理后仍能保持 ≥20% 的延伸率。

在确定钢铁材料中化学成分时，需要综合考虑产品要求、材料特性、工艺可行性等因素。在实际设计过程中，可能需要进行实验测试来验证所选化学成分的适用性。随着人工智能技术的不断发展，使用机器学习模型提取数据中的规律并加以运用是材料科学发展的趋势，使用人工智能技术可以更精确地描述金属元素与材料性能间关系及其影响机制，有助于发现多种合金元素耦合关系对材料性能的影响，为新材料的设计与优化提供理论依据。

5.1.2　钢铁材料质量设计

材料设计本质上是一种以目标为导向的研究，它将材料视为一个复杂的系统，其中包括在材料结构层次的多个尺度上与模型和实验相互作用的子系统。材料设计的目标是有效地反转过程路径、结构和材料特性或响应之间的定量关系，以确定可行的材料。

早在 17 世纪，研究者们就依靠试错法对钢铁材料进行设计。试错法是一种基于经验的材料设计方法，它依赖于反复的实验结果，通过不断调整钢铁材料的成分和工艺参数，来寻找满足特定性能要求的钢铁材料。基于表征实验，直接优化与筛选，通过量变引起质变，该方法强调实验的迭代过程，每一轮实验的结果都会为下一轮实验提供指导。同样，研究者们采用试错法对钢铁材料进行设计与优化。在钢铁材料设计中，试错法被广泛应用于合金成分的优化、热处理工艺的开发和微观结构的调控。通过改变合金元素的种类和含量，可以调整钢铁的硬度、韧性、耐腐蚀性等性能。同时，通过优化热处理工艺，可以控制钢铁的微观结构，从而影响其宏观性能。尽管试错法在某些情况下能够取得成功，但它也存在一些明显的弊端。试错法需要大量的实验来测试不同的材料组合和处理条件，这不仅耗时，还需要消耗大量的原料和能源，导致研发成本高昂。由于缺乏理论指导和系统性的设计方法，试错法往往需要进行大量的无目的实验，这使得研发过程效率很低。同时，试错法在很大程度上依赖于研究人员的经验和直觉，这可能导致重要信息的遗漏和创新机会的错失。此外，试错法往往只能找到满足基本要求的解决方案，而不能保证找到最优解。在材料设计中，可能存在多个参数和条件的复杂相互作用，试错法很难全面考虑所有因素。

针对试错法在设计材料过程中存在的弊端，研究者们在20世纪50年代开发了理论驱动的材料设计新方法，理论模型中采用热力学、分子动力学等知识为材料研究提供理论依据，提高了新材料研发效率。基于热动力学的钢铁材料设计方法是一种利用热动力学原理和辅助计算工具来指导钢铁材料的成分设计、相变控制和热处理工艺优化的方法。该方法能够帮助工程师和材料科学家预测材料在不同温度和压力下的行为，从而设计出面向下游装备具有特定性能的钢铁材料。基于热动力学的钢铁材料设计方法主要内容如下：

1) 钢铁材料热力学数据库。钢铁材料的热力学数据库包含钢铁及其合金系统中各种元素、物相和组织的热力学性质的集合。其中包括纯元素的熔点、沸点、热容、熵、焓等热力学数据，不同合金元素在钢铁中的溶解度、活度、相互作用系数，各种相（如铁素体、奥氏体、马氏体、碳化物等）的自由能、相变温度、相平衡，以及钢中碳化物、氮化物、氧化物等形成热、自由能、稳定性等。基于上述热力学数据，建立不同成分、工艺条件下钢铁材料中相平衡和相演变模型参数、活度模型、相互作用参数等。建立的数据库可以为阐明化学成分和加工过程与微观结构和合金性能之间内在联系及其影响机制提供数据支撑。

2) 基于热动力学的钢铁材料理论计算。钢铁材料设计原理主要涉及钢铁材料的相平衡、相变行为，以及微观结构演变的预测和控制。其中，主要运用到的热力学定律为热力学第一定律（能量守恒定律），即在材料的相变和加工过程中，能量既不会被创造也不会被消灭，只会从一种形式转换为另一种形式。此外，针对材料稳定性的判定还涉及热力学第二定律（熵增原理），即在自发过程中，材料系统内总熵（无序度）总是增加的。基于热力学定律，在给定的温度和压力下，系统中的各相（如固相、液相、气相）达到平衡状态，各相的化学势相等。

基于动力学原理的钢铁材料设计方法是利用材料科学中的动力学理论来指导钢铁材料的成分设计、加工工艺和性能优化的策略。这种方法的核心在于阐明材料在生产和加工过程中微观结构的演变规律，以及这些变化如何影响材料的宏观性能。动力学原理主要涉及相变动力学、扩散动力学和塑性变形动力学等。相变动力学侧重于材料在相变过程中的物相生成速率和影响机制。在钢铁材料设计中，相变动力学原理被用来预测和控制材料在热处理过程中的相变行为，如奥氏体向马氏体的转变、碳化物的析出等。通过精确控制加热和冷却速率，可以实现对材料微观结构的精细调控，从而优化其力学性能和加工性能。扩散动力学侧重于材料内部元素的迁移规律，这对于理解合金元素在钢铁中的分布、碳化物的形成和长大等现象至关重要。在设计钢铁材料时，通过控制扩散过程，可以实现对材料微观结构的均匀化，减少有害相的形成及析出，提高材料的均匀性和稳定性。塑性变形动力学研究的是材料在外力作用下的塑性变形行为，包括位错的运动、晶粒的转动和变形带的形成等。在钢铁材料设计中，通过控制变形条件（如温度、应变速率和变形量），可以实现对材料微观结构的塑性加工，从而获得所需的力学性能。

随着21世纪初计算机技术和量子力学的飞速发展，基于密度泛函理论（DFT）、分子动力学等计算模拟，建立了微观原子到材料宏观性能间的相互关系。其中，DFT作为一种利用量子力学原理计算材料电子结构的理论框架，能够提供关于材料原子尺度性质，从而指导钢铁材料的设计和优化。DFT的原理为Hohenberg-Kohn定理和Kohn-Sham方程，Hohenberg-Kohn定理表明，一个电子系统的基态性质可以通过其电子密度来完全确定，而不需要知道多电子波函数的具体形式。基于上述原理，Kohn-Sham方程将多电子问题转化为一系列单电子问题，通过求解这些单电子方程，得到材料的电子密度和基态性质。在设计钢铁材料的实际应用中，DFT通过计算钢铁材料的电子能带结构、态密度、电荷密度分布等关键性质，进一步探索材料的力学性能、磁性质、热性质等。通过计算不同合金元素的电子结构，可以预测其对钢铁材料硬度、韧性和耐腐蚀性的影响。

分子动力学（MD）作为介观尺度材料模拟的核心方法，基于多体势函数构建原子体系的相空间演化模型，通过数值求解牛顿运动方程（时间步长 0.1~2fs）实现纳秒级实时动力学追踪，其独特优势在于可同步解析材料的结构演化（晶格畸变 ≤0.01Å）、热力学响应（温度控制精度±5K）及输运特性（扩散系数误差<5%）。在分子动力学模拟中，首先需要确定模拟体系的初始状态，包括原子的位置和速度。根据经典力学或量子力学的原理，计算体系中每个原子所受的力，并利用受力情况更新原子的位置和速度。通过不断迭代上述过程，可以模拟出原子随时间的运动轨迹，最终获得材料性能。设置不同合金元素的添加量，可以模拟预测材料的力学性能、热性能和耐腐蚀性能等，为材料设计提供理论依据。分析材料中的点缺陷、线缺陷（位错）和面缺陷（晶界、相界等）对材料性能的影响，以及不同相界面的相互作用，为改善材料的强度和韧性提供指导。分子动力学模拟为钢铁材料的设计和优化提供了强有力的工具，通过在原子尺度上理解材料的性质和行为，可以更有效地开发新材料和改进现有材料。然而，由于计算资源的限制，分子动力学模拟通常只能处理有限数目的原子和较短的时间尺度，因此在实际应用中需要与实验结果相结合，以获得更全面和准确的材料性能评估。

材料基因组工程（MGI）作为21世纪材料科学革命的战略性框架，通过构建"计算模拟-实验验证-数据挖掘"三位一体的创新体系，开创了"成分-结构-性能"定量映射的数字化研发范式。该计划依托多尺度建模技术（从DFT计算到相场模拟）、自动化实验平台（组合材料芯片技术通量达 10^4 样品/周）及材料信息学系统（集成超百万量级材料数据库），结合机器学习算法（如主动学习策略的贝叶斯优化）实现材料设计迭代周期压缩至传统模式的1/5。其研发路线如图5-3所示。

2016年 *Nature* 刊载的突破性研究表明，基于机器学习的新型研发范式成功实现了材料合成路径的逆向重构——普渡大学团队通过构建包含 10^4 量级非平衡态实验数据的特征空间（涵盖温度梯度±50℃、压力波动±5MPa等亚稳态合成参数），利用贝叶斯优化算法（收敛

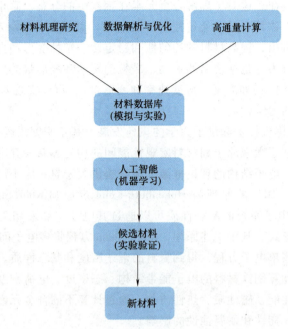

图 5-3 "材料基因组计划"研发路线

速度较传统方法提升 20 倍）与随机森林回归模型（预测精度 $R^2 \geqslant 0.92$），成功从历史"失败"数据中挖掘出新型热电材料 Bi_2Te_3/Sb_2Te_3 超晶格的最佳沉积条件（沉积速率 2.3nm/s，基底温度 230℃），显著降低研发成本，如图 5-4 所示。

材料基因工程作为颠覆性研发范式，其核心在于构建"需求牵引-数字孪生-智能制造"的全链条创新体系，通过多尺度集成计算框架（涵盖第一性原理计算、相场模拟及有限元分析）、智能化实验系统与材料信息学平台（集成超百万级跨尺度数据），实现"材料成分-工艺-组织-性能"的定量映射与逆向设计。该体系突破传统试错法局限，采用 CALPHAD 热力学数据库驱动的高通量相图计算与主动学习算法相结合，将典型材料研发周期压缩至传统模式的 1/3。

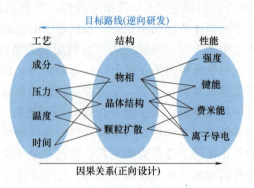

图 5-4 正向设计和逆向研发材料示意图

5.2 面向下游装备制造需求的钢铁产品质量设计

5.2.1 面向需求的钢铁质量设计方法

下游装备制造业高端化转型升级对钢铁产品的质量和性能提出了更高的要求，针对下游装备制造业需求的"专、精、特、独"钢铁产品，将数据解析与工艺机理融合，从多个尺度揭示面向装备制造的钢铁材料的组织结构-性能演化规律，研究钢铁材料质量设计与优化方法，为钢铁和装备循环提供理论和数据支撑。

1. 钢铁相场模拟与组织识别

针对面向下游装备制造特有需求的钢铁材料质量问题，在对其进行结构设计的过程中需要考虑工艺参数对材料内部组织相变与晶粒的再结晶、晶粒生长产生的影响。精准控制钢铁材料的微观结构及其分布是提高其力学性能指标的关键。同时，下游装备制造需求的钢铁产品出现了一些新需求。例如：极寒环境海洋装备用钢产品，对钢铁材料的耐低温性、抗腐蚀性和韧性要求很高；面对铝制车轮替代传统钢车轮和汽车轻量化的压力，车轮钢向具有拓扑结构的高强度钢产品方向发展。为满足下游装备制造的各种需求，钢铁材料的质量设计需要更加注重材料的力学性能、稳定性和可靠性，以此来支撑装备的结构稳定性和安全性。因此，建立面向特种需求的钢铁材料的相场模拟与微观组织识别技术，包括晶体结构与界面结构的设计、微观组织与显微缺陷的预测、组织转变与强化析出相的控制模拟，以及材料性能与材料环境适应性的预测等，可以为提高产品质量提供理论依据和技术支持。

相场模拟方法是在介观尺度下通过系统总能量最小化来得到材料微结构演化的方法，相场模拟的首要任务就是准确地给出不同材料系统的自由能。图 5-5 为多尺度材料设计方案，复杂钢铁材料体系的跨尺度模拟需构建包含守恒型场量与非守恒型场量耦合的动力学方程组。该理论框架基于扩展的 Landau-Ginzburg 自由能泛函，其演化路径受制于热力学第二定律，表现为体系总自由能单调递减（$\mathrm{d}F/\mathrm{d}t \leqslant 0$）。守恒场遵循 Cahn-Hilliard 方程，非守恒场服从 Allen-Cahn 方程。当变分导数为 0 时，体系达到亚稳态平衡（$\Delta G \leqslant 0.1\mathrm{eV/atom}$）。

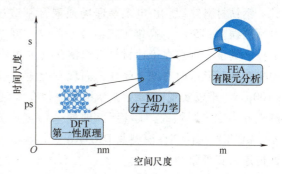

图 5-5 基于不同时间和空间尺度的材料设计方案

钢铁材料的金相组织可以揭示其微观结构特征，如晶粒大小、形状、分布，以及各物相组成等信息。这些信息对于评估材料的力学性能、物理性能以及化学性能至关重要。通过对金相组织的识别和分析，材料工程师可以准确判断钢铁材料的性能特点，从而为其在下游装备中的应用提供科学依据。在钢铁材料生产过程中，金相组织识别可以帮助工程师及时发现材料中的缺陷和问题，如晶粒粗大、夹杂物过多等。通过对这些问题的深入分析，工程师可以制定针对性的改进措施，优化生产工艺，提高材料的质量。这有助于确保下游装备的质量和性能稳定，降低因材料问题导致的装备故障率。金相组织识别可以为定制化材料设计提供有力支持。根据不同下游装备对材料性能的特殊要求，工程师可以通过调整钢铁材料的化学成分、热处理工艺等因素来优化其金相组织。这种定制化设计可以确保钢铁材料在特定应用环境中具有最佳的性能表现，从而满足下游装备对材料性能的特殊需求。

因此，基于上述钢铁材料相场模拟与金相组织识别方法的优缺点，建立相场模拟最优控制模型与神经网络融合的金相组织识别模型，可以为钢铁材料结构设计提供重要的参考和指导，使工程师们更好地理解材料内部组织变化并优化工艺参数，以实现对下游装备制造所需钢铁材料特有结构的理想设计。

2. 高性能钢铁质量解析

随着工业全球化的快速发展，钢铁作为工业化最基本的原料，人们对其质量的要求也在逐步提高，特别是下游装备制造行业对钢铁材料的质量要求日益严格，新能源汽车、风电光伏等新兴产业持续高增长，带动相关钢材品种需求快速增长，这直接影响着钢铁质量设计的方向和重点。在国家对电力的需求不断增加之际，以被称作变压器"钢铁之心"的硅钢为代表的高性能钢铁材料备受关注。

面向下游电子和军工等装备制造行业，硅钢主要用作各种电机、发电机和变压器的铁芯，其生产工艺复杂，制造技术严格。其中，连续退火工艺是高质量钢铁产品质量的重要保障，而硬度是评价钢铁质量的关键指标之一。复杂的生产环境以及连退生产过程中复杂的物理化学变化使得建立精确的机理模型变得异常困难，一些数据驱动建模方法被应用到带钢产品质量预报建模问题上。同时，影响其质量的众多工艺和环境变量以及这些变量之间的强耦合非线性，即高维输入特征问题，增加了数据驱动建模方法的学习难度，使得这些数据驱动模型由于无法得到输入变量和产品质量之间具体的解析表达式而缺乏良好的可解释性。

钢铁材料热-力-化-电多物理场强耦合制造过程本质上是包含非线性本构关系（流动应力预测误差±15%）、高维工艺参数空间（>20个调控变量）及多目标优化矛盾的复杂系统工程。其核心难点在于：材料组织演化（如奥氏体动态再结晶体积分数从5%到95%）与多场交互作用形成时空耦合闭环，而现有检测技术（EBSD时间分辨率≥1s，X射线穿透深度<100μm）难以实现亚秒级-微米级的原位在线监测，导致晶界迁移、碳化物析出等关键演变过程成为工艺调控的"暗箱"。即便采用多尺度建模技术（如集成CALPHAD热力学数据库、CPFEM晶体塑性模型及DICTRA扩散模块），仍面临多场耦合计算收敛性差、跨尺度数据传递失真等瓶颈。

钢铁质量设计需要针对不同的装备需求，选择合适的材料成分和工艺路线，以满足装备对力学性能的要求。与此同时，下游装备制造行业对钢铁材料的物理和化学性能也有着严格的要求，具体体现在钢铁材料需要具备良好的导热性、导电性和耐腐蚀性等，以满足装备在各种环境和工作条件下的性能要求。这要求钢铁质量设计在材料选择和工艺控制上充分考虑物理和化学性能的要求，以确保材料的质量和稳定性。此外，下游装备制造行业十分关注钢铁材料的可靠性和稳定性，钢铁材料的质量波动和缺陷可能会影响装备的性能和安全性，所以钢铁质量设计需要建立严格的质量控制体系，确保材料的成分、组织和性能的稳定性和一致性。通过采用先进的检测技术和设备，可以及时发现和解决材料的质量问题，以此提高产品的可靠性和稳定性。钢铁质量设计需要不断优化和创新，加强与下游行业的合作与交流，深入了解装备制造的需求和趋势，以提供更好的钢铁材料质量解决方案，满足下游装备制造的需求。

针对下游装备制造所需的高性能钢铁产品的质量解析问题，输入特征维数过高通常会增加数据驱动模型的学习难度，导致难以建立精确的可解释的解析模型。针对该问题，人们提出了基于机理与数据融合进化学习的带钢质量可解释预报建模方法，基于特征分解和分解集成策略来构建输入工艺参数和钢铁产品质量之间的可解释解析模型。在该建模方法中，首先，提出了基于机理与数据融合的可解释特征分解方法，将所有输入特征分解为多个特征组，以处理高维输入特征。然后，提出了基于进化学习与稀疏优化集成的可解释建模方法构建最终解析模型。其中，对于每个特征组，提出了一种改进的多目标遗传规划算法，获得具有良好精度和可解释性的解析子模型，之后通过稀疏优化集成方法，利用进化得到的解析子模型构建最终的解析预报模型。在保证模型可解释性的同时，显著提升模型的泛化能力。

针对高性能钢铁材料质量预报问题，克服了高维输入特征难以建立可解释解析模型的难题，研究了基于机理与数据融合的质量解析建模方法，建立了面向下游装备制造业需求的"专、精、特、独"钢铁产品质量解析建模方法，具有良好的可解释性和泛化能力，其主要创新点包括以下三个方面：

1）基于冶金机理与数据解析、优化相融合的可解释特征分解策略，对高维特征进行分组，可以克服高维输入特征难以建立可解释解析模型的难题。

2）建立多目标遗传规划算法构建具有高精度和低复杂度的解析子模型，不仅将知识迁移和修复操作引入进化学习过程中，还提高了模型的可解释性和算法的学习能力。

3）基于一种稀疏优化集成方法，利用进化得到的解析子模型，在确保可解释性的同时构建精度高且泛化能力强的高性能钢铁质量预报解析模型。

3. 新钢铁材料智能设计

随着高端装备制造业的发展，各类装备对所需要的钢铁材料质量、性能、可靠性、稳定性等的要求越来越高。通常来说，下游装备对钢铁材料有着特定的性能需求，如强度、硬度、韧性、耐磨性、耐腐蚀性、可加工性等。钢铁材料设计需要根据这些性能需求进行，确保所设计的材料能够满足下游装备制造的使用要求。

对于钢铁材料来说，其性能是内部组织结构形态的宏观表征，而不同种类组织结构的形成过程又受到化学成分制约。具体来说，钢铁材料的性能首先受到碳元素的影响。根据碳的含量，钢铁材料可以被划分为高碳、中碳、低碳和超低碳等。此外，为了满足下游装备性能、结构和应用条件的要求，需要向钢铁材料中加入各种合金元素。锰是良好的脱氧剂和脱硫剂，能够在热处理、加工、成形等过程中提高钢铁材料的可塑性、可加工性、可变形性等性能。铬与硅元素分别能够显著提高钢铁材料耐腐蚀性、耐热性以及抗氧化性。铝的少量添加可以细化晶粒，提高冲击韧性、抗氧化性和抗腐蚀性。稀土元素能够改善力学性能、耐腐蚀性、耐磨损性和加工性能。因此，合理设计钢铁材料的化学成分组成，是满足下游装备制造需求的基础。

近年来，材料基因组工程通过融合人工智能算法与先进过程控制技术，彻底重构了材料研发范式体系。该体系以高通量计算集群为核心引擎，集成组合材料芯片技术和材料信息学平台，将传统经验导向型试错机制转型为多维度并行的智能研发模式，实现从材料发现到工业化应用的全链条加速。其三大技术支柱呈现显著协同效应：实验驱动模式依托原位表征机器人捕获动态相变数据；计算驱动模式运用多尺度建模框架解析组织演化规律；数据驱动模式则通过贝叶斯优化网络挖掘多参数间非线性关联。

随着钢铁材料生产加工数据不断完善，数据驱动的人工智能方法可以综合考虑不同材料特性之间的非线性关系，建立化学成分与产品性能对应关系，辅助对材料成分和性能需求间关联的清晰认知。同时，随着高性能优化算法不断提出，将人工智能解析模型以目标函数或其组成的形式嵌入优化算法中，以产品多种关键性能指标为优化目标进行钢铁材料智能化设计，可加速先进金属材料研发、综合性能提升，并为短流程、低成本和性能可控的钢铁材料高效制造提供基础条件。

在钢铁材料智能设计时，往往需要考虑产品多种性能，以满足下游装备制造需求，这些性能指标相互关联、相互影响，甚至相互冲突，如强度、韧性、硬度和塑性，为了达到总体性能的最优化，在设计钢铁材料时，通常需要利用多目标优化算法对相互冲突的性能子目标进行综合考虑，找到它们之间的平衡点。在钢铁材料智能设计中，可以将各组分含量作为决策变量，利用人工智能方法，将根据目前成分预测出的强度、韧性、硬度、塑性等性能指标与期望值的差作为目标函数，然后利用多目标优化算法进行搜索。通过不断调整化学成分，筛选一组或多组化学成分组合，这些组合在多个性能指标上都能达到较好的平衡。同时，综合运用材料科学、计算科学和信息科学最新成果，发展一体化的产品设计与制造过程智能控制理论和方法。基于物理冶金学原理建立组织性能预报模型，并采用人工智能技术对模型参数进行优化。建立钢铁材料制备加工过程中工艺-成分-组织-性能之间的本征关系模型，通过多重非线性有限元等方法，实现材料制备与成形加工过程的数值模拟，并将之应用于材料质量性能预测和产品成形质量控制。开发集工艺参数设定、材料组织与质量性能预测和产品实物质量实时检测于一体的材料制备过程的智能化学习系统。研究多尺度的接口及模型嵌入技术、质量设计参数与生产工序中工艺参数的映射与解析、钢铁质量的跨尺度设计中的数据传输技术、质量的跨尺度设计及其验证方法、基于质量设计平台的跨尺度设计系统在新钢种开发上的应用等。

基于人工智能解析模型与优化算法的深度融合，为新钢铁材料设计提供了新的思路和方法。以产品多种关键性能指标为优化目标，研究了基于多目标优化算法的新钢铁材料智能设计方法，以实现钢铁材料智能化设计。这种方法有助于更精确地满足下游装备制造对材料性能的需求，推动新材料设计领域的发展。

5.2.2　汽车板质量设计应用

随着汽车行业的迅猛发展，汽车板作为汽车构造的核心要素，其质量、环境适应性和耐久性受到了广泛的瞩目。优质的汽车板必须具备卓越的力学性能、出色的抗冲击能力以及强大的抗疲劳性，这样才能确保在各种复杂的使用场景下，汽车都能维持稳定的性能表现。不仅如此，汽车板在面临高温、低温、潮湿、盐雾等恶劣环境时，必须展现出良好的环境适应性，确保在各种极端条件下都能保持其性能的稳定性。此外，考虑到汽车的使用寿命往往长达数年甚至数十年，汽车板还需要具备耐用性。这意味着汽车板在长期使用过程中，必须能够抵御磨损、疲劳等不利因素的侵蚀，保持其结构和性能的持久稳定。

在开发与生产高质量汽车外板的过程中，传统的深冲级和超深冲级冷轧板及各类镀锌板和高强度 IF 钢都扮演着至关重要的角色。其中，对不同级别的冷轧板和镀锌板基板表面缺陷的要求都极高，几乎要达到"零缺陷"的完美标准。先进高强度钢（AHSS）的发展历经三个显著的阶段。首先是第一代的以铁素体为基础的双相钢（DP）和相变诱导塑性（TRIP）钢，这些钢材在性能上有着显著的提升。其次，发展到了以奥氏体为基体的高合金孪晶诱导相变（TWIP）钢和不锈钢，这些构成了第二代的 AHSS 钢，它们在强度和塑性方面有了更大的突破。最后，迎来了以马氏体为基体的淬火-碳分配处理（Q-P）钢，这标志着第三代 AHSS 钢的诞生，它们在强度和韧性之间达到了更加出色的平衡。总体来说，这几类 AHSS 钢材具有极高的性价比，主要体现在强度高、塑形高、成本低等优点，同时还可以降低车身重量，正被广泛应用在超轻钢车身（ULSAB）和未来钢（FSV）汽车结构中，显著提高汽车的抗冲击性能，并实现了节能减排。汽车轻量化是汽车工业一直以来的目标，在追求轻量化设计的过程中，需要满足各种碰撞技术，这是极其重要的一个环节。车身的安全性主要依据刚度和强度两个指标来衡量。在对车身进行轻量化的设计后，车身的刚度会随着车身板厚度的降低而降低，可以结合拓扑优化技术解决这一缺陷。零件的抗侵入能力与其结构相关，除此之外，零件的材料选择也会影响其抗侵入能力。因此，在所有车型安全件的标配材料中广泛采用以马氏体钢为代表的各种汽车先进高强度钢，目的是减少零件质量问题，提升整车的安全性能。在交通事故中，车身安全件的防护作用可划分为两个阶段。第一阶段是弹性变形阶段，在此阶段具备高强度的钢材可以保持原有形状，防止发生塑性变形，进而减少碰撞时的影响。当外力达到一定的程度时，零件进入第二阶段——塑性变形阶段，此时需要更高的韧性来避免变形和开裂。随着现代汽车工业的迅猛进步，汽车安全件所使用的钢材的强度等级也在持续增强。这种强度的增加，主要是通过增加钢材基体中马氏体脆硬组织的含量来实现的，其有助于提升钢材的整体强度和硬度。马氏体组织含量的增加能够显著提高钢材的强度和硬度，从而增强汽车安全件在碰撞时的防护能力。但是强度提升的同时势必会导致韧性的降低，此时会出现零件抗侵入能力增强，开裂风险变大，因此，钢材基体的强韧性平衡对于确保汽车安全件在碰撞中的性能表现至关重要。为确保汽车安全件在发生碰撞时能够展现出最优的防护效果，深入探究不同类型汽车所使用的超高强钢，在其从弹性变形阶段到最终开裂的完整过程中，所展现出的动态力学响应和断裂行为特性显得尤为重要。在当前的评估体系中，对于高级别的汽车板材，尚缺乏一套明确且实用的性能质量均质性评估标准。无论钢铁厂家生产的汽车板材属于何种级别，其均质性对于获得汽车行业的认可并实际应用至关重要。这一指标是衡量产品质量的核心要素，具有综合性。汽车制造厂必须确保冲压、组装等参数包括几何精度、力学性能和表面质量等，都是确保产品质量的关键因素。特别是针对高等级的汽车板材，主要用于制造冷轧汽车外板和先进高强度钢汽车板的材料，其对均质性的要求已经达到了前所未有的严格程度。

基于当前汽车板质量在设计方面的性能需求，结合当前发展迅速的人工智能，对汽车板质量设计进行正向设计，并依托机器学习、深度学习等技术，对汽车板的性能做出预测。以系统工程理论为主导，充分利用其方法论和流程模型，专注于复杂产品和系统的优化升级、技术创新以及创新设计等领域，致力于发挥行业领军作用。目标是全面提升企业的自主创新与设计制造融合能力，推动企业的全面进步。在汽车板钢铁质量设计中，正向设计可以通过建立精确的材料模型、工艺模型和性能模型来预测和优化汽车板的性能。通过调整钢铁的化学成分、微观结构、热处理工艺等因素，可以实现汽车板质量、环境适应性和耐久性的提升，如图 5-6 所示。

正向设计步骤可以分为以下几步：

1）首先要明确需要的汽车板力学性能，如硬度值、抗拉强度等。

2）获取关于汽车板材料的数据，主要包括汽车板热处理参数、金相组织结构、汽车板元素含量。对收集到的数据进行清洗，去除数据噪声，保证数据的有效性。

3）建立合适的机器学习模型、深度学习模型，将上一步处理好的数据送入模型中进行训练，通过调整模型的参数和结构对模型进行优化。

4）将训练好的模型用于汽车板新材料的性能预测，并使用均方误差、召回率等指标对预测结果进行评价。

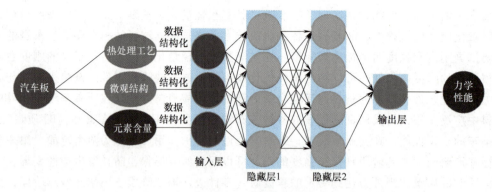

图 5-6　汽车板材料的正向设计

5）将模型预测的结果用于汽车板生产和研发中，以适应不同材料的应用场景的需求。

近年来，我国经济蓬勃发展，工业实力也取得了显著的进步。然而，随着用户需求和市场竞争的不断提高，钢铁性能不稳定的问题越发明显，成为限制钢铁行业进一步发展的主要因素。在钢铁材料的生产过程中，诸如元素成分、金相组织以及工艺参数等要素之间存在着错综复杂的耦合关系，它们与材料性能之间的相互作用复杂而微妙，这使得构建一个能够准确反映生产过程复杂性的数学模型变得异常困难。由于当前缺乏有效的实时调控方法以精准调整工艺参数，钢铁生产的品质难以保持稳定，成本控制也面临挑战。以往对于钢铁材料生产方式主要采用的是试错法和工人师傅的经验，这种方法耗费大量的原料和成本，并且钢铁质量也不稳定。因此，借助先进的机器学习和数据挖掘技术来开发基于数据的模型成为解决这一问题的有效途径。钢铁材料的元素成分和工艺参数影响着钢铁材料的性能，在钢铁材料领域，目前对机器学习算法可以解析成分、加工工艺与性能之间的潜在关联模型，从而支持钢铁材料的设计和优化过程。这种应用使得研究人员能够更有效地探索材料设计的可能性，加速新材料的开发。在利用机器学习进行性能预测时，合金成分和工艺参数被视为关键输入变量。通过对大量的数据进行训练，模型能够不断提升其预测性能。为更进一步提高模型的准确率和效率，一些学者使用粒子群算法、遗传算法对模型进行优化，旨在在预测精度上取得更大突破。这种交叉学科的应用，推动了钢铁材料的发展。根据这种基于数据模型的准确度和可信度，可以监测钢铁的生产过程，通过对数据的收集和分析，可以及时发现生产过程中存在的问题，企业工作人员根据反馈的信息及时进行调整，既能够提高钢铁的生产质量，又助力企业降低生产成本、提高产品质量和生产效率。

此外，在处理和分析大量实验数据和模拟数据方面，人工智能展现了强大的能力，可以剖析决定汽车板性能的关键因素及其内在的运作规律。不仅如此，人工智能还可应用于构建智能预测模型，实现汽车板性能的迅速且精准预测。这些模型能够根据多样化的使用场景和环境条件，准确预测汽车板的性能表现，为设计优化提供坚实理论支撑和数据支持。在汽车设计和制造环节，生成式人工智能凭借其大数据训练与快速迭代的能力，成为工程师们的得力助手。它能够帮助工程师们进行汽车结构设计的模拟仿真，优化性能参数、外形设计以及材料结构，从而显著提升汽车的制造品质与效率。利用人工智能技术，能够更加科学、高效地推进汽车设计与制造工作，为汽车行业的创新发展提供强大动力。以深度神经网络为代表的图形处理器等计算平台技术已经显著缩短了科学理论与实际应用场景之间的鸿沟。在视觉传达设计领域，也涌现出了一些人工智能应用，如阿里的"鲁班 AI"等，这些应用正在改变着设计行业的面貌。

随着人工智能技术的不断发展和钢铁材料研究的深入进行，基于人工智能的汽车板钢铁质量设计将呈现出巨大的发展潜力和应用前景，汽车领域将迎来前所未有的机遇，人工智能技术将会对汽车的生产流程，以及汽车板的性能、耐久性及安全性产生举足轻重的影响。随着数据量的不断增加和算法的不断优化，预测模型的准确性和泛化能力将得到进一步提升，以关键工艺控制点及质量提升难点为切入点，依托冶金工艺数值模拟实验室展开深入系统的研究，在各道工序中，致力于积极研发具备计算、分析、判断及决策等多重功能的智能化控制模型。此外，还将不断迭代优化现有模型，确保它们能够更加灵活地适应产线品种的多样变化，以满足质量提升的持续需求。基于人工智能的汽车板钢铁质量设计是提高汽车性能、安全性和耐久性的重要手段。通过正向设计、人工智能和性能预测等技术的应用，可以实现对汽车板性能的精确预测和优化设计。通过将传统力学实验所获取的海量数据导入自组织神经网络中加以训练，不仅能够实现对这些数据的更高效利用，还能赋予神经网络模型卓越的非线性表征能力。借助此方法构建预测模型，使其能够在复杂非线性加载条件下预测出先进高强度钢板的力学性能。经过实验的验证，这些预测结果对于工业生产的实际操作具有重大的指导意义。随着机器学习技术的深入应用，材料性能大数据与工业生产应用之间的桥梁被牢固地搭建起来。这种技术的运用不仅显著降低了科学研发过程中的计算分析成本，还促进了科研成果向实际生产应用的快速转化。因此，开发数据驱动的材料计算模型，以替代传统的物理基础本构模型，为工业生产提供了重要的指导，更展现出巨大的探索潜力和广阔的应用空间。相信在不久的将来，随着技术的不断进步和创新，基于人工智能的汽车板钢铁质量设计将为实现更加安全、环保、舒适的汽车出行做出重要贡献。

5.3　装备产品的结构优化设计

钢铁生产的下游是装备生产，装备产品的材料确定后，其结构直接影响其服役期间的性能，如运行稳定性、可靠性，以及使用寿命等，因此结构设计决定了产品的根本质量。本节主要阐述装备产品结构设计内容，以及结构拓扑优化方法。

5.3.1　装备产品结构优化设计内容

装备产品结构优化设计是现代工程领域的重要研究方向之一，旨在通过优化结构布局和材料分布，提高产品性能、降低成本、减轻重量，以满足日益增长的服役要求和技术挑战。结构设计核心在于在保证产品功能和性能的前提下，尽可能地优化产品的结构形态和布局，以实现最佳的传力路径。

通过结构的优化设计，可以有效提高装备产品的性能和质量，满足市场需求和用户期望；装备结构优化设计可以降低产品的生产成本和能耗，提高生产效率和企业竞争力。优化设计还可以减轻产品的重量，提高产品使用性能、运载效率和服役寿命，从而促进装备产业的可持续发展和技术进步。因此，装备产品结构优化设计在现代工程领域具有重要的理论和实践价值，对推动装备产业发展和经济增长具有积极的意义。

结构轻量化设计是一种重要的工程设计理念，旨在通过减轻产品的重量，提高其性能、效率和可持续性。结构轻量化设计已成为一种普遍的趋势，涵盖了诸多行业，包括汽车制造、航空航天、船舶工程、建筑业等。结构轻量化设计的核心思想是在保持产品功能和性能不变的前提下，尽可能减轻产品的重量，从而降低能耗、提高运载效率、延长使用寿命，以及降低生产成本等。结构轻量化设计已成为当今工程设计和制造领域的重要目标之一，将持续推动各行各业的技术创新和产业升级。

结构优化设计是典型的多个学科领域交叉，包括机械设计、材料科学、力学、运筹学、系统工程、计算机科学等，需要综合运用相关理论和方法实现结构的有效设计。根据在优化设计过程中所关注的设计要素和方法论，通常将装备产品结构优化设计分为尺寸优化、形状优化、拓扑优化和形貌优化，形貌优化有时被认为是形状优化的一种。

装备结构尺寸优化设计着重于设计结构各个部件的尺寸参数，如长、宽、高、半径等，以达到最佳的性能指标，例如，飞机机翼的蒙皮厚度、航空发动机机匣的外尺寸及厚度、涡轮轮盘的厚度等。通过改变结构的尺寸参数，在满足结构强度、刚度等要求的前提下，最大化结构的承载能力和刚度，或者最小化最大变形和应力等一些结构的性能指标。

形状优化设计是一种着眼于优化结构外形形态的设计方法。与尺寸优化设计相比，形状优化设计更注重结构的几何形状，如曲率、角度、曲面等几何参数的调整。通过改变这些形状参数，可以改善结构的力学性能、避免应力集中、减轻结构的重量等。形状优化设计常用于优化结构的整体外观和流体动力学特性，如飞机机翼的气动外形、汽车车身的流线型设计等。形状优化设计更注重结构的整体形态和外观，通过几何形状来实现结构性能的优化。

结构拓扑优化设计是一种针对结构整体布局和材料分布进行优化的设计方法，属于概念设计。与尺寸优化设计和形状优化设计相比，拓扑优化设计更注重结构的整体布局，即结构的拓扑形态。通过调整结构中材料的分布，优化传力路径，可以最大限度地减轻结构的重量和减少材料消耗，同时保持结构的稳定性和强度。拓扑优化设计常用于优化结构的整体布局和材料分布，通过添加或删除材料来增强结构的刚度、减轻结构的重量等，是开展结构轻量化设计的重要方法。

结构的形貌优化设计是针对薄板形结构优化加强肋分布的一种概念设计方法，用于设计薄壁结构的强化压痕，能满足结构强度、频率等设计要求，同时减轻结构重量。与拓扑优化不同的是，形貌优化不删除材料，只在设计区域中添加加强肋。

空客 A380 飞机机翼的前缘肋是应用结构优化方法进行实际飞机结构件设计的典型成功案例。前缘肋位于机翼内部，每个机翼上有 13 个这样的肋板。初始设计方案中它类似于一种硬剪切板，超出了设计重量标准的要求。前缘肋的设计目标是在保障应力、屈服标准等前提下进一步减重和缩短设计周期，而传统的飞机设计方法无法满足设计轻量化和设计周期短的要求。

设计团队首先对每个前缘肋进行单独的拓扑优化设计，利用拓扑优化确定最佳的传力路径，获得材料分布合理的设计方案，通过孔洞设计来实现减重的设计目标，然后进行详细的尺寸和形状优化，最后获得一组概念上不同的前缘肋，它们满足了重量目标以及所有应力和屈曲条件等。

结构优化设计是实现轻量化的一种重要途径。尺寸优化设计、形状优化设计和拓扑优化设计在实际工程中常常结合使用，以实现对装备产品结构的全面设计优化。例如，在设计一个飞机机翼时，可以首先使用拓扑优化设计确定机翼的整体布局，然后利用形状优化设计调整机翼的几何形状，最后进行尺寸优化设计，优化机翼各个部件的详细尺寸参数，以实现最佳的设计性能，保障飞机部件的可靠性和安全性。

装备产品结构优化设计问题首先需要明确设计的目标和约束条件。设计目标通常是要最小化或最大化一项或多项性能指标，如结构的总重量、最大应力、最大位移等。约束条件可能涉及结构的强度限制、稳定性要求、几何结构、制造工艺约束等方面的限制。设计目标与约束条件之间可以互相转换，如最小化结构重量可以转换成优化后的结构重量小于重量限制。设计变量，即可以被调整的设计参数，涉及结构的几何尺寸、形状参数、材料分布等。例如：在结构尺寸优化问题中，设计变量包括结构外形的尺寸参数；在形状优化问题中，设计变量则为形状参数；在拓扑优化问题中，设计变量为材料的分布和连接方式等；在形貌优化问题中，设计变量则为加强肋的位置。

结构拓扑优化设计问题的一般描述为：给定结构的设计区域参数、材料属性（弹性模量、泊松比等）、边界条件和载荷约束，设计目标为最大化结构刚度，设计约束包括结构的重量限制、最大应力和变形限制等，设计变量为设计区域内的材料分布。

装备结构优化设计问题一般是基于实际装备结构在使役环境中的性能要求提炼出来的，不同于经验设计方法，基于优化模型的结构设计方法将设计目标与约束条件用数学模型来描述，建立一个统一的优化设计模型，通过数值优化算法来获得设计方案。装备产品的优化设计问题通常可以用数学规划模型来描述，一般的结构优化设计数学模型可以表示为

$$\min f(\boldsymbol{x})$$

$$\text{s. t.} \begin{cases} g_i(\boldsymbol{x}) \leqslant 0, \ i=1,2,\cdots,m \\ h_j(\boldsymbol{x}) = 0, \ j=1,2,\cdots,n \\ \boldsymbol{x} \geqslant 0 \end{cases}$$

式中，$\boldsymbol{x}$ 表示设计变量向量；$f(\boldsymbol{x})$ 表示结构优化设计的目标函数；$g_i(\boldsymbol{x})$ 和 $h_j(\boldsymbol{x})$ 分别表示设计中需要考虑的不等式约束条件和等式约束条件；m 和 n 分别表示不等式约束条件数量和等式约束条件数量。

产品结构优化设计的数学模型因产品的设计需求和限制的不同而不同，同时其数学模型也是一个复杂的系统，需要综合考虑产品的性能、可靠性等多个方面。产品结构优化设计的数学模型通常具有以下特点：

1）多目标。产品优化设计往往涉及多个设计目标，如性能、重量、制造可行性、使用寿命等。这些目标之间可能存在冲突，因此需要在多个目标之间寻求平衡设计。

2）复杂机理约束。结构优化设计过程中需要满足多种约束条件，如强度、刚度、稳定性、制造工艺约束等，需要采用工程力学原理来进行定量刻画。例如，结构变形与载荷之间的弹性方程为

$$K(\boldsymbol{x})U = F \tag{5-1}$$

式中，$K(\boldsymbol{x})$ 表示结构的刚度；U 表示结构的变形变量；F 表示已知的外力载荷。对于一般结构的刚度 K，通常没有显式的函数表达。

3）非线性。结构优化设计的模型中目标函数和约束条件往往是设计变量的非线性函数，甚至是非凸的，如式（5-1）中，刚度 K 是设计变量的函数，结构变形是间接变量，因此式（5-1）为非凸非线性约束。针对包含非凸非线性约束的优化模型，求解其全局最优解仍旧存在一定的挑战。

4）**离散性**。在一些结构优化设计模型中，设计变量是离散的，如连续结构中材料的去留、桁架结构中杆件的有无等。包含离散变量的优化模型本身就是非凸的优化模型，如果结构优化设计模型包含大量的整数决策变量，有效求解存在困难。

5）**不确定性**。考虑到材料参数的不确定性，以及制造误差等，结构优化设计模型包含不确定性。将这些影响结构性能的不确定性进行定量刻画，加入优化设计模型中，获得随机优化设计模型或鲁棒优化设计模型。

结构设计中需要考虑的力学性能或弹性方程一般是微分方程，需要通过数值方法将其转化成近似代数方程，有限元方法（Finite Element Method，FEM）是一种常用的有效数值方法。有限元方法将结构的设计域切割成若干单元，通过单元节点重新连接各个单元，单元内假定近似位移函数或应力函数，单元各个节点的数值作为近似的变量，从而使一个连续的无限自由度问题变成离散的有限自由度问题，将微分方程转化成一组联立代数方程组。

在结构优化设计中采用数值分析方法，如有限元方法，即便是在并行计算环境下，也需要消耗大量的计算资源和时间。统计代理模型是一种 FEM 模型等高维分析模型的近似模型，一般是基于少量仿真数据且计算成本较低的统计模型。典型的代理模型包括响应面、回归、Kriging、径向基函数、支持向量回归等。

结构优化设计的数学模型通常是包含力学方程的复杂非线性模型，求解带来挑战。针对带有特殊结构的设计模型，通过合理的模型变换方法，如凸变换、凸松弛等，可以将原模型先换成可以有效求解的凸模型。凸优化模型具有良好的收敛性和全局最优解的理论保证，因此凸变换方法通常能够有效地求解各种复杂的优化设计问题。针对非凸优化模型，通过一系列的凸变换方法，将模型中的非凸约束变换成凸约束，从而将优化模型转化为凸优化模型。利用凸优化的成熟方法有效求解凸变换后的模型，代替求解复杂难解的原模型。

5.3.2　结构拓扑优化方法

拓扑优化方法中均匀化法是最早被提出并应用到工程实践的方法。均匀化方法是把尺寸优化和拓扑优化集成，通过引入微结构的概念，对结构的设计区域用有限元方法进行离散化，将整个设计区域分割成若干带微空孔的微结构单元，将单元空孔尺寸作为设计变量，通过微空孔内部几何尺寸的决策来实现微结构的有无，从而实现结构设计区域的拓扑形状的优化。

结构拓扑优化研究最为广泛的方法是变密度法（Simplified Isotropic Material with Penalization，SIMP），即带惩罚的固体材料各向同性法。其特点是以材料密度为拓扑设计变量，通过材料密度与弹性模量的假定幂函数关系，实现设计变量的加速收敛且物理可行。结构拓扑优化问题通常采用变密度法的数学模型：

$$\min_{x} c(x) = \boldsymbol{U}^{\mathrm{T}} \boldsymbol{K} \boldsymbol{U} = \sum_{e=1}^{N} (x_e)^p u_e^{\mathrm{T}} k_0 u_e$$

$$\mathrm{s.\,t.} \begin{cases} V(x)/V_0 \leqslant \delta \\ \boldsymbol{K} \boldsymbol{U} = \boldsymbol{F} \\ 0 < x_{\min} \leqslant x \leqslant 1 \end{cases}$$

式中，x 表示设计变量，描述结构的拓扑构型和材料布局；$e \in N$ 表示设计区域的划分单元；$u_e \in \boldsymbol{U}$ 表示各单元与材料分布相关的位移变量；$\boldsymbol{U}^{\mathrm{T}}$ 表示位移向量的转置；$k_0 \in \boldsymbol{K}$ 表示结构的刚度矩阵；$c(x)$ 表示代表结构性能的目标函数，如结构的柔度、刚度等；p 表示对单元设计变量的指数惩罚；$V(x)$ 表示设计变量集合对应的结构体积；V_0 表示初始设计结构体积；δ 表示结构体积下降的比例约束；$KU=F$ 表示结构的受力弹性方程；最后是设计变量的取值范围，为了限制设计变量的取值，有时会设定一个下界 $x_{\min}$。

拓扑优化方法的一般流程如图5-7所示，具体描述如下：

步骤1：初始化 FEM，针对结构的设计域进行有限元分析的初始化网格划分，将连续体的设计问题转化成近似离散结构的设计。

步骤2：FEM 分析，划分网格后依据设计问题要求进行有限元分析，如弹性、热力学、电等，即通过数值计算方法，获得单元节点上的应力、变形、温度等值。

步骤3：灵敏度分析，计算目标和约束函数值及其对设计变量的导数或梯度，得到的导数或梯度叫作该目标和约束函数值对相应设计变量的灵敏度。

步骤4：正则化或滤波，修正灵敏度，目的是保障设计方案的可行性，避免设计方案中出现棋盘格，进一步精细化网格。

步骤5：优化，搜索新的设计方案，改善设计目标。

步骤6：收敛性判断。如果满足收敛条件，则算法终止，输出设计方案；否则，更新设计方案，返回步骤2，继续迭代。

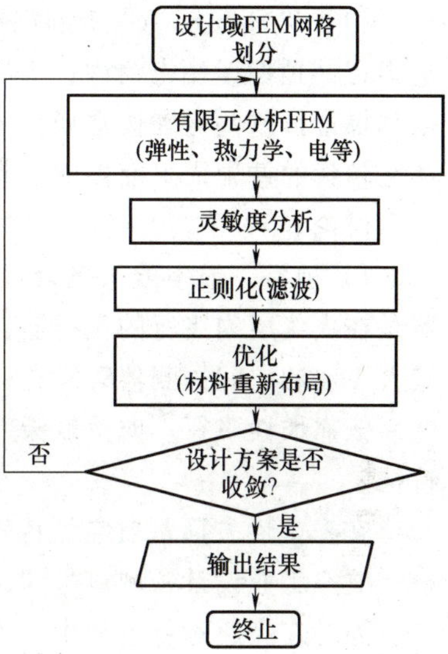

图 5-7　拓扑优化方法的一般流程

结构优化设计的数学模型通常具有类似的结构，SIMP 方法的提出使得在进行灵敏度分析时能通过数学规划和相应的基于梯度优化算法结合快速求解，如最优准则、移动渐近算法（Method of Moving Asymptotes，MMA）、序列二次规划等。移动渐进算法是序列二次规划在拓扑优化中的应用，针对非线性项用泰勒级数一阶展开来代替，通过构造一系列的凸子问题来迭代近似原问题，采用有效的非线性规划算法如原对偶内点算法求解子问题，通过构造凸子问题的解来渐进逼近原问题的解。SIMP 的特点是容易实现，但计算依赖于网格划分，会出现棋盘格问题和陷入局部极值点。

拓扑优化模型多数为大规模非凸规划问题，传统的基于数学的最优化方法难以在有限时间内获得问题的最优解，利用启发式算法获得的解一般是一个局部近优解。如何在短时间里求得最优解或者高质量的近优解，一直是研究人员面临的难题。基于计算智能的智能优化算法是一类黑盒优化方法，不需要问题的梯度信息和 Hessian 矩阵，因此不需要函数的连续性和可微性，因而在拓扑优化领域也得到了广泛的应用。

5.4　循环驱动的结构优化设计及应用

5.4.1　基于钢铁材料的装备产品结构设计

作为国民经济发展建设过程中的重要资源，钢铁材料也是用途最多、适应性最强的材料之一。面向服役的钢铁材料结构设计是考虑应用场景的需求，通过科学设计钢铁材料结构，优化力学性能和结构稳定性等关键性能指标，以满足服役要求并延长服役寿命。因此，钢铁材料需要满足不同应用领域的多样化需求。

（1）循环驱动场景下的钢铁产品服役需求分析　循环驱动场景下的钢铁产品服役需求是指在其预期使用寿命内，为满足下游场景特定应用环境和工作条件而必须满足的一系列要求和标准。这些需求通常涵盖了产品的可靠性、安全性、维护性等方面，且根据场景的不同存在较大的差异。下面以航空和汽车两类典型的应用场景为例，对钢铁产品服役需求进行分析和讨论。

1）航空。航空航天飞行器是指在大气层内或大气层外空间（太空）飞行的器械。航空器是在大气层内飞行的飞行器，如飞机；航天器是在太空飞行的飞行器，如人造地球卫星、载人飞船和空间探测器等，在运载火箭的推动下航天器获得第一或第二宇宙速度进入太空，然后依靠惯性飞行。航空航天飞行器通常工作在高空大气或真空环境，并且具有高速运行的特征。

在安全性方面，航空器特殊的工作环境对航空金属材料提出了"轻质高强"的特殊要求。航空工业设计领域口号"为每一克减重而奋斗"，体现了减重对于航空产品的重大意义。因为在高速运行过程中，飞行器会承载较大的负荷和受力，所以对航空金属材料的基本服役需求是材质轻、强度高、刚度好。这就要求结构设计必须确保足够的刚度和强度，以承受飞行过程中各方向的载荷和应力。结构需要在高强度下保持形变小，以保证飞行器的气动外形和操作精度。此外，还需要在满足强度和刚度要求的前提下尽量减轻结构重量。提高飞行器的比强度，就要降低其密度，减轻飞行器结构质量，从而减少燃油或推进剂的消耗，这样就会增加其运载能力，提高机动性能，增大飞行距离或射程。

在可靠性方面，航空器的结构应设计为能有效分布和传递载荷，避免应力集中。常见的设计方法包括使用蒙皮-框架结构和加强筋。对于飞行过程中的循环载荷，结构设计过程中也需要考虑选择合适的连接方式（如铆接、焊接等）和结构细节（如圆角设计）以提高抗疲劳性能。航空器在大气层飞行过程中还会产生各种振动，这就要求其结构能够减振和抗振，以防止振动导致的疲劳和损坏。常用的方法包括使用阻尼材料和减振结构。在着陆过程中，航空器的结构还需要能够承受各种可能的冲击和碰撞载荷，可以采用吸能缓冲结构来减轻冲击对航空器的破坏。

在维护性方面，航空器的部件结构应便于检查、维护和修理，包括设计检查口、易拆装的连接件，以及标识关键部件的维护周期。此外，还需要采用模块化设计，便于结构的组装和拆卸，提升制造和维护效率。结构部件的连接方式需要确保高强度和可靠性，常用连接方式包括焊接、铆接和螺栓连接。因此，结构设计时需要考虑连接处的应力分布和防松措施。为了优化材料使用，尽量减少浪费，提升材料利用率，可以考虑使用合适的制造工艺（如精密铸造、3D打印）来实现复杂结构。

2）车辆。汽车是人们广泛使用的交通和运输工具，不仅提供了方便快捷的出行方式，还提高了货物运输的效率。汽车中采用金属材料制造的部分非常广泛，涵盖了车身结构、发动机、底盘、悬挂系统、制动系统、传动系统等。汽车钢铁材料组成的结构在实际使用中需要具备较高的安全性、优良的机动性和良好的经济性，同时也要考虑车辆的外观品质和用户体验。

在安全性方面，车身结构必须具有足够的强度和刚度，以确保在各种工况下不变形，提供安全的乘坐环境。特别是车顶、车门和底盘部位，应特别加强。结构设计还需要具备高吸能性，在碰撞时有效吸收和分散能量，保护乘员安全。常见的方法包括设计吸能区、使用高强度钢在关键部位，以及优化碰撞盒结构。车身结构需要能够承受长期的动态载荷，设计时需要考虑疲劳强度，避免在使用寿命内出现结构疲劳失效。

在可靠性方面，在保证安全和强度的前提下，尽量减轻车身重量，以提高燃油效率和车辆性能。常用的方法包括使用高强度钢、设计轻量化，以及结构多材料混合。车身结构需要有效控制车辆的振动和噪声，以提高乘坐舒适性。方法包括增加阻尼材料、优化结构件的连接方式和使用隔音材料。结构设计需要兼顾车辆外观美观和空气动力学性能，以减少风阻，提高车辆的稳定性和燃油效率。

在维护性方面，车身结构设计应便于维修和维护，包括容易拆装的结构部件、标准化的连接件和合理的检修通道设计。此外，还需要考虑生产工艺的可行性，包括冲压、焊接、组装等制造工艺，以确保批量生产的可行性和经济性。采用模块化设计，提高生产效率和可维修性。例如，前后保险杠、车门、发动机舱盖等部件设计为可拆卸模块，便于更换和维修。

（2）面向服役的钢铁材料产品结构设计问题　针对不同应用场景的特点，需要综合考虑材料自身属性特征，围绕对钢铁材料的不同服役需求，对钢铁材料产品结构进行设计。钢铁产品结构设计主要涉及材料的选择、形状和尺寸的确定、结构布局、连接方式、有限元分析和优化设计等方面。下面以航空和车辆两个典型应用场景为例说明钢铁材料产品结构设计。

1）航空。航空器（飞机）机翼结构设计是整体设计中至关重要的部分，直接影响飞机的飞行性能、稳定性和安全性。

机翼结构的主要材料包括铝合金、钛合金以及先进的复合材料。这些材料的选择基于其高强度和刚度、重量轻以及耐腐蚀性等因素。翼型是机翼横截面的形状，它决定了机翼的气动性能。翼型设计要考虑到升力、阻力和稳定性等因素。机翼内部通常布置有油箱、起落架、襟翼和副翼等部件。这些部件的布局需要考虑到结构的完整性和功能性的平衡。机翼需要承受来自飞行的各种载荷，包括升力、重力和机动载荷等。结构设计需要确保这些载荷能够均匀地分布在机翼上。机翼与机身的连接部分需要设计得足够坚固，以承受各种载荷和振动。

以波音787的机翼设计为例，它的机翼采用了优化的翼型设计，包括后掠角和翼尖小翼等特征。这些设计不仅有助于减少阻力，提高升力，还有助于增强机翼的稳定性和操控性。翼尖小翼能够减少翼尖涡流，进一步降低阻力，提高飞行效率。波音787的机翼内部结构还采用了双梁单块式设计，这是一种先进的结构设计方式。前后两根主梁之间分布着大量的翼肋，它们共同构成了机翼的内部骨架。这种结构不仅保证了机翼的强度和刚度，还有助于优化机翼的受力分布，提高飞行性能。

此外，波音787机翼内部还布置了大型油箱，以支持远程飞行。油箱的设计充分考虑到了安全性和结构完整性，采用了先进的材料和密封技术，确保在飞行过程中不会发生泄漏或破裂。机翼还配备了先进的翼面系统，包括襟翼和副翼等。这些系统能够根据飞行需要调整机翼的形状和角度，从而优化飞行性能。例如，襟翼在起飞和着陆时能够增加机翼的升力，提高飞机的起降性能，而副翼则用于控制飞机的滚转运动，增强飞机的机动性。

2）车辆。汽车车身结构主要由钢铁材料制成，包括前车身、中车身和后车身三大部分。前车身包括前保险杠、前翼子板、发动机罩、前围板和前纵梁，中车身包括立柱、门槛板、地板、车顶等，后车身包括行李厢、行李厢盖、后侧板和后保险杠。汽车车身结构设计优化是现代汽车工业中的一个重要课题，旨在通过对上述车身结构部件的优化设计，提高汽车的性能、降低重量、减少风阻，以及增加车内空间等。

以宝马3系（BMW 3 Series）为例，这款车在多方面进行了优化设计，包括车身框架、空气动力学、车内空间和悬挂系统。宝马3系是宝马公司的一款重要车型，具有运动性能和豪华舒适性。在最新一代（G20）车型中，宝马进行了车身的结构优化设计，以进一步提升车辆的性能和效率。

在车身框架优化设计方面，通过计算机辅助设计（CAD）和有限元分析（FEA），对底盘和车身框架，采用优化的横梁和支撑结构，以增加抗扭刚度，提升整体刚性，使得车身框架重量减少了约55kg，车身抗扭刚度提高了约25%。利用风洞试验和计算流体力学（CFD）模拟，对车头进气格栅、车顶、车尾和底盘的结构进行调整，优化气流路径，降低风阻，使得风阻系数从0.29降低到0.26，高速行驶情况下，燃油经济性提高了约5%。

（3）面向服役的钢铁材料产品结构设计方法　钢铁材料产品结构设计是在给定应用场景的条件下，对钢铁产品结构的形状、布局、尺寸进行设计决策，以达到一定的服役需求。结构设计问题通常带有复杂的约束条件和目标函数，因此实际场景中常用的优化方法为基于超启发式的进化算法（Evolutionary Algorithm，EA）。进化算法根据优化目标的数量分为单目标进化算法和多目标进化算法。下面分别从这两个角度介绍两种典型的进化算法。

1）单目标进化算法（Genetic Algorithm，GA）。GA是一种模拟自然界生物进化机制的优化搜索算法。源于达尔文的生物进化论和遗传学原理，通过仿真自然选择和遗传学中的复制、交叉、变异等操作，在解空间中寻找问题的近优解。

进化算法流程通常包括编码、适应度函数、初始群体选取、选择、交叉和变异等操作。其中，编码是将问题的解空间映射到遗传空间的染色体或个体上；适应度函数用于评估个体的优劣程度，通常根据问题的目标函数来设计；初始群体是随机生成的一组个体，作为算法的初始搜索空间；选择操作根据个体的适应度值选择优秀的个体进入下一代；交叉操作模拟生物的有性繁殖过程，通过交换两个个体的部分基因来产生新的个体；变异操作模拟生物基因突变过程，随机改变个体中的某个基因值，以增加种群个体的多样性。

当应用到求解结构拓扑优化问题时，首先需要明确拓扑优化问题的目标和约束条件。例如，目标函数为最大化结构的刚度等。约束条件包括材料体积约束、位移约束、应力约束等。然后需要设计解码方案，在遗传算法中，解决方案通常表示为染色体。对于拓扑优化问题，常见的编码方案是将结构的材料分布表示为一个二进制字符串（0和1），每个位置代表一个单元的材料状态。接着在初始种群生成过程中，每个个体（染色体）表示一种可能的材料分布方案。初始种群的大小通常在几十到几百之间，具体数量取决于问题的复杂性和计算资源。最后就可以依次进行选择、交叉和变异操作来对目标结构进行优化。

2）基于分解的多目标进化算法（MOEA/D）。MOEA/D的基本思想是将一个多目标优化问题分解为若干个单目标优化子问题，并利用进化算法对这些子问题进行同时优化，从而找到一组全局最优解集合。MOEA/D通过将多目标优化问题分解为若干个单目标优化子问题，使得每个子问题都可以独立地进行优化。这种分解策略可以降低问题的复杂性，并使得算法更容易找到全局最优解。

在 MOEA/D 中，子问题之间通过邻域关系进行连接。这种邻域关系使得算法能够充分利用不同子问题之间的相互作用，提高算法的搜索性能。同时，邻域关系的引入也使得算法在处理高维多目标优化问题时具有较好的性能。MOEA/D 中的每个子问题都对应一个权重向量，用于表示该子问题在目标空间中的方向。这些权重向量通常是通过均匀分布的方式生成的，以确保算法能够均匀地搜索整个目标空间。

MOEA/D 采用进化算法对子问题进行优化。在每个进化迭代中，算法通过选择、交叉、变异等操作来更新子问题的解。由于实际问题中不同目标函数的值可能具有不同的量纲和范围，MOEA/D 算法中通常引入目标归一化技术来处理这种差异，以确保算法能够公平地评估不同目标之间的优劣。

在求解结构拓扑优化问题时，类似单目标进化算法，MOEA/D 也需要首先明确多目标拓扑优化问题的目标和约束条件。目标函数可以是最小化结构的体积或重量、最大化结构的刚度或强度等。约束条件则是与具体结构设计场景相关的材料体积约束、位移约束、应力约束等。与单目标拓扑优化类似，采用二进制编码方案表示材料分布。每个位置代表一个单元的材料状态（0 表示无材料，1 表示有材料）。也可以采用实数编码来表示结构中构建的厚度、长度等连续变化的变量。随机生成初始种群，每个个体（染色体）表示一种可能的材料分布方案。

5.4.2　汽车板结构优化设计应用

汽车板结构设计是汽车设计中的关键环节，它直接影响着汽车的性能、安全性、经济性和舒适性。本节以汽车发动机舱盖结构为例，提出了一种数据驱动的多目标拓扑优化框架。三维点云数据和深度学习的协同配合为从几何图形中提取关键设计变量提供了重要途径，而进化算法在应对复杂的结构拓扑优化挑战方面被证明是高效的。首先，通过采样获得原始几何体对应的三维点云。其次，利用几何深度学习方法构建三维点云自动编码器，以提取发动机舱盖关键设计变量的紧凑表示。最后，建立了一种基于机器学习的代理模型，以便根据隐藏变量快速预测新结构的性能，从而避免了耗时的有限元模拟方法，并通过多目标进化算法实现空间内高效搜索。

1. 服役环境和具体结构设计需求

现代产品开发日益复杂，结构拓扑优化被广泛应用于零件的初始设计阶段，在发动机舱盖中微小的几何变化也会对性能产生重大影响。发动机舱盖结构设计是一个综合性的工程，它不仅需要满足安全、性能、经济和舒适的基本需求，还必须适应多样化的服役环境，并结合最新的材料和制造技术。优良的发动机舱盖结构设计应满足以下几个基本需求：

1）安全性。安全是汽车设计的首要考虑因素。结构设计必须确保在碰撞或意外情况下能有效保护乘员的安全。这包括结构的强度和刚度，以及在撞击时能够合理吸收和分散冲击力。尽管轻量化发动机舱盖减轻了重量，但通过使用高强度的材料和先进的制造技术，轻量化的发动机舱盖还能够提供足够的刚性和强度，以保护车内乘客免受前方碰撞的伤害。

2）力学性能。结构设计应支持汽车的动态性能，包括加速性、操控稳定性和制动效能。合理的结构布局和材料选择可以降低车身重量，提高动力性能和燃油效率。

3）经济性。结构设计还需要考虑成本效益。设计过程中应兼顾材料成本、制造工艺以及维修保养的便捷性。此外，轻量化的发动机舱盖通过提高燃油效率间接减少了汽车的碳排放量，有助于汽车厂商满足越来越严格的环保标准。

4）**舒适性和美观性**。车辆外观设计需要符合美学标准，并通过流线型设计减少风阻。内部结构设计应充分考虑乘员的舒适性和便利性。

汽车板结构设计还必须考虑各种服役环境对车辆的影响，例如：①温度变化。结构材料应能承受不同气候条件下的温度变化，避免因热胀冷缩引起的结构损伤。②腐蚀环境。结构材料应具备良好的防腐蚀性能，尤其是在含盐雾、高湿度等腐蚀性环境中。

此外，在具体结构设计需求方面需要考虑的因素包括材料选择、结构优化、制造工艺、碰撞测试与安全标准和空气动力学设计等。材料的选择是关键，高强度钢、铝合金、碳纤维等材料因其轻质和高强度特性被广泛应用。通过计算机辅助设计（CAD）和有限元分析（FEA）等工具，对汽车结构进行优化，实现质量轻而强度高的设计目标。结构设计需要考虑与现有制造工艺的兼容性，如冲压成形、焊接技术等。汽车结构设计需要遵循相关安全标准，并通过碰撞测试来验证其安全性能。结构设计应考虑空气动力学，通过减少空气阻力来提高燃油效率和车辆性能。

2. 基于数据解析的多目标汽车板结构优化

在发动机舱盖结构优化过程中需要考虑多种性能指标，如重量、刚度和应力等特性，以确保发动机舱盖的全面性能。

首先，对于发动机舱盖的三维点云数据，自动编码器在处理此类数据时显示出极高的效率。自动编码器通过一个编码器网络将输入数据压缩成一个低维的隐藏层，再通过一个解码器网络将这个隐藏层的数据恢复成原始数据的近似。在这个过程中，编码器学习到了数据中最重要的特征。这一特性使得其能够从复杂的三维点云中提取出最关键的设计变量，这些变量对于后续的性能预测和优化至关重要。

在提取了关键设计变量后，采用机器学习建立的代理模型来预测发动机舱盖的性能。这一代理模型基于训练数据集中的输入和输出建立起一个预测模型，可以在没有进行完整有限元分析的情况下迅速评估新设计的性能。这种方法显著降低了设计周期中的计算成本和时间成本。

进化算法在本框架中扮演着关键角色。采用多目标进化算法来同时处理多个性能指标，如最小化重量的同时最大化刚度。基于分解的多目标进化算法通过生成一系列的解决方案（称为种群），并在迭代过程中不断优化这些解决方案来接近最佳设计。在每一代中，通过选择、交叉和变异操作生成新的候选解，然后使用提出的代理模型快速评估这些解的性能，从而实现高效的搜索。

为了验证框架的有效性，人们进行了一系列的仿真实验。实验结果显示，与传统的拓扑优化方法相比，这一方法不仅能够显著提高优化效率，还能在保证性能的同时降低产品质量，展现了其在实际工业应用中的潜力。

3. 基于拓扑优化的汽车板结构轻量化设计

结构设计本质上是处理多目标优化问题，其中包含多个相互冲突的目标，如降低质量、增强强度和汽车发动机舱盖的变形控制。进化算法是结构工程中一种有效的优化工具。例如单目标进化算法（GA）和粒子群优化（PSO）被广泛用于指定的结构设计领域，优化孔的形状、位置和连通性。然而，单目标进化算法在解决多目标优化问题（MOP）时的局限性在于只能得到一个解决方案。多目标进化算法在结构优化方面的应用还较少，鉴于基于分解的多目标进化算法在解决各种实际问题中的成功应用，本节尝试将基于分解的多目标进化算法和 ML 技术（包括几何深度学习、自动编码器）结合起来用于拓扑优化。

随着现代产品开发日益复杂，结构拓扑优化被广泛应用于零件的初始设计阶段。尽管针对拓扑优化问题开发了许多方法，但微小的几何变化也会对性能产生重大影响，因此在此过程中需要频繁进行有限元分析以获得新结构的性能指标，从而导致大量计算资源的消耗。近年来，基于机器学习进行数据驱动的实时计算力学已成为研究热点。机器学习被广泛用作替代模型，以取代无法通过标准公式描述的力学驱动模型，显著提高了计算效率。

（1）几何形状特征表达　在结构优化中，提取几何特征的常用方法包括体素法、图形和三维点云。体素法耗时久，在图像处理任务中，卷积神经网络（CNN）可自动从训练数据中提取特征，这使其有别于依赖用户手动提取特征的人工神经网络。因此，采用基于点云的几何形状表达是一种更经济且高效的方式。

通过对几何体的计算机辅助工程（CAE）模型进行采样，可以获得包含更多几何体细节的三维点云。然而，点云的无序性为开发有效方法带来了挑战。近年来，几何深度学习在非结构化数据上显示出强大的学习表示能力，并在形状分类和重建任务中表现出色，可以通过深度自动编码器将不同的任务映射到统一的设计空间，然后采用多目标多任务算法来促进不同任务之间的特征迁移，从而实现对不同种类车辆空气动力阻力的同步优化。图 5-8 显示了用于三维点云重构的自动编码器示意图。

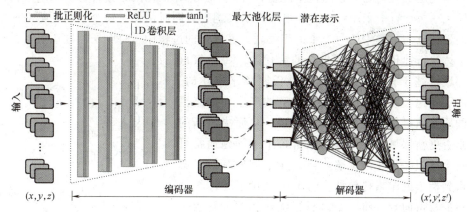

图 5-8　三维点云自动编码器示意图

首先对几何体的网格表面进行采样构建三维点云，接着通过使用深度自动编码器来提取三维点云的低维潜在特征。这种潜在的表征可用于结构设计优化和其他工程任务。三维点云自动编码器由两部分组成：编码器和解码器。图 5-8 中示例的编码器由 5 个 1D 卷积层和 1个最大池化层组成，其中前四层被线性整流函数（Rectified Linear Unit，ReLU）激活且最后一层被双曲正切函数（tanh）激活。编码器接受三维点云中每个点的坐标作为输入，并转换为包含输入全部信息、维度为 L 的潜在表示。解码器由一个 3 层全连接网络组成，前两层使用 ReLU 激活函数，最后一层使用 Sigmoid 激活函数。解码器将潜在的特征转化为一系列笛卡尔坐标的点，通过这些新坐标可以重建三维点云。将倒角距离（CD）作为损失函数来衡量输入点云和重建点之间的差距，它可以计算为

$$CD(A,B) = \sum_{s_1 \in A} \min_{s_2 \in B} ||s_1 - s_2||^2 + \sum_{s_2 \in B} \min_{s_1 \in A} ||s_2 - s_1||^2 \qquad (5\text{-}2)$$

式中，s_1 和 s_2 分别表示输入和重建的点云；等号后第一项表示 s_1 中每个点 p 到 s_2 的最小距离之和；第二项表示 s_2 中每个点 q 到 s_1 的最小距离之和。

较小的 CD 表明重建的点云更有效，网络参数的训练也更好。

为直观展示无监督学习训练自编码器在 CarHoods10k 发动机舱盖板数据集上的有效性，图 5-9 中显示了原始 CAE 模型、采样后的点云，以及经过自动编码器重构后的点云示意图。从图中可以清楚地看出重建点云结构与原始点云保持高度一致。尤其是，高维潜在特征 $L=$ 128 的重构点云比低维潜在特征 $L=10$ 能更准确地反映结构细节，从而获得更高的视觉重建质量。可以发现，自编码器在隐空间中学习到的潜在特征表示可有效提取几何结构信息。因此，可利用多目标进化算法在发动机舱盖板的设计空间中探索高质量的潜在特征后，通过自动编码器的解码器生成性能优越的新结构。

图 5-9　原始 CAE 模型、采样后的点云、重构点云示意图

（2）MOEA/D　MOEA/D 是一种解决多目标优化问题的先进算法。MOEA/D 基于一系列预先定义且均匀分布的权重向量，将一个多目标优化问题分解为一系列单目标子问题，并且在一次运行中采用合作方式对所有子问题进行同时优化。每个子问题都对应唯一一个权重向量，且与种群中的一个个体相关联。在进化的过程中，每个子问题通过与其邻域内的一个个体执行遗传操作来产生新的后代解。每个权重向量的邻域是基于权重向量之间的欧氏距离来构建的，而邻域内子问题关联的解会随着后代解的产生而动态更新。解的质量通过聚合函数的值来衡量，从而决定新的后代解是否更新邻域内的个体。求解每个子问题通常可以获得一个近似帕累托最优解。当 N 个子问题都被求解时，可得到期望的帕累托前沿。图 5-10 展示了通过 N 个均匀分布的权重向量，将一个多目标优化问题分解为一系列单目标子问题的示意图。

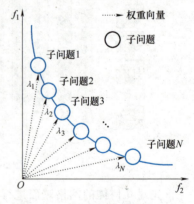

图 5-10　多目标分解示意图

（3）基于数据驱动的多目标拓扑优化框架　传统的结构优化方法在处理迭代过程中往往需要频繁使用有限元法（FEA）计算，面临着巨大的计算成本的挑战。在早期，人们提出了一些依赖多个 CPU（中央处理器）或 GPU（图形处理器）的并行框架，以加速仿真过程并降低计算费用。近年来，随着高性能计算和机器学习技术的快速发展，将数据驱动的代用模型与进化算法框架相结合，大大提高了优化效率。这种方法成为拓扑优化领域最有前途的方向之一，受到研究人员的广泛关注。基于机器学习的代理模型具有离线训练和在线预测的优势，能够对新结构的性能进行实时预测。通过建立发动机舱盖特征和机械性能之间的映射关系，将其作为替代 FEA 的代理模型，从而

避免了耗时而昂贵的仿真模拟过程。

为了更直观地展示基于数据驱动的多目标拓扑优化框架，图5-11展示了以发动机舱盖框架结构优化设计为例的工作流程。

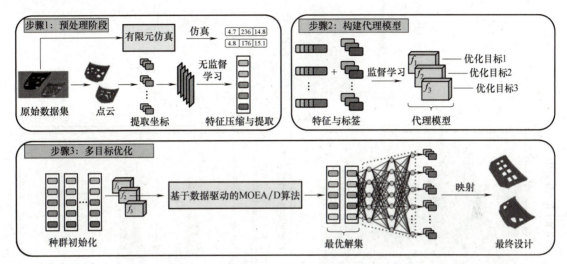

图5-11　基于数据驱动的多目标拓扑优化框架示例

步骤1：预处理阶段。数据集中的每个覆盖框架（STL文件）都通过有限元分析对相应的性能值进行模拟，并通过采样转换为笛卡尔坐标系中的三维点云。然后，深度自动编码器的编码器通过无监督学习将三维点云转换为低维潜在特征，确定要优化的设计变量。

步骤2：构建代理模型。从深度自动编码器和有限元模拟中获取一组潜在特征和相应的性能值，作为训练目标函数代理模型的特征和标签。

步骤3：多目标优化。通过MOEA/D优化设计变量。深度自动编码器的解码器将算法输出的帕累托最优解映射到笛卡尔坐标系中，使优化结果可视化。工程师可以凭经验调整优化后的发动机舱盖框架形状，以获得最终的设计方案。

（4）优化结果　汽车发动机舱盖板结构优化是汽车轻量化设计中的一个常见问题，其应用的是CarHoods10k三维基准集，包含超过10000个工业级发动机舱盖CAD模型。每个发动机舱盖的几何形状都提供了专家验证的尺寸数据和来自有限元模拟的性能数据。基于这个数据集，有可能建立一个结构探索系统或性能预测模型，以协助开发和设计用于现实世界工程应用的高性能发动机舱盖结构。

图5-12通过展示基于MOEA/D优化前后的汽车板性能变化，直观呈现了数据集中所有几何体在各性能值上的分布，并绘制了数据集中每个性能的中值、预测值和优化后的值。可以发现，优化后的结构在最大等效应力、几何质量和最大定向变形量这三个性能显著变优。设计人员可从获得的帕累托前沿（PF）中选择符合用户性能偏好的解作为初始产品结构，然后根据专业知识和客户需求决定是否需要进一步修正结构，从而获得最终设计结果。

（5）自动编码器特征可视化　为了研究潜变量和三维点云中的点分布之间的相关性，可以将自动编码器在隐空间学习到的特征进行可视化。这种技术可以有针对性地调整特定潜在特征，从而实现不同位置的形状优化。从数据集中选择了一个有代表性的发动机舱盖框架，通过训练$L=10$的三维点云自动编码器，绘制了不同潜在变量的影响区域，如图5-13

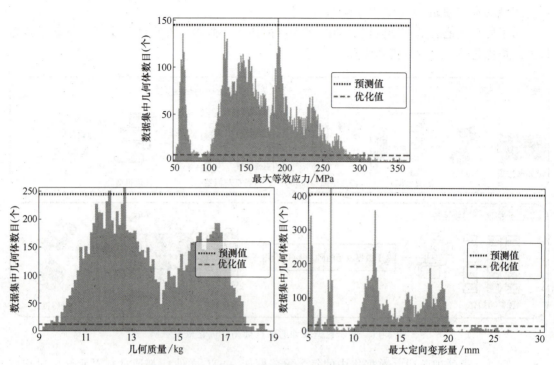

图 5-12　基于 MOEA/D 优化前后的汽车板性能变化

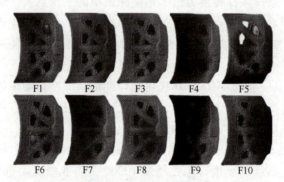

图 5-13　不同潜在变量在发动机舱盖板上的影响区域

所示。可以观察到，F3 和 F4 影响发动机舱盖的前面区域，而 F6 和 F9 影响发动机舱盖的后方区域。在工程应用场景中，当面对客户对结构和性能的不同要求时，工程师可以在保持初始结构的其余形状不变的情况下优化特定部分的形状。这使得新产品的交叉设计和快速迭代成为可能。

本 章 小 结

本章针对制造循环驱动的产品质量与结构设计展开，介绍了钢铁材料的质量设计和面向下游装备制造需求的钢铁产品质量设计，以及装备产品的结构优化设计和循环驱动的结构优化设计，并以汽车板材料设计和结构轻量化设计为例，阐述设计方法的应用。人工智能方法已应用到质量与结构的优化设计，并发挥越来越重要的作用和影响。未来生成式 AI 将会为产品质量与结构设计领域带来更多的机遇和挑战。

💡 思考题

1. 目前人工智能技术在材料设计领域取得了显著进展，那么传统基于试错法的材料设计是否还对材料设计具有指导意义？

2. 如何通过人工智能和传统实验融合的方法来设计和优化新钢铁材料的性能？讨论在上述过程中可能遇到的挑战和解决策略。

3. 如何基于人工智能技术实现材料成分、组织结构性能间的跨尺度和多参量对应关系？

4. 如何利用人工智能技术建立材料性能与成分、工艺，以及组织间"黑箱式"隐性构效关系以辅助材料设计？

5. 如何利用人工智能技术精准理解与预测多因素高度耦合的材料设计与生产过程？

6. 结构轻量化设计方法的原理是什么？

7. 拓扑优化、形状优化与尺寸优化在结构设计中的顺序是什么？

8. 航空航天场景下的钢铁产品有哪些服役需求？

9. 汽车车身结构主要包括哪些部分？

10. 列举用于拓扑优化的典型进化算法及其基本步骤。

11. 为什么要采用自动编码器来提取几何形状特征？

12. 如何确定潜在变量的维度？

13. 为什么要采用机器学习方法作为代理模型替换传统有限元仿真？

14. 如何选择合适的特征用于训练代理模型？

15. 进化算法优化大规模变量时的挑战是什么？

参 考 文 献

[1] 谢曼，干勇，王慧. 面向 2035 的新材料强国战略研究 [J]. 中国工程科学，2020，22 (5)：1-9.

[2] CHIPMAN J. Thermodynamics and phase diagram of the Fe-C system [J]. Metallurgical and materials transactions B, 1972, 3：55-64.

[3] 潘健生，胡明娟. 热处理工艺学 [M]. 北京：高等教育出版社，2009：19-25.

[4] SCHLEDER G R, PADILHA A C M, ACOSTA C M, et al. From DFT to machine learning：recent approaches to materials science—a review [J]. Journal of physics：materials, 2019, 2 (3)：032001.

[5] LI H, ZHAO H Y, CAO L Y. Bake hardening behavior and precipitation kinetic of a novel Al-Mg-Si-Cu aluminum alloy for lightweight automotive body [J]. Materials science and engineering：A, 2018, 728：88-94.

[6] ZHANG Q, WANG Y. Research on mechanical property prediction of hot rolled steel based on lightweight multi-branch convolutional neural network [J]. Materials today communications, 2023 (37)：107445.

[7] FISCHER T, GAISINA V, ANDERSSON M, et al. Micromechanical prediction of the elastic and plastic

properties of sintered steels ［J］. Materials science and engineering：A, 2024（897）：146324.

［8］ 侯腾跃, 孙炎辉, 孙舒鹏, 等. 机器学习在材料结构与性能预测中的应用综述 ［J］. 材料导报, 2022, 36（6）：165-176.

［9］ XIE Q, SUVARNA M, LI J, et al. Online prediction of mechanical properties of hot rolled steel plate using ma chine learning ［J］. Materials & design, 2021（197）：109201.

［10］ 刘源, 魏世忠. 数据驱动的钢铁耐磨材料性能预测研究综述 ［J］. 机械工程学报, 2022, 58（10）：31-50.

［11］ KUSIAK J, ROMAN K. Modelling of microstructure and mechanical properties of steel using the artificial neural network ［J］. Journal of materials processing technology, 2002, 127（1）：115-121.

［12］ SIGMUND O, MAUTE K. Topology optimization approaches ［J］. Structural and multidisciplinary optimization, 2013, 48：1031-1055.

［13］ KROG L, TUCKER A, ROLLEMA G, et al. Application of topology, sizing and shape optimization methods to optimal design of aircraft components ［C］ Bristol：Altair engineering, 2002.

［14］ BENDSɸE M P, SIGMUND O. Topology optimization-theory, methods and applications ［M］. Berlin：Springer, 2004.

［15］ DE S, HAMPTON J, KURT M, et al. Topology optimization under uncertainty using a stochastic gradient-based approach ［J］. Structural and multidisciplinary optimization, 2020, 62（5）：2255-2278.

［16］ ZHU J H, ZHANG W H, XIA L. Topology optimization in aircraft and aerospace structures design ［J］. Arch comput methods eng, 2016, 23（4）：595-622.

［17］ HOLLAND J H. Genetic algorithms ［J］. Scientific American, 1992, 267（1）：66-73.

［18］ DEB K, PRATAP A, AGARWAL S, et al. A fast and elitist multiobjective genetic algorithm：NSGA-Ⅱ ［J］. IEEE transactions on evolutionary computation, 2002, 6（2）：182-197.

［19］ ZHANG Q, LI H. MOEA/D：a multiobjective evolutionary algorithm based on decomposition ［J］. IEEE transactions on evolutionary computation, 2007, 11（6）：712-731.

［20］ TANG L X, MENG Y. Data analytics and optimization for smart industry ［J］. Frontiers of engineering management, 2020, 8（2）：157-171.

［21］ DRAKE H J , STARKEY A , OWUSU G , et al. Multiobjective evolutionary algorithms for strategic deployment of resources in operational units ［J］. European journal of operational research, 2020, 282（2）：729-740.

［22］ LOU H, WANG X, DONG Z, et al. Memetic algorithm based on learning and decomposition for multiobjective flexible job shop scheduling considering human factors ［J］. Swarm and evolutionary computation, 2022, 75：101204.

［23］ MARTÍNEZ-FRUTOS J, HERRERO-PÉREZ D. Large-scale robust topology optimization using multi-GPU systems ［J］. Computer methods in applied mechanics and engineering, 2016, 311：393-414.

第6章

面向制造循环工业系统的智能运维

制造循环工业系统是一个复杂而动态的体系，涵盖了上下游企业之间的生产协作与信息流通。以钢铁工业和装备制造为例，钢铁工业为装备制造提供了基础原材料，支撑其生产需求；下游服役场景中，装备健康运行所反馈的信息又为钢铁工业的生产提供了技术创新和改进的依据。因此，设备的智能运维是制造循环工业系统优化运行的纽带和关键。

章知识图谱　　说课视频

设备的稳定运行是保证生产效率和产品质量的基础。智能运维的核心在于数据的采集、处理和应用，通过海量数据的积累和分析，为设备状态评估和故障诊断提供了坚实的基础。通过机器学习算法和大数据分析技术，建立设备的健康模型和寿命预测模型，实现对设备状态的精准预测和故障预警。此外，智能运维还涉及运维资源的管理和优化。运维资源包括人力资源、维修工具和备品备件等。如何高效配置这些资源，提升维修人员的技能水平和工作效率，是确保设备维护质量和生产效率的关键。通过智能运维，可以动态调整维修计划和备件库存策略，避免资源的浪费和不足，确保生产的连续性和高效性。

本章将详细介绍面向制造循环工业系统的智能运维技术，包括设备状态监测、故障诊断、维修策略制定和实施等内容。通过具体案例和实践经验，展示智能运维在提升生产效率、降低维护成本和提高设备利用率方面的显著效果。同时，本章还将探讨智能运维在未来发展的趋势和挑战，为企业实现智能化转型提供有力支持。

6.1　面向制造循环工业的运维智能决策

6.1.1　设备维修规划

在制造循环工业系统中，设备的稳定运行和高效维修是保证系统的生产连续性和产品质量的关键因素。因此，基于数据解析与优化的方法，制定科学合理的维修规划，对于提升制造循环工业系统的效率和企业竞争力具有重要意义。

1. 维修规划的具体内容

制造循环工业中的设备具有多样性、复杂性、动态性、可预测性等特点。一台大型设备需要检修时，通常需要经过三个阶段：关机、检修和重启，其中关机和重启都需要有几个过渡阶段，用于保护设备。设备关机和重启阶段仍旧可以生产产品，但生产量和产品的品质会受到影响。因此，维修规划需要把设备的关机和重启时间考虑进去。设备维修规划内容一般包括设备状态评估、维修策略制定、维修计划安排和维修效果的评估。

根据设备状态评估的结果，制定相应的维修策略。维修策略通常包括预防性维修、修复性维修和改进性维修三种类型。预防性维修旨在防止设备故障的发生；修复性维修则是在设备发生故障后，对故障部件进行修复或更换，使设备恢复正常运行；改进性维修则是对设备进行改进，提高设备的性能和可靠性。

根据设备状态评估的结果，采取相应的维修方式。维修方式通常包括预防性维修、修复性维修和改进性维修三种类型。预防性维修旨在防止设备故障的发生，通过定期更换磨损部件、清洁润滑等方式，保持设备的良好状态；修复性维修则是在设备发生故障后，对故障部件进行修复或更换，使设备恢复正常运行；改进性维修则是对设备进行改进，提高设备的性能和可靠性。

基于设备的运行状态和维修策略，需要制订具体的维修计划。维修计划应明确维修的时间、地点、人员、物料等要素，确保维修工作能够按时、按质、按量完成。同时，还需要考虑设备的生产计划和生产需求，合理安排维修时间，避免对生产造成过大影响。通常可以利用混合整数规划模型来描述制造系统的维修规划问题，通过整数变量来表示在各时间段是否进行设备的维修，通过连续变量来表示维修的开始时间和结束时间、维修能力限制，以及制造系统中的生产流平衡等，目标函数为最小化整体维修费用等。

在维修工作完成后，需要对维修效果进行评估。评估内容包括设备的运行状态、维修成本、维修时间等方面。通过维修效果评估，可以获取维修工作的实际效果，发现存在的问题和不足，为今后的维修工作提供改进依据。制造循环工业系统中设备的状态实时变化，因此维修规划需要考虑状态的不确定性，制定合理的、鲁棒的维修规划，应对随机性和不确定性，保证制造循环系统中的设备更加适用和有效。

2. 基于数据解析与优化的维修规划

制造循环工业系统的设备维修规划与生产密切相关，维修规划服务于生产，同时又影响产品质量。基于生产和设备的状态数据，集成优化生产计划与维修规划，实现制造循环工业系统整体的运行目标。

预防性维修（Preventive Maintenance）是一种先进的维修理念，需要采用先进的监测技术和数据处理方法，如物联网技术、机器学习算法等。预防性维修在实施时又分为基于时间的维修、基于故障发现的维修、基于风险预测的维修和基于条件的维修。前三者一般是设定固定的时间间隔，最后一种是基于设备实时数据观测或有干预需求时。

在制造循环工业系统维修规划中，可靠性分析是重要工具。通过对设备的可靠性进行评估和分析，可以确定设备的故障概率和故障后果，从而制订更加合理的维修计划。在可靠性分析中，可以采用故障树分析、故障模式与影响分析等方法，对设备的故障进行全面深入的分析。

制造工业中全寿命周期管理是一种综合考虑设备从设计、制造、使用到报废整个过程的管理理念。在维修规划优化中，可以采用全寿命周期管理的方法，从设备的长期运行和经济效益出发，制定更加合理的维修策略和维修规划。制造工业中将设备系统的可靠性设计、生产、维修集成优化，同时决策设备种类和规模的选择、故障率，约束条件考虑设计约束、资源利用约束、能力约束、生产的物料平衡约束、需求约束、公用工程约束、可靠性分配约束、故障率限制、持续运转时间限制等，最大化制造系统的净利润，用生产产品收入减去维修和设计费用。这种集成式优化为企业提供了在设计阶段选择设备初始值可靠性的机会，通过平衡各方面的成本及其对运营阶段设计和可用性的影响。该复杂问题可以通过建立混合整数规划模型，并通过分枝割平面算法（Branch and Cut）进行有效求解，获得设计、生产与维修集成的优化方案，为进一步挖掘制造生产的利润空间提供支撑。

随着机器学习方法的迅速发展，基于数据驱动的维修规划的优化方法受到更多的关注。通过数据解析技术，可以分析设备的故障规律和维修成本，为制定更加科学合理的维修策略提供科学依据。机器学习算法能够自动学习设备运行状态和特征，有效地识别设备异常，并进行预测和优化维护计划。监督学习算法可以基于设备的运行数据预测其未来的健康状况，并据此制订维护计划，即通过已标注的数据（如设备历史故障数据和维修记录）训练模型，预测设备的故障发生概率和维护规划方案。无监督学习可以帮助发现设备运行中的隐藏模式，从而提前发现潜在故障，即通过对数据的聚类和模式识别，识别出设备运行的规律和异常。强化学习算法可以通过与环境的交互学习，找到最优的维护策略，以降低维护成本和提高设备可靠性。机器学习算法可以预测设备故障的发生时间、类型和程度，从而提前制定维护规划，避免设备故障导致的生产中断和维修成本增加。根据设备的运行数据和预测结果，机器学习算法可以优化维护计划，包括确定维护时间、维护内容、维护方式等。通过实时监测设备的运行状态和性能变化，机器学习算法可以动态调整维护规划，以适应设备的变化需求。

维修规划是制造循环工业系统中不可或缺的一环。通过基于数据解析与优化方法，制定科学合理的维修规划，可以有效提高设备的可靠性和生产效率，降低维修成本和生产风险。

6.1.2 备件管理

在装备制造行业，设备智能运维是保障生产顺利进行的重要环节。其中，备件管理是智能运维的重要组成部分，它涉及对备件的采购、储存、分发和使用等环节的管理。有效的备件管理可以确保关键备件的及时供应，缩短设备故障维修时间，从而提高生产效率和设备可用性。

1. 备件管理的关键环节

备件管理是一个复杂的过程，涉及多个关键环节，主要包括备件采购、备件储存、备件分发、备件使用、备件回收和备件处置，如图6-1所示。

图6-1 备件管理的关键环节

（1）备件采购 备件采购是备件管理的基础环节。根据设备运行需求和备件使用情况，制订科学的备件采购计划，选择可靠的供应商，确保备件的质量和及时供应。采购计划应考虑设备故障率、备件使用寿命、库存水平等因素，并定期评估和调整，以避免备件短缺或积压。

（2）**备件储存**　建立规范的备件储存系统，包括备件的分类管理、储存环境控制、库存管理等。根据备件的重要性、使用频率和环境要求等，制定不同的储存策略。例如：重要且昂贵的备件需要单独存放和管理，确保安全；使用频率高的备件应方便取用，缩短取用时间。

（3）**备件分发**　备件分发是将所需备件及时送达维修地点的关键环节。根据设备故障维修需求，通过有效的备件分发系统，确保备件及时送达，缩短设备停机时间。分发系统应包括备件分发流程、运输路线和模式的优化，以及实时监控备件运输过程，确保备件的安全和准时送达。

（4）**备件使用**　制定合理的备件使用规范，包括备件安装、调试、维护等流程。通过规范的使用流程，确保备件的使用效率和效果，避免因使用不当导致的设备故障或备件损坏。使用规范应包括备件安装技术要求、维护保养周期、使用寿命预测等。

（5）**备件回收**　对于可修复或可再利用的备件，建立完善的备件回收流程，包括备件检测、修复、重新储存等环节，确保备件的再利用，降低备件成本。回收流程应包括备件检测标准、修复技术规范、重新储存管理等。

（6）**备件处置**　对于无法修复或已达到使用寿命的备件，制定规范的备件处置流程，包括备件拆解、环保处理等，确保备件的妥善处置，避免环境污染和资源浪费。处置流程应符合环保要求，并考虑备件回收利用价值，实现资源的循环利用。

2. 备件管理优化策略

（1）**库存管理优化**　有效的库存管理可以避免备件积压和短缺，确保备件的及时供应。常见的库存管理优化策略包括以下几个方面：

1）**采用先进的库存管理系统**。通过引入 ERP（企业资源计划）系统、SCM（供应链管理）系统等，实现对备件库存的实时监控和管理。这些系统可以帮助企业优化库存水平、管理备件分发流程、自动生成采购订单等，提高库存管理的效率和准确性。例如，ERP 系统可以根据设定的库存阈值自动生成采购订单，并将订单发送给供应商，缩短采购流程，确保备件的及时供应。

2）**实施 ABC 分类管理**。根据备件的重要性和价值，将备件分为 A 类（重要且昂贵）、B 类（重要但价格适中）和 C 类（不重要且价格较低），并制定不同的库存管理策略。对于 A 类备件，由于其对生产的影响较大，因此需要实施精细化管理，确保充足的库存量，并制订紧急采购计划以应对突发需求。对于 B 类备件，需要进行定期盘点和定量管理，确保库存量满足生产需求。对于 C 类备件，可以实施定量管理，避免库存积压，并定期清理陈旧备件。

3）**建立备件库存控制模型**。通过建立库存控制模型，优化备件订购量和库存量，降低库存持有成本和缺货成本。常见的库存控制模型包括 EOQ（经济订货量）模型、JIT（准时生产）模型等。例如，EOQ 模型通过考虑订购成本和储存成本，计算出经济订货量，从而降低总持有成本。JIT 模型则强调根据实际需求进行生产和采购，减少库存量，缩短交付时间。

4）**实施备件共享机制**。在集团公司或多个生产基地之间实施备件共享机制，实现备件资源的优化配置。当某个基地出现备件短缺时，可以通过内部调拨快速获得所需备件，避免因备件短缺导致生产中断。备件共享机制可以提高备件利用率，降低备件持有成本，同时可以增强企业应对突发事件的能力。

（2）需求预测与供应链协同　准确的需求预测是备件管理的基础。通过智能运维系统收集的设备运行数据，可以利用算法模型对备件需求进行预测。同时，通过与供应链各方的协同，确保备件的及时供应。常见的需求预测与供应链协同策略包括以下几个方面：

1）利用算法模型预测备件需求。通过收集和分析设备运行数据、历史备件使用数据、维修记录等，利用线性回归、决策树、神经网络等算法模型预测备件的使用寿命和更换周期，从而对备件需求进行预测。例如，可以通过神经网络模型对设备运行数据进行分析，预测设备故障风险，并根据故障类型确定所需备件，从而对备件需求进行精准预测。

2）实现需求预测与供应链的协同。通过与供应商、物流公司等供应链各方的信息共享和协同，将需求预测结果与供应链紧密结合，包括优化供应商选择、改善采购流程、缩短交付时间等，提高备件供应的响应速度和准确性。例如，可以通过与供应商共享需求预测结果，优化供应商的生产计划，确保备件的及时生产和供应。同时，还可以与物流公司协同优化运输路线和模式，缩短备件的交付时间。

3）建立供应链风险管理机制。供应链风险是指可能影响供应链正常运作的各种不确定因素，包括自然灾害、经济波动等。通过对供应链风险的识别和评估，制定风险应对策略，降低供应链中断风险。例如：为关键备件建立备用供应商，实施多渠道采购，确保备件的替代供应来源；建立备件库存缓冲，在供应链中断时提供临时库存支持；制订应急响应计划，包括备件紧急采购、运输路线调整等，确保生产正常进行。

（3）生产与运输协同调度　在智能制造环境下，备件的生产与运输需要高度协同，以缩短从订单到交付的时间，提高响应速度。常见的生产与运输协同调度策略包括以下几个方面：

1）建立有效的协同调度模型。通过混合整数规划、模拟仿真、遗传算法等方法，建立生产与运输协同调度模型，优化生产计划和运输路线，实现总等待时间最短、总成本最低等目标。例如，可以通过混合整数规划模型同时考虑生产和运输因素，优化生产基地和运输路线的选择，实现总运输距离最短、总成本最低的目标。

2）优化运输路线和模式。根据备件的尺寸、重量、紧急程度等因素，优化运输路线和运输模式。例如：对于紧急备件，可以采用空运或专车运输，确保备件尽快送达维修地点；对于非紧急备件，可以采用拼车运输或与其他货物合并运输，提高运输效率和成本效益。此外，还可以利用智能运维系统实时监控备件运输过程，跟踪备件位置，确保运输的安全和准时送达。

3）实现生产与运输的实时协同。通过建立生产与运输的实时协同机制，实现生产计划与运输计划的动态调整。例如：当生产计划发生变化时，运输计划可以实时调整，确保备件按时送达生产基地；当运输途中出现意外情况时，生产计划也可以相应调整，避免生产基地等待时间过长。

6.1.3　维修决策

传统的寿命预测方法主要基于设备退化机理分析及寿命分布假设，涵盖退化过程建模与统计分布模型构建两大核心内容。退化模型通过研究设备的退化过程，建立如金属材料疲劳退化的应力和应变关系模型；统计分布模型则假设寿命数据符合某种统计分布，如正态分布或威布尔分布，并利用寿命测试数据估计模型参数。这些方法在一定程度上可以预测设备寿命，但在实际应用中存在局限性。设备的退化机理复杂多变，寿命数据分布也可能不符合假设的统计分布，导致预测结果不准确。随着数据采集和分析技术的发展，基于数据的寿命预测方法逐渐成为主流，这些方法通过实时监测设备的运行状态，结合历史数据进行寿命预测。这主要包括：利用设备运行数据，基于历史数据的寿命预测方法主要采用机器学习算法（如支持向量机、随机森林和神经网络）对设备运行数据进行分析建模，从而实现剩余使用寿命的智能化评估，通过训练模型预测设备的剩余寿命；通过分析大量设备运行数据的大数据分析，发现设备退化的规律和模式，提高预测的准确性；基于健康指数的预测，通过监测设备的健康状态指标（如振动、温度、压力等），构建设备健康指数模型，根据健康指数变化预测设备的剩余寿命。

为了提高维修决策的科学性和有效性，维修决策需要与寿命预测联合考虑，主要包括实时监测与数据融合、预测与决策的动态优化，以及综合评估与反馈机制。通过传感器和监测设备实时采集设备的运行数据，将这些数据与历史数据进行融合，综合分析设备的健康状态和退化趋势。同时，根据实时更新的寿命预测结果，动态调整维修方式，例如，当寿命预测模型预测某设备即将发生故障时，可提前安排维护，避免设备停机和生产中断。此外，建立综合评估体系，对寿命预测和维修决策的效果进行评估，及时反馈和优化模型和策略，通过持续改进，不断提高寿命预测的准确性和维修决策的科学性。

传统的维修决策往往是基于离线的统计信息，制定出一套固定的维修和备件管理策略，缺乏实时性和灵活性。在这种传统方法下，维修和备件管理策略无法及时响应设备运行状态的变化，可能导致维修活动的过度或不足，以及备件库存的积压或短缺，从而引起不必要的经济损失和生产中断。

除此之外，基于当前监测信息的联合优化策略，首先需要构建一个包括设备退化模型、寿命预测模型和备件库存模型的综合决策系统。通过对设备实时运行数据的持续监测，寿命预测模型可以动态更新设备的健康状态和剩余寿命预测。管理人员根据这些实时更新的信息，制订出更为精准的维修计划，避免过度维修或维修不足。同时，备件库存模型根据维修计划的调整，动态优化备件的存储和订购策略，以确保备件的供应链能够满足实际需求。

在实践中，联合优化策略的实施可以通过以下步骤进行：通过传感器网络和物联网平台，实时采集设备的运行数据，构建设备的实时健康监测系统；利用大数据分析技术，对采集的数据进行处理和分析，建立设备退化模型和寿命预测模型，实时预测设备的健康状态和剩余寿命；根据预测结果，动态调整维修计划，制定出精准的维修策略，并同步调整备件库存策略，确保备件在需要时能够及时供应；通过综合评估体系，对维修和备件管理的效果进行评估，及时反馈并优化模型和策略，确保整个系统的高效运行。

此外，联合优化策略还需要考虑一些实际操作中的挑战和复杂性。例如，如何处理监测数据的噪声和异常值，如何选择合适的寿命预测算法和模型，如何在不确定性条件下进行备件库存优化等。这些问题需要通过不断的技术创新和优化逐步解决和完善。企业通过有效整合维修决策与备件管理，可以实现设备的高效维护，减少停机时间，提高生产效率，降低维护成本，从而增强市场竞争力和经济效益。

综上所述，基于当前监测信息的联合优化策略，为设备维护管理提供了一种科学、高效的解决方案，是未来工业运维管理的重要发展方向。

6.2 面向制造循环工业的运维操作执行

冶金装备、物流装备、能源装备和高端装备是装备制造业的重要组成部分，它们既是装备制造业的产品，也是装备制造业发展的重要支撑。制造循环工业系统是以钢铁工业为核心，以装备制造业为纽带，以循环经济为特征的复杂工业系统。在这个系统中，钢铁工业为装备制造业提供重要的原料支撑，而装备制造业产出的冶金装备、物流装备、能源装备和高端装备又服务于钢铁工业，二者之间存在着密切联系和相互依存关系。

在制造循环工业系统中，有效的运维资源管理和维修成本控制是确保设备高效、安全、稳定运行的关键。

运维资源主要包括人力资源、运维工具、备品备件等。其中，维修人员作为运维作业的最终执行者，其技能水平和工作效率直接影响设备的维护质量和生产效率。因此，优化配置维修人力资源，提升维修人员的技能水平和工作效率，是确保设备维护质量和生产效率的重要手段。同时，运维工具和备品备件的管理优化也至关重要。通过及时、有效的维护和故障修理，可以减少设备停机时间，确保生产的连续性。此外，高效的维修设备和工具能够显著提升维修工作的效率，减少维修时间，从而提高整体生产效率。

除了运维资源管理之外，维修成本控制也是保障设备高效运行和企业稳定发展的关键。维修成本不仅包括直接的维修费用，还包括设备故障带来的间接损失、预防性维护的成本、维修工具和备件的储备费用等。因此，科学、系统地管理维修成本，优化维修成本结构，是提升企业经济效益和市场竞争力的重要举措。

运维调度是协调设备正常生产与维修的重要手段，它旨在保障生产顺行和设备良好的状态，实现企业生产效率和经济效益的最大化。制造循环工业系统中的运维调度具有多样性，设备的生产模式和维修策略存在较大差异，给运维调度带来了挑战。因此，优化运维调度方案，协调设备的正常生产与维修，是实现企业生产效率和经济效益的重要举措。

本节将详细介绍制造循环工业系统中运维资源的管理优化、维修成本的控制策略，以及运维调度的优化方法。通过对运维资源的有效管理和维修成本的科学控制，可以更好地协调设备的正常生产与维修，实现企业生产效率和经济效益的最大化。

6.2.1 运维资源

在制造循环工业系统中，有效的运维资源管理是确保设备高效、安全、稳定运行的关键。维修资源主要包括人（人力资源）、机（运维工具）、料（备品备件）等，下面将详细探讨这些资源的优化管理方法。

1. 人力资源配置优化

设备运维需要依靠高效的人力资源配置来确保系统的稳定性和生产的连续性。维修人员作为运维作业的最终执行者，其技能水平和工作效率直接影响设备的维护质量和生产效率。维修人员在设备运维中承担日常维护、故障诊断与修理、预防性维修和技术改进等职责。他们根据设备运行状态和维护计划，进行预防性维护，减少设备故障的发生；提出并实施设备改进措施，优化设备性能和运行效率。维修人员的技术水平和管理方式直接影响设备的可靠性和系统的运行效率。

维修人力资源的优化配置策略包括技能提升与培训、合理的人力资源配置，以及激励机制与绩效考核。定期对维修人员进行技能培训，确保他们掌握最新的维修技术和设备操作知识，培训内容应包括设备操作规程、故障诊断技术、预防性维护方法等；组织技术交流，分享维修经验和技术创新，提高团队的整体技术水平；建立技能考核和认证体系，通过考试和实践操作评估技术人员的技能水平，根据评估结果进行分级管理和培训。根据设备的维护需求和维修人员的技能水平，合理分配维修任务，确保技术人员的技能得到充分利用，对关键设备的维护安排经验丰富的技术人员，对日常维护和简单维修安排技能水平较低的人员；制定科学的班次安排，确保关键时段有足够的技术人员在岗，避免因人员不足导致的维修延误，可以采用轮班制或值班制，确保24h内都有维修人员在岗；组建专业的维修团队，明确各成员的职责和分工，确保维修工作有序进行，团队内应有不同专业和技能的人员，以应对不同类型的维修需求。

2. 维修工具管理优化

在制造循环工业系统中，维修设备和工具不仅是运维作业直接实施手段，还是保障设备高效、安全、稳定运行的关键。维修设备和工具在运维作业中提供了必要的操作辅助，提升了操作的效率和精度，包括机械工具（如扳手、螺丝刀、钳子等）用于拆装、紧固、调整，电动工具（如电钻、电动扳手、电动切割机等）用于提升操作效率和减小劳动强度，以及专用维修设备（如液压千斤顶、起重机等）用于搬运和支撑大型设备部件。通过专用的检测工具和仪器，维修设备能够准确诊断设备故障并定位故障原因，如测试仪器（万用表、示波器、红外热成像仪等）用于检测电气设备的电压、电流、温度等参数，故障诊断设备（振动分析仪、油液分析仪、超声波检测仪等）用于监测设备的振动、润滑油状态和内部结构变化。维修设备和工具在预防性维护中也发挥了重要作用，通过定期检测和维护，预防故障发生，如润滑设备（油枪、自动润滑系统等）用于对设备进行润滑以减少磨损，清洗设备（高压清洗机、超声波清洗机等）用于清洁设备部件以保持设备良好的工作状态，校准工具（力矩扳手、水平仪等）用于设备的精确调整和校准。此外，维修设备和工具还可以用于设备的技术改进，提升设备性能和运行效率，如改装工具（焊机、切割机等）用于设备部件的改装和制造，检测仪器用于评估改进后的设备性能，确保改进效果符合预期。

维修工具管理优化策略包括工具储备管理、工具共享机制、工具维护与保养、工具使用培训、工具采购与更新等方面。在工具储备管理方面，建立库存管理系统，合理确定库存量并实时监控，通过条码扫描或RFID（射频识别）技术跟踪工具的使用和库存状态，确保常用工具的充足储备，避免短缺影响维修进度。工具共享机制方面，设立集中管理的工具房，维修人员按需借用和归还工具，并记录借用和归还信息，提高利用率，减少重复采购和闲置。对于工具维护与保养，定期检查和维护工具，制订保养计划，进行清洁、润滑和校准，延长使用寿命，确保安全可靠。在工具使用培训方面，定期培训维修人员，确保他们掌握正确的使用方法和安全操作规程，减少因使用不当导致的损坏和安全事故，并提供详细的使用手册供查阅。在工具采购与更新方面，根据实际需求和使用情况，制订采购计划，优先选择高质量、耐用的工具，建立更新机制，定期评估使用状态和性能，进行必要的更新和替换，确保工具始终处于最佳状态。通过这些优化策略，企业可以显著提高工具利用率和维修效率，降低维护成本，保障维修工作的顺利进行，提升设备的可靠性和生产效率。

3. 备品备件管理优化

备品备件是指用于更换或修理设备的零件，如轴承、齿轮、电机、控制器等。备品备件的充足储备能够确保设备在发生故障时迅速得到修复，避免长时间停机。设备故障往往不可预见，而关键备件的缺失会导致维修时间的延长，进而影响生产进度和企业的整体运营效率。因此，通过建立科学的备件管理体系，合理确定备件的库存量，企业可以确保在需要时及时获取所需备件，从而缩短维修时间，提升设备的利用率和生产效率。备品备件的质量直接影响设备的维修效果和运行性能。高质量的备件能够有效替换故障部件，恢复设备的最佳运行状态，保证生产过程的连续性和产品质量的稳定性。合理的备件库存管理可以避免备件过多导致的资金占用和储存空间浪费，同时也避免了备件不足引发的停机损失。

为优化备品备件的管理，企业应采取一系列科学的管理策略和措施。建立一个高效的库存管理系统至关重要，通过 ERP 系统、库存管理软件等信息化手段，实现对备品备件库存状态的实时监控和管理。企业应根据设备的运行数据和历史使用记录，合理确定备件的库存量，确保常用备件的充足储备，同时避免库存过多导致的资金占用和储存空间浪费。在库存管理中，采用条码扫描或 RFID 技术可以有效跟踪备件的使用和库存状态，帮助企业实现精确管理，确保备件在需要时能够被迅速找到并投入使用。通过数据分析，企业可以预测备件的使用趋势，及时补充库存，避免因备件短缺引发设备停机和生产中断。采购管理也是备品备件管理优化的重要环节，企业应根据实际需求和备件的使用情况，制订科学的采购计划，优先选择信誉良好、质量可靠的供应商，确保备件的质量和性能。建立长期合作关系，可以获得更优惠的价格和可靠的供货保障，同时对供应商进行定期评估，确保其供应的备件符合质量要求。为了确保备件的最佳状态，企业应建立定期评估和更新机制，检查备件的使用情况和性能，及时进行必要的更新和替换，确保备件始终处于良好状态，对于已经老化或性能下降的备件，应及时淘汰，以免影响设备的运行。标准化和规范化管理是提升备品备件管理水平的重要措施，企业应建立备件的编码系统，统一备件的规格和型号，规范采购、储存和使用流程，提高管理透明度和效率，减少人为因素的影响。此外，企业应制定相关标准和规范，确保管理各环节有章可循、有据可依。通过这些优化策略，企业可以显著提高备件利用率和管理效率，降低库存成本，保障维修工作的顺利进行，提升设备的可靠性和生产效率。

6.2.2 维修成本

在制造循环工业系统中，维修成本的控制对于提升企业的经济效益和市场竞争力具有重要意义。维修成本不仅是指直接的维修费用，还包括设备故障带来的间接损失、预防性维护的成本、维修工具和备件的储备费用等。科学、系统地管理维修成本，是保障设备高效运行和企业稳定发展的关键。

1. 维修成本构成

维修成本可以分为直接维修成本、间接维修成本、预防性维护成本以及备件和工具储备成本四大类。下面将详细介绍这四类成本的具体内容及其在企业管理中的重要性。

（1）直接维修成本　这部分成本包括维修人员的工资、维修工具的使用成本、维修过程中消耗的材料费用等。直接维修成本是企业进行设备维护和修理时最直接、最显而易见的费用，也是企业管理维修成本的重点之一。

（2）间接维修成本　间接维修成本主要是指设备故障导致的停机损失、生产延误成本、产品质量下降导致的损失等。间接维修成本虽然不如直接维修成本那样容易量化，但其对企业生产经营的影响更为深远，特别是在生产周期长、工艺复杂的制造循环工业系统中，设备的意外停机会带来巨大的经济损失。

（3）预防性维护成本　预防性维护是指为了防止设备发生故障而进行的定期检查、保养和维护工作。预防性维护成本包括定期检查费用、润滑和更换零部件的费用、设备的校准和调整费用等。虽然预防性维护需要投入一定的资金，但相比于设备故障带来的停机损失和维修费用，预防性维护成本是相对较低的。

（4）备件和工具储备成本　为了确保在设备发生故障时能够及时修复，企业需要储备一定数量的备品备件和维修工具。备件和工具的储备成本包括采购成本、库存管理成本，以及备件和工具的折旧成本。合理的备件和工具储备策略，可以在降低库存成本的同时保证设备的快速修复和正常运行。

2. 维修成本影响因素

影响维修成本的因素有很多，包括设备运行环境、设备使用年限、维护管理水平、技术人员的技能水平等。深入分析这些影响因素，可以帮助企业更好地控制维修成本，提高设备的运行效率和使用寿命。

（1）设备运行环境　设备的运行环境直接影响其故障率和维修频率。在恶劣环境下运行的设备，容易受到灰尘、湿气、高温等因素的影响，故障率较高，维修成本也相应增加。因此，改善设备的运行环境，如保持清洁、控制温度和湿度等，可以有效降低维修成本。

（2）设备使用年限　设备的使用年限也是影响维修成本的重要因素。新设备在设计和制造时，采用了更先进的技术和材料，故障率较低，维修成本也较低。随着设备使用时间的增加，零件的磨损和老化会导致故障频率增高，维修成本上升。因此，在设备使用到一定年限后，企业需要权衡继续使用和更新设备的成本效益。

（3）维护管理水平　企业的维护管理水平直接影响设备的运行状态和故障率。高效的维护管理体系包括科学的预防性维护计划、严格的操作规程、快速的故障响应机制等，可以显著降低设备的故障率和维修成本。相反，如果企业缺乏有效的维护管理，设备容易频繁发生故障，维修成本提高。

（4）技术人员的技能水平　技术人员的技能水平对维修成本有重要影响。技术熟练的维修人员能够快速诊断故障并进行修复，减少停机时间和维修费用。

3. 维修成本管理策略

为了有效控制维修成本，企业需要采取一系列科学的管理策略，从多个方面入手，提高设备的运行效率和使用寿命，降低维修费用和停机损失。

（1）优化预防性维修计划　预防性维修是降低维修成本的重要手段。企业应根据设备的运行特点和历史故障数据，制订科学的预防性维修计划，定期进行设备检查和保养，及时更换磨损零部件，防止小问题演变成大故障。

（2）加强设备监测和诊断　通过安装先进的监测和诊断设备，实时监测设备的运行状态和参数，及时发现和预警潜在故障。比如，利用振动分析、油液分析、红外热成像等技术，可以准确诊断设备的健康状况，提前采取维护措施，避免设备突发故障导致的停机。

（3）提升技术人员技能　加强对维修技术人员的培训，提升其故障诊断和维修技能，是降低维修成本的关键。企业可以通过定期组织培训和技术交流，鼓励技术人员不断学习新知识和新技术，提高其专业能力。同时，建立激励机制，鼓励技术人员提出设备改进建议和创新维修方法，提高维修效率，降低维修成本。

（4）合理储备备品备件和维修工具　科学的备品备件和维修工具储备策略，可以在降低库存成本的同时，保证设备的快速修复和正常运行。企业应根据设备的故障频率和重要程度，合理确定备件的库存量，避免库存过多或不足。通过实施先进的库存管理技术，如条码扫描、RFID等，可以提高备件和工具的管理效率，降低储备成本。

（5）实施全生命周期成本管理　维修成本不仅是设备运行过程中的费用，还包括设备采购、安装、调试、运行、维护和报废等全生命周期的成本。企业应从全生命周期的角度，系统地管理设备的维护和维修工作，综合考虑设备的购置成本、运行成本、维护成本和报废成本，优化设备的全生命周期管理，降低整体成本。

6.2.3　运维调度

制造循环工业企业在追求生产效率的同时，也面临着设备运维管理的问题。运维调度，即设备的运行维护调度，旨在协调设备的正常生产与维修调度，保障生产顺行和设备良好的状态，实现企业生产效率和经济效益。

1. 制造循环工业系统中的运维调度

制造循环工业系统一般流程长，工艺路线呈网状交叉，设备种类多，其运维模式不统一，运维任务存在多样性，同时设备的生产模式和维修策略存在较大差异，因此给运维调度带来挑战。

制造工业中的运维调度是指根据维修规划中确定的维修任务，决策具体的操作顺序和时间安排，调度目标是所有维修任务的运维效率最高。这里需要考虑维修资源限制、设备运维的时间窗、设备运维的优先级等约束条件。

运维调度按照参数是否确定分为确定性运维调度和随机性运维调度两种，按照调度的优化目标数量分为单目标运维调度和多目标运维调度。如果运维调度中所有的维修任务的数量和维修时间、维修资源、设备的维修时间窗等都是确定的，这样的运维调度就是确定性的。当运维调度中存在不确定性，如维修任务数量或者维修时间存在随机性时，这样的运维调度就是随机性的。当随机性因素影响不大时，会将随机性问题按照统计均值方法简化成确定性问题来处理。

确定性运维调度中问题比较简单的，可以直接或者间接利用经典调度规则，如 SPT、Johnson 规则等，通过启发式调整，制定合适的运维调度方案，实现运维调度的目标。呈现流水调度或者车间调度特点的运维问题，可以通过网络图、析取图等进行建模，即通过节点和连接边来表示运维任务及连接关系，利用最短路径法或者关键路径法获得最优的运维调度方案。一般的运维调度问题可以利用数学规划方法建立混合整数规划模型，决策变量为表示运维任务排序、资源分配的整数变量，以及表示任务开始时间和结束时间、资源分配量的连续变量等。目标函数用最大完工时间最小化来表示。约束条件包括资源指派约束、排序约束、运维资源能力限制、运维时间约束、时间窗约束等。

实际制造企业中常见的是随机性运维调度问题，维修任务和维修时间存在不确定性，确定性运维调度方法无法给出满意的调度方案时，需要借助随机规划或鲁棒优化方法加以解决。以任务的维修时间确定性为例，可以通过场景树的方法来刻画维修时间的分布，再通过两阶段或者多阶段随机优化方法建立运维调度问题的数学模型，目标函数就是所有运维任务的最大完成时间的期望最小，调度决策分成确定信息条件下的维修任务排序和不确定信息下各场景发生时维修任务调度时间。通过随机调度方法能够获得不同场景下的维修调度方案，指导实际运维操作。

针对维修时间存在随机性的运维调度问题，鲁棒优化方法在构建数学模型时，将维修时间的不确定性考虑进去，通过引入不确定性集合，如概率分布或模糊集合，来刻画维修时间的变化。鲁棒优化通常以最坏情况下的收益最大化为指导思想，这意味着它会寻找一个运维调度方案，使得即使在最长的维修时间情况下，也能保证一定的性能指标或目标函数值。鲁棒优化属于事前控制方法，它可以在维修调度决策制定时就考虑到可能的不确定性，从而提前采取措施。通过随机规划和鲁棒优化方法可以提高运维调度方案的适应性和灵活性，从而应对实际运维中存在的不确定性因素，保障运维调度方案的可控和合理可行。

2. 运维调度优化方法

运维调度问题定义清楚，给出正确的网络模型或者数学模型后，通过一些标准算法或者优化软件进行求解，获得一组调度方案。制造循环工业系统中的设备状态往往具有动态性，需要采用动态规划的方法对运维调度进行优化。在运维调度中，可以采用动态规划的方法对运维任务进行分阶段调度和优化，以适应生产计划和设备状态的变化。

制造工业系统的实际运维调度经常是大规模复杂组合优化问题，可以采用高效的智能优化算法进行求解，例如，可以采用差分进化算法、粒子群算法等优化算法对维修任务进行排序和调度，以最小化总维修时间和成本。智能优化算法具有强大的搜索能力和自适应性，能够在复杂的调度问题空间中寻找最优解或近似最优解，对调度问题的数学模型依赖不强。智能优化算法具有更高的实用性。

制造工业的运维调度经常包含多个优化目标，如最小化总维修时间、最大化设备可用率、最小化维修成本等。为了实现多个目标的优化，可以采用多目标优化算法对维修任务进行调度和优化。例如，可以采用非支配排序遗传算法（Nondominated Sorting Genetic Algorithm Ⅱ，NS-GA-Ⅱ）等对运维任务进行多目标优化，以找到一组满足多个目标的运维调度方案。

运维调度在面对设备故障、生产瓶颈或其他不可预测因素时，通过重调度方法，可以迅速调整运维调度，重新分配运维任务，确保生产的连续性和稳定性。重调度是指为了达到较高的调度质量，根据运维调度的目标，对尚未完成的任务重新调度的一种策略。

大数据和人工智能技术的迅猛发展，为制造循环工业的运维调度提供了新的建模与优化手段。通过解析设备的运行数据、故障信息以及维修记录等大数据，可以利用机器学习方法对设备状态进行预测和评估，为运维调度提供更加准确和有效的数据支持，减少设备故障的不确定性。同时，还可以利用人工智能技术对运维任务进行智能支持，包括运维任务的分配、路径规划、策略选择等，提高运维调度的实际效率和准确性，为制造企业带来显著效益。

6.3　面向制造循环工业的运维智能发现

制造循环工业中的数智化转型需要通过跨学科、跨领域的合作探索新的研究方向和应用路径，从而为推动制造循环工业的智能化发展奠定坚实的基础。在工业 4.0 的背景下，运维智能发现作为制造循环工业的重要组成部分，正逐渐成为提升企业运维效率和保障生产安全的关键技术。通过集成物联网、大数据分析、人工智能等先进技术，实现了对工业设备和环境的实时监控、智能分析和自动化管理，进而推动工业运维的现代化转型。运维智能发现离不开数据的支持，通过海量的数据挖掘，进行深层次解析，同时结合行业的经验和知识，从数据当中归纳出规律，然后服务于人类，这就是运维智能发现所要达到的目的。

面向制造循环工业的运维智能发现主要是指基于前期传感器、IoT 设备等技术实时采集设备运行数据，监测设备状态和性能参数，通过数据分析和处理，发现设备的工作情况，及时识别异常，并运用人工智能、机器学习等技术进行深入挖掘，建立模型对设备状态进行诊断，发现潜在故障，并提前发出预警，以发现设备运行中存在的潜在问题和优化空间，建立智能运维系统，实现对设备运行状态的自动化监测和决策，提高预测的准确性和响应速度，为运维决策提供数据支持，帮助运维人员及时处理问题，实现设备状态的实时监测、故障的及时诊断和预测，为企业的生产运营提供更加可靠、高效的支持，提升设备利用率和降低维护成本。

面向制造循环工业的运维智能发现主要包括智能监测、故障诊断和寿命预测三个方面。它们在制造循环工业的智能运维中有着密切的联系，其中，智能监测为基础，它是运维中的基础环节，通过监测设备参数来实时评估设备的运行状态。智能监测提供了设备的实时数据，为故障诊断和寿命预测提供了重要的信息基础。故障诊断主要是基于智能监测所采集的设备数据。当设备出现异常时，通过分析监测数据可以快速定位故障原因，提高故障诊断的准确性和效率，从而采取及时的维修措施，减少生产中断时间。寿命预测依赖于智能监测和故障诊断，它主要是基于设备数据和故障历史，通过分析设备使用情况和运行状态，预测设备未来的寿命。智能监测提供了设备运行数据的基础，故障诊断提供了设备故障历史和预警信息，这些信息是寿命预测的重要依据。制造循环工业中的运维智能发现的核心要素离不开人工智能技术，因为人工智能是可以通过科学发展为人类所获取的。人工智能是通过计算机程序模拟、延伸和扩展人类智能的一门新的科学技术。它将散乱的现象通过算法归纳成一定规律，然后为人所用。在工业人工智能技术中，监督学习、强化学习、知识图谱等三个技术就是工厂智能运维的核心工具。通过监督学习，工业智能运维能够从大量的自动化控制的数据和传感中，识别数据背后的含义，从而帮助用户实现对异常状态的预警、故障诊断，以及设备寿命的预测。

综合来看，智能监测、故障诊断和寿命预测相互关联、相互支持，共同构成了智能运维体系的重要组成部分。通过整合这三个方面，制造循环工业企业可以实现对设备状态的持续监测、快速故障诊断和有效寿命预测，提高设备可靠性和生产效率，降低维护成本，实现智能化运维管理。

6.3.1 智能监测

1. 制造循环工业的智能监测系统

制造循环工业的智能监测系统是一种通过采集、处理和分析工业生产过程中的各种数据，以实时监控生产设备运行状态、产品质量和环境安全的智能化系统。它能够实时反馈生产过程中的问题，帮助企业及时发现并解决问题，从而提高生产效率和产品质量。

制造循环工业的智能监测系统基于先进的传感技术和数据采集技术，通过安装在工业设备上的传感器及控制单元，实时监测和采集关键参数。这些参数包括温度、压力、流量、速度等，可以清晰准确地反映设备的运行状态。该系统将采集到的数据发送到中央监控终端，通过数据处理和分析，生成直观的监控界面。运营人员可以通过该界面实时了解设备运行情况，并进行相应的控制和调整。

2. 智能发现的案例：高炉炼铁过程的智能监测

（1）高炉炼铁过程的智能监测介绍　智能监测系统在高炉炼铁过程中扮演着关键的角色，确保生产运行的高效性和安全性。高炉炼铁是将铁矿石、焦炭和石灰石等原料加热至高温，以产生铁水的冶炼过程。高炉炼铁过程智能检测系统的功能包括：①温度监测。实时监测高炉内部的温度变化，包括炉料层、风口、炉渣和炉壁的温度。通过精准的温度监测，可以及时调整炉料的投入量和风口的气流速度，以确保冶炼过程的稳定性。②气体成分监测。监测高炉排出的炉顶煤气的成分，包括 CO、CO_2、H_2、CH_4 等。这些数据可以帮助冶炼工程师了解炉内反应的进行情况，从而调整炉料的配比和进料速率，优化冶炼效率。③压力监测。高炉内部的压力变化对于炼铁过程至关重要。智能监测系统可以实时监测高炉内的压力变化，并及时发现异常情况，如炉顶压力过高或过低，从而避免潜在的安全风险。④能耗监测。监测高炉运行时的能耗情况，包括电力、燃料消耗等。通过分析能耗数据，可以找出能源利用效率低下的问题，并采取措施进行优化，降低生产成本。通过实时监测和数据分析，高炉智能监测系统能够帮助生产企业提高生产效率、降低成本，并确保生产安全。

（2）构建高炉炼铁过程智能监测指标体系　建立高炉稳定性指标体系是高炉炼铁过程智能发现的重要组成部分，对于高炉运行、生产管理以及最终产品的质量都具有重要意义。通过分析历史数据，建立高炉运行过程的稳定性指标体系，实时监测高炉的运行状态和各项关键参数的变化趋势，及时发现异常情况并采取措施进行调整，从而优化生产计划和调整生产策略，提高生产效率和产品质量，降低生产成本和能源消耗，实现高炉生产过程的持续改进和优化。

将高炉生产运行中各传感器采集到的参数分为条件参数、操作参数、过程参数和结果参数，根据工艺机理，从上述四大类参数特征中确定必选特征，剔除冗余特征，其余特征作为高炉稳定性指标体系的候选特征。针对候选特征，先使用基于 XGBoost 的参数权重分析方法分析各指标对高炉稳定性的影响权重（即提取训练好的 XGBoost 模型的特征重要性得分），选择具有较高影响权重的指标，形成稳定性评价指标体系。接着，基于该指标体系构建稳定性评价模型，模型结果作为该指标体系的评估值。最后，将以上过程进行循环反馈修正，直到得到具有较高性能的高炉稳定性评价模型及其所对应的指标体系。在高炉指标体系的构建过程中，模型预测精度的变化趋势如图 6-2 所示。通过该指标体系可以有效地建立高炉稳定性评价模型，使得现场操作人员关注重点参数的变化趋势，及时反馈高炉稳定性评价结果。

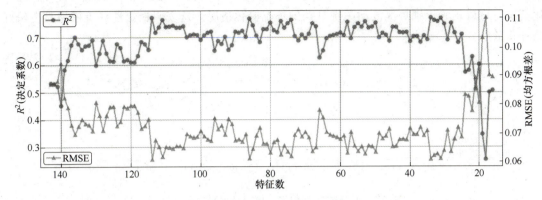

图 6-2　模型预测精度的变化趋势

以中国某钢厂高炉实际生产过程为例，通过以上方法建立针对该高炉的稳定性评价指标体系，包括以下 36 个重要参数：鼓风动能、矿石批重、喷吹速率、热风温度、焦炭负荷、焦炭批重、炉渣（TiO_2）、入炉焦比、喷煤量、标高 6.595m（深度 2556mm）的炉缸温度均值、标高 10.452m（深度 724mm）的炉缸温度均值、炉身 30.095m 的冷却壁温度均值、热风压力、标高 11.222m（深度 529mm）的炉缸温度均值、送风风量、炉顶压力、标高 12.762m（深度 750mm）的炉缸温度极差、炉缸 11.440m 的冷却壁温度均值、炉身 28.100m 的冷却壁温度极差、探尺温度极差、炉身下层静压力均值、炉顶温度均值、标准风速、炉身下层静压力极差、炉身 36.080m 的冷却壁温度极差、燃料比、喷吹煤粉的硫分含量、富氧量、铁次铁量、炉喉温度极差、炉身 36.080m 的冷却壁温度均值、炉缸 7.670m 的冷却壁温度极差、铁水 Si 含量、铁水 Ti 含量、风口总面积、铁水产量。基于以上指标体系中的各项重要参数，在高炉过程数据采集系统中设置对应的采集装置，如温度传感器、压力传感器等，从而实现高炉炼铁过程的智能发现。

（3）基于高炉炼铁过程智能监测的高炉炉况稳定性评价　采用 XGBoost 模型作为炉况稳定性评价模型，针对上述高炉炼铁过程的智能发现中获取的稳定性评价指标体系，构建高炉炉况稳定性评价数据集，并训练得到基于 XGBoost 的炉况稳定性评价模型。

XGBoost（eXtreme Gradient Boosting）是一种高效的机器学习算法，特别适用于回归和分类问题。它基于梯度提升（Gradient Boosting）框架，通过集成多个弱学习器（通常是决策树），逐步提升模型的性能。XGBoost 的核心优势之一是其出色的性能和效率。它通过优化目标函数并结合正则化项，有效地控制模型的复杂度，防止过拟合。XGBoost 还提供了丰富的功能和参数选项，可灵活调整模型以满足不同场景的需求。它支持多种损失函数和评估指标，并提供了针对树模型的特定参数调整方法，如树的深度、学习率、子样本比例等。在实际应用中，XGBoost 被广泛应用于各种领域，包括金融、医疗、电子商务等。XGBoost 以其出色的性能、高效的训练速度和丰富的功能而闻名，是解决回归和分类问题的强大工具，对于处理大规模数据集和复杂模型的场景尤为适用。

以中国某钢厂高炉实际生产过程为例，基于 XGBoost 和稳定性指标体系建立得到高炉炉况稳定性评价模型，将该模型在实际工业数据上进行测试，图 6-3 所示为稳定性评价模型的评分值与高炉利用系数对比，最终测试结果表明：XGBoost 炉况稳定性评价模型评价结果与高炉实际炉况吻合度达到95%以上，稳定性评价模型可以较好地跟踪主要时间段的炉况变化情况，可以正确识别炉况波动关键日期的炉况变化情况。这表明稳定性评价模型具有较好的评价效果。

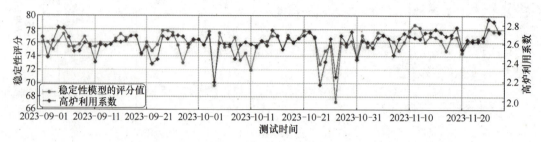

图 6-3　稳定性模型的评分值与高炉利用系数对比

6.3.2　故障诊断

1. 故障诊断的意义

面向循环工业中的故障诊断技术是使用数据驱动的方法对设备进行监测、分析及故障情况的预测，从而及时找到故障的原因，并提供解决方案。精准的故障诊断可以提高设备的可靠性和稳定性，从而提高生产效率，也可以减少不必要的维护和更换成本，延长使用寿命，真正达到企业提质增效的目的。对钢铁行业的生产设备进行故障诊断能够提高钢铁产品的质量，钢铁产品的质量恰好是装备制造业中冶金生产设备的原料，提高原料的质量又促进了装备制造业质量的提升，进而影响这个小循环中的每个行业。

2. 机理与数据融合的故障诊断方法

面向循环工业的设备进行故障诊断技术，主要是考虑设备钢铁材料在设备使用中的状态，因此需要使用描述符对钢铁材料的状态进行量化。一般来说，钢铁材料使用过程中指标是通过传感器进行测量的，如材料的温度，但是并不是所有的指标都可以通过传感器进行测量，如材料的疲劳程度、材料的腐蚀、磨损等失效性能可能需要对材料进行检测分析。根据诊断的效率及可行性，一些难以获取的指标也可以通过软测量的形式得到，即用机器学习、统计回归等方式预测指标，并把指标添加到故障诊断模型中。由于机械设备涉及齿轮、轴承，因此传统的机理模型也非常重要，适当地加入机理模型辅助数据驱动模型，可以提高诊断的精度。

传统的故障诊断是基于设备传感器的数据，收集振动、温度、压力等能够反应设备状态的数据进行解析，对设备是否存在故障进行诊断，并寻找故障产生的原因。由于传感数据通常是时序数据，因此经常使用小波分析、傅里叶变换等方法处理信号，但是随着传感技术的高速发展，传感器的单价降低，数据采集的频率不断提高，这就导致收集到的数据为高维时间序列数据，如果采用一般的机器学习方法对故障进行预测，建模过程中会遭遇"维数灾祸"问题，影响模型的准确率。此外，把数据作为多元数据进行输入也忽略了数据是来自连续的整体，无法抽取到数据随时间变化的拓扑结构，如果不能正确地对数据之间的相关性进行量化建模，会导致诊断的结果适应性差。泛函数据是把传感器收集到的离散观测值通过光滑技术以单个函数的形式表达出来。使用泛函数据建模的方法对循环工业过程进行故障诊断有以下几个优点：

1）把离散数据平滑成一条函数，有助于减小数据感知过程中产生的测量误差。

2）使用一条函数表示高频时序数据，再把函数参数化，使用较少的参数描述一条函数有助于降低特征的频率，防止建模过程中出现过拟合现象。

3）在建模的过程中，使用动力学原理，可以考虑把函数的导函数加入模型中，促进模型的预测精度。

综上所述，使用泛函数据建模的方法进行故障诊断，是解决高维、高频、相关性复杂的数据下设备故障诊断的重要方法之一。

泛函数据分析中，泛函数据的主成分分析是一种常见的数据降维技术，配合相应的机理模型，可以用于故障诊断，诊断的步骤如下：

1）收集设备的运行数据，并把数据中的时序数据进行平滑，通常可以使用 B 样条基或者小波基对离散点集进行平滑，把离散的点平滑为一条函数，使用样条基或者小波基的系数来描述函数变化的特点，如果对函数的光滑度有要求，可以使用正则化技术对函数的粗糙度进行惩罚。

2）数据的预处理，对于函数型数据，可以通过泛函映射，把函数变换到 $[0, 1]$ 区间之内，并对泛函数据进行中心化，计算数据的均值函数和方差函数。

3）使用泛函数据主成分分析技术，对泛函数据进行降维，通过主成分分析寻找数据的主要变化方向，并把数据映射到新的低维空间中，其中主成分的个数是超参数，可以通过交叉核实验证等方法进行选择，每个主成分都代表了原始数据中的一个重要特征。

4）利用泛函数据主成分数据的计算结果构造 t 统计量或者卡方统计量，使用模拟数据给出统计量的分布，控制模型在设备正常工作下误判为错误工作的概率小于给定的 α，用于设备的故障诊断。

5）使用上述的统计量，计算每个特征对统计量的贡献度，并对贡献度进行排名，结果也是造成故障因素的排名，使用贡献度排名可以对故障进行根因分析。

6）考虑合适的机理模型，并把机理模型与数据模型进行融合、校正。

6.3.3　寿命预测

1. 寿命预测概述

制造循环工业系统中运行的设备因其运行条件复杂、环境恶劣，在长期运行过程中会逐渐老化，剩余寿命会逐步下降，容易导致恶性事故发生，造成巨大的财产损失和人员伤亡，而如果盲目地进行维修更换则会带来巨大的浪费。所以精准预测装备的剩余寿命对于保证设备安全运行、提高经济效益有很大的意义。同时，预测装备的剩余寿命又可以为制订合理有效的备件制作计划和检修计划提供可靠的依据。

制造循环工业设备的设备寿命预测根据实施阶段的不同可分为以下三类：

（1）早期预测　在产品设计阶段，主要基于理论分析和试验验证来确定设备的设计寿命或计算寿命。

（2）中期预测　在设备运行过程中，为避免突发故障，通过实时状态监测技术对尚未达到设计寿命的设备进行剩余寿命评估。

（3）晚期预测　针对已超过设计寿命但仍具备使用潜力的设备，通过精准评估其剩余寿命，以充分挖掘其剩余价值，避免因保守设计导致的资源浪费。

其中，中期和晚期预测主要基于设备实际运行状态和历史数据，通过无损检测、金相分析等手段评估损伤程度，并结合断裂力学理论及其他直接或间接的寿命预测方法，科学判定设备的剩余安全服役时间。

2. 基于人工智能技术的设备寿命预测

在制造循环工业场景中，80%以上的监测数据都是实时数据，且都是带有时间戳并按顺序产生的数据，这些来源于传感器或监控系统的数据被实时地采集并反馈出系统或作业的状态。在流程工业中由于生产流程复杂，多个工序之间有较强的时序关系，上游工艺的物料浓度、温度、流速等参数，对下游工艺一段时间之后的相关参数有较强的影响，而且不同的环节可能产生不同的滞后时间、能量积累与消耗等现象。例如，在离散制造业中，零部件的加工误差会影响一段时间后的装配线上整体产品质量。单个时间点的样本和模型不足以反映这种时间依赖关系。因此，时间序列分析广泛适用于各类工业场景。寿命预测本质上属于时序回归分析问题，其核心在于对设备运行参数的退化趋势进行建模。以航空发动机为例，基于历史运行数据的剩余寿命预测能够有效减少人为维修决策的偏差，从而显著提升设备运行的安全性和可靠性。这种预测方法通过量化评估设备的健康状态，为制定科学的维护策略提供了重要依据。

6.4 面向制造循环工业的运维智能感知

在现代制造循环工业中，智能运维系统发挥着越来越重要的作用。随着工业4.0和物联网（IoT）技术的发展，制造设施现在可以实现更高级的数据集成和智能决策。本节将重点探讨智能感知系统如何通过高级数据获取、特征提取和数据融合技术，优化制造流程和提升设备维护的效率。

智能感知系统的核心在于对设备和操作环境的深入理解。这种理解基于大量数据的收集和分析，包括设备状态、操作条件、生产效率和安全监测等。通过这些数据，智能系统能够预测潜在的故障、优化生产流程并实现条件监控维护，从而避免设备停机并提高生产效率。

数据获取在智能感知系统中扮演着基础而关键的角色。随着传感器技术的进步，现代工厂已部署了成千上万个传感器，实时监控各种物理参数和化学参数。这些数据不仅包括温度、压力、振动等，还可能包括更为复杂的化学分析数据，如材料成分或污染物浓度。这些传感器生成的数据流巨大，需要通过先进的数据处理技术进行筛选和分析。

特征提取是智能感知系统中的另一个关键组成部分。它涉及从原始数据中提取有意义的信息，这些信息是后续分析和决策制定的基础。在这一过程中，不仅要处理和分析大规模数据集，还要通过机器学习算法来识别和量化那些对系统性能影响最大的数据特征。例如，通过分析振动数据来识别特定的故障模式，这些模式可能预示着设备即将出现的问题。

数据融合将不同来源和类型的数据结合起来，以提供一个更全面和精确的设备健康状态。通过融合来自传感器、历史维护记录、操作数据和外部环境信息的数据，运维团队可以获得更全面的视角，更好地理解和预测设备行为。此外，通过数据融合技术在环境智能感知系统中的应用，可以实现多传感器协作，提升数据分析的准确性。

智能感知技术还需要考虑数据的实时性和准确性。实时数据流使得操作者能够即时响应潜在的问题，而数据的准确性则确保了基于这些数据做出的决策的可靠性。为此，智能感知系统不仅依赖于高质量的传感器和数据获取技术，还需要强大的后端分析能力，包括数据清洗、异常检测和模式识别。

在实际应用中，智能感知系统的设计和实施面临诸多挑战。这包括如何处理和存储大量数据、如何保护数据安全，以及如何确保系统的可靠性和稳定性。此外，随着技术的发展，新的问题和需求也在不断出现，例如，如何集成人工智能技术来进一步提升系统的智能化水平，以及如何处理越来越复杂的数据类型和来源。

总之，面向制造循环工业的运维智能感知不仅是技术发展的结果，还是未来工业发展的必然趋势。通过不断优化数据获取、特征提取和数据融合技术，制造业能够获得更高的生产效率和更低的运营成本，最终达到可持续发展的目标。这一领域的持续创新和研究将不断推动制造业向更高水平的自动化和智能化迈进。

6.4.1 数据获取

数据采集技术在制造行业的发展历程与自动化和数字化技术的演进紧密相关。从早期的手动检测和记录，到采用传感器和自动数据记录设备，再到现今的实时数据采集和分析，数据采集技术已经成为智能制造系统不可或缺的一部分。这一技术的演进推动了生产效率的提高和运维成本的显著降低，同时也为设备健康管理和预测性维护提供了可能。

数据采集可以分为**硬采集**和**软采集**两种方式。其中，**硬采集是指通过物理传感器或设备直接采集环境参数或设备状态等数据的过程**，例如，使用温度传感器、湿度传感器、压力传感器等物理传感器，以及激光雷达、机器视觉系统等物理设备进行数据采集。硬采集的数据直接来自物理环境或设备，具有较高的准确性和可靠性，但通常需要硬件设备和传感器进行实时监测。**软采集则是指通过软件程序、系统或网络等间接采集数据的过程**，例如通过软件应用程序、数据库查询、网络爬虫等方式收集数据，从日志文件、数据库记录等数据源中提取数据，通过人工填写表单或报告等方式采集数据。软采集通常通过计算机程序或人工介入来获取数据，相对于硬采集而言，软采集的数据获取过程更加灵活，但可能受限于数据源的可用性和准确性。

在制造循环工业系统内，通常会采用硬采集和软采集相结合的方式，以获取全面的数据，并实现对生产过程的全面监控和优化。这两种方式相辅相成，共同构建起智能化的工厂和生产环境，提高生产效率、产品质量和企业竞争力。

数据采集是实现全面监控和优化生产过程的关键环节。需要采集的多种不同类型的数据包括设备状态数据、环境数据、生产过程数据、产品质量数据、能源消耗数据、物流和库存数据、人员安全和生产行为数据等。通过对这些数据进行实时、精准、可靠的采集和处理，企业能够深入了解生产过程中的各个环节，及时发现和解决问题，优化生产流程，提升产品质量，降低运营成本，并提高整体效率。此外，这些数据还可以为预测性维修、智能调度、节能减排等高级应用提供支持，推动制造系统向更加智能化、绿色化和可持续化方向发展。其中，关键数据类型及其采集技术如下：

（1）设备状态数据 设备状态数据指通过传感器、监控设备等硬件设备采集的关于生产设备运行状态的信息，获取如温度、压力、湿度、振动、电流等参数，以进行设备状态监测和预测性维护，防止设备故障，提高设备的可靠性和稳定性。

（2）环境数据　环境数据通常包括生产现场的温度、湿度、空气质量等环境因素，主要通过在工厂车间内布置温湿度传感器、气体传感器、光传感器、噪声传感器等多种环境传感器，通过实时监控以保证生产环境的适宜性和安全性，对于维持生产过程中的环境条件至关重要。

（3）生产过程数据　生产过程数据通常涉及生产线上的各项操作数据，主要通过在生产线上的关键位置安装流量传感器、压力传感器、液位传感器、速度传感器、位置传感器等传感器，实时采集流量、压力、液位、速度和位置等数据，其余数据包括原料的使用量、产品的加工时间、生产效率等，以监控生产过程的每一个环节，确保生产过程的稳定性和一致性，实现生产流程优化和生产效率提高。

（4）产品质量数据　主要通过机器视觉传感器、激光传感器、超声波传感器等，利用机器视觉技术和激光测量技术，对生产过程中的产品进行实时检测和测量，采集产品的外观、尺寸、形状等数据，用于评估产品质量并进行质量控制。

（5）能源消耗数据　基于能耗监测点采集的各类能源（如电力、燃料）的消耗量和类型，通常通过智能电表、水表、气表等计量设备，实时采集工厂生产过程中消耗的电、水、气和热量的数据，分析能源利用效率，寻找节能降耗的改进空间，以实现能源管理和节能减排。

（6）物流和库存数据　通常通过在物料和成品上附加 RFID 标签或条码，利用读写设备和条码扫描器实时跟踪物料的流动和库存状态，使用 GPS（全球定位系统）技术监控运输车辆的位置和状态，优化库存管理和物流运输，确保供应链的高效运作。

（7）人员安全和生产行为数据　通过佩戴在工人身上的智能手环、胸卡等穿戴设备、定位设备、环境传感器，实时获取员工的工作时间、作业区域、安全培训记录等信息，监控人员的位置和工作环境，预防事故发生。

（8）设备维护数据　设备维护数据涵盖设备的维护历史、预防性维护计划、故障报告等。这些数据用于制定设备维护策略，延长设备使用寿命，降低维护成本，监控工作场所和保证其安全。

通过采集和分析这些不同类型的数据，工业互联网可以实现对生产过程的全面监控和优化，提高生产效率、产品质量和工作场所安全性，降低运营成本。

（9）数据采集技术特征　在制造循环工业系统下，数据采集技术需要考虑多个因素，以确保数据的准确性、可靠性和有效性。

首先，工业环境通常比较复杂，存在高温、高湿、粉尘、振动、电磁干扰等不利因素。数据采集设备必须能够在这些恶劣条件下稳定工作，因此需要选择合适的传感器和防护措施（如防水、防尘、防爆设计）以适应不同的环境要求。对于无线传感器网络和远程监测设备，能源效率是一个重要因素，低功耗设计可以延长设备的工作寿命，减少维护频率和成本，因此，需要采用低功耗传感器和通信模块，优化数据采集和传输频率，以节省能源。

其次，工业互联网涉及多种类型的数据，包括物理量（温度、压力、振动）、化学量（气体浓度）、图像数据、位置数据等，因此数据采集系统需要能够处理和融合这些多源异构数据，并采用标准化的数据接口和协议，支持主流的工业通信协议，如 Modbus、OPC UA、MQTT 等，确保与现有系统的无缝集成，并遵循行业标准和协议，确保不同设备和系统之间的互操作性，以便不同类型的数据能够有效集成和传输，提高系统集成的效率和兼容性。

最后，实时数据采集和传输对于工业控制和监控非常重要。例如，设备故障预警和生产线异常检测需要实时数据支持，因此需要选择具有低延迟和高响应速度的传感器和通信技术，如边缘计算和5G技术。同时，数据的精度和可靠性直接影响工业过程的监控和控制效果，尤其是在质量检测和精密控制等应用场景中，因此需要定期校准和维护传感器，保证数据长期稳定性和准确性。

工业数据涉及企业的核心生产信息，必须确保数据在采集、传输和存储过程中的安全性，防止数据泄露和篡改。因此，需要采用加密技术和安全协议，保护数据传输的安全性。配置访问控制和权限管理，确保只有授权人员可以访问敏感数据。

6.4.2　特征提取

在智能制造循环工业中，智能感知系统通过对原始数据进行高效的特征提取，实现了对工业过程深层次的理解与优化。特征提取，作为智能感知系统的核心环节，其主要任务是从海量的原始数据中识别并提取出对后续数据分析与决策制定至关重要的信息。这些提取出的特征不仅增强了数据的表现力，还通过降低数据的维度极大地减少了计算资源的消耗，提高了数据分析的效率。

1. 特征提取技术的发展

面向制造循环工业的运维智能感知中，特征提取技术的快速发展正推动着工业自动化和智能化的浪潮。随着工业4.0和智能制造的兴起，特征提取已从传统的手工设计阶段步入高度自动化和集成化的新纪元。现代特征提取系统能够自动从海量数据中识别和提取关键特征，实现了与生产线控制系统和企业管理系统的无缝集成，为实时数据流处理和决策支持奠定基础。深度学习技术的融入极大地提升了特征提取的能力，使得系统能够自动学习数据的复杂模式和抽象特征，而人工智能的应用则进一步增强了特征提取的智能化水平，使其能够适应不断变化的生产环境和需求。此外，多模态和数据融合技术的进步使得特征提取能够同时从不同类型的数据中提取特征，并综合这些特征以获得更全面的信息。实时性和适应性的提升使得特征提取系统能够快速响应生产过程中的变化，及时调整生产策略和预防潜在问题。同时，为了提高系统的透明度和用户的信任度，研究人员正在开发可解释的人工智能技术，使得特征提取过程更加清晰。边缘计算和分布式系统的发展，进一步减少了延迟，特征提取技术开始向边缘计算和分布式系统发展，实现了在数据产生的地方进行特征提取，减少了数据传输的时间和成本，提高了系统的响应速度。随着特征提取技术的不断进步，制造循环工业的运维智能感知将更加高效和智能化，为制造业的可持续发展提供强大的技术支持。未来的特征提取技术将继续向着自动化、智能化、实时化、可解释化和分布式化的方向发展，推动智能制造循环工业的进一步发展。

2. 特征提取的定义

（1）自动化特征提取　自动化特征提取是指从原始数据中自动识别和提取有助于后续分析任务的信息的技术。现代特征提取技术趋向于完全自动化，利用算法从大规模数据集中学习和识别信息模式，无须人工干预。这种自动化特点使得特征提取技术能够快速适应不同的工业场景和需求，极大地提高了智能感知系统的普适性和实用性。

（2）多尺度特征提取　多尺度特征提取涉及从不同尺度或分辨率上分析数据，以捕获从微观到宏观的多层次信息。

（3）深度特征提取　深度特征提取利用深度学习模型从数据中自动学习复杂和抽象的特征表示。深度神经网络能够学习数据中的复杂模式和非线性关系，从而提取出高层次的抽象特征。

3. 特征提取在制造循环工业中的应用

在制造循环工业中，特征提取技术的应用是实现智能制造和工业自动化的关键。通过从原始数据中提取有用信息，特征提取为机器学习模型提供了可操作的输入，从而使得系统能够进行更准确的数据分析和决策。以下是特征提取在制造循环工业中的一些具体应用：

（1）设备故障预测　特征提取技术在制造循环工业中的一项重要应用是设备故障预测。通过分析设备的运行数据，如振动、温度、声音等，特征提取可以识别出设备潜在的故障模式。这些提取出的特征可以用于训练机器学习模型，实现对设备性能的实时监测和故障预测。这种预测性维护可以显著减少停机时间，降低维修成本，并延长设备的使用寿命。

（2）质量控制与优化　特征提取在制造循环工业中的另一项重要应用是质量控制与优化。通过对产品或半成品的图像、尺寸、重量等数据进行特征提取，可以实时监测产品质量，确保产品符合标准规格。此外，特征提取还可以帮助识别生产过程中的关键因素，从而优化生产工艺，提高产品质量。例如，在汽车制造中，可以通过特征提取技术分析零件的尺寸和形状，以确保其符合设计要求。

（3）能源管理与效率提升　特征提取技术在制造循环工业中的另一项重要应用是能源管理与效率提升。通过分析工厂的能源消耗数据，如电、水、气等，特征提取可以识别能源使用中的浪费和低效情况。这些提取出的特征可以用于训练机器学习模型，以实现对能源消耗的实时监测和预测。基于这些分析和预测，可以采取相应的措施，如调整生产计划、优化设备运行参数等，以降低能源消耗并提高生产效率。

（4）供应链优化　特征提取技术在制造循环工业中的另一项重要应用是供应链优化。通过分析历史交易数据、库存水平、运输时间等，特征提取可以预测需求变化和潜在的风险点。这些提取出的特征可以用于训练机器学习模型，以实现对供应链的实时监测和预测。基于这些分析和预测，可以采取相应的措施，如调整库存水平、优化运输路线等，以降低库存成本、提高运输效率，并确保及时交付产品。

（5）生产流程优化　特征提取技术在制造循环工业中的最后一项重要应用是生产流程优化。通过分析生产线的运行数据，特征提取可以帮助企业识别瓶颈和效率低下的环节。这些提取出的特征可以用于训练机器学习模型，以实现对生产流程的实时监测和优化。基于这些分析和优化，可以采取相应的措施，如调整生产线布局、优化生产计划等，以提高生产效率。

特征提取作为智能感知系统的核心环节，对于智能制造循环工业的发展具有重要意义。随着特征提取技术的不断发展，特别是深度学习技术在特征提取中的应用，智能制造循环工业的智能感知系统将更加高效、智能，为制造业的可持续发展提供强大的技术支持。在未来，特征提取技术将继续向着自动化、智能化、实时化的方向发展，推动智能制造循环工业的进一步发展。

6.4.3　数据融合

数据融合使用来自各种传感器的数据，并通过数据测量和分析过程将它们集成到单个数据中，其目的是通过融合多源数据，获得比单一数据源更准确、更可靠的信息。数据融合可以分为三个层次：低层数据融合、中层数据融合和高层数据融合。低层数据融合主要涉及传感器数据的预处理和初步融合；中层数据融合则是在低层融合的基础上，进行进一步的数据处理和信息提取；高层数据融合则是对处理后的信息进行综合分析，以支持决策和应用。随着传感器技术和数据处理技术的不断发展，数据融合技术已被广泛应用于钢铁、装备、物流、能源和半导体等行业，提升生产效率、提高产品质量和降低运营成本。

1. 数据融合在制造循环工业中的应用

（1）钢铁行业中的应用　钢铁行业是现代工业的重要支柱之一，生产过程复杂，涉及高温、高压等极端环境，生产设备和工艺参数众多，数据种类繁多。在钢铁行业中，数据融合技术被广泛应用于生产过程的监控和优化。例如，通过融合温度、压力、流量等多种传感器数据，可以实时监控高炉的运行状态，从而提高生产效率和产品质量。

数据融合技术在钢铁行业的应用主要集中在以下三个方面：

1）高炉运行监控。作为钢铁生产的核心环节，高炉运行状态的稳定性直接影响最终产品的质量和产量。通过集成温度、压力、物料流量及成分分析等多源传感数据，构建实时监测系统，能够有效识别运行异常，确保高炉稳定运行。

2）产品质量控制。产品质量管控需要综合考虑炼钢全流程的工艺参数。运用数据融合方法，对原料配比、冶炼过程、轧制工艺等关键环节的数据进行关联分析，实现产品质量的精准预测和动态调控。

3）设备预测性维护。生产设备的可靠性是保障连续生产的基础。基于多源运行数据的融合分析，建立设备健康状态评估模型，实现故障早期预警，显著提升维护效率，降低非计划停机带来的经济损失。

（2）装备行业中的应用　装备制造行业是制造业的重要组成部分，涉及机械、电子、自动化等多个领域。数据融合技术在装备制造行业的应用可以显著提高生产效率、提升产品质量和降低运营成本。然而，装备制造过程复杂，数据种类繁多，数据融合面临数据质量、数据一致性和实时性等挑战。

数据融合技术在装备制造行业的应用主要集中在以下三个方面：

1）智能制造。通过融合生产设备、工艺参数、环境参数等多种数据，实现生产过程的智能化控制和优化，提高生产效率和产品质量。

2）生产过程监控。通过融合设备运行数据、工艺参数和产品质量数据，实现生产过程的实时监控和优化，及时发现和处理异常情况。

3）供应链管理。通过融合供应链各环节的数据，实现供应链的全流程监控和优化，提高供应链的效率和响应能力。

（3）物流行业中的应用　物流行业是现代经济的重要组成部分，涉及运输、仓储、配送等多个环节。数据融合技术在物流行业的应用主要集中在以下三个方面：

1）运输路线优化。通过融合交通状况、天气情况、车辆状态等多种数据，实现运输路线的优化，提高运输效率和降低运输成本。

2）仓储管理。通过融合仓储环境、库存状态、货物信息等多种数据，实现仓储管理的智能化，提高仓储效率和降低库存成本。

3）配送优化。通过融合订单信息、客户需求、配送路线等多种数据，实现配送过程的优化，提高配送效率和客户满意度。

（4）能源行业中的应用　能源行业是现代经济的重要支柱之一，涉及发电、输配电、能源管理等多个环节。数据融合技术在能源行业的应用主要集中在以下三个方面：

1）电网监控与管理。通过融合电网运行数据、气象数据、负荷数据等，实现电网的实时监控和优化，提高电网的运行效率和稳定性。

2）发电过程优化。通过融合发电设备数据、环境数据、负荷数据等，实现发电过程的优化，提高发电效率和降低发电成本。

3）能源管理与调度。通过融合能源生产、传输、消费等多种数据，实现能源的智能化管理与调度，提高能源利用效率和降低能源消耗。

（5）半导体行业的应用　半导体行业是现代科技的重要支柱之一，涉及芯片设计、制造、测试等多个环节。随着半导体技术的不断进步和市场需求的不断增加，半导体制造过程变得越来越复杂，数据种类和数量也急剧增加。数据融合技术在半导体行业的应用具有重要的意义，可以显著提高生产效率、提升产品质量和降低运营成本。

数据融合技术在半导体行业的应用主要集中在以下三个方面：

1）制造过程监控。半导体制造过程包括光刻、刻蚀、离子注入、化学气相沉积等多个步骤，每个步骤都需要精确地控制和监控。通过融合设备数据、工艺参数、环境数据等，可以实现制造过程的实时监控和优化，及时发现异常情况并对其进行处理，提高生产效率和产品质量。

2）质量控制与预测。半导体产品的质量控制是保证产品性能和可靠性的关键。通过融合制造过程数据、测试数据、环境数据等，可以实现对产品质量的预测和控制，降低缺陷率和提高良品率。例如，通过对晶圆制造过程中的多种数据进行融合分析，可以预测晶圆的良品率，并对制造过程进行优化调整。

3）设备维护与管理。半导体制造设备的维护与管理是保证生产连续性的重要环节。通过融合设备运行数据、环境数据、历史故障数据等，可以实现对设备的预测性维修和智能管理，减少设备故障和停机时间。例如，通过对设备运行数据的融合分析，可以提前预知设备故障，安排预防性维护，避免生产中断。

2. 多传感器数据融合的方法

多传感器数据融合技术通过整合来自不同传感器的异构数据，采用层次化的信息处理方法显著提升了系统的感知精度和决策可靠性。在技术实现层面，既包含基于卡尔曼滤波的动态系统建模、贝叶斯概率推理框架和 Dempster-Shafer 证据理论等经典方法，也涵盖了基于机器学习的特征提取、深度神经网络驱动的智能分析以及大数据支持的决策优化等现代智能算法。这种多层次、多模态的融合处理机制不仅实现了从原始数据到有效信息的转化，更能通过挖掘海量数据中的深层特征来持续优化系统性能，为复杂装备的状态监测和寿命预测提供了强有力的技术支撑，特别是在处理非线性、高维度的工程实际问题时展现出显著优势。

多传感器数据融合技术在工业领域的应用具有重要的意义，可以显著提高生产效率、提升产品质量和降低运营成本。通过融合多种传感器数据，可以实现对复杂工业系统的综合监控和智能化管理。然而，工业生产过程复杂，数据种类繁多，数据融合面临数据质量、数据一致性和实时性等挑战。未来，随着传感器技术、数据处理技术和人工智能技术的不断发展，多传感器数据融合技术将在工业领域中发挥越来越重要的作用。

本 章 小 结

本章深入探讨了面向制造循环工业系统的智能运维，涵盖了智能决策、运维操作执行、智能发现和智能感知等关键技术。通过数据采集、特征提取、数据融合，以及先进的机器学习算法，实现了对设备状态的实时监测、故障诊断、寿命预测和维修决策的优化。这些技术的应用不仅提高了生产效率和设备可靠性，还降低了维护成本，为企业的智能化转型提供了有力支持。同时，本章也讨论了智能运维在未发展的趋势和挑战，为制造循环工业系统的优化运行提供了全面的理论基础和实践指导。

💡 思考题

1. 简述制造循环工业系统中维修规划的方法。

2. 某制造企业拥有多种型号的机械设备，由于设备故障频发，需要对备件进行有效管理。企业希望优化其备件采购和储存策略，以降低成本并提高设备维修效率。请考虑设备故障率、备件使用寿命和库存水平等因素，并说明如何定期评估和调整采购计划。

3. 随着智能制造的发展，企业越来越重视通过数据分析来优化备件管理。某企业希望通过预测备件需求和供应链协同来减少库存成本并提高响应速度，讨论如何实现需求预测与供应链的协同，包括信息共享、供应商选择、采购流程优化等方面。

4. 制造循环工业系统中考虑不确定性的运维调度方法有哪些？

5. 描述直接维修成本和间接维修成本的主要区别，并举例说明它们在实际生产中可能如何影响企业的运营。

6. 解释什么是全生命周期成本管理，并讨论它为何对企业的长期发展至关重要。

7. 智能监测系统在制造循环工业中如何实现生产效率的提升、成本的降低以及生产安全的保障？请结合本章提及的实时监控、数据分析、故障预警和生产流程优化等方面，探讨智能监测系统的关键作用及其对企业运维决策的影响。同时，考虑到技术集成的复杂性，讨论企业在实施智能监测系统时可能面临的挑战及其应对策略。

8. 基于数学模型的故障诊断方法与基于数据驱动的故障诊断方法之间的区别是什么？两种方法的各自优势是什么？

9. 在建立基于人工智能的制造循环工业设备寿命预测时，如何平衡模型的复杂性和预测的准确性？请讨论模型复杂度、计算资源和预测精度之间的权衡。

10. 在智能感知系统的应用中，如何有效地处理和分析来自不同传感器的大规模数据，以实现对设备状态的准确预测和优化制造流程？请结合数据获取、特征提取和数据融合的关键技术，具体阐述实现这些目标的策略和挑战。

11. 试分析智能运维大数据平台的功能性需求和非功能性需求，并简述系统平台的软硬件架构设计。

12. 在智能制造循环工业中，特征提取技术的核心任务是什么？它如何增强数据的表现力并影响数据分析的效率？

参 考 文 献

[1] PINCIROLI L, BARALDI P, ZIO E. Maintenance optimization in industry 4.0 [J]. Reliability engineering & system safety, 2023, 234: 109204.

[2] DUFFUAA S O, RAOUF A. Maintenance planning and scheduling [M]. Cham: Springer International Publishing, 2015: 155-186.

[3] CAMILOTTI L, KURSCHEIDT R, LOURES E, et al. A review of maintenance scheduling methods in the context of industry 4.0 [C]. Deschamps F, Pinheiro de Lima E, Gouvêa da Costa S E, G. Trentin M. Proceedings of the 11th International Conference on Production Research-Americas. Cham: Springer Nature Switzerland, 2023: 281-288.

[4] LI B, HOU B, YU W, et al. Applications of artificial intelligence in intelligent manufacturing: a review [J]. Frontiers of information technology & electronic engineering, 2017, 18 (1): 86-96.

[5] TANG L, MENG Y. Data analytics and optimization for smart industry [J]. Frontiers of engineering management, 2021 (2): 157-171.

[6] ANI E, OLU-LAWAL K, OLAJIGA O, et al. Intelligent monitoring systems in manufacturing: current state and future perspectives [J]. Engineering science & technology journal, 2024, 5 (3): 750-759.

[7] KOKOSZKA P, REIMHERR M. Introduction to functional data analysis [M]. Chapman and Hall/CRC: Boca Raton, FL, USA, 2017.

[8] MOHAN T, ROSELYN J, UTHRA R, et al. Intelligent machine learning based total productive maintenance approach for achieving zero downtime in industrial machinery [J]. Computers & industrial engineering, 2021, 157: 107267.

[9] ABIDI M, MOHAMMED M, ALKHALEFAH H. Predictive maintenance planning for industry 4.0 using machine learning for sustainable manufacturing [J]. Sustainability, 2022, 14 (6): 3387.

[10] TAO F, ZUO Y, DA XU L, et al. IoT-based intelligent perception and access of manufacturing resource toward cloud manufacturing [J]. IEEE transactions on industrial informatics, 2014, 10 (2): 1547-1557.

[11] YANG T, YI X, LU S, et al. Intelligent manufacturing for the process industry driven by industrial artificial intelligence [J]. Engineering, 2021, 7 (9): 1224-1230.

[12] TANG L, XIE X, LIU J. Crane scheduling in a warehouse storing steel coils [J]. Iie transactions, 2014, 46 (3): 267-282.

[13] TANG L, LI Z, HAO J. Solving the single-row facility layout problem by K-medoids memetic permutation group [J]. IEEE transactions on evolutionary computation, 2022, 27 (2): 251-265.

[14] FU M, WANG Z, WANG J, et al. Environmental intelligent perception in the industrial internet of things: a case study analysis of a multi-crane visual sorting system [J]. IEEE sensors journal, 2023, 23 (19): 22731-22741.

[15] LI F, CHEN Z, TANG L. Integrated production, inventory and delivery problems: Complexity and algorithms [J]. INFORMS journal on computing, 2017, 29 (2): 232-250.

[16] MA H, YIN D Y, LIU J B, et al. 3D convolutional auto-encoder based multi-scale feature extraction for point cloud registration [J]. Optics & laser technology, 2022, 149: 107860.

[17] HAQ A A U, DJURDJANOVIC D. Dynamics-inspired feature extraction in semiconductor manufacturing processes [J]. Journal of industrial information integration, 2019, 13: 22-31.

[18] TANG L, LIU J, RONG A, et al. A review of planning and scheduling systems and methods for integrated steel production [J]. European journal of operational research, 2001, 133 (1): 1-20.

[19] KANG Z, CATAL C, TEKINERDOGAN B. Machine learning applications in production lines: a systematic literature review [J]. Computers & industrial engineering, 2020, 149: 106773.

第7章

高端制造风险应对与系统布局

以芯片产业为代表的高端制造业是关键性、引领性产业，与国家的信息安全息息相关，也是制造循环工业系统中保障循环畅通的重要一环。随着国际竞争态势的愈演愈烈，产业与科技的新一轮变革不断深化，高端制造业在急剧变化的内外部环境中面临着来自多方的风险和压力，这对企业运营管理及系统整体设计提出了新的挑战。在迈向第二个百年

章知识图谱　　　　说课视频

奋斗目标的关键阶段，面对国内外复杂多变的形势，确保以半导体芯片为核心的高端制造业产业链和供应链稳定顺畅，对于维护中国经济增长和国家安全至关重要。

为此，针对制约高端制造产业链发展的制约因素和"卡脖子"环节进行分析，识别并科学管理和应对高端制造业所面临的多层面风险，认知和理解循环工业系统中的风险提供基础理论依据和模型，深入探讨高端制造风险在制造循环工业系统中的传播机理，识别关键风险节点，设计量化风险指标，提高高端制造企业的风险应对能力，防止系统关键节点由于动态风险而造成突发断裂，进而影响系统整体稳定。在此基础上，从局部关键节点、宏观调控、长期整体战略布局和规划的角度，提升制造循环工业系统内循环的韧性以及外循环对内循环的依存度，为关键节点的"防卡""防阻"提供科学依据，制定科学的防卡机制设计和供应链机制设计，从系统规划的层面优化高端制造产业结构布局及产业链发展路径，防范高端制造风险，从而为高端制造业的发展和重点突破保驾护航，提升制造循环工业系统的循环质量，为制造循环工业系统的安全性提供关键支撑。

7.1 制造循环工业系统中的高端制造及风险应对

在上一轮国际化的商业大潮中，中国制造业取得了举世瞩目的成长。根据国家信息中心发布的消息，制造业增加值自 2012 年以来稳居全球第一。但整体而言，我国制造业利润率相对较低。一方面，在产业循环的核心环节，特别是高端制造业，如高端芯片、电子制造、消费电子、工业软件、高端数控机床等领域，自给率严重不足。另一方面，我国诸多行业在关键技术上往往受到限制，致使行业整体陷入利润低下的困境。对此，我国迫切需要突破关键技术和生产制造瓶颈，打破发达国家对我国工业制造的限制和约束。通过对高端制造领域的重点突破，带动全产业集群的飞跃。

制造业，特别是高端制造业，往往生产研发投入巨大、投产和研发周期长，且研发成功不确定性高。因此，行业参与者普遍面临巨大的经营风险。与此同时，高端制造业在双循环体系中驱动着诸多相关行业的发展，局部的风险传导至全局后可能变成整个制造循环工业系统的重大风险。美国对光刻机等芯片制造技术的封锁，造成了我国多家企业无"芯"可用，或被迫采用低端替代品。因此，识别及应对制造循环工业系统中的风险，特别是高端制造业的相关风险，已成为推进制造业发展、提升制造循环工业系统整体实力的一个重要环节。

7.1.1 制造循环工业系统中的高端制造

半导体芯片制造业是内在联系最为紧密的制造循环工业系统之一。半导体产业链由上游支撑产业、中游制造产业以及下游终端应用产业构成，其生产过程根据产业链的不同阶段可划分为数十个具体细分领域（如图 7-1 所示）。在半导体产业链的上游关键支撑产业包括半导体材料，例如硅晶圆、靶材、光刻胶等，以及包括单晶炉、CVD 设备、光刻机、封装检测设备等在内的半导体设备等。中游制造产业则涉及集成电路（IC）和分立元器件的生产。其中，集成电路（IC）可以分为数字电路和模拟电路两部分，下游终端应用产业覆盖了智能手机、新能源汽车、高铁、计算机、5G 通信、人工智能、物联网、生物识别等多个领域。

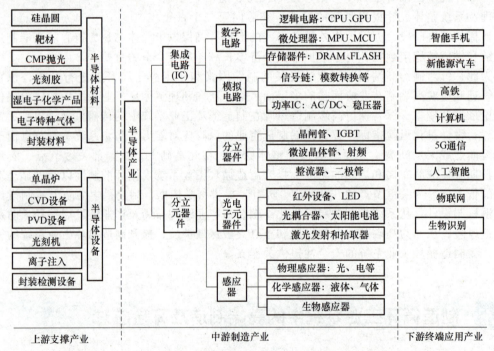

图 7-1　半导体产业链上下游

以打造一颗具备信号处理能力的芯片为例，其整个设计生产过程如同盖房子（见图 7-2），从图样设计、建筑材料、建筑施工、简装到验房，各个环节都不容轻忽，各个环节又紧密相连，哪一个环节出现问题都将导致产品性能下降，甚至产品生产失败。

半导体材料作为"材料、能源、信息"三大支柱的共同"基石"，也是半导体产业的"基石"。当前，第三代和第四代半导体材料和技术正在加速发展，已被广泛应用于 5G 移动通信、新能源汽车、自动驾驶、高效智能电网、工业电源、相控阵雷达、消费类电子产品等

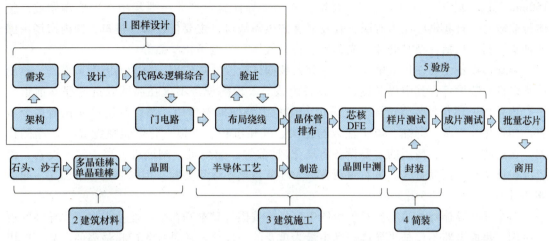

图 7-2 芯片制造流程类比

领域，有着不可替代的广阔应用前景。这些材料和技术不仅是人工智能、未来智联网等发展的核心关键元器件的材料基础，还催生了全球范围内的新一轮"科技竞赛"。

芯片制造设备和工艺是当今世界上最为复杂的一个工艺流程。芯片的生产过程环环相扣，包括从晶圆制造、前期芯片加工直至最后的封装与测试阶段，芯片制造流程如图 7-3 所示。如果在这些环节中任何一步落后，其都会成为制约国内芯片制造业发展的痛点。在芯片制造过程中，各个环节相互关联，缺一不可。晶圆制造是芯片制造的起点，它涉及硅晶圆的制备和切割等工序。前期芯片加工包括光刻、蚀刻、离子注入等关键步骤，这些步骤对芯片的性能和质量起着至关重要的作用。而封装测试则是确保芯片可靠性的最后一道关卡，它涉及芯片的封装和性能测试等环节。

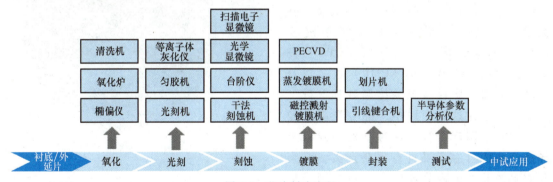

图 7-3 芯片制造流程

电子材料在芯片制造的各个环节中扮演着至关重要的角色。由于半导体产品的加工工序繁多，因此在制造过程中对电子材料的需求量极大。观察当前国内半导体产业的发展状况可以发现，芯片制造原料领域的差距比芯片设计、制造和封装测试等环节更为显著。事实上，芯片制造原料的发展速度甚至不如半导体装备。毫无疑问，电子材料对于促进整个半导体行业的发展至关重要。鉴于西方持续实施的技术封锁，位于产业链上游的半导体材料行业，在未来拥有巨大的潜力来发展本土产品。芯片制造原料的市场竞争格局高度集中，其中全球前五大制造商几乎占据了全球 95% 的 300mm 硅晶圆片、86% 的 200mm 硅晶圆片和 56% 的

150mm 及以下尺寸硅晶圆片的市场份额。我国半导体材料产业主要集中在中低端领域，整体行业较弱，自我供应能力有限，存在显著的供需缺口，主要依赖海外进口，国内市场由国外寡头控制，包括各型号硅片、光刻胶、特种气体、湿电子化学品等。

半导体设备主要在集成电路的制造和封装测试阶段发挥作用，分为晶圆制造设备、检测设备以及封装设备，其中以晶圆制造设备为核心。检测设备不仅在晶圆制造过程（前道工序）中使用，还在封装测试环节（后道工序）中发挥关键作用。晶圆制造过程包括多个步骤，如氧化、光刻、刻蚀、离子注入与退火、气相沉积、电镀、化学机械抛光以及晶圆检测。在这些步骤中，使用的主要设备有氧化/扩散炉、光刻机、刻蚀机、离子注入设备、薄膜沉积设备和检测设备等。虽然封测在三大环节占比中逐年萎缩，但和制造环节加在一起能够超过 50%。

在全球半导体行业的上游竞争版图中，目前美国、日本和荷兰的企业占据了主导性的市场份额。集成电路不仅是半导体产品中最为重要的一部分，还是技术门槛最高的产品。应用材料（Applied Materials）、阿斯麦（ASML）、泛林半导体（Lam Research）、东京电子（Tokyo Electron）和科磊（KLA Corporation）是该行业的领先企业。除 ASML 外，各家公司的产品线都相当广泛，并且前四家公司的营收均超过一百亿美元。2020 年行业前五大企业所占市场份额为 66%，而前十大公司占据了 78%，表明全球半导体设备市场的竞争格局高度集中，如图 7-4 所示。

统计数据显示，2019 年我国在半导体设备生产方面的国产率大约为 18.8%。这一比例包括集成电路、显示屏以及太阳能光伏等多种类型的半导体设备。当前我国在半导体设备制造领域取得了一些显著的突破。具体来说，我国企业在去胶设备、清洗设备、刻蚀设备、热处理设备、物理气相沉积（PVD）设备、化学气相沉积（CVD）设备、设备化学机械抛光（CMP）设备以及光刻涂胶和显影设备等关键领域都取得了重要进展。在这些领域中，部分产品已经成功实现了国产替代，这对于推动我国半导体产业的自主发展具有重要意义。但当我们具体关注国内集成电路设备的国产化

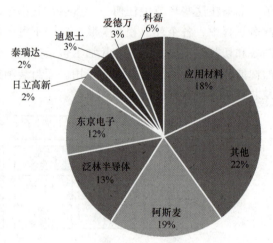

图 7-4　2020 年半导体设备竞争格局
（资料来源：CSIA）

进程时，发现国产率仅为约 8%，这一比例相对较低。总体来看，我国半导体产业的本土化率仍然较低（见表 7-1），这暗示着国产替代的空间依然广阔。为了提高国产化率，我们仍需继续努力，加大研发投入，提升技术创新能力，以期在半导体设备制造领域取得更多的突破，进一步减少对进口设备的依赖，推动我国半导体产业的健康、可持续发展。

集成电路产业链各环节附加值如图 7-5 所示，其中，设计与下游应用附加值最高，封测环节附加值最低。而我国集成电路产业目前更为依赖附加值低、劳动密集的封测领域，还未达到全面参与集成电路全球化分工的要求。与英特尔、三星等半导体领军企业相比，我国制

造企业相对落后且依赖进口。近年来，我国封测环节发展态势良好，但相关原料与高端设备仍依赖进口。我国虽着力发展设计业，但仍占据中低端市场，与美国的差距依然悬殊。

表 7-1　我国半导体设备自给情况

设备	年份	
	2016	2020
刻蚀设备	2%	7%
光刻设备	<1%	<1%
薄膜沉积设备	5%	8%
量检测设备	<1%	2%
清洗设备	15%	20%
离子注入设备	<1%	3%
CMP 设备	2%	10%
涂胶显影设备	6%	8%

纵观我国整个半导体制造行业，各个阶段都处于相对落后阶段，与国际先进水平存在明显的差距，为缩小这一差距，并推动我国半导体产业的快速成长，国家出台一系列政策支持半导体产业发展。这些政策涵盖了半导体产业链的多个环节，包括集中研发资源、提供政府补助、实施税收优惠措施、加强人才培养以及鼓励股权投资等。在 2018 年中美贸易冲突爆发之后，全球半导体行业的竞争格局发生了显著变化。国际半导体巨头已在我国构建大量技术壁垒，倒逼我国半导体产业必须实现跨越式发展，我国解决半导体"卡脖子"技术之心更

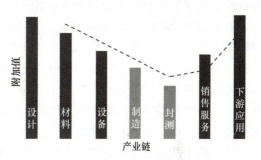

图 7-5　集成电路产业链各环节附加值
（资料来源：中国电子科技集团公司
发展战略研究中心）

加坚决。目前我国半导体产业政策更加下沉，新形势下我国半导体产业新的顶层设计规划有望出台，预计将会呈现出更加长期化、精准化、下沉化的特点，同时区域发展更为集中。

可喜的是，近年来我国半导体产业原料和设备的发展正在快速迎来突破，国内陆续涌现出一批有实力的制造企业，半导体材料、关键设备和核心技术的国产替代已成必然趋势。我国开始有意识地调整供应链，以分散潜在风险，并为国内半导体企业提供更多的发展机遇。2024 年我国在 EDA（电子设计自动化）、关键 IP（国际互连协议）、半导体设备、基础材料、核心零件等"卡脖子"领域的国产替代边际效应减弱。未来，我国的核心半导体技术的进展预计将提升至国际领先水准，其相关产品将能够满足产业链的安全供应需求，形成完整的产业能力，解除关键领域的瓶颈问题。

制造循环工业系统具有高风险、高能耗和重物流的特征。特别是高端制造业，不仅面临着来自内外循环的常规供需波动带来的风险，还需要面对自然灾害等重大不确定性事件对高度集中的产业链核心部分的冲击性风险，以及中美贸易摩擦背景下，美国针对芯片制造、通信、航空航天等高端制造业中的核心企业关键原料、部件、技术和销售渠道的恶意阻断风险。这些风险将对企业造成巨额损失，关系到国家产业升级的核心战略实施，甚至涉及国家

安全问题。在制造循环工业系统的日常管理及远期规划中，特别是在中美贸易摩擦的背景下，风险的识别及应对管理机制是不可或缺的重要环节。

7.1.2　高端制造业风险应对

研究制造循环工业系统，特别是高端制造业的风险，需要分析制造循环工业系统的网络结构特点、风险来源与特点，以及风险应对方式。

（1）制造循环工业系统的网络结构特点　首先，制造过程中存在着复杂的合成（制造）及替代关系。因此，制造循环工业系统的网络结构与传统的供应链网络、交通及物流网络、社交网络有着本质的区别。现代生产制造，特别是高端制造业中的工业品制造，对应的物料清单极其庞大，存在大量可部分替代的原料及部件。例如，在华为等厂家的手机制造过程中，包含了百道工序，以及上千件因环保和性能要求而存在双向或单向替代关系的部件。其次，网络结构极其庞大，存在着相互制约、相互依存的循环关系。现代制造业普遍处于相互依存、相互竞争的内外循环体系中。产品制造过程非常复杂，需要多个国家、多个产业的精密合作，高端制造业在此方面尤为突出。例如，埃森哲的联合报告显示，单个计算机芯片的生产通常需要1000多个步骤，通过边界70次或更多次，才能到达最终客户手中。再次，高端制造业的决策周期往往极长，有着复杂的、长期的、非线性时空演化过程。制造业普遍存在投资周期长、利润回收期长的问题。在高端制造业，由于技术升级换代频繁、研发投入巨大、研发周期长且不确定性高，企业往往面临着巨大的决策风险。例如，手机行业的诺基亚、索尼等巨头都曾因决策方向失误而造成业务一蹶不振。此外，网络中存在大量的非线性传导关系。例如，资金对技术的投入与生产规模上的投入存在叠加和乘法效应。在制造业中有着明显的生产规模效应，使得资金投入与利润产出之间存在显著的非线性关系。最后，高端制造业工业系统网络韧性普遍较差。由于技术壁垒的存在，高端制造业中的关键部件和技术难以短时间内寻找到合适的替代品或替代路线。关键部件的生产商出于生产规模化和技术保密的需求，普遍将其核心生产部门集中，从而造成系统对局部地质灾害的抵御能力较差。

（2）制造循环工业系统的风险来源与特点　制造循环工业系统的风险主要来自常规的市场波动和随机性带来的经营性风险、重大不确定事件带来的冲击性风险、双循环体系中多方博弈，甚至恶意阻断行为带来的对抗性风险，以及长远决策中由于难以准确预测未来而带来的动态决策风险。其中，常规的市场波动虽然具有较好的可预测性，但由于整体制造循环工业系统网络存在复杂的相关性，给整体风险的评估和应对带来了困难。重大不确定事件带来的后果往往极其严重，但属于小概率事件并难以预测准确。诸如海啸等重大不确定事件，首先会对工业系统的局部产生巨大冲击；随后，由于制造循环工业系统相互依存的关系，冲击将逐渐传导至系统中的多个关联节点。在企业的竞争中，恶意竞争乃至阻断对方获取关键部件和技术的商业行为时有发生，例如，日本政府曾于2019年宣布对出口韩国的半导体工业材料加强审查和管控，并将韩国排除在贸易"白色清单"以外。近年来，由美国发起的针对我国高端制造业核心企业的技术和贸易禁运不断发生，已对我国造成了严重的实质性后果。例如，美方对华为的禁运造成了其手机、X86服务器等多项业务的业绩严重下滑，致使其2021年上半年营收同比下滑29.4%。此类风险主要集中于高端制造业的关键环节，来源于对抗性的博弈行为。最后，由于制造业特别是高端制造业投产和研发周期长、技术瓶颈门槛高，往往需要长期的积累才能形成真正的突破。其漫长的决策和运营周期，容易造成决策时对未来预期的严重误差和分歧，给远期规划和战略布局带来了严峻的挑战。

（3）制造循环工业系统的风险应对方式　由于制造循环工业系统中错综复杂的依存关系，风险往往并不局限于某单一企业或行业，而是对整体系统造成严重冲击。对此，风险应对也不应局限于企业本身。具体的应对方式和形式多种多样，主要聚焦于：政府、行业和企业各方通过远期规划和柔性布局，提升系统长期的韧性；通过深度嵌入制造循环工业系统的外循环体系并提升对方对我方关键节点的外贸依存度，来提高对方采取阻断行为时的阻力；政府通过政策引导社会力量，进一步拓宽投资、研发等渠道来帮助改善系统韧性并形成局部重点突破；企业和行业在关键节点通过提前备货、设计替代技术方案和替代产品及原料方案等，提升时间和空间维度的冗余设计。

在如此激荡的时代背景下，本章后文将关注制造循环工业系统的供需风险识别与管理机制设计。首先，研究如何识别系统供需网络中的关键风险节点以及整体系统性风险。针对风险特性，建立风险在系统中的作用及演化传导机理，构建相关的风险及韧性指标。其次，识别高端制造业中的关键节点，设计合理、全面的应对机制，提供关键风险节点识别及风险应对管理方法。最后，通过柔性和整体布局规划，提升非可控关键产品和技术的替代性，以及快速的转产能力。从远期预防的角度提升制造循环工业系统的韧性。

7.2　高端制造业中的风险识别与传播

在制造循环系统中，高端制造业如半导体芯片制造等，不仅是技术密集型行业的代表，还面临众多风险。为了提高高端制造企业应对这些风险的能力，本节首先对这些风险进行分类和识别，然后探讨这些风险在制造循环工业系统中的传播机理。

7.2.1　高端制造业中的风险分类与识别

以半导体芯片为代表的高端制造业，在技术研发和供需平衡等方面存在巨大的风险，对风险进行分类，建立识别机制分析，对提高高端制造企业的风险应对能力尤为重要。

高端制造业的风险主要分为两大类：不对称性风险和随机风险。不对称性风险源于信息不对称，如供应链中的信息不透明；而随机风险则来自生产过程和市场需求的不确定性。对于这些风险的识别，涉及风险感知和风险分析两个方面。风险感知是关于企业如何及时发现潜在的风险点，而风险分析则进一步深入探讨这些风险点的具体影响和可能的后果。通过系统的风险分类和详尽的风险识别机制，高端制造企业能够更加精确地制定出应对策略，从而保证生产的稳定和持续。

1. 高端制造中的风险分类

集成电路是数字经济时代典型的"卡脖子"产品。在面临外部遏制的背景下，集成电路关键核心技术突破面临先行者底层技术生态壁垒和供应链脱钩威胁，由于先发者生态位优势，后发赶超者通过跟进式创新突破"卡脖子"困境并形成战略均势的对称竞争路径往往被阻断，表现出非对称的竞争和风险关系。此外，随机因素如自然灾害、供应链中断、技术变革和市场需求变化等也会给企业带来不可预测的风险。因此，高端制造业在面对技术研发、供需平衡和随机因素等方面都需要进行全面的风险分析，并制定相应的风险管理策略，以确保企业的持续发展和稳健经营。

（1）**不对称性风险**　在高端制造领域，信息不对称是一个重要的风险因素，这包括供应商和制造商之间关于产品质量、成本、交货时间等关键信息的不平等。例如，供应商可能隐瞒其生产能力或产品质量问题，而制造商则可能无法完全了解这些信息。博弈分析中，非对称竞争首先来源于信息的不对称，而参与者在博弈过程中事实上处于非对称的竞争状态，除了信息不对称之外，还包括资源和能力的不对称，这种不对称性导致了非对称风险的存在。一方面，处于劣势地位的企业可能面临着更大的风险，因为其在竞争中处于相对弱势的位置；另一方面，领先者则可能面临着较低的风险，因为其在市场上拥有更多的资源和能力，使其更具竞争优势。

因此，非对称竞争和非对称风险之间存在着相互关系，竞争的不对等往往会带来风险的不对等，进而影响博弈的结果和参与者的决策，容易导致逆向选择和道德风险问题，即一方利用对另一方信息的优势来做出对自己有利但对对方不利的决策。

1）**逆向选择**是指当一方拥有比另一方更多的信息时，这种信息优势可能导致资源配置效率低下。在高端制造中，如果制造商或供应商掌握了关键技术或产品质量的私有信息，而另一方无法获取这些信息，就可能导致资源被错误地分配给非最佳选择者。在技术创新中，信息不对称可能导致高实力水平企业被"驱逐"出市场，从而降低整个技术市场的供给水平。

2）**道德风险**是指当一方认为另一方无法完全信任时，可能采取会损害双方利益的行为。在制造外包的情况下，由于信息不对称，承包商可能会采取措施减少其努力程度，因为它们知道即使表现良好也不会得到相应的奖励。这种情况下，制造商需要通过增加信息搜索成本、建立供应商信息库等方式来改变信息劣势的地位，以促使承包商共享私有信息，达到信息对称。

不对称风险不仅影响企业内部的资源配置效率，还对整个供应链的稳定和竞争力产生了负面影响，甚至引发决策失误。例如，当供应商和制造商之间存在信息不对称时，制造商可能无法准确判断供应商的真实需求和成本信息。此外，信息不对称还可能导致供应链成员在面对供应风险和交货期压力时，无法通过合同设计来最大化自身利润。为了降低这些风险，合同设计和风险共担机制成为一种有效的策略。

1）**风险共担契约**。通过设计合理的风险共担契约，可以使供应链各方共同承担风险，从而减少个别主体因风险而产生的过度保守行为。例如，通过设定成本分担比例，可以激励供应商在面对成本不确定时采取更积极的策略。

2）**激励机制**。激励机制可以通过合同设计来实现，如设置固定支付加上绩效相关的奖金，以此来激励供应商和采购方在保证质量的同时努力提高效率和降低成本。此外，引入第三方评估机构或利用技术手段进行风险监控，也可以有效地减少信息不对称带来的负面影响。

3）**协同创新与收益分配机制**。在面对技术创新和产品升级的风险时，通过建立基于相对风险分担的收益分配机制，可以增强企业参与协同创新的意愿，同时确保收益与风险相匹配，从而激励企业投入更多资源进行创新活动。

在战略管理领域，在资源和能力相对于领先者处于劣势的情况下，面对非对称竞争和风险，可以通过非对称优势的建立和聚焦、通过对多种资源和策略的组合而另辟蹊径，最终避免与现有对手直接竞争或者达到不竞争状态。

（2）随机风险 高端制造业生产对全球供应链的高度依赖是其面临的重要特征之一，涵盖了原料、设备和技术等多个方面，使得企业在生产过程中容易受到外部环境变化、市场波动或突发事件等不可预测因素的影响，使得风险具有突发性和不确定性，进而影响企业的生产计划和产品交付，企业难以应对和控制，可能会造成严重的损失。高端制造中的随机风险多样且复杂。

1）市场波动。这类风险主要涉及市场需求的不确定性、竞争环境的变化，以及客户偏好的波动等因素。市场风险的特点是其不确定性较高，对企业的长期发展和短期运营都可能产生重大影响。

2）外部环境风险。如政策法规变化、自然灾害等，这些风险的特点是不可预测性强，对企业的影响范围广泛，处理起来相对困难。

3）安全风险。在生产环境中，安全风险是一个重要考虑因素。这包括设备故障、操作失误、火灾事故等，这些风险一旦发生，可能会导致严重的人员伤亡和财产损失。

4）供应链风险。供应链中的原料价格波动、交货时间延迟或中断都可能导致生产计划的调整。此外，高科技供应链的复杂性也增加了预测和控制的难度。

5）内部生产过程的不确定性。生产过程中的各种变量如设备故障、工人技能水平、原料质量等，都可能影响生产效率和产品质量。这些内部因素的不确定需要通过有效的生产管理和质量控制来缓解。

在高端制造业中，企业面临的外部环境变化和不确定要求其采取多种手段和策略来建立一个灵活、弹性的供应链和组织结构，以提高风险应对能力和适应性。

1）建立完善的风险管理机制。全面的风险管理框架包括识别、评估和控制潜在风险。通过实施有效的风险管理政策和程序，以更好地预防和减轻风险带来的影响。

2）利用技术提升风险监控和预警能力。采用先进的数据采集技术，如传感器和监控设备，可以实时监控生产过程中的各种参数，从而及时发现异常情况并进行预警，有助于在问题发生前就采取措施，避免或减少损失。

3）强化供应链的弹性和韧性。在全球化背景下，供应链的稳定性至关重要，通过多元化供应商、增加库存等方式增强供应链的弹性，以应对可能的供应中断或其他不确定因素发生。

4）推动产业升级和技术创新。随着全球制造业向高端化、智能化转型，推动产品和技术的创新，不仅可以提升产品竞争力，还可以通过新技术降低生产过程中的风险。

5）构建安全可靠的信息系统。在数字化和网络化日益增强的今天，保护信息系统的安全是防范风险的关键，建立健全的信息安全管理体系，确保数据安全和业务连续性。

2. 高端制造中的风险识别

风险识别是高端制造企业管理中的重要环节，它需要企业不断加强对外部环境和内部因素的感知，及时发现和识别潜在风险。同时，风险分析是对潜在风险进行系统评估和分析的过程，为企业制定有效的风险管理策略提供依据和支持。风险识别和风险分析之间相互协同、循环迭代，为高端制造企业制定风险管理策略和决策提供了重要的信息和依据，共同构成企业健全的风险管理体系，可以更好地应对外部环境的变化和不确定性，保障企业的稳健发展。

（1）风险识别 首先，以芯片产业为代表的高端制造业正面临着外部环境变化的日益复杂挑战，涵盖了技术、市场、政策等多个方面的因素。风险识别是指对潜在风险因素进行全面、系统地分析和识别的过程，其对象包括来自内外部环境的各种风险，如技术风险、市场风险、供应链风险等，企业必须及时感知和识别潜在的风险，以免遭受可能对企业发展造成的不利影响。

为此，企业可以采取监测市场动态、竞争对手行为、供应链情况等多种方式作为风险识别机制，建立起对风险因素进行及时监测、分析和评估的管理机制和体系，包括建立健全的风险管理团队、明确风险识别的责任和流程、加强信息收集和交流渠道等，以识别外部环境的变化并预测可能带来的风险，确保对潜在风险的敏感和及时反应。

（2）风险分析 在此基础上，风险分析是对潜在风险进行系统研究和评估的过程，旨在确定风险的来源、性质、影响程度和可能性，为制定有针对性的风险管理策略提供依据。在高端制造业中，风险分析的对象包括技术风险、市场风险、供应链风险等各个方面，需要综合考虑外部环境和内部因素的影响。风险分析可以采用多种方法和工具，包括 SWOT 分析、PEST 分析、风险矩阵、事件树分析等，通过定量和定性的手段评估和分析各类风险，为企业制定有效的风险管理策略提供支持。

1）SWOT 分析。SWOT 分析是一种战略规划工具，用于评估企业的内部优势（Strengths）和劣势（Weaknesses），以及外部机会（Opportunities）和威胁（Threats）。这种分析方法帮助企业在制定战略时能够更好地理解自身的资源和环境，从而做出更加明智的决策。通过 SWOT 分析，高端制造企业可以更好地理解自身的竞争地位，明确发展方向，并制定相应的策略来应对各种内外部挑战。这不仅有助于企业抓住市场机会，还能有效规避潜在风险，从而实现可持续发展。

2）PEST 分析。PEST 分析是一种战略管理工具，用于评估企业外部宏观环境的影响。这种分析方法涉及四个主要方面：政治（Political）、经济（Economic）、社会（Social）和技术（Technological）因素。通过 PEST 分析，企业能够识别和理解外部环境中的机会与威胁，从而更好地制定战略决策和应对策略。

3）风险矩阵。通过定义风险发生的可能性和后果的严重程度，将风险绘制在矩阵图中，以此来展示和排序风险。风险矩阵通常包括两个主要维度：风险发生的可能性（即风险发生的概率）和风险发生后的影响或后果的严重性。这种评估方法可以是定性的，也可以是半定量或定量的，具体取决于可用的数据和分析方法。在实际应用中，风险矩阵可以帮助识别和优先处理那些可能对项目或企业造成重大影响的风险。例如，通过 Borda 方法和权值法等，可以更精确地评估风险的重要性和紧急程度，从而制定相应的应对策略。

通过深入分析和评估潜在风险，企业可以更好地理解自身面临的挑战和机遇，从而制定相应的战略规划和应对措施，提高应对风险的能力和效率，保障企业的可持续发展。

7.2.2 高端制造业风险在制造循环工业系统中的传播机理

在当今复杂多变的商业环境中，风险无处不在。对于高端制造业而言，有效地识别、评估和管理风险是确保生产稳定性和产品质量的重要前提。随着制造业的不断发展和进化，制造循环工业系统成为一种新兴的生产组织形式，它强调资源的循环利用、高效的制造过程和可持续发展。然而，制造循环工业系统的复杂性也带来了多样化和相互关联的风险，给管理者带来了新的挑战。因此，深入理解高端制造风险在制造循环工业系统中的传播机理，并掌握系统的风险管理方法，成为现代制造业管理者必备的技能。

1. 制造循环工业系统中的风险相关性

在现代工业体系中，制造循环工业系统成为一种重要的生产组织形式，它强调资源的循环利用、高效的制造过程和可持续发展。然而，随着制造循环工业系统的复杂性不断增加，其中的风险因素也日益多样化和相互关联，有效管理这些风险成为管理者面临的重要挑战。因此，理解和管理制造循环工业系统中的风险成为制造业管理课程中的关键内容。本节重点探讨制造循环工业系统中的风险相关性，包括分散组合风险和关联风险，帮助读者掌握系统的风险管理方法和策略。

（1）分散组合风险。多样性带来的挑战　分散组合风险是指在制造循环工业系统中，由于不同制造环节和参与者的多样性而产生的风险。这种风险通常与供应链风险密切相关，因为供应链中的每个成员都有可能成为风险来源。分散组合风险的关键特征是风险独立，即不同风险之间通常不存在直接的关联。有效管理分散组合风险是制造业管理者需要掌握的重要技能之一。

1）分散组合风险来源。分散组合风险主要来源于以下几个方面：

① 供应商风险。供应商是制造循环工业系统中重要的上游合作伙伴。供应商的生产能力、质量控制、财务稳定性、合规性等因素都可能影响整个供应链。例如，如果某一供应商无法按时交付产品或产品质量出现问题，可能会导致下游制造商的生产中断或产品质量下降。因此，管理者需要关注供应商的选择、评估和监控，以降低供应商风险。

② 客户风险。客户是制造循环工业系统的最终需求方，其行为和决策也会带来风险。客户需求的变化、支付能力、合同违约等都可能影响制造商的业务。例如，如果某一客户突然取消订单或延迟付款，可能会影响制造商的现金流和生产计划。因此，管理者需要了解客户需求、财务状况和信用风险，并制定相应的风险管理策略。

③ 合作伙伴风险。在制造循环工业系统中，制造商通常与多个合作伙伴合作，包括原料供应商、物流公司、研发机构等。这些合作伙伴也可能带来风险。例如，技术泄露、知识产权纠纷、合作中断等都可能对制造商造成影响。因此，管理者需要评估合作伙伴的风险，制定合作协议和应急计划，以减少合作伙伴风险。

④ 外部环境风险。政治、经济、法律、自然灾害等外部环境因素也可能影响制造循环工业系统。例如，贸易政策变化可能影响原料的进口，而自然灾害可能导致制造商的生产设施受损。因此，管理者需要关注外部环境风险，并制定相应的应急策略。

2）分散组合风险管理策略。分散组合风险管理策略主要包括多样化、风险转移和风险监控。

① 多样化。多样化是分散组合风险的重要策略。管理者可以通过选择多样化的供应商、客户和合作伙伴来降低风险。例如，制造商可以同时选择多个供应商，并根据其表现和风险情况进行动态调整，以确保供应链的稳定性。多样化还可以应用于客户和合作伙伴的选择，以降低单一来源带来的风险。

② 风险转移。风险转移是指将风险转移到其他方承担。在分散组合风险中，管理者可以通过保险、合同或金融工具等方式来转移风险。例如，制造商可以通过购买保险来转移自

然灾害带来的风险，或通过合同条款来转移合作伙伴违约带来的风险。风险转移可以帮助管理者降低风险带来的财务损失和业务影响。

③ 风险监控。风险监控是分散组合风险管理的重要环节。管理者需要建立风险监控系统，及时识别和评估潜在风险。例如，管理者可以定期评估供应商的财务状况、生产能力和质量控制水平，以确保供应链的稳定。风险监控还可以应用于客户、合作伙伴和外部环境风险，帮助管理者及时发现风险并采取应对措施。

（2）关联风险：系统性风险管理　关联风险是指在制造循环工业系统中，由于不同制造环节之间的关联性而产生的风险。这种风险通常与系统性风险密切相关，因为关联风险可能导致风险在系统中传播和放大，对整个系统造成影响。有效管理关联风险是制造业管理者面临的另一项重要挑战。

1）关联风险来源。关联风险主要来源于以下几个方面：

① 制造环节之间的关联。在制造循环工业系统中，不同制造环节之间通常存在紧密的关联。例如，某一制造环节的产品质量可能影响下游环节的生产效率或产品质量。如果某一环节出现问题，可能会导致整个系统生产的中断或效率下降。因此，管理者需要关注制造环节之间的关联性，并制定相应的风险控制策略。

② 信息和数据共享风险。在现代制造循环工业系统中，信息和数据共享变得越来越普遍。然而，信息和数据共享也可能带来风险。例如，数据泄露、信息错误或网络攻击等都可能对系统造成影响。因此，管理者需要关注信息和数据共享带来的风险，并制定安全策略和应急计划。

③ 共同的外部因素。制造循环工业系统中的不同成员可能受到共同的外部因素影响，包括经济周期、市场需求变化、监管政策等。这些外部因素可能导致风险在系统中传播和放大。例如，经济衰退可能导致下游客户的需求下降，进而影响上游供应商的订单量和现金流。因此，管理者需要关注外部因素带来的关联风险，并制定相应的应对策略。

2）关联风险管理策略。关联风险管理策略主要包括风险识别、风险评估、风险控制和风险监控与应急管理。

① 风险识别。识别关联风险的第一步是了解制造循环工业系统的结构和各个环节之间的关联性。管理者需要通过系统分析和建模来识别关键的关联风险点。例如，绘制系统图来显示信息和材料流动，从而发现潜在的风险点。此外，管理者还可以利用数据分析技术来识别隐藏的关联风险。

② 风险评估。在识别出关联风险点之后，管理者需要评估这些风险的可能性和影响。风险评估可以通过定性或定量方法来进行。定性评估可以帮助管理者对风险进行优先级排序，而定量评估则可以通过概率论和统计学的方法来量化风险。通过风险评估，管理者可以更好地了解关联风险的严重性并制定相应的应对策略。

③ 风险控制。风险控制是关联风险管理的重要环节。管理者需要制定风险控制策略，包括风险预防、风险缓解和风险转移等。风险预防是指通过改进流程、提高质量控制等方式来降低风险发生的可能性。风险缓解是指在风险发生时采取措施减少风险的影响。风险转移则可以通过保险、合同或金融工具等方式将风险转移给其他方承担。

④ 风险监控与应急管理。关联风险可能随时发生变化，因此管理者需要建立风险监控系统，及时发现风险的变化并采取相应措施。此外，管理者还需要制订应急管理计划，包括

应急响应程序、应急资源准备和应急演练等。通过风险监控与应急管理，管理者可以有效地应对关联风险带来的挑战。

（3）分散组合风险与关联风险综合管理　在实际的制造循环工业系统中，分散组合风险和关联风险通常同时存在，并且可能相互影响。因此，管理者需要综合管理这两类风险。

1）风险评估与风险优先级排序。管理者需要对分散组合风险和关联风险进行综合评估，并根据风险的可能性、影响和严重性进行优先级排序。通过风险优先级排序，管理者可以集中资源和精力应对更重要的风险，提高风险管理效率。

2）风险控制策略选择与实施。在风险控制策略的选择和实施方面，管理者需要考虑分散组合风险和关联风险的差异。对于分散组合风险，管理者通常可以通过多样化和风险转移来降低风险。对于关联风险，管理者则需要关注风险控制策略在系统中的传播和放大效应。管理者需要选择适当的风险控制策略组合，以有效管理这两类风险。

3）风险监控与应急管理协调。风险监控与应急管理是分散组合风险和关联风险管理的重要环节。管理者需要建立协调的风险监控系统，及时发现这两类风险的变化并采取相应措施。此外，管理者还需要制订综合的应急管理计划，包括分散组合风险和关联风险的应急响应程序、资源准备和演练等。

2. 高端制造风险传播机理

在高端制造业中，风险管理是确保生产稳定性和产品质量的关键环节。随着制造循环工业系统的发展，高端制造业的风险传播机理成为制造业风险管理领域的重要研究课题。在本节中，我们将重点探讨高端制造风险在制造循环工业系统中的传播机理，包括风险传递和传播动力学，帮助读者理解风险如何在系统中传播和扩散，从而为风险管理提供理论基础。

（1）风险传递：高端制造风险的相关性　风险传递是指高端制造风险在制造循环工业系统中不同制造环节和参与者之间的传播。高端制造业的风险通常具有相关性，即某一风险可能影响其他环节或参与者。风险传递是高端制造风险传播机理的重要组成部分，理解风险传递的机理有助于我们识别和管理风险。

1）风险传递的来源。风险传递主要来源于以下几个方面：

① 供应链风险传递。在制造循环工业系统中，供应链是重要的组成部分。供应链中一个成员的风险可能传递到其他成员。例如，供应商的产品质量风险可能影响制造商的生产，制造商的生产风险可能影响下游分销商的销售。因此，管理供应链风险是风险传递管理的重要方面。

② 信息和数据共享风险传递。在现代制造循环工业系统中，信息和数据共享变得越来越普遍。然而，信息和数据共享也可能带来风险传递。例如，数据泄露或信息错误可能影响多个制造环节，甚至导致知识产权纠纷或网络攻击等风险。因此，管理信息和数据共享风险是风险传递管理的关键。

③ 外部环境风险传递。政治、经济、法律、自然灾害等外部环境变化可能导致风险传递。例如，贸易政策变化可能影响原料的供应，进而影响制造商和分销商的业务。自然灾害可能导致制造商的生产设施受损，影响整个供应链。因此，管理外部环境风险也是风险传递管理的重要内容。

2）风险传递的管理策略。风险传递的管理策略主要包括风险识别、风险评估和风险控制。

① 风险识别。识别风险传递的第一步是了解制造循环工业系统的结构和各个环节之间的关联性。管理者需要通过系统分析和建模来识别风险传递的路径和关键点。例如，绘制供应链图或信息流动图可以帮助管理者识别风险传递的路径。

② 风险评估。在识别出风险传递的路径和关键点之后，管理者需要评估这些风险的可能性和影响。风险评估可以通过定性方法或定量方法来进行。定性评估可以帮助管理者对风险进行优先级排序，定量评估则可以通过概率论和统计学的方法来量化风险。

③ 风险控制。风险控制是管理风险传递的关键。管理者需要制定风险控制策略，包括风险预防、风险缓解和风险转移等。风险预防是指通过改进流程、提高质量控制等方式来降低风险发生的可能性。风险缓解是指在风险发生时采取措施减少风险的影响。风险转移则可以通过保险、合同或金融工具等方式将风险转移给其他方承担。

（2）传播动力学：高端制造风险的扩散与演变　传播动力学是指高端制造风险在制造循环工业系统中随时间和过程传播和扩散的规律。理解传播动力学有助于我们预测和管理风险的传播，并采取及时的风险应对措施。

1）传播动力学的基本概念。传播动力学主要研究风险如何随时间和过程在系统中传递和扩散。它涉及风险传播的速率、范围、强度和模式等方面。理解这些基本概念有助于我们建立风险传播模型，并制定有效的风险管理策略。

① 传播速率。传播速率是指风险在系统中传播的速度。不同的风险可能有不同的传播速率，例如，信息和数据共享风险的传播速率可能很快，而供应链风险的传播速率可能相对较慢。

② 传播范围。传播范围是指风险在系统中传播的广度。风险可能影响单个制造环节，也可能影响整个供应链或制造循环工业系统。

③ 传播强度。传播强度是指风险在系统中传播的影响程度。不同的风险可能有不同的传播强度，例如，自然灾害风险可能对制造设施造成严重损坏，而信息泄露风险可能对企业声誉造成长期影响。

④ 传播模式。传播模式是指风险在系统中传播的路径和方式。风险可能通过线性传播、网络传播或混合传播等不同模式在系统中传播。了解风险的传播模式有助于我们制定有效的风险控制策略。

2）传播动力学的研究方法。传播动力学的研究方法主要包括建模与仿真、数据分析和案例研究等。

① 建模与仿真。建模与仿真是指使用数学模型和计算机仿真技术来模拟风险在系统中传播的过程。管理者可以通过建模与仿真来预测风险的传播路径和影响，并测试不同的风险管理策略。

② 数据分析。数据分析是指使用数据挖掘、机器学习等技术来分析风险传播的数据。管理者可以通过数据分析来识别风险传播的规律和模式，并预测风险的传播趋势。

③ 案例研究。案例研究是指对高端制造风险传播的实际案例进行分析和研究。管理者可以通过案例研究来了解风险传播的具体过程和影响，并总结风险管理策略的经验教训。

（3）高端制造风险的综合管理：考虑风险传递和传播动力学　在实际的高端制造业中，风险传递和传播动力学通常同时存在，并且可能相互影响。因此，管理者需要综合考虑这两方面来管理高端制造风险。

1）风险传递和传播动力学的相互作用。风险传递和传播动力学可能相互影响和强化。例如，风险传递可能导致风险在系统中扩散，而传播动力学则可能影响风险传递的速率和范围。因此，管理者需要综合考虑这两方面来制定风险管理策略。

2）风险管理策略的选择与实施。在风险管理策略的选择和实施方面，管理者需要考虑风险传递和传播动力学的差异。对于风险传递，管理者通常需要关注风险的相关性和系统性影响。对于传播动力学，管理者则需要关注风险传播的速率、范围和强度等方面。管理者需要根据风险传递和传播动力学的具体情况选择适当的风险管理策略组合，以有效管理高端制造风险。

3）风险监控与应急管理的协调。风险监控与应急管理是高端制造风险管理的重要环节。管理者需要建立协调的风险监控系统，及时发现风险的变化并采取相应措施。此外，管理者还需要制订综合的应急管理计划，包括风险传递和传播动力学带来的风险的应急响应程序、资源准备和演练等。

7.3 高端制造"防卡"机制设计与系统布局

芯片制造业作为现代工业的核心部分，其发展水平和创新能力直接关系到国家的经济竞争力。然而，芯片制造业面临的风险环境复杂多变，识别出其中存在的关键节点风险，包括技术风险、供应链风险和市场风险等，并进行有效的风险管理，不仅能够保障企业的持续发展，还能提升整个产业的抗风险能力。本节将详细探讨芯片制造业的关键风险节点识别与治理，并在此基础上提出关键节点"防卡"机制设计和产业布局的方法理论和工具。

7.3.1 关键风险节点识别与治理

为提高循环系统的韧性，本节内容关注如何识别制造循环工业系统供需网络中的关键风险节点以及风险应对管理办法。识别关键风险节点，特别是高危阻断节点、链接的集合是认识及应对中美贸易摩擦环境下的高端制造业风险的基础，美国商务部的"卡脖子"名单从软件、硬件、原料、消费端各角度对我国集成电路等高端制造行业的领先企业进行了阻断行为。

1. 关键节点的识别与关联

（1）关键风险节点的内涵和定义　关键风险节点是指在芯片制造业中可能引发重大不利后果的关键点。这些节点的识别和管理对于企业和整个产业的风险控制至关重要。关键风险节点可以分为以下几类：

1）技术风险。技术风险是芯片制造业中最为核心的风险之一。它包括技术研发失败、技术更新滞后、技术泄密等。

① 技术研发失败。芯片制造业高度依赖技术创新，技术研发失败可能导致企业在市场竞争中失去先机。例如，新一代芯片的研发失败可能导致企业无法满足市场对高性能芯片的需求，从而失去市场份额。

② 技术更新滞后。在快速发展的芯片制造业中，技术更新滞后可能使企业无法跟上行

业发展的步伐。例如，竞争对手推出了更先进的芯片技术，而企业的技术更新滞后可能导致产品在性能和成本上处于劣势。

③ 技术泄密。技术泄密可能导致企业的核心竞争力丧失。例如，企业的关键技术被竞争对手获取，可能导致市场份额的丧失和利润的下降。

2）供应链风险。供应链风险是指在供应链管理过程中可能出现的各种问题，包括供应商破产、原料短缺、物流中断等。

① 供应商破产。供应商破产可能导致企业无法获得所需的原料，从而影响生产进度。例如，某关键原料的唯一供应商破产，可能导致企业无法按时交付产品。

② 原料短缺。原料短缺可能导致企业的生产计划受到影响。例如，某种稀有金属的供应短缺，可能导致芯片制造过程中出现瓶颈。

③ 物流中断。物流中断可能影响企业的生产和交付。例如，国际贸易摩擦或自然灾害导致的物流中断，可能影响芯片的生产和交付。

3）市场风险。市场风险是指由于市场环境的变化而导致的风险，包括市场需求波动、竞争对手威胁、客户流失、政策变化、国际贸易摩擦等。市场需求波动可能导致企业的销售额和利润大幅波动，而竞争对手的威胁和客户流失则可能使企业在市场竞争中处于不利地位。

① 市场需求波动。市场需求波动可能导致企业的销售额和利润大幅波动。例如，某一特定应用领域的需求突然下降，可能导致相关芯片产品的销售下滑。

② 竞争对手威胁。竞争对手威胁可能使企业在市场竞争中处于不利地位。例如，竞争对手推出了更具性价比的芯片产品，可能导致客户转向竞争对手。

③ 客户流失。客户流失可能导致企业的市场份额下降和利润减少。例如，某大客户因不满产品质量或服务而转向其他供应商，可能对企业的销售产生重大影响。

④ 政策变化。政策变化可能影响企业的经营环境。例如，政府对芯片制造行业的补贴政策发生变化，可能影响企业的成本和利润。

⑤ 国际贸易摩擦。国际贸易摩擦可能影响企业的出口业务。例如，某国对芯片产品加征关税，可能导致企业的出口成本增加。

（2）关键风险节点识别方法　该问题的本质是识别在网络中哪些节点受到影响时将会最大限度地影响网络的连通性和稳定性。在制造循环工业系统中，将各企业或环节相互之间的供需关系以及材料和信息的流动规律抽象成复杂网络结构，用随机优化模型及分布式鲁棒优化模型评估常规随机风险和重大不确定事件的风险，用敏感性分析技术建立风险指标，以定位关键风险节点。

随机风险的发生具有不确定性，由于制造循环工业系统的组织特性，其可能的来源包括生产运作、市场、经济周期以及意外灾祸等方面。这类风险的概率分布往往可以根据专家经验或历史数据分析等方法进行估计。其中，通过对历史数据和实时数据的分析，可以识别出潜在的风险。例如，通过对企业生产数据的分析，可以识别出生产过程中的瓶颈和潜在的技术风险；通过对供应链数据的分析，可以识别出供应链中的薄弱环节和潜在的供应链风险。数据分析的方法包括统计分析、数据挖掘和机器学习等。统计分析可以帮助企业识别出数据中的异常值和趋势，从而识别出潜在的风险节点。数据挖掘可以通过对大量数据的挖掘，发现隐藏的模式和关系，从而识别出潜在的风险节点。机器学习可以通过对历史数据的学习，预测未来的风险变化，从而识别出潜在的风险。

可以假设随机风险的不确定参数服从某个已知分布，通过随机优化模型来评估风险的影响。该随机优化模型可以看作两阶段优化问题：第一阶段是随机风险的实现；第二阶段基于不确定性消失后的现状做出灵活调整，最大化系统的期望产出。对于难以预测的重大不确定性事件，这类风险可能对整体系统稳定性产生巨大影响，因此决策者需要从最坏情况防范这类风险。可以假设此类风险的分布函数属于某个分布不确定集合，利用分布式鲁棒优化模型，决策者基于风险可能产生的最坏情况做出最优决策，从而提供系统的稳健性（鲁棒性）。由于重大不确定事件历史数据的缺失，通常无法准确估计风险参数的真实分布，但可以通过专家经验、少量数据、问题特征等得到分布的部分信息（例如分布的均值、方差等矩信息）。

对于制造循环工业系统，难点在于各节点之间具有很强的相关性。如果忽视节点的相关性而直接运用传统理论，如风险共担或者风险分散等，都会导致关键节点识别准确率降低。为了获得更准确的结果从而为后面的风险应对提供更科学的依据，考虑系统中节点的相关性，可以建立两阶段的分布式鲁棒优化模型。通过对偶理论将分布式鲁棒优化模型转化为锥优化。通过敏感性分析和对模型的目标函数求导，我们发现对偶锥优化问题的解可以作为衡量原问题中两个节点间相关关系是否重要的指标，然后根据该指标辨认关键节点的配对。通过以上方法，我们不但可以考虑制造循环工业系统节点间的相关性，还可以建立起衡量关键节点的科学指标，并且通过锥优化来衡量风险大小。

（3）风险节点的关联分析　识别出关键风险节点后，需要进一步分析这些节点之间的关联关系，以便更好地进行风险管理。风险节点的关联分析方法主要包括风险矩阵、风险网络图和关联度量方法等。

1）风险矩阵。风险矩阵是一种常用的风险分析工具，通过构建风险矩阵，可以分析不同风险节点之间的关联程度。风险矩阵通常包括风险发生的概率和风险影响的严重程度两个维度，通过对这两个维度的分析，可以识别出高风险的节点和需要重点关注的关联关系。

风险矩阵的构建步骤包括：首先，确定风险矩阵的维度；其次，收集和整理风险数据；最后，构建风险矩阵并进行分析。通过风险矩阵，可以直观地展示风险节点之间的关联关系，从而帮助企业制定有效的风险管理策略。

2）风险网络图。风险网络图是另一种直观展示风险节点之间关系的方法。利用图论方法，可以绘制出风险网络图，展示风险节点之间的关联关系。风险网络图可以帮助企业直观地识别出关键风险节点和风险传播路径，从而采取有效的风险控制措施。

风险网络图的构建步骤包括：首先，确定风险网络图的节点和边；其次，收集和整理风险数据；最后，绘制风险网络图并进行分析。通过风险网络图，可以清晰地展示风险节点之间的关系，从而帮助企业识别出关键的风险传播路径。

3）关联度量方法。关联度量方法是一种量化风险节点之间关联度的工具。通过采用相关系数、因子分析等统计方法，可以量化风险节点之间的关联度，从而识别出风险传播的关键路径和潜在的风险聚集点。

关联度量方法的步骤包括：首先，确定关联度量的指标和方法；其次，收集和整理风险数据；最后，进行关联度量和分析。通过关联度量方法，可以量化风险节点之间的关联度，从而帮助企业识别出风险传播的关键路径。

随机风险和阻断风险下的关键节点产生中断或阻断的风险后，将会以关键节点为源头，将风险通过系统网络进行动态传播。例如，芯片缺货导致全球汽车制造业大面积减产。对于随机风险和阻断风险的识别主要集中于静态识别，而对于风险传导的研究将聚焦于动态风险在时间和空间维度的分析及预测。由于制造循环工业系统具有复杂的、长期的非线性时空演化，风险通过关键节点传递至其他节点的时间难以预测，其传播的动态过程取决于风险的类型及中断或阻断的程度。通过结合机器学习的复杂网络理论来分析和模拟随机风险和阻断风险在系统中的传播方向和传播时间，考虑制造网络中的因果关联关系，有利于从过程的视角认识动态风险的扩散机制，为后续的风险应对提供决策依据，提升应对策略的质量并提高决策反应速度。

2. 风险治理结构设计方法

（1）风险治理结构的内涵和定义　风险治理结构是指为了有效应对和管理企业在运营过程中面临的各种风险而建立的组织结构和制度安排。风险治理结构的设计旨在通过系统化的方法和工具，识别、评估、控制和监控风险，从而保障企业的可持续发展和竞争力。其基本概念包括以下几个方面：

1）风险治理的层次。风险治理可以分为战略层、战术层和操作层三个层次。

① 战略层。战略层负责制定总体的风险管理策略和目标。它涉及企业高层管理者和董事会的决策，主要关注企业的整体风险态势和长期发展方向。战略层的风险治理包括确定企业的风险偏好、风险承受能力，以及制定风险管理政策和框架。

② 战术层。战术层负责具体的风险管理措施和计划。它涉及企业中层管理者和各职能部门，主要关注具体的风险识别、评估和控制。战术层的风险治理包括制订和实施风险管理计划、分配风险管理资源，以及协调各部门的风险管理活动。

③ 操作层。操作层负责日常的风险控制和执行。它涉及企业基层员工和具体的业务单元，主要关注日常运营中的风险控制和应对。操作层的风险治理包括执行风险控制措施、监控风险变化，以及报告和反馈风险信息。

2）风险治理的主体。风险治理的主体包括企业高层管理者、风险管理部门和各业务单元。

① 高层管理者。高层管理者负责制定风险管理的总体策略和目标，确保风险管理与企业的战略目标一致，还负责监督和评估风险管理的效果，确保风险管理措施的有效实施。

② 风险管理部门。风险管理部门负责具体的风险评估和控制措施的设计和实施，需要协调各业务单元的风险管理活动，提供专业的风险管理支持和培训。

③ 各业务单元。各业务单元负责具体的风险控制和执行，需要识别和评估自身业务中的风险，实施相应的风险控制措施，并及时报告和反馈风险信息。

3）风险治理的工具和手段。风险治理的工具和手段包括风险评估工具、风险控制措施和风险监控系统等。

① 风险评估工具。风险评估工具可以帮助企业识别和评估风险。这些工具包括定性评估工具（如 SWOT 分析、专家评估）和定量评估工具（如概率风险分析、蒙特卡罗模拟）。

② 风险控制措施。风险控制措施可以帮助企业控制和降低风险。这些措施包括风险规避、风险减缓、风险转移和风险接受等。例如，通过多元化供应商可以规避供应链风险，通过购买保险可以转移财务风险。

③ 风险监控系统。风险监控系统可以帮助企业实时监控风险变化。这些系统包括风险监控平台、风险预警系统和风险报告机制等。例如，通过建立实时监控平台，可以及时发现和应对风险变化，通过定期风险报告可以及时反馈和调整风险管理措施。

（2）风险治理结构设计的方法　风险治理结构设计的方法主要包括风险评估与优先级排序、风险控制措施设计和风险监控与反馈机制等。

1）风险评估与优先级排序。风险评估是风险治理结构设计的基础，通过风险评估，可以识别出企业面临的各种风险，并对风险进行优先级排序。优先级排序可以帮助企业集中资源应对高优先级的风险，从而提高风险管理的效率和效果。

① 定性评估。定性评估是一种基于专家判断和经验的评估方法，通过专家访谈和问卷调查等方式，评估风险的发生概率和影响程度。定性评估的优势在于灵活性和适应性强，能够快速识别和评估新出现的风险。

② 定量评估。定量评估是一种基于数据和模型的评估方法，通过数据分析和数学建模等方式，量化风险的发生概率和影响程度。定量评估的优势在于客观性和准确性高，能够提供量化的风险评估结果。

③ 风险评分模型。风险评分模型是一种综合定性和定量评估的方法，通过设定不同的评分标准，对风险进行综合评分。风险评分模型可以帮助企业全面评估风险，并对风险进行优先级排序。

2）风险控制措施设计。针对不同风险节点，企业可以设计具体的风险控制措施，以降低风险的发生概率和影响程度。以下是几种常见的风险控制措施：

① 技术风险控制措施。对于技术风险，可以通过加强技术研发和技术保护来降低风险。例如，企业可以增加研发投入，建立技术创新中心，吸引和培养高端技术人才；可以通过申请专利、保密协议等方式，加强技术保护，防止技术泄密。

② 供应链风险控制措施。对于供应链风险，可以通过多元化供应商和优化供应链管理来降低风险。例如，企业可以建立多元化的供应商网络，避免对单一供应商的依赖；可以通过优化供应链管理，提升供应链的灵活性和应变能力，确保供应链的稳定性。

③ 市场风险控制措施。对于市场风险，可以通过市场调研和市场策略调整来降低风险。例如，企业可以进行市场调研，了解市场需求和竞争态势，调整市场策略；可以通过品牌建设、产品创新等方式，提高市场竞争力，降低市场风险。

④ 政策风险控制措施。对于政策风险，可以通过政策研究和合规管理来降低风险。例如，企业可以进行政策研究，了解政策变化趋势，及时调整经营策略；可以通过建立合规管理体系，确保企业的经营活动符合相关法律法规，降低政策风险。

3）风险监控与反馈机制。风险监控与反馈机制是风险治理结构的重要组成部分。通过建立风险监控系统，企业可以实时监控风险变化，并通过反馈机制不断优化风险治理结构。

① 风险监控系统。风险监控系统是指通过信息技术手段，对企业的风险进行实时监控和预警。例如，企业可以建立风险监控平台，整合各类风险数据，进行实时监控和分析；可以通过大数据和人工智能技术，预测风险变化趋势，进行预警和应对。

② 风险反馈机制。风险反馈机制是指通过定期评估和反馈，及时发现和应对新的风险。例如，企业可以定期进行风险评估和审计，及时发现和应对新的风险；可以通过建立风险报告和沟通机制，确保风险信息在企业内部的及时传递和共享。

③ **持续改进机制**。持续改进机制是指通过不断优化和改进风险治理结构，提高企业的风险管理能力。例如，企业可以通过风险评估和反馈，不断优化风险管理策略和措施；可以通过培训和教育，提高员工的风险意识和管理能力。

7.3.2 关键节点"防卡"机制设计

在芯片、集成电路等高端制造的循环工业中，关键节点一旦"被卡"，将可能导致系统大面积瘫痪，带来巨大损失。在全球产业链和供应链快速调整及重构的背景下，为了保障以半导体芯片为核心的高端制造业供应链的稳健发展，党的十九届五中全会强调了分行业制定供应链战略和精准施策的重要性，以促进整个产业链的优化与升级；党的二十大报告提出，着力提升产业链供应链韧性和安全水平；"十四五"规划特别强调半导体产业链各"卡脖子"环节发展的重要性和必要性。为此，我国亟待找出制约半导体芯片产业链发展的制约因素，规避供需阻断等风险，优化产业布局及产业链发展路径，提升产业链整体发展水平，这为确保经济的高质量发展以及产业链供应链的安全性提供了关键支撑。

1. 供应链中的阻断与对抗

我国制造业根基稳固，整体实力强劲，但在高端制造业供应链方面仍面临着一些挑战，尤其体现在供应链的不完整和潜在的安全风险上。在全球以半导体芯片为代表的高端制造业供需不平衡的大背景下，明确我国以半导体芯片为代表的高端制造业的供需风险，以提高在供需风险中的阻断与对抗能力。经济增长缓慢，全球经济复苏正面临下行压力。同时，全球供应链安全性的不确定因素也在增加，这些因素不可避免地影响我国以半导体芯片为核心的高端制造业供应链的稳定和发展。

关键材料和技术的制约，以及国内企业面临的供应链断链风险日益凸显。高度依赖单一进口来源的关键材料在采购过程中可能遭遇供应中断，而高端制造业的基础尚不稳固，关键技术受制于他国，加之技术服务体系的不足和美欧等发达国家的技术封锁，生产活动面临中断的风险。我国在光刻机等关键技术领域受到外部控制，同时在半导体材料等基础产业能力上也显现出不足，这些因素共同导致我国在芯片等高端制造业核心基础能力方面相对较弱。

恶意阻断方往往会同时针对制造循环工业网络中的多个脆弱关键节点进行攻击。因此，阻断风险识别的核心难点在于，在识别单一的关键阻断节点基础上还需要识别高危的阻断节点集合。首先，可通过定义与阻断难度相关的阻断概率并叠加阻断成本因素，直接借鉴随机风险及重大事件中的关键节点识别及评估技术对单一的关键阻断节点进行处理。针对定位阻断集合问题，由于制造循环工业系统网络中阻断节点的备选数量庞大，造成阻断集合定位问题的决策空间也往往非常庞大。因此，首先需要利用关键节点评估技术对阻断节点空间进行降维，缩小问题规模；然后针对部分子网络的结构特征，研究阻断效果集值函数关于阻断节点集合的性质，从而解决关键节点及阻断集合的定位问题。

针对单一节点的阻断风险识别，需要分析阻断对整个系统的影响，以及对手的阻断意愿（成本）及阻断成功率。由于可针对单一节点做阻断与不阻断的 A/B 测试（或针对软阻断的强度变化进行对比分析），因此该问题一般并不牵涉复杂的博弈分析，只需要通过将阻断节点的随机失效率视为 1，则该问题就转化为针对随机风险及重大事件的风险的研究。此外，阻断意愿（成本）可视为外部参量，而阻断成功率可视为阻断实施后的某个随机因素。以此为基础，可实现对阻断风险节点的初步评估，并根据评估结果初步筛选出对方可能的攻击节点，并作为高危阻断节点集合定位的重要依据。

进一步，由于阻断方往往通过某些阻断方式同时攻击多个节点（例如美国商务部的禁运名单），需要在高危阻断节点定位的基础上进一步定位可能的阻断集合。针对行业特殊性，可以研究高端制造业中低宽度（替代性低）和高深度（多工序与过程、多原料及部件）的网络结构，以及低端制造业中高宽度（替代性高）和低深度（工序与过程较少）网络结构。

另外，从供应链角度，需要建立起产业链、供应链、价值链与创新链协同运作的新框架和新体系，旨在创建一个自主可控的芯片制造和供应网络。推动供应链本地化进程，强化产业链的安全性，并构建一个覆盖全门类、卓越产能、链条安全的高端制造业结构；打造高效的产业链、供应链、价值链和创新链的协同新模式。强化关键环节、领域及产品的共性技术支撑体系，构建一个以创新共享、供应协同、数据互联、产业合作为核心的集成发展框架；推进高端制造业向产业链和价值链的高端迈进。在工业互联网的框架下，实现新一代信息技术与高端制造业的深度集成。

努力化解高端制造业供应链中断风险。高端半导体材料主要被欧洲、美国、日本和韩国等国家所控制。中国制造的硅片主要集中于 $8in^{\ominus}$ 和 $6in$ 规格，而对于 $12in$ 大尺寸的硅晶片则大幅依赖于海外市场。此外，对于其他关键的半导体材料如光刻胶和电子气体，国内生产的芯片能力尚未达到 30%，仍需要大量从国际市场采购。在芯片设计和制造的关键环节，中国受制于关键设备、软件和技术的外部依赖，这严重影响了高质量发展的步伐。产业链和供应链已转变为促进国家和地区间合作的战略手段。为防止对任一国家的过度依赖，需要从加强高端制造业供应链的战略安全角度出发，加速占领技术领域的制高点，并构建技术优势。为此，将加大对半导体等新型材料、新能源以及其他高新技术和新兴领域的国内投资支持和扶持力度，从而提高我国高端制造业供应链的稳定性和产业链的自主创新能力。

为确保高端制造业供应链的稳固，有必要构建并强化相应的制度性保障。为了提升高端制造业供应链的稳定性及竞争力，我们需要专注于全球科技最新动态、国家的关键需求以及经济的核心领域，积极进行原创性科技突破工作。与此同时，促进高端制造业的整合式发展，以实现创新链、产业链、资金链和人才链的深入融合。利用我国庞大的市场规模优势，加强国际合作，完善制度保障。构建一个动态的供应链评估机制，定期检查并识别供应链运行中的障碍和瓶颈。考虑到供应链在不同时期的稳定性差异，我们需要采取精确的政策，进行综合规划，并周期性地、动态地进行预测与评估。明确界定短期、中期和长期的供应链安全需求，并完善供应链的评估机制。紧密围绕"十四五"规划，借鉴欧美发达国家的高端制造业评估体系，科学、客观地评估国内高端制造业供应链，以准确把握国内高端制造业发展的实际情况。

加大对芯片基础研究的投入力度。首先，要建立与国际先进水平相符的研究机构和实验室，引进国际顶尖的科研人才，在研究理论、材料、器件和制造工艺等方面进行深入探索。其次，要加强与高校和科研机构的合作，建立长期稳定的合作关系，通过共享资源和交流合作，促进芯片技术的共同进步。最后，还应积极激励企业增加在芯片基础研究领域的投资力度，并鼓励企业与高等院校及科研机构携手进行创新性研究，以此提高技术研发的能力。

$\ominus$　　$1in = 0.0254m$。

积极开展国际合作与知识共享也是解决中国芯片技术"卡脖子"现象的重要措施。可以通过与世界各国的大学、科研机构和企业建立合作关系，共享技术资源和研究成果，提高中国芯片技术的创新能力和国际竞争力。同时，要加强知识产权的保护和管理，在国际合作中注重技术的分享和利益的均衡，避免出现知识产权纠纷和技术泄露的问题。此外，还需要积极参与国际标准的制定和技术规范的制定，提高中国在全球芯片技术领域的话语权和影响力。

加强人才培养和引进工作。一方面，要加大对芯片技术人才的培养力度，在高校和科研机构建立专业的芯片技术培养体系，培养更多的高级芯片技术人才；另一方面，要积极引进国内外优秀的芯片技术人才，吸引他们来到中国从事芯片技术的研究和创新工作。通过人才培养和引进，提高中国芯片技术的研究能力和创新水平。

构建良好的创新生态系统。首先，要加强政府的引导和支持，通过政策和资金的支持，激励企业和科研机构加大对芯片技术的研发投入。其次，为了促进产学研的紧密结合，需要强化科研机构与企业间的合作伙伴关系。打通创新链条，提高科研成果的转化和应用能力。最后，还要加强对创新企业的扶持和支持，鼓励它们在芯片技术领域的创新和创业。

2. "防卡"机制设计

针对关键节点的防卡问题，需要从运营管理的角度，抓住核心和关键的影响因素，并通过简洁的模型来刻画这些因素之间的联系。这将有利于我们刻画最优应对策略的性质，尤其是应对方案与风险特征、网络结构、关键企业的成本特征和研发能力等因素之间的逻辑关系。下面给出三种可行的应对策略。

(1) 引导上游企业能力提升与"防卡"应对　当关键技术供应商存在"被卡"风险（供货风险）时，如何设计面对多个上游供应商的动态采购策略。研究旨在通过引导关键技术供应商的可替代者逐步成长，形成核心技术多货源的格局。从模型的角度来说，在包含一个（下游）制造商和多个（上游）供应商的博弈模型中，供应商的生产技术之间具有可替代性。首先，在模型中给定每个供应商供货中断的概率、供货中断的程度、不同供应商之间发生供货中断的相关性，以及每个供应商的技术水平和生产成本。其次，建立下游制造商的采购策略对上游供应商的生产成本和技术水平的关系。

可以利用经验学习曲线来刻画这种联系。制造商从某个供应商处采购的次数越多、量越大，则该供应商的生产成本将下降得越多，技术水平也提高得越多。探究下游制造商的最优动态采购策略，刻画供应商特征、制造商特征、风险特征、市场特征等因素对最优策略的影响，动态地调整各个供应商的成本和技术水平，当某个供应商或某项关键技术"被卡"时，能够及时找到成本低、质量可靠的其他货源或可替代技术，从而为上游采购环节"防卡"提供战略指导。

为了清楚地阐释核心企业的最优采购策略与上游企业能力引导策略背后的机理，需要将风险特征、不同的供应商特征（成本和质量）、供应商的经验学习曲线特征、网络结构等因素融入并建立多期博弈模型。可通过随机动态规划和非合作博弈等理论方法，刻画最优解的结构和性质。然而，同时考虑诸多因素将多大程度上增加问题求解难度且不利于对最优解进行解释。为了解决这一问题，我们需要侧重于对某一因素进行详细描述，并简化其余因素。针对上游供应商培养与"防卡"应对问题，风险特征和供应商特征是最重要的因素。因此，各个节点的中断概率、中断程度、各个节点的中断事件之间的相关性是必要考虑因素。供应商学习曲线可以简化为线性函数，网络结构也可以简化成一个制造商（核心企业）和两个供应商的情形。

此外，当存在不对称信息时，决策者需要设计有效的筛选机制来激励供应商"说真话"。比如，供应商的生产成本中可能存在部分随机性，这部分随机性可能来源于自身生产条件的随机波动，而这种信息是供应商的私有信息。另一种可能的情形是供应商的中断概率或者中断程度是私有信息。对此，问题可以转化为一个动态双层优化问题。第一层是核心企业的"价格-数量"机制设计问题，第二层是上游供应商如何从核心企业制定的"价格-数量"菜单中选择最优的生产量以最大化自身利润的问题。

（2）引导下游企业能力提升与"防卡"应对　通过设计面对下游多个制造商的差异化定价策略，引导关键制造商的可替代者逐步成长，形成核心产品多销路的格局。从模型的角度来看，可以考虑包含一个（上游）核心企业和多个（下游）制造商的博弈模型，每个制造商都可以从核心企业处进行采购。首先，在模型中给定每个制造商需求中断的概率、需求中断的程度、不同制造商之间发生需求中断的相关性，以及每个制造商的关键特征，如产能大小、市场规模、需求波动性等因素。其次，建立上游供应商的销售策略对下游制造商之间影响的函数关系。供应商可以降低对某个制造商的批发价格，可以帮助该制造商以更低的销售价格逐步扩大产能和打开市场。最后，探究上游供应商最优的动态差异化定价策略，从而动态地调整各个制造商的产能大小、市场规模以及需求波动性，并且当某个制造商由于随机风险或者阻断风险发生需求中断时，能够及时找到其他可靠的销路，避免滞销带来的巨大负担，刻画出供应商特征、制造商特征、风险特征、时间因素、市场特征等因素对最优策略的影响，从而为下游销售环节"防卡"提供战略指导。

与前述内容类似，可以建立包含一个核心企业（供应商）和多个（下游）制造商的多期动态博弈模型。在模型中需要考虑制造商的产能大小、市场规模、需求波动性、网络结构，以及制造商对上游需求的风险特征（包括需求中断的概率、中断的程度，以及不同制造商之间发生需求中断的相关性）。同样，如果存在不对称信息，比如，制造商面临的需求大小与风险特征可能是私有信息，此时，可以通过机制设计将问题转化为一个多期的双层优化问题。第一层是供应商的"价格-数量"机制设计问题，第二层问题是下游制造商如何从核心企业制定的"价格-数量"菜单中选择最优的购买量以最大化自身的利润。

（3）关键技术与工艺的研发和"防卡"应对　关键技术（部件）的研发是"防卡"机制设计的核心元素，因此需要关注网络结构对自主研发关键技术和工业的重要性影响，并提出不同网络结构对应的关键技术和工业的研发投资策略。首先，考虑包含多个制造节点的制造网络模型。每个制造节点代表一个制造环节，给定各个制造节点之间的物料需求关系、每个链接的风险特征，包括中断概率、中断损失大小、不同链接间的中断事件的相关性，以及每个链接处研发替代链接（替代技术）的能力，即研发成本与研发成功率之间的函数关系。对于一些具有研发外部性的行业，还要考虑一个链接处的研发投入和成果对其他链接处的研发效果的影响。其次，给出决策者（核心企业或政府）对不同技术的替代技术的差异化投资策略，即决策者将在预算有限的约束下，决定对哪些链接（技术）的替代链接（替代技术）进行研发投入。最后，提出最优的投资策略或研发策略。目的在于，根据各个关键技术的"被卡"风险大小、链接特征以及网络结构，来确定相应替代技术的研发投入。

针对此问题，可以构建一个包含多个制造节点的制造网络模型。网络中每个节点代表一个制造环节，多种原料（或技术）输入该节点，然后经该节点制造后输出一种或多种产品，这些产品又可作为其他节点的输入。每条有向边表示两个企业之间存在物料需求关系。在模型中需要考虑各个制造商之间的物料需求函数、每个链接的风险特征（包括中断概率、中断程度、不同链接的中断事件的相关性）、每个制造商的研发能力（即开发新产品的成本与成功率之间的函数关系）。对于一些具有研发外部性的行业，还要考虑制造商的研发投入和成果对其他制造商的研发成本的影响，从而结合不同的网络结构和不同的风险特征，提出相应的最优研发策略。因此，网络结构是关注的重点之一，故不能简化网络结构。为了便于分析，可以优先分析一些典型的网络结构，如线性结构、星形结构、全连通结构等，简单的网络结构有助于我们理解网络结构对差异化研发投资策略的影响。在制造网络中，最值得投入研发的技术不一定是链接最多节点的链接，也不一定是阻断概率最高的节点，因为该链接处的自发研发积极性本身可能就较高，或者该链接的中断风险往往是由于其他链接的中断导致的。这时，决策者将更多的资源投入其他链接处的研发，反而更有助于提高整体的研发效果，从而避免"头痛医头、脚痛医脚"的现象。这些均可以从简单网络模型中获得启示。基于这些分析，可以进一步考虑更一般的网络结构。必要时可以利用大量的数值试验和仿真模拟来探寻最优策略的结构和规律性特征。

在非中央集权式的制造网络中，或者存在多方博弈的制造网络中，在探讨研发策略时，还需要考虑到其他决策者对该研发策略的响应。通过研究网络结构、风险特征、各个制造商研发能力以及可能的研发外部性等对最优研发策略的影响，为促进关键技术和工业的研发提供战略指导。可通过一个双层优化模型来得到最优的研发投资策略。其中，第一层优化问题是决策者在预算约束下如何决定对多种技术和工业进行研发投入；第二层优化问题是每个企业自身如何决定研发投入量以最大化自身的利润。

7.3.3 高端制造系统规划与柔性布局设计

从制造循环工业系统的整体循环出发，进行产业结构布局，从系统规划的层面进行有效的结构设计，防范高端制造风险，提升制造循环工业系统的循环质量。

1. 以高效畅通循环为目标的制造业柔性机制设计

单一或少量关键节点由于自身局限性，其应对风险的手段和能力存在较大的瓶颈。自Gerwin（1987）提出制造过程柔性之后，"柔性"这一提升系统冗余度的概念，在制造和供应链管理中得到广泛应用。传统生产网络的柔性设计研究，大多针对单一产品供应链网络中的独立随机风险构建柔性供给网络，达成风险分担的效果，并通过稀疏性设计以保证日常管理的便利性。

在新一代信息技术与制造业深度融合的发展主线下，制造业柔性系统对于中国制造的创新发展、提质增效都起到积极的促进作用，扮演着举足轻重的角色，柔性化技术的革新与升级也势必会给中国制造业带来全新的提升，在世界制造业领域中打造全新的"柔性中国"，只有构建起高效畅通循环的制造和供应体系，才能有效应对风险，延续企业和行业生命力。制造业柔性机制设计的核心在于构建一个能够快速响应市场需求变化的生产系统，从而实现高效、畅通的循环。一些可参考的设计手段如下：

1）模块化设计将复杂系统或者产品划分为若干独立的模块，每个模块都有明确的功能和性能要求，可以独立设计、制造和更换。模块化设计的优点包括降低成本、提高质量、加快产品上市速度等，减少因更改设计而带来的浪费。

2）可重构制造系统（RMS）是一种能够快速重组或更新其结构及组成单元，以及时调整系统的功能和生产能力，从而迅速响应市场变化及其他需求的制造系统。这种系统的核心技术在于可重构性，即通过对制造设备、功能模块或相关组件进行重排、更替、剪裁、嵌套和革新等方式，对系统进行重新配置、更新流程、转换功能或改变系统输出（产品和产量）。可重构制造系统旨在通过调整现有零件族结构（软件及硬件部分），达到对生产能力以及功能等方面的调整，进而快速、有效、低成本地适应市场变化对制造系统的动态需求。

3）智能制造技术结合了智能设计与制造、智能设备、工业机器人、工业物联网、人工智能、大数据以及智能运维管理等关键技术。这些技术整合了机械工程、控制工程、计算机科学和管理科学等多个学科的最新进展，实现了生产过程的智能化管理和优化。智能制造系统是一种能够根据工作任务需要来完成特定工作的系统。其柔性不仅表现在运行方式上，还表现在结构形式上。

4）灵活的供应链管理是指通过建立多层次、多来源的供应链网络，确保供应链的稳定性和可靠性。具体措施包括数据驱动的决策、合理规划库存、稳定合作关系、提高供应链的智能化和自动化程度等，从而实现更加高效和灵活的供应链管理。

将"柔性"概念引入高端制造系统将会面临新的挑战。首先，制造循环工业系统的网络结构与传统的供应链网络存在显著不同。制造循环工业系统网络中存在大量制造（合成）节点及较广泛的替代途径（如产品和原料替代、技术方案及生产方案替代、生产线转产能力设计）。其次，制造业中的供给端随机风险可能来自制造业上游的共同风险节点，需求端的需求波动也往往来自下游企业的一些共同趋势性或技术性因素，因此不同供给节点上的随机风险之间往往存在较强的相关性。类似的，不同需求节点上的随机风险之间也往往存在较强的相关性。再次，由于高端制造业产业集中度较高，一些关键部件和产品（例如芯片、内存）的供给和运输能力在地震、海啸等自然灾害下可能会大幅下降。这些重大风险往往通过对单一或者部分关键节点的冲击，引发行业性乃至全系统性的风险传导效应。最后，高端制造业面临竞争对手企业甚至政府的阻断竞争风险。在这样的博弈中，由于恶意阻断方、中立方，甚至利益共同体的存在，各方之间将存在大量的信息隐瞒和欺骗行为。同时，产业投资投产研发周期较长、不确定性较高，因此必须考虑较复杂的动态多方信息不完美博弈场景。

经典的柔性设计研究大多假设不同供需节点上的随机风险相互独立，但在制造循环工业系统特别是高端制造业所处的系统中，由于核心部件的不可替代和稀缺，多家厂商往往会采用同一上游供应商。这些厂商的产品作为下游厂商部件虽然可相互替代，但由于其依赖于共同的上游供应商，因此供给不足的随机性高度相关，从而并不能实现理论研究中的替代效率。制造网络显著区别于传统的供应链网络。制造网络中存在大量的制造（合成）节点和复杂的替代关系，同时相关资金和技术投入往往面临很长的投资周期和很高的不确定性。这就导致了即便很多场景依然可以用线性模型表达，其中的柔性设计却与传统供应链网络存在显著差异，因此需要对不同的制造网络场景进行有针对性的柔性设计和管理启示解读。制造环节中存在的大量非线性因素（合成效率、生成规模效应、技术加成），可能进一步导致模型和设计方案的异化。

在制造业中的某些行业特别是高端制造业，为了保护其核心知识产权并提高生成效率，企业往往将核心产品的生成高度集中于少数几个地点。这种核心产业高度集中的特点，往往在发生重大不确定事件时产生强烈的风险传播效应，导致巨大的行业性冲击和系统性风险。例如，日本海啸及中国台湾地震引起内存及芯片供给的短缺及价格的上升，因此，针对重大不确定风险，研究风险传导效应下的柔性设计。其核心难点在于风险传导效应造成了网络中存在复杂的多层条件概率，特别是在网络出现交叉环路时，这种传递关系往往较为复杂。

2. 提高循环韧性的高端制造整体布局与发展规划

在高端制造业的发展中，提高循环韧性是确保系统在面对各种外部冲击时仍能保持稳定和可持续发展的关键。可借鉴供应链网络的柔性设计思路，结合鲁棒优化模型来处理柔性网络设计中的风险问题；基于关联风险和重大冲击风险的特点，构建风险不确定集合，利用鲁棒优化模型来研究不同的制造循环工业系统网络，并提出相应的柔性设计方案；针对多方动态博弈的阻断场景，通过提升外循环参与者对内循环体系的依赖性这一重要手段，提高阻断成本；将问题建模为动态不完美信息网络博弈模型，研究如何通过远期规划和战略布局提升系统的柔性和韧性。

我国高端制造业目前需要时刻警惕可能的阻断风险，特别是5G、手机等部分产业形成局部突破后被恶意阻断关键部件的供给，从而打断了良好的发展势头。针对阻断，研究面临如下困难：①阻断的实施涉及多个企业和政体，甚至包括外循环体系中的盟友或利益相关方。在考虑阻断行为的实施可能时，必须考虑到这些参与方的态度和策略。②阻断行为往往是一个逐渐演化的过程而非一个瞬时的决策（例如层层加码的禁运名单），其后续发展也往往"牵一发而动全身"。③参与的个体（政府、组织、企业）之间存在大量有意识的信息隐瞒和欺骗行为。

针对外循环中常见的多方角力的情况，可以研究多家企业、团体及国家通过多个合作体渠道（如联合控股企业、行业联盟和行会、贸易组织）在部分领域进行合作，但单一个体从自身利益出发进行决策的竞争-合作场景。针对高端制造业的技术投入竞争，以及阻断和防阻断竞争不断激化，尤其是随着竞争对手的投入增加而不断加码的情况，可利用拟阵优化技术研究其博弈的次模博弈特征并确定参与者的均衡策略。此场景与经典博弈场景的区别在于高端制造业的竞争存在显著的挤出效应，即竞争激烈到一定程度后部分企业由于成本及能力原因会主动选择退出竞争或被动挤出竞争队列。由于制造循环工业系统的复杂性及决策的动态性（投资投产研发往往以数年为周期），针对阻断行为必须研究复杂的动态博弈体系。如华为、大疆等企业通过深度渗透并参与到外部循环体系中，与多个关联企业甚至政体建立了相互依存、相互嵌套的供给关系，大幅提高了对方的恶意阻断成本。可以聚焦多方动态博弈，考虑到这种博弈问题涉及的决策点多，无法单独考虑，同时状态空间过于庞大，即使使用前沿的CFR相关算法和强大的计算资源，也无法求出最优策略。因此，可以首先考虑降低其复杂性。目前应用于多方动态博弈问题的主流抽象算法主要是从信息抽象（相似的决策点被放在一起并被同等对待）和行为抽象（在给定的决策点只考虑几种不同的决策行为）两个角度进行分析。比如，在德州扑克问题中，可以将手牌进行索引（花色同构的手牌索引值相同），剔除相同的索引值手牌，再使用期望牌力等指标衡量手牌之间的相似性，并以此作为距离进行状态聚类，从而减少数据规模。与此同时，通过限制玩家的行为（如加注的筹码等），也可以大大减小博弈的状态空间。此外，考虑到企业、团体及国家之间的关系相对复杂，还可以从网络结构的角度，结合时代背景、地域、文化等领域知识，通过聚类算法对网络中相似节点进行合并处理，以进一步对博弈问题进行抽象，降低问题复杂性。

针对简化的博弈问题，不用任何先验信息、从头开始学习，以离线自我对局的模式，通过 CFR 技术及其改进方法（如 CFR+、蒙特卡罗 CFR 等），求解出纳什均衡解。但这种抽象后的博弈问题求解出的策略，在实际使用中可能面临对手的行为策略不在抽象集中的问题。尽管可以通过将这些行为映射到抽象集中，并视为对应抽象集中的行为，从而采取相应的决策，但这可能导致模型对于已有信息和行为的认知存在少量偏差。同时，由于原始博弈问题的规模和复杂性，这种抽象后的纳什均衡策略必然是粗粒度的，与原始问题的均衡策略本身也存在些许偏差。这些偏差都会存在累积效应，导致在与对手不断博弈的过程中，使用的策略越来越次优。对于复杂博弈的抽象，这个过程可能会存在一些问题。比如，对于信息抽象通常是基于人为主观经验的，尽管这在人们较为熟悉的德州扑克问题中取得了较大的成功，但在复杂制造网络的博弈问题中很难实现，因为想要确定一个好的抽象方法，首先需要对博弈的均衡有一定的了解。同时，不恰当的抽象方法也有可能导致错过一些重要信息而做出错误的战略决策。因此，可采用深度 CFR 技术，这种方法不需要太多的领域知识，而是使用深度神经网络函数近似来概括相似的信息集，使得它更容易应用在复杂制造网络的不完美信息博弈问题中。

本 章 小 结

本章针对制造循环工业系统中的高端制造业，探讨了其面临的风险类别，以及风险识别和应对方法，分析了高端制造风险在循环工业系统中的风险传播机理，进而从关键风险节点识别与治理、关键节点"防卡"机制设计、高端制造系统规划与柔性布局设计三个层面上防范和应对高端制造风险，以达到提升制造循环工业系统整体循环质量的目的，为保证制造循环工业系统的安全提供关键支撑。

💡 思考题

1. 在制造循环工业系统中，高端制造业的风险类型和风险应对方法与其他制造业有何异同？

2. 高端制造业的主要风险之一是供应链中断，针对这一风险应如何应对？

3. 针对高端制造业中关键节点的"防卡"问题，可以从哪几个层面进行机制设计？

4. 选择国内典型高端制造企业，如何使用 SWOT 方法进行风险分析？

5. 高端制造整体布局涉及多方博弈且状态空间过于庞大，如何对其进行简化以减小决策规模？

参 考 文 献

［1］ YU Y, MA D P, WANG Y. Structural resilience evolution and vulnerability assessment of semiconductor materials supply network in the global semiconductor industry ［J］. International journal of production economics, 2024, 270：109172-109195.

［2］ GRIMES S, DU D B. China's emerging role in the global semiconductor value chain ［J］. Telecommunications policy, 2022, 46 (2)：101959-101973.

［3］ WONG C Y, YEUNG H W C, HUANG S P, et al. Geopolitics and the changing landscape of global value chains and competition in the global semiconductor industry：rivalry and catch-up in chip manufacturing in East Asia ［J］. Technological forecasting and social change, 2024, 209：123749-123770.

［4］ LIAO Z W, TANTAI B, ABDUL-HAMID A Q, et al. Exploring resilience in the downstream supply chain of the semiconductor industry：the mediating roles of risk mitigation, process simplification, and flexibility ［J］. International journal of production economics, 2025, 281：109530-109545.

［5］ TSE Y K, DONG K, SUN R Q, et al. Recovering from geopolitical risk：an event study of Huawei's semiconductor supply chain ［J］. International journal of production economics, 2024, 275：109347-109358.

第8章

制造循环工业系统的综合资源配置计划

制造循环工业系统汇聚了大量的物料、设备、能源等生产资源，合理配置生产资源有助于提高系统总体效益。制造循环工业系统的综合资源配置计划是针对由制造企业构成的循环系统，通过配置不同生产路径上各生产阶段、不同时间段上的生产资源和库存量，实现不同主体之间的生产资源协同配置，使得物料流通顺畅，设备生产能力得到充分利用，

章知识图谱

说课视频

库存水平稳定，从而实现制造循环工业系统的总体生产利润，以及系统中各制造企业运作效率和服务水平的提升。这类问题有生产模式强混合、生产过程多阶段、生产路径交叉网状、生产设备功能不同、产品品种结构复杂等特征。考虑制造循环工业系统各主体和要素之间既有竞争又有协同的特点，从竞争的视角，研究基于"三传一反"的主循环资源配置计划；从协同的视角，介绍基于优化决策的微循环资源配置计划。

8.1 综合资源配置计划概述

8.1.1 综合资源配置计划的研究背景

我国是全球最大的制造业国家，制造业规模非常庞大，制造业增加值已经连续多年位居世界第一。随着全球经济结构的调整和消费者需求的升级，制造业市场正在经历深刻变革，要求制造业提供更高质量的产品。伴随着国际市场的竞争日益激烈，制造业的产业集群面临更大的挑战；通过与其他产业的紧密合作，制造业企业能够更轻松地获取所需的原料等资源，可以有效地利用资源，减少浪费，实现资源的优化配置。以传统的代表性流程工业——钢铁工业面临的管理挑战为例，虽然我国钢铁工业和装备制造业具有较高的产业关联度，但是传统分散管理模式导致钢材产品在生产、流通和使用环节存在严格的边界，仅以供应链为纽带的流通方式使得彼此在钢材产品的性能需求和制造工艺方面融合度不高，进而导致循环效率低下。由于钢铁企业的同质化发展，在互相竞争机制中表现出零和博弈，严重影响其收益。另外，由于钢铁工业和装备制造业在产品研发和生产制造时均缺乏有效的合作，在高端材料供给和需求方面难以精准对接，双方信息不对称也进一步影响了生产资源的配置效率。

因此，强化钢铁工业和装备制造业的统筹合作，通过构建高效循环体系与协作机制，实现从分散制造模式到有组织制造模式的转变，提高上下游制造协同能力，是双方的迫切需求。

当前经济环境下，制造业是构建以国内大循环为主体、国内国际双循环相互促进新发展格局的产业基础。国内制造业资源优化配置仍然存在较大空间，提高生产资源配置效率，引导各类生产资源协同向高附加值产品集聚，将生产资源合理配置，使资源优先配置到具有高效能的加工对象，有利于鼓励制造业的深入创新，促进整个制造业提质增效。制造业综合资源配置计划是指在循环制造模式下，不是由单一制造主体的意志而是由制造循环工业系统根据平等性、竞争性和开放性的一般规律，由优化目标来自动调节供给和需求双方的生产资源配置和分布。通过合理配置和使用资源，可以确保生产过程的顺利进行，按时完成生产任务，有效提高生产效率，推动制造业的技术创新和产品升级。

传统的生产计划问题大多关注于单一企业管理范畴内的计划决策。随着市场竞争的加剧，企业逐渐意识到通过与企业外部需求协同提升企业的利润空间，虽然部分企业从不同角度考虑了如何满足客户需求，在服从原料供给的前提下决策生产计划，但本质上是决策单一企业的生产计划，较少考虑企业之间的协同制造。

供应链是由具有物料供给或传递关系的上下游制造企业以及提供物流等相关服务型企业构成的链条结构，其运作过程中的生产资源配置对循环模式下的制造业生产资源优化配置计划具有一定的借鉴意义。传统的供应链计划关注于链上企业的订货量、库存量、物流量的决策，主要通过合理的订货、生产和配送决策来提升供应链上核心企业的利润。制造循环工业系统综合资源配置计划是针对由制造企业构成的集群，通过合理配置生产量、库存量实现制造集群整体效率的提升，实现制造循环工业系统的有组织制造。制造循环工业系统综合资源配置计划与供应链计划在研究对象、决策变量、优化目标方面存在差异。

制造循环工业系统中各制造主体的关联关系构成具有立体网状结构的制造集群，其生产网络从布局、节点之间的关联方面与传统模式均存在差异。在制造循环工业系统中，主循环"三传一反"管理模式为资源配置的实时状态反馈，打破了面向订单和面向库存的主从式运作模式。虽然以往的研究也考虑了产品的循环，但是，这是对单一系统的产品自循环，而不是制造业之间的循环。

上述关于生产计划和供应链计划的研究主要是对制造业中设备、工件、库存等资源在时间、空间维度的优化配置计划进行了决策。制造循环工业系统的资源配置计划与传统生产计划研究的差别包括：处于循环过程中不同生命周期工件的加工属性不同；在传统加工过程中存在加工途径的资源（如设备、库存等）也会因为资源循环模式变成工艺路径不确定；传统的生产资源配置计划中，资源的分配主要协调并行工序之间的均衡性，在制造循环工业系统的资源分配不仅要考虑并行工序之间的竞争，还要考虑制造循环工业系统中不同工序的替代或部分替代关系。因此，传统的制造业生产资源优化配置方法难以直接应用到制造循环系统下的新型问题，研究制造循环模式下的制造业生产资源优化配置方法是十分必要的。

8.1.2 综合资源配置计划的基本概念

资源一般是指可以被人类利用并有助于实现目标的各种要素和条件，其内涵在不同的领域有所差异，如在计算机系统中，存储器、中央处理机、输入和输出设备等硬件和数据库、各种系统程序等软件构成了计算机系统里的资源。在制造系统中，资源是指在制造过程中所需的各种要素和投入，这些"资源"是保障制造业运转和生产产品的基础。制造循环工业系统汇聚了大量的物料、设备、能源、信息等生产资源。物料资源包括原料、零件、半成品和成品等；设备资源包括生产线、机床、机器人、检测设备等；能源资源包括电力、燃气、水等；信息资源是对物理系统的反馈映射，包括生产计划、工艺流程、技术文档等。除此之外，资源还涉及制造所需的人力资源，如工人、技术人员、管理人员等。

在制造过程中，设备、物料、能源和人力等资源配置之间存在着密切的耦合关系。这种耦合关系直接影响生产效率、产品质量、制造成本以及企业的竞争力。首先，在大多数制造企业中，设备的选择和配置与物料具有密切相关性，不同的生产设备与原料和零件具有适配性。同时，物料的供应和存储也需要与设备的生产能力相匹配，以避免物料短缺或过剩导致的生产中断。设备资源与能源配置关联性很大，设备的稳定运行需要合理配置电力、燃气等能源；设备的能效和运行模式等都会影响能源的消耗；设备选择需要考虑其能源消耗情况，并与能源供应能力相匹配，以确保制造过程的稳定性和经济性。综上所述，制造过程中设备、物料、能源、信息等资源配置之间存在着复杂的耦合关系。为了实现高效、稳定的生产，需要对这些资源进行合理的配置和调度，以确保各种资源之间的协调和平衡。

在传统的制造过程中，设备、物料、能源、信息配置隶属于不同的部门管理，在制造循环工业系统中，打通不同主体、要素之间的信息壁垒，能够实现各种资源需求、消耗的信息，为资源的综合配置奠定了信息基础。基于"三传一反"的主循环资源配置计划是以具有供需关系的制造企业为对象，以资源、能源和物流的高效循环为目标，基于信息反馈来确定产品在不同企业、不同时间节点上的生产量和库存量，实现制造循环网络生产资源的高效利用。与传统面向订单或面向库存的生产组织模式不同，主循环"三传一反"管理模式为资源配置的实时状态提供反馈，通过分析主循环中各制造企业的设备、库存运作特点，以最小化生产资源使用成本、库存持有成本及企业供需均衡为目标进行资源配置，实现各制造企业的生产量和库存量的科学决策。

制造循环工业系统网络中的每个节点企业本身是一个独立的微循环系统，具备独立实现产品性质改造的基本功能。为提升微循环系统的运行效率，产品和生产要素在时间、空间维度的流动性明显提升，同时生产工艺和界面衔接对生产要素优化配置的影响持续增强，因此资源配置决策具有动态特征，对制造企业微循环资源配置提出新的挑战。基于优化决策的微循环生产资源配置计划以微循环系统内不同串行、并行生产单元为对象，以保障多工序生产顺行为目标，在满足生产时效性、库存稳定性和物流平衡性的前提下，考虑加工工艺路线柔性设计的特征，决策微循环内各生产单元在各时段内的产量、存量和流量，以达到保证前后工序紧密衔接、降低物流阻滞、降低能源消耗、提升整体生产效率的目的。

8.1.3　综合资源配置计划的解决思路

综合资源配置计划决策涉及多个制造主体，每个主体都有其自身特定的需求和约束条件，这些需求和条件在制造循环工业系统中相互交织、相互影响，使得求解过程变得复杂。同时，制造循环工业系统涉及需求、运输时间、生产成本等多种不确定性因素，这进一步增加了综合资源配置计划的求解困难。充分考虑主微循环资源配置计划在多主体、多要素维度的竞争和协同关系，针对基于"三传一反"的主微循环资源配置计划的优化决策方法和博弈决策方法进行介绍。

综合资源配置计划的系统优化管理模式是指从系统视角统一进行资源配置决策和管理的模式。在此模式下，所有资源的调配和使用权都集中到核心管理部门，它负责制定并执行全局性的资源配置系统优化，以确保资源的优化配置和高效利用。首先，明确制造循环工业系统的全局优化目标，这些目标通常包括成本降低、效率提升、风险减少以及服务水平的增强等。这些目标需要综合考虑制造循环工业系统中各个主体的需求和约束，确保优化方案能够全面满足系统循环战略目标。例如，在库存管理环节，通过合理的库存规划和调配，实现库存水平的优化；在生产环节，通过优化生产计划，提高生产效率和产品质量；在物流配送环节，对配送路径和方式进行优化，从而降低运输成本并提高配送效率。其次，对制造循环工业系统的运作过程进行全面而深入的分析，识别出影响全局性能的关键瓶颈资源，以及资源在制造、库存、物流等各个环节的运作情况的协同关系。最后，在此基础上，综合考虑制造循环工业系统各个主体的相互影响，建立综合资源配置计划的数学模型，然后设计先进的优化算法和技术手段，对模型进行求解。

在制造循环工业系统主循环中，不同企业的利益评价体系不同，单一企业利益的最大化通常会对其他企业的利益和运作效率造成影响，主循环内多主体之间存在博弈关系。在制造循环工业系统中，考虑不同企业存在库存、产品价格等目标上的冲突和差异，且不同企业存在信息不对称或者部分对称的情况，基于博弈的综合资源配置决策从传统追求制造循环工业系统中某个核心企业的利益最大化，转向致力于系统中成员利益增加的同时达到整个系统的协调。首先，明确每个主体的合作目标，通常涉及最大化总收益或最小化总成本等，根据其收益或损失，建立相应的效用函数。效用函数能够反映参与者在不同策略组合下的收益情况，从所有策略组合中选出最大最小效用系数对应的策略组合，即合作博弈的均衡解。其次，分析博弈过程中各主体资源分配方案的耦合关系及其所导致的制造循环工业系统总体和各博弈方费用变化关系，设计博弈过程中的收益分配策略，从而鼓励博弈过程中利益受损方的积极性，促使在合作过程中博弈各方利益的有效提升，保证获得的综合资源配置方案的可执行性。

8.2 基于"三传一反"的主循环资源配置计划

制造循环工业系统的核心是"三传一反"管理模式，即围绕资源、能源、物流等要素以信息为关键载体，决策各要素在制造企业之间（空间）和不同时间上的配置方案，优化循环过程，实现资源的有效配置。在此基础上，围绕主循环，运用优化和博弈决策方法，对资源配置计划进行深入研究，精确分析各生产环节的资源需求与供给，找到资源配置的合理方案，从而提高资源的利用效率，降低系统整体的生产成本；引入博弈决策方法，使得制造循环工业系统在面对多个利益主体和资源竞争时，能够制定出更加公平、合理的资源配置方案，通过有组织制造达到提质增效的目的。

8.2.1 主循环资源配置计划问题

制造循环工业系统的循环主体从单一企业向制造业集群转变，循环要素包括资源、能源、物流和信息等。循环要素在企业间形成的循环网络为主循环。主循环资源配置计划即通过打破行业之间、企业之间的壁垒，畅通系统资源循环，对系统内综合资源进行高效配置，提高企业竞争力。

当前，制造业在资源配置方面正面临着日益严峻的形势与挑战。制造业的成本压力不断上升，使得制造业在资源配置上需要更加精打细算，提高资源利用效率。国内外制造企业为了提升自身产品质量和市场竞争优势，已经自发地与上下游企业进行集群制造模式，这种组织模式主要建立在制造企业对资源的依赖关系，多以企业网络模式运行，通过集群模式实现企业资源的共享。

我国具备完整的工业体系，但仍然存在着供需不匹配、循环不畅通等问题，国际贸易形势的恶化对我国制造业的资源配置带来了挑战，贸易保护主义抬头和关税壁垒使得我国制造业在全球市场上的竞争更加激烈，尤其在以单边贸易保护主义和资源要素流动壁垒为特征的逆全球化趋势下，制造业面临着包括循环断裂、阻滞等诸多挑战，不同制造企业之间往往存在资源配置不均、利用效率低等问题。因此，推动上下游制造企业资源供给和需求之间的动态均衡化，形成有序、顺畅的循环体系，是我国制造业高质量发展的重大战略任务。

在这样的背景下，打破企业壁垒、促进资源综合利用显得尤为重要。制造企业之间的壁垒往往源于信息不对称、技术保护、市场垄断等因素。这些壁垒不仅限制了资源的自由流动和高效利用，还阻碍了产能的有效释放。通过打破这些壁垒，可以促进不同企业之间的合作与交流，实现资源的优化配置和产能协同。具体而言，打破企业壁垒可以促进资源的自由流动。不同企业在资源配置上存在差异，有些企业的某些资源富余，而另一些企业则面临资源短缺。通过有效的信息沟通，可以实现资源的共享及优化分配，从而提高总体资源利用效率。在打破壁垒和突破资源瓶颈的过程中，需要借助现代科技手段。例如，基于当前的互联网、云计算等信息技术手段，对企业的实时数据进行采集、分析，从数据维度为决策过程提供支撑。同时，通过工业互联网等技术手段，可以实现不同企业之间的信息互通和协同作业，提高生产效率和质量，推动制造业向高端化、智能化、绿色化方向发展。

总之，打破企业壁垒、促进资源综合利用是当前中国制造业应对资源配置挑战的重要途径和基本保障。通过加强企业间的合作与交流，借助现代科技手段和政策支持，实现资源的共享和优化配置，可以提高制造业的竞争力和可持续发展能力。

资源配置本质上是对现有资源与实际需求的匹配，因此，对需求情况的精准把握是合理资源配置的前提和基础，在传统的运营模式中，企业之间的实际需求对于竞争对手大多是完全不透明，对于合作伙伴也仅仅是部分透明。因此，企业在制订资源配置计划的时候首先要对相关企业的实际需求进行预测。需求预测在制造循环工业系统中起着至关重要的作用，并具有显著的价值。

首先，通过精准预测未来的需求，企业可以提前规划生产、采购和物流等环节，减少因需求波动导致的供应中断风险，提高物料传递的可靠性和韧性。其次，通过预测不同产品或服务的需求趋势，企业可以更加精准地安排生产计划和库存管理，避免资源浪费和库存积压。同时，这也有助于降低库存成本，提高企业的盈利能力。最后，需求预测还有助于加强企业间的合作关系，通过共享需求预测信息，制造系统中的各个环节可以更好地协调合作，实现资源的优化配置和风险的共同应对。当前，需求预测的主要方法依据对数据的依赖性大致可分为两种，分别是定性预测法和定量预测法。定性预测法主要是基于决策者对需求的主观理解，依靠经验对需求预测的方法，这类方法适用于数据不够充分或难以量化的情境。定量预测法是基于对历史需求数据，采用大数据、统计分析等方法，挖掘各种相关数据之间的规律，然后基于当前时刻的指标参数，对未来的需求变化情况进行预测的方法，包括时间序列分析法、基于因果分析的回归算法、贝叶斯分析等。

在需求预测后，制造循环工业系统中的企业面向市场需求，通常会根据自身产品的特性将不同产品划分为不同的品类。通过对不同品类进行划分，企业可以更准确地了解每个品类的市场需求和潜在利润，从而有针对性地分配资源，促进资源的高效利用。通过对不同品类产品的库存需求进行规划和预测，可以避免库存积压和浪费。这有助于降低库存成本，提高企业的盈利能力。简而言之，品类计划在制造循环工业系统中起到了优化资源配置、提升客户服务水平、降低库存成本以及提升整体协同效率的作用。需求确定后，制造循环工业系统可以从物料、设备和库存三个维度进行综合资源配置。

1. 物料维度的资源配置计划

物料是制造循环工业系统中的重要资源，物料资源是制造过程的基础，物料的及时供应和质量稳定直接关系到生产的顺利进行和产品质量可控。因此，物料资源的可获得性和稳定性对于生产线的连续运行至关重要。

物料加工处理是制造循环工业系统制造产品和提供服务的有组织的重要活动，是将投入的要素转换成有效产品和服务的活动，由系统中一个企业或多个企业合作完成。生产过程投入的各种生产资源包括材料、设备和能源等。生产过程中物料投入是指被加工过程消耗掉的资源，包括成为产品组成部分的原料、零配件、设备等主要材料，以及不成为产品组成部分但消耗掉的辅助材料，如交通工具、煤气、水、电、气等。生产过程的产出大多是指企业生产的实物产品，如钢材、汽车、家电等。在制造循环工业系统中，制造过程主要涉及实物形体转换，物流主要完成物料的位置转移，信息通信完成信息转换，库存完成物资的储存和生产缓冲。这些转换往往是在物质传输过程中相互交织的，一个行业或企业可以兼备多种功能，一个制造企业除了制造产品，还应该允许客户、上下游的合作伙伴辨识产品的质量和价格等基本信息，具备存储半成品和成品的库存能力，落实物料的搬运。物料资源的合理配置和使用能够提高生产过程的效率。例如，在生产装配线中，物料的供应、传递和存储等环节的优化，能够减少生产中的等待和浪费，从而提高生产效率和降低成本。由于物料的传递依赖于物流环节，物料的加工会造成必要的能源消耗，而在当前数字时代，各加工单位的数据互联，为物料在整个制造过程中的信息互通提供了信息保障，从而形成资源、物流、能源、信息"三传一反"模式下的资源配置计划。

制造循环工业系统将上述物料的加工、传输、储存和信息共享集成于一体，构成一个完整的系统。"系统"意味着所有的环节、操作是一个整体，各个环节不能相互分离地运作，同时，构成系统的各个部分仍保留自身的特征。决策系统的资源分配方案必然要从各个要素入手，而单个要素的分配决策又不能脱离它在整个系统中的作用及其与其他要素之间的关系。在制造循环工业系统的需求端企业中，产品的需求多样化且变化迅速。在原料制造端企业中，集批生产模式允许企业在一定时间内集中生产某一批次的产品。对制造循环工业系统中物料资源的优化配置有助于优化生产流程、减少设备更换和调试时间，从而提高生产效率。从物料批量生产角度看，资源配置计划主要体现在物料配置计划、物料需求计划、生产作业计划等。

物料配置计划主要是面向产品需求，决策相关物料在相关加工设备上的生产时刻及生产量。在面向订单的生产环境中，大多数企业主要基于需求编制物料供应计划、生产作业计划。物料配置计划的主要关注点有物料品种、物料量、物料质量、物料成本和交货期。其中，物料品种是指系统计划期内所需的物料化学成分、型号、规格等。物料量是指在计划期内分配给不同生产单元的合格产品的数量，物料量分配是制造循环工业系统中进行物料供销平衡和编制生产计划、组织日常生产的必要基础。物料质量是指在物料配置计划决策过程中，需要考虑产品质量，不同的质量水平会直接影响制造过程中物料的消耗量，因此，在物料配置中要考虑废品率等质量因素。物料成本是当前企业生产运营活动水平中，将不同种类的物料按照其商品的货币价值评估得到的成本。物料配置的过程中，在满足系统中各制造单元物料需求的前提下，还要考虑物料配置的生产成本。交货期是考虑系统中各制造单元物料在时间维度上的需求节点，物料在时间维度的合理配置是保障系统中物料流通的合理性和稳定性重要保证。

物料需求计划（Material Requirement Planning，MRP），首先由美国著名管理专家约瑟夫·A. 奥里奇（Joseph A. Orlicky）提出，是一种工业制造企业内物资计划管理模式。核心思想是针对企业确定的运营目标，通过组织规划加工过程的生产计划，从而完成企业的加工任务。在机械加工行业，物料需求计划是指根据产品组装、拼接、加工结构各层次物品的总数和数量关系，以每个产品为计划对象，以完工时期为时间基准倒排计划，依次决策产品生产计划、所需零件的生产时间和生产量，最后汇总所需物料的需求时间和需求量，做出物料需求计划。在流程制造企业，物料需求计划是从按照订单的品种、时间、工艺路径等维度进行需求聚合，从末端工序向前逆推，确定不同的物料在各工序上的生产时段。

生产作业计划是落实宏观的资源配置方案所制定的生产组织方案，是把宏观的物料资源配置方案落实到具体时间段（月份、周等）各个工厂、各个生产线乃至具体工作人员的生产任务。由于生产作业计划是具体指导企业日常生产活动的计划，它根据长期资源配置计划规定的产品品种、数量及大致的交货期的要求，对每个生产单位（车间、工段、班组、工作地）在每个具体时期内（季度、月、周、班、小时）的生产任务做出详细规定，使资源配置计划得到落实。

物料维度的资源配置计划的系统优化是指计划的决策制定和协调由一个中心化的实体或团队负责，属于集中（Centralized）的决策模式。这个做决策的实体拥有全局视角，能够综合考虑整个系统的需求、物料供应、运输、能源消耗等因素，以制订最优的资源配置计划。其主要的决策方法分为面向最终产品的决策方法、面向流程的决策方法和模块式的决策方法三种。

1）面向最终产品的决策方法。按某种产品的需求将生产对应产品所需要的各种设备等资源以产品为导向进行聚类，以完成产品加工为目的进行资源分配。对于机械加工类的产品，虽然制造单个种类产品可以成批生产，但为了满足各类产品的需求，生产过程需要调整加工类型，本质上是实现产品的组批，在集批生产模式下，将生产过程划分为若干个批次，每个批次按照预定的生产周期和数量进行生产，使企业更好地控制生产成本和质量，并提高生产效率。面向最终产品的决策方法和其他类型决策方法相比较，主要依赖于产品的流水化生产，对于制造流程长、工艺复杂的情况，或者产品需求多样化的集批生产模式，则难以实现。

2）**面向流程的决策方法**。按照生产工艺将生产流程进行阶段划分，一个生产阶段汇集同类（或类似）工艺所需的相关资源，对企业的各种产品进行相同的工艺加工，将所有的物料按照不同流程的加工需要进行配置和组织，产品按件或按批在一个生产阶段进行加工，再从一个生产阶段转移到另一个生产阶段。资源配置需要考虑不同产品加工过程的阶段划分，并按照工艺相似性进行聚类，以阶段来梳理资源在时间维度的配置，按照工艺流程实现物料的分阶段配置。

3）**模块式的决策方法**。不管是面向最终产品的决策方法还是面向流程的决策方法，其本质上依赖于生产需求分布情况和生产工艺导致的流程结构。实际上，可以将这两种方法相互融合，将具有不同特征的生产过程拆分成不同的模块，发挥每个模块自身特征进行物料分配，再建立不同模块的资源平衡方法，从而实现系统的最终资源合理利用。

2. 设备维度的资源配置计划

生产设备是制造循环工业系统中的重要资源。随着当今经济社会中企业间的竞争关系加剧，越来越多的工业企业重新组织技术能力，关注设备产能规划，通过充分利用设备资源，提升企业竞争力。另外，产能规划在改善交期满足情况和缩短处理时间等方面起着关键作用，是面向市场波动和成本调整的快速响应能力的先决条件。从设备维度看，资源配置计划的核心是对生产过程中所需要的设备能力进行核算，以确定是否有足够的生产能力来满足生产需求，是将生产需求转换为所需加工设备能力需求，然后基于设备的额定产能估算设备的可用能力是否充足，如果能力欠缺或者能力过剩，则可以通过设备租赁、产能保留等措施，使生产需求和设备能力尽量匹配。

设备维度的资源配置计划是在满足最终产品需求的前提下，决策落实产品加工需要哪些设备，以及在不同设备上生产产品种类、生产量和生产时间，以及设备不足情况下的解决方案。如果资源过剩，设备能力无法充分发挥，对于企业的经济效益同样具有比较大的影响。对于包含多个加工企业的制造循环工业系统，其产出能力往往取决于某个或某几个处于瓶颈位置的企业，因此，在进行设备维度的资源配置之前，首先要进行瓶颈分析，瓶颈分析主要是针对生产过程中制约生产量、生产质量、完工节点的关键工序、设备进行挖掘分析，并制定相应的改进措施，以消除这些瓶颈。在生产制造领域，瓶颈通常是指制约整个系统的环节或资源。最基本的瓶颈分析方法是分析生产流程中不同设备的生产能力，其中，无法保证其他生产设备连续运作的设备即为瓶颈设备。对生产运作管理来说，可以通过识别和解决设备瓶颈，采用租赁等方法调整设备能力，确保生产流程中的每个环节都能顺畅运行，减少生产中断和等待的时间，从而提高整体生产效率。基于历史生产实绩的生产瓶颈分析，可以预测生产过程中因设备故障、质量等原因导致的瓶颈，从而预先给出解决方案，减少因设备故障和停机导致的生产延误和浪费，降低维修成本和生产过程中的其他间接成本。通过优化设备性能和减少故障，可以确保产品在生产过程中获得稳定的质量控制，提高产品的合格率和客户满意度。总体来说，设备瓶颈分析有助于企业更准确地了解生产过程中的设备需求，从而更合理地配置资源，如人力、物料等，提高资源利用效率。

在资源配置的过程中，即使能够通过优化企业布局保障生产需求，仍需要制定能力计划，提升资源利用率。对于大多数公司来说，一个高度复杂的产能规划是不实用的，因为市场波动可以通过库存或产能保留来进行处理。通过调整生产量和库存量就能够简单调整不同企业的负荷均衡以及库存容量。产能规划过程包括确定满足不断变化的产品需求所需的生产能力，即按照下达的生产订单，核算不同生产订单的未完工需求，然后将订单需求按照系统加工日历转换为对每个企业的能力需求，计算出不同企业不同时段的可用能力，以及满足订单需求的生产能力。依据不同的设备能力场景，能力计划可分为不考虑能力上限的能力计划和能力受限的能力计划。

不考虑能力上限的能力计划是忽略设备能力限制，将该生产设备上的各负荷累加，从而确定能力需求计划。如果累计负荷大于设备能力上限，将对超过设备能力上限的复合需求进行调整，主要的调整策略包括加班、通过加工方式替代归并进行能力优化、通过外包进行委托加工从而扩展生产能力等，如果无法通过调整来满足累加能力需求，可能会造成订单脱期甚至取消。这种能力计划是一种简便且易于实现的能力计划制订方式，传统的 MRPI/ERP 软件大多嵌入这种方法实现能力规划。

能力受限的能力计划是在考虑设备能力限制的前提下决策资源配置计划。设备的能力限制导致约束保证了给设备安排的荷工时不会超过给定的能力上限，在这种场景中，由于不能够满足所有的需求，因此需要考虑满足哪些需要，主要处理方法包括按到达时间进行能力分配和按优先级进行能力分配。其中，前者对于单一设备（或者企业）的能力分配更为有效，对于包含多个工序的生产环境，则比较容易造成产能浪费和拖期；后者通常是根据客户重要程度、市场价格等给计划所需负荷制定优先级，然后按照优先级规划能力，保证优先级较高的需求首先得到满足，从而提升企业的整体效益，维护重要客户的长期稳定合作。

3. 库存维度的资源配置计划

库存是制造循环工业系统中的重要运作环节，库存资源的优化配置对于盘活整个制造循环工业系统是十分重要的。在制造循环工业系统的资源配置中，库存优化扮演着至关重要的角色。库存优化不仅关系到企业的运营成本，还直接影响到制造循环工业系统的响应速度和整体绩效。首先，库存优化需要对系统进行深入分析，理解各主体的运作模式和需求波动。通过精准预测和数据分析，企业可以制订更加合理的库存计划，确保在降低库存成本的同时满足市场需求。其次，利用先进的库存管理技术，如实时库存监控和自动补货系统，可以大大提高库存周转效率，减少库存积压和缺货现象。库存优化不仅能节约成本，还能够提升系统的灵活性和响应速度。当市场需求发生变化时，企业能够快速调整库存策略，确保产品能够迅速被送达到指定地点。这不仅提升了企业的市场竞争力，还有助于提升客户满意度，维护重要客户稳定合作。通过库存优化，企业能够实现制造循环工业系统资源的合理配置，降低库存成本，提升资源利用效率，进而提升整个系统的运作水平。在市场竞争日益激烈的今天，库存优化已成为提升竞争力的重要手段之一。

从库存维度优化资源配置的基础在于精确的需求预测，系统需要通过历史销售数据、市场趋势、客户反馈等多维度信息，运用统计模型、机器学习等预测方法，对未来一段时间内的产品需求进行预测。由于企业库存产品最终用于满足需求，因此对产品需求的精确预测是进行库存水平确定的前提。库存维度的资源配置计划是基于需求预测或者实际掌握的需求情况，系统考虑生产工艺约束和库存管理要求，决策制造系统的生产量、库存的补货策略，从而降低总体的运营成本。大多数的制造循环工业系统包含多个生产单元、制造过程中的生产流程包括多个生产环节，客户需求多样化，这使得传统的基于经验的库存管理方法难以高效解决制造循环工业系统的资源配置计划决策，往往需要结合库存优化理论和企业的具体场景来定制化设计库存优化策略。通过合理的决策库存资源配置计划，可以促进制造循环工业系统生产过程的稳定运行，提高库存周转率。库存资源的利用，一方面是对库存量的调控，另一方面是对库存中的品种结构的优化，即库存中材料的品种类型规划。传统的品类计划是指企业根据产品的特性、市场需求和竞争状况，将不同产品划分为不同的品类，并为每个品类制定相应的分销策略和计划。通过品类计划模式，企业可以更好地管理生产过程，满足市场需求，提高企业利润。当前企业大多面临着许多新的挑战，新旧产能转换迫使企业淘汰落后产能，加快先进生产线投产速度，而需求侧对于产品的种类、质量都有了更加多样化的需求，使得企业间竞争加剧，随着企业的技术进步和不断发展，企业必须加大在生产管理等技术细节的研发和投入，通过精细管理，提高企业的边界利润。库存品类计划是针对生产过程中的在制品库存，根据产品加工特性、客户需求，将不同物料产品划分为不同的品类，并为每个品类制订相应的生产计划和库存补货策略。以钢铁制造循环生产过程为例，板坯库是连接上游钢坯生产和下游轧钢生产的关键环节，既收纳炼钢事业部生产下线的钢坯，又向热轧事业部供应待轧钢坯，同时还能收储多余的钢坯以待后用，建起了炼钢到轧钢的桥梁。钢铁库存品类计划，具体而言，即对板坯库中的板坯种类、不同种类的备料时间和备料量进行精细规划，使得炼钢事业部产能最大化，同时又满足热轧事业部的轧钢需求，最终提高企业整体利润的生产经营模式。以在制品库存的品类计划为中心决策，针对制造循环工业系统生产供料关系，为了保障库存的备料计划，综合考虑各工序的生产加工要求，同时决策前后工序的生产计划以及品种替代关系，最终实现制造循环工业系统资源配置计划的系统优化，保障生产的连续。

4. 基于博弈决策的主循环综合资源配置

在制造循环工业系统中，不同的主体承载着不同的任务，主体根据所承载的任务不同，可分为制造主体、物流主体、能源主体等。作为系统中的一部分，各主体在合作完成系统任务的同时，在追求自身利益最大化的过程中会产生相互依赖和竞争的关系，从而形成复杂的博弈关系。制造主体作为最终产品的提供者，其运作成本、质量和交货时间等因素直接影响系统的最终成本和产品质量。物流环节主要服务于系统中物料在时间、空间维度上的变换，伴随着企业集群的规模扩张、企业分工的精细化，物流成本在整体运作成本的比重变得越来越大。制造和物流在制造循环工业系统中紧密相连，但是它们之间的博弈关系十分突出。在时间维度，制造追求的是高效的生产速度和稳定的产出量，以满足市场需求和订单要求；物流环节则追求快速、准确、低成本的运输和配送，以确保产品能够及时送达客户手中。两者之间的博弈在于如何在保证生产效率的同时，降低物流成本，提高整体系统的响应速度和灵活性。在需求满足维度，制造需要基于市场需求预测来制订生产计划，并控制原料和半成品的库存水平；物流需要根据生产计划和实际需求来安排运输和配送，以确保库存的及时补充和降低库存积压的风险，虽然制造和物流之间存在有效的信息共享和协同，但在大多数场景中，信息仍然是不完全对称的，各主体在完成系统任务的同时仍然在物料交接时间等方面存在冲突。另外，制造和物流都面临着各种风险，如生产延误、运输事故、质量问题等。当出现风险时，两者之间的责任划分和赔偿机制将成为一个重要的博弈点。同样的道理，生产与能源也存在着博弈关系，从生产角度，主要关注的是需求满足和成本控制，能源作为服务于生产的主体，也具有自己的考核标准，而且在制造循环工业系统中，生产过程往往伴随着能源的生产和消耗，这使得制造和能源之间的关系变得更加复杂。

制造工业循环系统是以资源、物流、能源、信息等要素构成的立体网状工业结构，其将不同制造业和相关工业实体纳入同一框架下，形成复杂且互联的产业生态。在制造工业循环系统背景下，企业间的组织与协同效率对整个循环系统的循环效能有重大影响。面对由单一主体决策向多主体决策转变的决策格局，每个主体在追求自身利益的同时，力求实现制造工业循环系统整体效益的最大化。基于博弈论与机制设计，研究制造循环工业系统各主体之间、群体之间的交互关系，实现个体与整体效益最大化，具有重要的理论意义和应用价值。针对制造循环工业系统中企业间的利益不均衡博弈问题，考虑制造循环系统整体利益，确定生产企业的生产量、不同类型企业的库存量以及相同种类企业之间的物流分配量，建立制造循环工业系统中不同企业之间的博弈关系。依据不同功能的关联企业需求、不同资源要素对制造过程的限制、制造循环工业系统畅通程度等博弈约束，构建不同主体的策略空间及效用函数，刻画主循环中不同制造企业的生产成本和效益评价方法，划分博弈子空间，求解博弈均衡。在满足制造循环工业系统整体循环畅通的基础上，设计合理的宏观机制和生产资源分配方式，引导博弈双方采取符合系统整体利益的行为，在最大化主循环整体效益的同时，兼顾相互关联的制造业集群的需求，建立有效的信息传递和反馈机制，确保博弈双方能够及时了解对方的行动和决策，并根据这些信息调整自己的策略，平衡主循环中不同制造企业的利益，实现对主循环的生产资源优化配置。

8.2.2　主循环资源配置计划应用

钢铁企业和机械制造企业之间存在紧密的关系。机械制造企业需要钢铁企业提供高质量的原料，而钢铁企业需要机械制造企业来消耗其产品，并为其提供基本的加工设备，同时，双方共享物流和能源，构成钢铁-装备制造循环工业系统，钢铁企业和机械制造企业可以在生产设备、人力资源、市场渠道等方面进行资源共享和优化配置，从而确保原料的稳定供应和产品的顺利销售。当前，很多钢铁企业和机械制造企业已经逐渐意识到自己是制造循环工业系统中的一个部分，开始着力于通过深度协同提升系统整体效益。

在信息共享角度，宝钢集团与徐工集团等机械制造企业合作，宝钢集团为徐工集团提供高质量的钢板和钢材，确保机械制造过程中的原料质量。同时，徐工集团将市场需求信息反馈给宝钢集团，帮助宝钢集团调整生产计划，以满足机械制造行业的特定需求。

在技术共享角度，鞍钢集团与一汽集团共同研发汽车用钢，通过优化钢材的成分和性能，提高汽车的安全性和轻量化水平。这种技术合作不仅提高了钢材的附加值，还为汽车制造企业提供了更优质的原料。双方通过技术资源的共享提升整体实力。

在设备共享角度，河钢集团和三一重工等企业进行资源协同配置，河钢集团利用其先进的钢铁生产设备和技术，为三一重工提供定制化的钢材解决方案。同时，三一重工将其在机械制造领域的先进技术和经验分享给河钢集团，共同提升双方的竞争力。

在节能降碳方面，首钢集团与中联重科合作，推动绿色制造，首钢集团通过优化生产工艺和引入环保技术，降低能耗和排放，中联重科将废旧机械进行拆解和分类，将可回收的钢材和其他材料提供给首钢集团进行再利用，形成资源循环利用的良好模式。

如上所述，制造循环工业系统中的企业可以从不同的利益出发点，对不同的资源进行协同配置。其中，最基础的是系统中各企业间资源传递在时间维度上的合理衔接。在传统企业的日常运作中，不同企业的生产计划制订通常在功能上是分开的。在激烈的市场竞争中，制造企业通过各种方式提高客户满意度，不但要从制造成本上保有优势，而且在产品和服务上也要具有优势。当下客户对产品更好、更便宜、更快的需求日益增加，而获得和保留客户的一个基本特征就是能否按时交付客户的订单。随着各钢铁生产厂商从大规模的生产转变为大规模的定制化，或者从按库存生产转变为按订单生产，制造企业在时间维度的沟通成为企业关键的决定。

时间维度上的钢铁-机械企业资源协同配置是通过建立有效的协同机制，保障不同钢铁、机械加工企业的物料需求，以提升企业的经济效益为目标，优化产销模式。这要求企业从订单管理、生产计划制订、部门间的信息沟通等多方面发力。具体而言，上游企业需要通过下游企业的订单制订合理的生产计划，以此来减少生产冗余，降低库存成本。同时，企业应该加强对订单的管理，保证订单的及时生产和运输，避免拖期问题。另外，系统中各企业之间的信息沟通也应该增强，建立有效沟通机制，以此实现在时间维度上的快速响应和调整。

目前单一企业在考虑能否满足客户需求的时候，通常不考虑企业的实际工作量，或者在仅考虑总工作量的情况下做出接受订单的决策。但是，订单接受策略对企业生产的影响很大，如果接受了过多的订单，会使企业生产线的负担过重，导致企业的订单交付时间延迟，为此企业不得不尝试寻找额外的生产力，通过加班或者外包的方式按时完成订单，但是这种额外的工作成本会降低企业利润，甚至导致负利润，而且如果无法按时生产完成，那么延迟交货也会导致订单惩罚，同时还会降低客户满意度；而接受较少的订单会导致低收入以及机组生产能力的不充分利用，同样会造成企业的利益损失，并且不利于系统的整体效益提升。

针对钢铁~装备的供需循环关系，考虑关联企业需求，通过协调上下游制造系统的资源供给时间节点，提升主循环中制造企业总体效益，如图 8-1 所示。针对该问题，建立混合整数线性规划模型，将原问题模型分解为主问题和子问题，主问题基于资源限制选择合适的资源配置方案，子问题用来生成不同的资源配置方案。

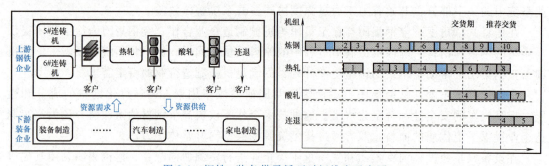

图 8-1　钢铁~装备供需循环时间维度示意图

8.3　基于优化决策的微循环生产资源配置计划

制造循环工业系统微循环包括企业内生产、能源、物流等多个环节。生产是企业直接创造效益、实现加工目标的关键环节；能源是满足生产加工过程、维持设备正常运转、实现加工目标的必要保证；物流为了满足前后生产工序物料合理衔接，针对原料、半成品、成品实施的物料空间位置转移的过程，是微循环内各生产环节的纽带。为了保证整体生产节奏的平衡，避免产生瓶颈环节，这三者需要协同运作，形成完善的合作模式，整合企业资源。

8.3.1　微循环资源配置计划问题

制造循环工业系统规模变大、包含多个生产阶段、多个生产品种，基于给定的客户需求进行资源配置计划决策，从而满足生产流程和工艺约束是极具挑战的。按照计划管理的颗粒度不同，钢铁资源配置计划可分为生产规划、能力计划、合同计划和作业计划，如图8-2所示。

	生产规划	能力计划	合同计划	作业计划
周期	3～5年	1个月～1年	1周～1个月	1个班次～1天
工序	全厂所有工序	制造全流程	制造全流程或部分工序	单个工序
计划内容	• 产线布局规划 • 产品定位规划 • 市场选择规划	• 年度产能计划 • 季度产能计划 • 月度产能计划	• 合同分配 • 合同预排程 • 周产能计划	• 炼钢作业计划 • 热轧作业计划 • 冷轧作业计划
计划目的	明确企业宏观发展战略、产品定位和主体客户	合理分配机组产能，规划物料供应节奏和物流节奏	确定合同在各个机组的生产时段和生产量，保障合同按期完成	确定物料加工顺序，满足计划工艺规程

图8-2　钢铁企业生产计划层次

1）生产规划是企业从宏观视角对未来的长期规划，譬如决定企业的品类规划、产线布局、设备扩容、工艺路径规划等，从而能够确定钢铁企业的宏观发展目标、客户群体和主要生产目标。

2）能力计划是基于给定的工艺路径和设备能力上限，面向订单需求，决策如何分配设备能力，从而保证订单需求能够按时完成；依据能力计划的计划期范围不同，可分为年度计划、月计划和周计划。

3）合同计划是在满足加工约束条件、物料传递关系、交期约束的前提下，落实给定合同在什么时间、什么机器上生产，以及具体的生产量，保障合同的交货要求。

4）作业计划是对于给定的物料，决策物料在不同设备上的加工顺序及加工时间表，是对合同计划的具体落实方案。

本质上，钢铁资源配置计划是为了合理地利用企业现有的生产资源来加工产品，从而满足客户需求。上述不同层次的钢铁资源配置计划解决企业面临的不同层次的问题，所以解决问题的思路也存在比较大的差异。以钢铁微循环为例，如图8-3所示，在解决超长期的生产规划问题的时候，企业能够获取的合同需求信息很难作为直接的决策依据，但企业可以根据自己的现有资源和市场情况确定企业的市场定位，并对企业主打的生产品种进行规划，并根据主打产品的加工需求进行设备布局。当企业获得客户的意向合同，将基于现有的资源对是否能按期完成加工任务进行评估，即决策每个设备、每个时间段内的生产品种和生产量，并对更为精细的合同计划和作业计划提供支撑。当合同信息已经确定，这些合同将进行生产流程，考虑钢铁企业具有设备启停成本大的特点，生产合同将按照加工要求的差异进行归类，从而促进同类的生产合同连续被加工，从而减少必要的生产设备调整，然后根据合同交期和客户重要程度，确定不同类型合同的优先级并进行预排程，确定不同类型合同在每个设备每个时段的生产量，最后将具体合同填充到相应类型的生产时段中，确定合同生产计划。作业计划是生产运作管理中具体落实的关键环节，是生产计划具体到面向实际物料的计划，大多是根据具体的切换限制条件对物料进行排序并制定准确的加工时间表。

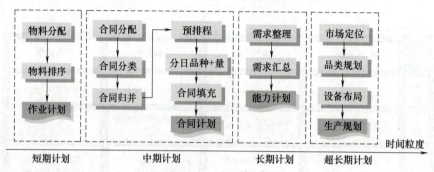

图 8-3　生产计划分类

下面对钢铁企业的生产资源配置问题进行介绍，假设该企业的计划管理模式是面向合同生产（Make-To-Order，MTO），给定客户的订货合同，这些合同至少要包括所需产品的品种和需求量，当销售部门将这些订货合同传递给制造管理部门后，首先会对具有相同加工属性、交货期的需求进行归类，从而形成生产合同，然后根据客户提出的质量要求，规划加工这些合同需要经过哪些设备及加工标准。

这个生产资源配置计划问题基于给定的需求品种和需求量，考虑设备产能限制约束，以降低生产和库存总成本为目标，从生产与库存系统的视角，对生产设备每日生产品种、生产量和中间在制品库存量进行决策。考虑制造循环工业系统内部生产系统的组织，通常情况下，这样一个系统的架构是由几个生产单元建立起来的，生产流程在不同的生产单位（例如流水线或工作中心）中实现。通过将这种宏观结构进一步细化为微观结构，每个微观的生产单元都具备为最终产品的制造提供一系列操作加工的能力，原料或者零件通过在这些微观的生产单元中流转，实现最终产品的加工完成。因此，可将物料资源配置问题拆分成若干段进行决策。根据制造循环工业系统分解成微观生产单元后，物料流转具有多生产阶段的特点，以最小化生产与库存成本为目标函数，建立数学模型。

索引：

j——品种的索引，$j=1，2，\cdots，J$。

t——时间段的索引，$t=1，2，\cdots，T$。

m——机器的索引，$m=1，2，\cdots，M$。

参数：

J——品种数量。

T——时间段数量。

M——机器数量。

a_{ji}——材料 i 如果能由材料 j 加工直接获得则为 1，否则为 0。

S_j——材料 j 可直接加工出的材料集合，$S_j \mathrm{def} = \{ i \in \{1,2,\cdots,J\} \mid a_{ji} > 0 \}$。

J_m——机器 m 上可生产的品种集合。

s_j——材料 j 的启动成本。

h_j——材料 j 的库存成本。

p_j——生产一单元的材料 j 所需要的机器能力。

d_{jt}——材料 j 在第 t 个时段的外部需求。

C_{mt}——在第 t 个时段机器 m 的最大生产能力。

v_j——材料 j 的提前期。

I_{j0}——材料 j 初始库存量。

决策变量：

q_{jt}——材料 j 在时间段 t 内的产量。

I_{jt}——材料 j 在时间段 t 结束时的库存量。

x_{jt}——在时间段 t 开始时是否进行切换生产材料 j，是为 1，否则为 0。

y_{jt}——在时间段 t 结束时材料 j 是否还在生产，是为 1，否则为 0。

数学模型：

$$\min \sum_{j=1}^{J} \sum_{t=1}^{T} s_j x_{jt} + h_j I_{jt} \tag{1}$$

s.t.
$$I_{jt} = I_{j,t-1} + q_{jt} - d_{jt} - \sum_{i \in S_j} a_{ji} q_{it}, \quad j = 1,2,\cdots,J;\ t = 2,3,\cdots,T \tag{2}$$

$$I_{jt} \geqslant \sum \sum_{}^{\min\{t+v_j,T\}} a_{ji} q_{it}, \quad j = 1,2,\cdots,J;\ t = 1,2,\cdots,T-1 \tag{3}$$

$$p_j q_{jt} \leqslant C_{mt} \times (y_{jt} + y_{j-1,t}), \quad j = 1,2,\cdots,J;\ t = 1,2,\cdots,T \tag{4}$$

$$\sum_{j \in J_m} p_j q_{jt} \leqslant C_{mt}, \quad m = 1,2,\cdots,M;\ t = 1,2,\cdots,T \tag{5}$$

$$\sum_{j \in J_m} y_{jt} \leqslant 1, \quad m = 1,2,\cdots,M;\ t = 1,2,\cdots,T \tag{6}$$

$$x_{jt} \geqslant y_{jt} - y_{j,t-1}, \quad j = 1,2,\cdots,J;\ t = 2,3,\cdots,T \tag{7}$$

$$q_{jt}, I_{jt} \geqslant 0, \quad j = 1,2,\cdots,J;\ t = 1,2,\cdots,T \tag{8}$$

$$x_{jt}, y_{jt} \in \{0,1\}, \quad j = 1,2,\cdots,J;\ t = 1,2,\cdots,T \tag{9}$$

模型中目标函数（1）表示最小化设备调整成本及库存维持成本之和，约束（2）为每日库存量计算方式，约束（3）表示库存备料情况应满足后工序的原料需求，约束（4）和（5）为生产设备能力约束，约束（6）表示设备同时加工产品种类的限制，约束（7）定义了变量之间关系，约束（8）和（9）定义了变量取值范围。

制造循环工业系统本质上是具有供需关系的制造企业之间，通过资源、能源、物流和信息等载体要素连接与交换，构成具有立体网状结构特征的制造业集群系统。其中，信息流通是保障系统资源配置优化的重要手段，基于信息反馈信号，可将资源配置计划问题刻画成如下最优控制模型：

假设系统中有一个库存，其中物品不断被消耗和补充。我们的目标是确保库存水平维持在一个预定的范围内，以满足需求并避免浪费。库存控制原理示意图如图 8-4 所示。

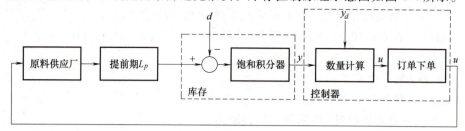

图 8-4　库存控制原理示意图

符号：

ω——库存调整系数，这是一个控制器参数，决定了系统对需求变化的响应速度。

Q_{min} 和 Q_{max}——库存量的最小阈值和最大阈值，当库存量低于 Q_{min} 时，需要增加补充量；当库存量高于 Q_{max} 时，需要减少补充量或暂停补充。

基于上述符号，建立最优控制方程：

$$J(u) = \sum_{k=0}^{\infty} \{ u^2(kT) + \omega [y_d - y(kT)]^2 \}$$

式中，y_d 是目标库存量，可以根据实际需求和策略来设定；T 是给定的时间间隔；$k = 1$，2，…，K 表示第几个数据反馈点。

这个方程表示，当实际库存量 $y(kT)$ 与目标库存量 y_d 有偏差时，控制器会根据偏差的大小和库存调整系数 ω 来计算出需要补充的商品量 $u(kT)$。假设初始库存为 0，库存量 $y(kT)$ 会根据需求和补充量进行更新：

$$y(kT) = \sum_{j=0}^{k-1} u(jT - n_p T) - \sum_{j=0}^{k-1} h(jT) = \sum_{j=-n_p}^{k-n_p-1} u(jT) - \sum_{j=0}^{k-1} h(jT) = \sum_{j=0}^{k-n_p-1} u(jT) - \sum_{j=0}^{k-1} h(jT)$$

式中，n_p 是补货的提前期；$h(jT)$ 为需求量。

为了确保库存量在合理的范围内，我们需要设置以下约束条件：

$$Q_{min} \leqslant y(kT) \leqslant Q_{max}$$

当库存量低于 Q_{min} 时，控制器应增加补充量；当库存量高于 Q_{max} 时，控制器应减少补充量或暂停补充。当然，这只是一个简化的库存目标跟踪模型，实际应用中可能需要考虑更多的因素，如系统的不确定性、商品的生产周期、运输延迟等。此外，库存调整系数 ω 的设定也需要根据具体情况进行调整和优化。

针对综合资源配置计划，常规的解决方案包括系统优化方法和博弈决策方法。其中，系统优化方法由单一实体或中心控制者进行，该实体或控制者具有全局信息和目标，并通过分解协调、搜索寻优等方式寻求全局最优解。这种方法通常不考虑参与者之间的策略互动和冲突，而是将问题视为一个整体进行优化。然而，在现实世界中的许多情况下，博弈决策方法更为常见，因为决策通常涉及多个参与者，它们之间的策略互动和冲突是不可避免的。由于系统生产、物流、能源各环节的管理模式及运行机制不同，增加了协同运作的难度，博弈决策方法探讨不同主体之间的目标差异和利益冲突，分析各主体之间的博弈关系，研究制造循环工业系统微循环生产、物流和能源配置过程中不同主体之间的协调整合方法，设计微循环各方收益的综合平衡机制，获取生产、物流、能源微循环优化资源配置方案，促进不同主体在微循环系统中共同高效、经济、安全、稳定运行，提升制造微循环的循环质量和循环效率。

8.3.2 微循环资源配置计划应用

本节针对钢铁工业和装备制造业的循环过程及典型生产环节，以实现综合资源最优配置为目标，分别介绍两者的微循环综合资源配置计划。

1. 钢铁工业微循环资源配置计划

近年来，钢铁企业多品种、小批量的订单需求与钢铁生产流程的集批生产要求之间的冲突为资源配置计划带来挑战；同时，钢铁企业大多包括炼钢、热轧、冷轧等多个生产阶段，前后生产阶段存在供料关系，这种复杂、网状的生产流程迫使生产资源需要合理配置到多个生产阶段，在保证客户交货需求的同时，还要合理地确定在制品库存量和中间物流量，从而确保各生产阶段、在制品库存及物流环节的运作管理协调一致，使得同阶段的生产设备负荷均衡。通过从系统视角对相关的制造、物流及库存环节进行综合管理，能够有效地避免局部优化导致的库存积压、物流阻滞，提供企业的整体运作效率。

通过编制制造循环工业系统的资源配置计划，可以促进各个生产环节之间的生产计划的一致性，保障生产物流畅行、库存结构优化，从而提高企业的生产能力利用率，降低生产成本。根据计划期长度和决策目标的差别，研究分为年度资源配置计划、月度资源配置计划、周资源配置计划的问题。

（1）年度资源配置计划 考虑当前已知的品种产能任务、各机组成材率、机组机时产能、机组初步检修安排、机组间周转时间、其他非生产时间、安全库存等因素，在满足大的物流平衡以及取向满产的前提下，以机组产能最大化为目标，决策每个月、每个工艺路线、每个机组、每个品种的产量，以及关键库区库存水平、检修计划。根据上述需求，建立确定各个工序在每个时段对不同类型产品的生产量的最优产能分配模型，并通过系统优化方法获得解决方案。

（2）月度资源配置计划 综合考虑年度资源配置计划计算获得的品种产能任务，根据机组的生产工艺，设备状态、各种物料、人力等资源的准备情况，以完成年度品种任务安排以及实现系统总体运作成本最小为原则，决策每天、每个工艺路线、每个机组、每个品种的产量，以及关键库区的每日库存水平。

（3）周资源配置计划 基于月度资源配置计划的结果，根据现有合同资源、现有库存资源及各个机组的生产能力，综合考虑系统涉及各生产单元的需求、生产要求，以协调各机组的生产情况为原则，给出一定周期内从炼钢到冷轧的全流程的产能分配方案，即决策时间周期内各产线每天的生产量、库存转移量和存储量。

2. 装备制造业微循环资源配置计划

当今汽车产品已经日趋多元化发展，相同款式的汽车会为不同的消费者群体准备不同的车辆型号，比如在高配型号的汽车上会配备高级音响或自动天窗，导航与液晶显示屏也是汽车制造商区分不同型号车辆的标准之一。对于这些设备，我们可以统称为零件，每种零件可称为一个零件族，每个零件族根据功能、颜色上的差异可以进一步细分。整车制造商需要为它所生产的所有款式、所有型号的汽车准备必要的零件，并以合适的方式在合适的时间将其配送至生产线以便工人进行装配，不同的零件配置方案将会带来不同的成本，如人员操作成本、库存成本、场地成本等。一辆完整的汽车通常由几千种零件族组装而成，因此，零件资源配置方式是一个复杂的问题，对其进行合理优化将带来巨大的经济效益，能够提升汽车制造商在日益严峻的经济形势下的生存能力。

　　以某汽车制造厂为例，它所采用的生产形式为混流生产模式，这意味着所有型号的汽车将在同一条产线上生产。在同一工位上，不同型号的汽车会根据是否安装某一零件、安装何种零件花费不同的安装时间。对于某个工位来说，安装该工位所需零件花费时间较长的车型和花费时间较短的车型必须保持合适的生产比例，这样才能保证该工位工人的平均工作负荷保持不变，从而保持平稳化生产。对不同整车厂或同一工厂的不同时期来说，单位时间内生产的车型比例是在不断变化的，因此零件的供应需求也是不断变化的。随着生产状态的改变，零件供应策略也应该被调整至最适应的，这样才能保证在零件满足供应需求的情况下实现供应成本最小化。

　　这里考虑几种零件供应策略，包括线旁供应、降容配送、及时制配送、组合配送以及排序配送。这几种供应策略不仅易于现场施行且效果显著。其中，排序配送策略存在三种实现形式，分别位于零件供应的前、中、末端。第一种是将排序任务推还给前端的供应商，由各个供应商将同一零件族的不同序号零件按生产顺序排序后运送至整车厂，但由于生产顺序通常在白车身进入总装车间之前若干小时内才能确定下来，因此需要供应商在离整车厂足够近的地方甚至在整车厂内部设址生产，这样才能满足较为紧迫的生产时间窗。第二种是位于中端的厂内物流区排序策略。第三种是直接在生产线旁设置辅助拣选装置，将排序任务交给供应链末端的一线生产工人，利用声光信息提示操作员工为下一辆车身拣选零件，这是更实际的手段，但由于这种手段增加了操作者的工作负担，其工作类型也变得更复杂，会增加操作失误率。

　　对该汽车制造厂的零件资源配置方式进行研究，从多目标角度对零件配置策略选择进行建模，对不同配置方案的表现进行客观的评价，求出的帕累托解集能为决策者提供更全面的决策支撑，使其能够根据不同的生产状况和资源限制情况对配置方案进行灵活的调整。

本 章 小 结

　　本章针对制造循环工业系统的综合资源配置计划的基本概念及主微循环的具体资源配置计划进行介绍，首先给出综合资源配置计划的提出背景，然后介绍其基本概念和解决思路，最后分别就基于"三传一反"的主循环资源配置计划和基于优化决策的微循环生产资源配置计划的详细定义和应用案例进行介绍，逐步展开制造循环工业系统的资源配置计划的基本概念、理论及应用。

💡 思考题

1. 制造循环工业系统的综合资源配置计划的定义是什么？
2. 制造循环工业系统的综合资源配置计划与供应链计划有什么差异？
3. 主循环综合资源配置计划与微循环综合资源配置计划的差别是什么？
4. 制造循环工业系统的综合资源配置计划的主要决策手段有哪些？
5. 库存对于综合资源配置起到哪些作用？
6. 流程工业与离散制造的综合资源配置有哪些差别？

参 考 文 献

[1] GAGLIOPPA F, MILLER L, BENJAAFAR S. Multitask and multistage production planning and scheduling for process industries [J]. Operations research, 2008, 56 (4): 1010-1025.

[2] AHLUWALIA K G, SAXENA U. Development of an optimal core steel slitting and inventory policy [J]. IIE transactions, 1978, 10 (4): 399-408.

[3] GUPTA D. Strategic inventory deployment in the steel industry [J]. IIE transactions, 2004, 36 (11): 1083-1097.

[4] TANG L, LIU G. Improving the efficiency of iron and steel purchasing using supply chain coordination [J]. International journal of operational research, 2007, 1 (3): 98-114.

[5] KWON Y, SCHOENHERR T, KIM T, et al. Production resource planning for product transition considering learning effects [J]. Applied mathematical modelling, 2021, 98: 207-228.

[6] BILGINER O, ERHUN F. Production and sales planning in capacitated new product introductions [J]. Production and operations management, 2015, 24 (1): 42-53.

[7] TANG L, LIU G, LIU J. Raw material inventory solution in iron and steel industry using Lagrangian relaxation [J]. Journal of the operational research society, 2008, 59 (1): 44-53.

[8] HILLER R, SHAPIRO J. Optimal capacity expansion planning when there are learning effects [J]. Management science, 1986, 32 (9): 1153-1163.

[9] WANG Y, GERCHAK K. Periodic review production models with variable capacity, random yield, and uncertain demand [J]. Management science, 1996, 42 (1): 130-137.

[10] THOMAS D, GRIFFIN P. Coordinated supply chain management [J]. European journal of operational research, 1996, 94 (1): 1-15.

[11] EKŞIOĞLU S, EKŞIOĞLU B, ROMEIJN H, A lagrangean heuristic for integrated production and transportation planning problems in a dynamic, multi-item, two-layer supply chain [J]. IIE transactions, 2007, 39: 191-201.

[12] MIN H, ZHOU G. Supply chain modeling: past, present and future [J]. Computers & industrial engineering, 2002, 43 (1-2): 231-249.

[13] VACHON S, KLASSEN R. Environmental management and manufacturing performance: the role of collaboration in the supply chain [J]. International journal of production economics, 2008, 111 (2): 299-315.

[14] DE BONTRIDDER K. Integrating purchase and production planning: using local search in supply chain optimization [D]. Eindhoven: Technische Universiteit Eindhoven, 2001.

[15] DEHAENENS-FLIPO C, FINKE G. An integrated model for an industrial production distribution problem [J]. IIE transactions, 2001, 33: 705-715.

[16] KREIPL S, PINEDO M. Planning and scheduling in the supply chains: an overview of issues in practice [J]. Production and operations management, 2010, 13 (1): 77-92.

[17] ERENGUC S, SIMPSON N, VAKHARIA A. Integrated production/distribution planning in supply chains: an invited review [J]. European journal of operational research, 1999, 115 (2): 219-236.

[18] FENG Q, SHANTHIKUMAR J. Supply and demand functions in inventory models [J]. Operations research, 2018, 66 (1): 77-91.

[19] O'ROURKE D. The science of sustainable supply chains [J]. Science, 2014, 344: 1124-1127.

[20] RAJAGOPALAN S. Make to order or make to stock model and application [J]. Management science, 2002, 48 (2): 241-256.

[21] VAN DER LAAN E, SALOMON M, DEKKER R, et al. Inventory control in hybrid systems with remanu-

facturing [J]. Management science, 1999, 45 (5): 733-747.

[22] VAN DER LAAN E, SALOMON M. Production planning and inventory control with remanufacturing and disposal [J]. European journal of operational research, 1997, 102 (2): 264-278.

[23] CACHON G, ZIPKIN P. Competitive and cooperative inventory policies in a two-stage supply chain [J]. Management science, 1999, 45 (7): 936-953.

[24] CACHON G. Stock wars: inventory competition in a two echelon supply chain [J]. Operations research, 2001, 49 (5): 658-674.

[25] CHEN F, FEDERGRUEN A, ZHENG Y. Near-optimal pricing replenishment strategies for a retail/ distribution system [J]. Operations research, 2001, 49 (6): 839-853.

[26] STERMAN J. Modeling managerial behavior: misperceptions of feedback in a dynamic decision making experiment [J]. Management science, 1989, 35 (3): 321-339.

[27] CHEN F. Decentralized supply chains subject to information delays [J]. Management science, 1999, 45 (8): 1076-1090.

[28] CHANG M, ZHAO S, TANG L, et al. A reinforcement learning based Lagrangian relaxation algorithm for multi-energy allocation problem in steel enterprise [J]. Computers & chemical engineering, 2025, 194: 108948.

[29] CHENG C, TANG L. Robust polices for a multi-stage production/inventory problem with switching costs and uncertain demand [J]. International journal of production research, 2018, 56 (12): 4264-4282.

[30] LUO Z, TANG L. Low carbon iron-making supply chain planning in steel industry [J]. Industrial & engineering chemistry research, 2014, 53 (47): 18326-18338.

[31] TANG L, LIU G. A mathematical programming model and solution for scheduling production orders in Shanghai Baoshan iron and steel complex [J]. European journal of operational research, 2007, 182 (3): 1453-1468.

第 9 章

制造循环工业系统的
多目标生产调度

制造循环工业系统是具有立体网状结构特征的制造业集群,其制造过程属于强混合生产模式,生产路径呈现交叉网状,产品品种及质量设计标准在企业维度具有耦合性。生产是制造循环工业系统运行管理的核心内容,也是实现制造业高质量发展的重要手段。物流和能源是制造循环工业系统正

章知识图谱

说课视频

常运行的动力和保障。制造循环工业系统中生产、物流、能源的管理模式及运行机制与传统的企业运作模式相比,在协同运作方式上发生了变化。制造循环工业系统的多目标生产调度是基于制造循环工业系统网状关系特征,将资源、能源和物流等多要素的循环融入调度决策,通过协调生产与物流效率、资源与能源利用率等相互冲突的优化目标,实现全局生产优化运行。

9.1 优化与博弈调度方法

生产调度是制造循环工业系统生产组织与运行优化的重要环节,也是运作管理领域的国际前沿热点研究方向。调度优化方法是一种重要的生产管理手段,高效的调度优化方法能够提高生产效率,降低生产成本,有效控制库存水平,提升准时交货能力。

制造系统按产品类型主要分为流程制造系统和离散制造系统。以钢铁工业和石化工业为代表的大多数原料制造都属于流程制造系统,生产方式包括连续、半连续和批三种模式的混合。流程制造系统生产调度主要解决的是设备规模化生产与客户订单多品种、小批量之间的矛盾。流程制造系统生产调度的决策一般包括组批、分批、批调度。钢铁制造系统中常见的组批问题可以分为串行批和并行批。炼钢阶段的组浇计划、彩涂调度问题本质上是串行批决策问题,冷轧罩式退火工序的组炉问题是并行批决策问题。针对上述问题结构的不同,对于可解情况,通过分析最优解性质并提出精确算法。对于大规模难解问题,常设计禁忌搜索、差分进化等智能优化算法进行求解。石化工业的一个重要特点是多产品以批的方式进行间歇生产,生产工艺约束使得石化生产调度需要进行分批调度。以往关于石化分批调度的问题主要是通过建模手段予以解决。针对单级间歇装置上考虑切换任务的分批调度问题,基于多时

间网格表达和连续时间建模策略建立了混合整数规划模型。针对化工间歇性生产过程中分批调度问题，采用基于单网格和多网格的连续时间表示法，建立了基于广义析取规划的数学模型，获得石化分批调度的决策方案。上述方法主要解决产品多样性和规模化生产之间的矛盾，大多数以提升生产效率和设备利用率为优化目标，较少考虑资源、能源和物流多个要素对批决策和批调度的影响。

流程制造系统多要素、多样性的生产特征和复杂的生产工艺，决定了其生产调度通常涉及多个优化目标。能源是驱动流程制造系统中物质转化的重要动能，在生产过程考虑能源消耗，将生产与能源调度集成决策，有助于实现生产效率和能源利用率多目标全局优化。传统的流程制造系统调度虽然在研究生产调度时将能源作为约束或者目标，但是在决策结构上还是以生产调度决策为主，没有针对资源、能源和物流多要素协调研究集成优化调度，也没有基于生产、物流和能源等不同环节的冲突和竞争关系研究博弈调度。

以机械加工为代表的装备制造是典型离散制造系统，生产方式主要以零件加工和成品装配为主，其主要特点体现在设备的柔性制造能力上，生产调度主要解决的是零件生产节奏与装配设备能力之间的矛盾。但是，离散制造系统中装配型生产调度主要关注不同设备衔接的时间效率，较少考虑资源、能源和物流多个要素对调度的影响。离散制造系统在调度决策中同样也涉及多目标优化，如最大完工时间、总延误和总完工时间，以及能源消耗和生产效率等优化目标，但大多数研究还是以建模和定制化设计启发式算法为主，没有形成统一的理论研究框架和共性建模与优化方法。

在一些典型制造场景下，目标的多样性、约束的复杂性以及资源的稀缺性导致调度决策中存在多个主体之间的冲突和竞争，而博弈论正是研究具有冲突或竞争性质现象的理论和方法。将博弈论应用于生产调度领域已引起学术界关注。按照冲突和竞争处理方式不同，博弈可分为合作博弈和非合作博弈。合作博弈强调集体利益最大化和个体间利益的公平分配，而非合作博弈更关注个体利益的优化。传统针对合作博弈调度的研究主要集中在经典调度理论分析方面，针对实际制造系统生产调度博弈的研究较少。针对企业间的博弈调度研究多从非合作角度出发，因为不同企业在协作生产时主要追求自身的效益最大化，而较少关注整体利益最优，且企业间存在信息不完全、信任度不高等问题。与传统调度问题相比，制造循环工业系统在调度对象和规则上都发生了深刻的变化，不仅要考虑上下游企业的博弈关系，还要考虑有组织制造模式下制造企业的均衡化、透明化发展，迫切需要从新的博弈视角研究跨企业主循环生产调度问题。

针对典型制造系统的调度问题在学术界已有诸多研究，主要包含以下几个特点：在调度优化方面，已有研究通常是针对具体调度问题，从决策结构、约束条件以及优化目标的特征出发定制化设计模型和算法，调度对象大多局限在企业内部，没有从制造循环角度出发挖掘主循环和微循环在调度决策上的共性规律，也较少围绕资源、能源和物流等要素对调度决策进行多目标协同优化。在调度博弈方面，虽然有部分文献开始研究生产调度中多个主体竞争和合作行为，但大部分围绕单一要素和目标对调度规则做了一定的简化和假设，较少涉及复杂制造过程的实际调度约束，也没有考虑多个主体围绕多个要素的调度博弈。因此，无论是企业间主循环还是企业内微循环调度问题，都有必要围绕资源、能源和物流等多要素，发现调度共性规律，从优化决策与博弈决策互补视角抽象出一般性的调度理论，以拓展生产调度理论的适用范围。下面对调度问题常用的调度理论、建模方法、优化方法分别进行介绍。

9.1.1 调度理论

在调度问题中，通常会给定每个工件的加工路径要求，工艺路径可能包括多个工序，每个工序可能仅包括一台机器，也可能包括多台机器；经过工艺路径中的每台机器都需要一定的加工时间；对于某些特定情况，工件可能会给定到达时间或者释放时间，即工件到达（释放）后才可以开始加工。当该工件在某个时间点被加工完成后，将产生相关的加工成本，这个成本大多与完成时间相关，还可能与其交货期、重要程度相关。调度问题是指把给定工件分配到机器上，并对每个机器上的工件进行排序。换而言之，就是在满足优先级、到达时间、工序衔接等给定限制条件的条件下，确定给定工件在哪个工序、哪台机器、哪个时段进行加工，使得设定的目标最优化。其中，满足所有给定限制条件的调度方案称为可行调度方案，所有可行调度方案中目标函数值最优的调度方案称为最优调度方案。

调度问题的模型常常被刻画为三元组 $\alpha\,|\,\beta\,|\,\gamma$。其中，$\alpha$ 表示调度问题关注的机器类型，β 表示调度过程考虑的特殊约束，γ 表示目标函数。下面对常见的机器环境、特殊约束和目标函数分别进行介绍。

机器环境是指加工工件的机器个数及机器特征，常用的机器环境包括以下几个方面：

$\alpha = 1$：这个调度问题是单机调度问题，所有的加工任务均需在这台机器上加工完成，即单机调度问题。

$\alpha = P_m$：在调度问题中存在多台机器，这些机器的功能相同、可相互替代，所有候选工件可以被分配到其中任意一台机器上进行加工。

$\alpha = Q_m$：在调度问题中考虑多台平行的机器，这些机器的功能可相互替代、工件可被分配到其中任意一台机器上进行加工，但是工件在每台机器上的加工时间不同。

$\alpha = F_m$：在调度问题中存在多台机器，但与并行机不同，这些机器功能存在差异，完成工件加工需要让工件按照相同的加工工艺路径遍历所有的机器。

$\alpha = J_m$：在调度问题中存在多台机器，且每个工件有自己独特的工艺路径，工件需要按照工艺路径经过相关的机器完成加工。

$\alpha = FJ_c$：表示这是一个柔性工件车间，存在 c 个加工中心，每个加工中心包括多台并行机，每个工件有自己独特的加工路径，工件需要按照加工路径依次在加工中心中选择一台机器进行加工。

$\alpha = O_m$：表示开放车间，存在 m 台机器，工件可以在任意一台机器上进行加工，但是工件在不同机器上的加工速度不同。一般情况下，需要计算每个工件分配在每个工作站上的加工时段，从而保证每台机器同时只加工一个工件。

工件特征和约束条件是指相应的调度问题区别于一般调度问题的典型约束。常见的工件特征和约束条件如下：

$\beta = r_j$：表示需要考虑工件 j 的到达时间 r_j，即工件在 r_j 之前不能开始加工。

$\beta = d_j$：表示考虑工件有交货期。

$\beta = prmp$：表示可中断（Preemptive）加工，即在工件的加工过程可以被暂停，将机器腾出用于其他加工任务，待机器空闲时，再重新进行该工件的加工。

$\beta = prec$：表示某些工件相对于其他工件具有优先约束，必须在其加工完成后才能加工其他工件。

$\beta = s_{jk}$：表示问题考虑与顺序相关的设备启停费用，即如果工件 j 和工件 k 相邻加工，将产生与顺序相关的设备调整时间 s_{jk}。

$\beta = prmu$：通常表示在流水车间调度环境中，工件经过第一台机器的排序即是工件在经过其他所有机器上的排序。

$\beta = rcrc$：通常表示在工件车间或柔性工件车间调度中，一个工件可以在一台机器或者一台加工中心上被加工多次。

目标函数是调度问题所追求的指标，通常用 C_j 表示工件 j 的加工完成时间，大多数的目标函数与工件的完成时间相关。常用的目标函数如下：

$\gamma = C_{\max}$：最大完成时间，即让最后一个完工的工件的完成时间最小化，从而促进所有工件均尽早完工。

$\gamma = \Sigma C_j$：总完成时间，即所有工件的完成时间之和最小化。

$\gamma = L_{\max}$：最大延迟，通过这个目标函数促进所有工件的交货延迟时间减少。

$\gamma = \Sigma T_j$：总拖期，所有工件的拖期之和最小化。

$\gamma = \Sigma U_j$：最大拖期工件数，使得拖期工件的数目最小化。

调度理论主要是对调度问题算法的理论分析，其核心思想是对计算复杂性的分析。计算复杂性（Computational Complexity）是计算机科学中的一个核心概念，它主要是用来评估特定问题的算法所需的资源量，这些资源可以是时间、空间或其他计算资源。其中，时间复杂性是评估算法执行所需时间的增长趋势，通常与输入数据的大小有关；空间复杂性是用来评估算法执行过程中所需的存储空间。对一个调度问题，在试图寻求实现它的最优求解之前，首先应该评估对问题进行最优求解的难度有多大。

如果针对一个问题，可以设计出多项式时间复杂度的算法对问题进行最优求解，该问题为 P（Polynomial）类问题，如分类问题；如果针对一个问题，仅能设计出指数阶时间复杂度的最优求解算法，并且已经证明不可能设计出多项式阶最优求解算法，该问题为非确定多项式（Nondeterministic Polynomial，NP）问题。计算复杂性理论中，问题通常被分为以下几个类别：

P（多项式时间）：可以在多项式时间内解决的问题，即时间复杂度是输入大小的多项式函数。

NP（非确定性多项式时间）：可以在多项式时间内验证一个解的问题，但不一定可以在多项式时间内找到解。

NP-完全（NP-Complete）：NP 类问题中最难的问题，所有其他 NP 问题均可以在多项式时间内被归约到该类问题。

NP-难（NP-Hard）：比 NP-完全问题更难，或者至少和 NP-完全问题一样难，但不一定在 NP 中。

证明一个给定问题是 NP-难问题的常用方法是归结法，将某个已知的 NP-难问题归结为给定问题的某个具体实例，说明已知的 NP-难问题为给定问题的特例，从而论证出给定问题是 NP-难问题。同理，如果能够将某个已知的强 NP-难问题归结为给定问题的某个具体实例，说明已知的强 NP-难问题为给定问题的特例，证明给定问题为强 NP-难问题；如果只是将某个已知的一般意义 NP-难问题归结为给定问题的某个具体实例，则仅能说明给定问题为 NP-难问题。

常见的 NP-难问题包括二划分问题、三划分问题、旅行商问题、装箱问题、背包问题。在调度理论研究中，常常将这些问题归结为待研究问题的特例，从而证明待研究问题是 NP-难的。

二划分问题：给定一个正整数集合 $S=\{a_1, a_2, \cdots, a_n\}$，是否存在子集 S_1，使得 $\sum_{x \in S_1} x = \sum_{x \in S \setminus S_1} x$，即将集合 S 分为两个子集，使得两个子集包含的元素之和相等。

三划分问题：给定一个包含 $3t$ 个正整数的集合 $S=\{a_1, a_2, \cdots, a_{3t}\}$，集合中元素总和是 3 的倍数，是否存在一种划分方式可以将 S 划分为三个互不相交的子集 S_1、S_2、S_3，使得 $\sum_{x \in S_1} x = \sum_{x \in S_2} x = \sum_{x \in S_3} x = \dfrac{\sum_{x \in S} x}{3}$，即将集合 S 分为三个子集，使得各子集包含的元素之和相等。

旅行商问题：是一个经典的组合优化问题。这个问题可以描述为一名推销员需要访问给定的地点，已知推销员当前所处位置与需到达地点及各个需到达地点之间的距离，寻找一条经过每个需到达地点一次并且最后返回推销员出发地点的路径，使得其行走距离最短。这个问题在图论中可以看作在带权完全无向图中寻找权值最小的哈密顿回路。

装箱问题：是一个在组合优化领域中的经典问题，主要解决如何将一系列物品高效地装入有限数量的容器中，同时满足特定的约束条件。这个问题的定义可以具体分为以下三个维度：

一维装箱问题：指考虑一个维度限制条件的装箱问题，如重量等，即将物品装入容量一定的箱子中，目标是使用最少数量的箱子。

二维装箱问题：指考虑两个维度限制条件的装箱问题，如长度、宽度等，如给定一张标准尺寸的钢板，从中切割下来不同尺寸的零件，使得最后剩下的钢板废料面积最小。

三维装箱问题：考虑长、宽、高三个维度，通常指在一定的容积限制下，将不同尺寸和形状的物体合理地放置在容器中，目标是最大化空间利用率并尽量减少装箱过程中的空隙。

背包问题：是一类经典的组合优化问题，通常用于描述如何选择一定数量的物品放入一个背包，以使得背包内物品的总价值最大或总重量不超过背包的容量限制。

对于难解问题，由于不能给出多项式时间算法获得问题的最优解，因此，对于这些难解的问题，主要是寻找能够在多项式时间求解的特殊情况，或者是寻找能够获得问题较好解的近似算法。值得一提的是，在一般意义 NP-难问题的求解过程中，常常会通过设计复杂度依赖于问题参数的伪多项式时间算法对问题进行最优求解。

对于大多数难解问题，既然已经确定了只能获得问题的近似算法，那么如何对这些算法的性能进行评价成为调度理论的主要研究内容。调度理论中，主要采用界分析的方法，即对于给定的问题的实例，计算给出的近似算法所获得解的目标函数为 Obj^H，假设该实力的最优目标函数值为 Obj^*，通过分析 Obj^H/Obj^* 的上界（即最坏情况下近似算法与最优目标函数值的比值）来评价算法所获得的目标函数与理论上最优目标函数值之间的最大偏差。

主要的分析方法包括以下两种：

最坏情况分析：通过分析给定启发式算法获得解的目标函数值与最优目标函数值之间的比值来评估给定启发式算法在求解该问题的性能。对于给定的问题 P 的具体实例 I，设计算法 H 能够在多项式时间内获得实例 I 的解，设 $F^*(I)$ 为实例 I 最优解对应的目标函数值，$F^H(I)$ 是通过算法 H 获得的实例 I 的解对应的目标函数值，则算法 H 的性能比（Performance Ratio）可表示为 $R^H = \inf\left\{r \geq 1 \mid \dfrac{F^H(I)}{F^*(I)} \leq r,\ \text{对所有的实例 } I\right\}$。如果对于问题 P 的所有实例，启发式算法 H 获得解对应目标函数值与最优目标函数值的比值不超过 r，则 r 是算法 H 的绝对性能比。

渐进情况分析：最坏情况分析虽然能够评估出给定的启发式算法 H 的基本性能，但是该分析方法往往过于保守，未考虑随着问题规模增大所提算法 H 的性能变化情况，渐进情况分析是从事调度理论研究的专家学者为了弥补最坏情况分析提出的一种分析方法。算法 H 的渐近性能比（Asymptotic Performance Ratio）是对规模大于 n 的时候所提算法 H 的解对应目标函数值与最优解间的最大误差，其计算方法为 $R_\infty^H = \inf\{r \geq 1 \mid$ 存在某个 n，对所有满足 $F^*(I) \geq n$ 的 I，有 $\dfrac{F^H(I)}{F^*(I)} \leq r\}$。

9.1.2 调度模型与算法

经典调度理论针对确定性的调度问题，如单机调度、并行机调度以及流水车间调度等，已提出一些最优解性质和有效的调度算法，譬如针对目标函数为最小化加权总完工时间的一般单机调度问题，提出加权最短加工时间优先调度规则（Weighted Shortest Processing Time First，WSPT）进行最优求解，即通过 WSPT 对工件进行排序获得的调度方案加权总完工时间最短。虽然调度理论能够分析这些方法的性能比，但是所分析算法大多是简单的启发式算法。对于大多数复杂的调度问题，这些算法很难获得问题的近优解，因此，很多研究通过建模优化的思想对调度问题进行求解。下面对调度建模方法、优化方法和随机调度方法进行介绍。

1. 调度建模方法

制造工业系统一般是复杂的车间调度，局部则是单机或者并行机调度。对于车间调度问题，通常用数学优化模型或者图来进行调度问题的建模。以流水车间调度问题（Flow-shop Scheduling Problem，FSP）为例，它是指在具有一组不同加工功能的设备上进行一组工件的加工操作，所有待加工工件都具有相同的工艺顺序，工件需要依次通过每个加工设备才能最终完成。这个问题本质上是寻找所有工件的全排列中最优的排序，优化一些关键指标，如最大完工时间（$C_{\max}$）等。在流水车间调度问题中，每个阶段通常只有一台机器负责加工，工件必须按照预定的顺序依次通过这些阶段。此外，该问题还包含一些基本的假设和约束条件，如每个工件在机器上的加工顺序是固定的、一台机器不能同时加工多个工件、一个工件也不能同时由多台机器加工等。流水车间调度问题在制造业中具有重要的应用价值，它有助于优化生产流程，提高生产效率，降低生产成本。

FSP 通常可以用如下的混合整数规划（Mixed Integer Programming，MIP）模型进行描述：

$$\min\left(\sum_{i=1}^{m-1}\sum_{j=1}^{n} x_{j_1} p_{ij} + \sum_{j=1}^{n-1} I_{mj}\right) \tag{1}$$

$$\text{s. t.}\ \sum_{j=1}^{n} x_{jk} = 1,\ \forall\, k = 1, 2, \cdots, n \tag{2}$$

$$\sum_{k=1}^{n} x_{jk} = 1,\ \forall\, j = 1, 2, \cdots, n \tag{3}$$

$$I_{ik} + \sum_{j=1}^{n} x_{j,k+1} p_{ij} + W_{i,k+1} - W_{ik} - \sum_{j=1}^{n} x_{jk} p_{i+1,j} - I_{i+1,k} = 0, \ \forall k \leqslant n-1, i \leqslant m-1 \qquad (4)$$

$$W_{i1} = 0, \ \forall i \leqslant m-1 \qquad (5)$$

$$I_{1k} = 0, \ \forall k \leqslant n-1 \qquad (6)$$

$$x_{jk} \in \{0,1\}, I_{ik}, W_{ik} \geqslant 0 \qquad (7)$$

式中，$i = 1, 2, \cdots, m$，表示机器；$j = 1, 2, \cdots, n$，表示工件；$k = 1, 2, \cdots, n$，表示工件的排序位置；p_{ij} 表示工件 j 在机器 i 上加工需要的时间参数；x_{jk} 是调度的决策变量，如果工件 j 被排在第 k 个位置则等于 1，否则等于 0；I_{ik} 表示机器 i 上加工第 k 个工件与第 $k+1$ 个工件之间的机器闲置时间，属于辅助变量；W_{ik} 表示排序第 k 的工件在机器 i 和 $i+1$ 之间的等待时间。

FSP 的 MIP 模型中目标函数表示最小化最大完成时间（Makespan），等价于最后一台机器的开始加工时间和总的闲置时间之和。约束（2）和约束（3）分别表示唯一的指派约束，即每个排序位置只能安排一个工件，每个工件只能被安排到一个调度位置。约束（4）表示相邻机器上调度工件时闲置时间、工件加工时间和等待时间之间的关系。约束（5）和约束（6）分别表示第一个被加工的工件等待时间为零，以及第一台机器的闲置时间为零。约束（7）是排序决策变量的取值范围。

流水车间调度问题还可以用图模型进行直观建模，通过节点和边来表示作业、机器以及它们之间的关系。在流水车间调度问题的图模型中，作业节点代表需要被加工的工件作业。每个作业节点可以有一个或多个后继节点，表示作业的处理顺序。作业转移边用来连接作业节点，表示作业从一台机器转移到另一台机器的过程。这些边可以带有权重，表示作业在不同机器间的转移时间或成本。时间属性可以附加到节点或边上，表示作业的开始时间、结束时间或处理时间。在某些情况下，作业必须在特定机器上按照特定顺序进行处理。这些约束可以在图模型中通过特定的边或节点属性来表示。举例：一个流水车间调度问题，5 个工件，4 台机器，其加工时间见表 9-1，则其图模型如图 9-1 所示。

表 9-1　举例流水车间调度中的加工时间

机器	工件				
	j_1	j_2	j_3	j_4	j_5
p_{1,j_k}	5	2	3	6	3
p_{2,j_k}	1	4	3	4	4
p_{3,j_k}	4	4	2	4	4
p_{4,j_k}	3	6	3	5	5

图模型能够直观地展示流水车间调度问题的所有信息，包括作业的处理顺序、机器的配置，以及作业在不同机器间的转移过程。通过分析这个图模型，可以设计各种算法（如启发式算法、元启发式算法或精确算法）来找到最优或近似最优的调度方案，以最小化完成所有作业所需的总时间。

实际制造系统中的调度问题存在大规模和复

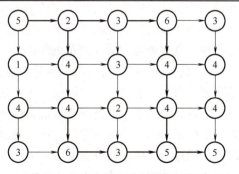

图 9-1　流水车间调度示例的图模型

杂约束等特点，采用调度优化方法求解的前提是建立精确的数学模型，然后基于模型的结构特征设计合适的优化方法。

2. 调度优化方法

调度优化方法大多可分为精确算法和智能优化算法。下面对这两类算法分别进行介绍。

（1）精确算法　精确算法是以获得问题最优解为目标的一类算法。考虑求解思路的差异，主要对基于松弛思想的整数优化算法、动态规划算法、分支定界算法进行介绍。

1）基于松弛思想的整数优化算法。调度问题大多需要用整数变量表达工件在设备维度、时间维度上的分配关系，以及工件之间的相邻关系。因此，调度问题大多被刻画为混合整数线性规划问题，基于松弛思想的整数优化算法框架是整数规划问题常用的求解方法，用于将难以直接求解的整数规划问题转化为更容易处理的连续优化问题。松弛技术的基本思想是将整数规划问题中的整数约束条件放宽，允许变量取实数值，从而将原问题转化为一个更容易求解的连续优化问题。这种方法常用于获得原问题的近似解或下界，进而帮助求解整数规划问题。常用的基于松弛思想的整数优化算法如下：

列生成（Column Generation）是一种用于求解大规模线性规划（Linear Programming）和整数规划的算法，主要适用于多变量但约束数量较少的问题。列生成算法的基本原理是将原问题分解为主问题（Master Problem）和子问题（Subproblem）模型，其中，主问题用于选择列，子问题用于生成量，大多数情况下，无须枚举所有的可行列即可求解问题；从对偶理论的角度看，主问题为子问题提供对偶变量，从而引导子问题寻找到更好的列，子问题的目标相当于最小化消减费用，从而找到能够对主问题的目标改进做出贡献的新的列。列生成算法的求解思路首先是通过设计启发式算法获得原问题的可行解，并将其转化为初始列，构造限制主问题，然后，对限制主问题或者限制主问题的线性松弛问题进行最优求解从而获得对偶变量，并将其传递给子问题，用于引导子问题的优化过程；子问题的求解对于列生成算法迭代起到两个作用：一是判定是否还存在能够改进主问题目标函数值的列，即主问题是否已经最优求解；二是寻找能够改进主问题的列。列生成算法可以获得大规模线性规划问题的最优解和整数规划问题的下界，由于采用列生成算法获得的下界并未对所有整数变量进行线性松弛，因此，通过列生成获得的整数规划问题的下界一般优于线性松弛获得的下界。列生成算法已经广泛应用于经典调度问题和从实际生产中提炼出的典型调度问题的求解。

拉格朗日松弛（LR）算法作为一种基于最优化的近似算法，常用来求解带有复杂约束的调度问题。它的基本思想是通过松弛模型部分约束，并引入拉格朗日乘子将违反松弛约束的程度累加到目标函数中，构造拉格朗日松弛问题。这些松弛问题常可分解为许多较小的子问题，给定一组乘子，这些子问题较原问题更易求解，通过有效算法得到它们的最优解，然后根据约束违反的程度调整乘子，在新的一组乘子给定的情况下，再求解松弛问题，重复上述过程，直到满足一定的停止条件。

Benders 分解算法是一种常用的求解混合整数线性规划模型的算法，首先将原始优化问题分解为两个主要部分：主问题和子问题。主问题主要负责控制各个子问题的求解过程，并处理子问题的结果，以便逐步逼近最优解。子问题则负责求解特定的决策变量，这些决策变量可能是原始问题中的一部分，或者通过某种方式从原始问题中提取出来的。主问题和子问题之间通过迭代的方式进行交互。在每一次迭代中，主问题首先根据当前的信息（如之前迭代中子问题的解）来求解，并生成一些信息（如新的约束条件或目标函数的系数）给子问题。子问题则根据主问题提供的信息进行求解，并生成一些结果（如新的解或割平面）返回给主问题。主问题在接收到子问题的结果后，会更新自己的状态，并准备进行下一次迭代。

2）动态规划算法。动态规划（Dynamic Programming，DP）算法是求解调度问题的一种常用方法。该算法适用于决策过程可以拆分成若干个相对简单的子问题的情况，一般来说就是决策过程可划分为明显的阶段的问题。通过将给定问题的决策过程划分成阶段，并且能够保证在某个阶段之后的决策只与这个阶段的状态相关，而不需要考虑在此阶段之前的状态及决策，使得问题的决策被拆分成若干能够表述子决策的子问题，降低整体决策的困难和复杂性；动态规划的最优策略序列包含的所有子决策均是最优的。动态优化算法的基本步骤如下：

① 阶段划分。将问题的决策过程按照时间、空间等维度划分成阶段，阶段数即为在动态规划决策过程中需要迭代的次数。

② 状态定义。状态是用于表述给定的阶段中子决策所处环境、场景等要素的信息，状态的定义要保证整个决策过程中本阶段决策只与相邻阶段相关，即保证无后效性，在每个阶段需要按照问题的限制条件枚举出所有的可能状态，从而保证最终寻优的准确性。

③ 变量定义。变量用于刻画在不同阶段、不同状态可以决策的方案，与静态问题相同，变量的决策是最终最优决策序列构建的基础。

④ 状态转移方程建立。状态转移方程是用于刻画某阶段中不同状态在制定相关决策后成为下一阶段的状态的转移关系的表达式，本质上是用于刻画相邻阶段中不同状态之间的关联关系的一种表现形式，也是将子决策联系为最优决策序列的基础。

⑤ 效应函数定义。效应函数是用于刻画某一阶段中某一状态所对应的场景中做出一定决策后对费用等目标函数值的影响的函数，也是在子问题寻优过程中判断最优决策对应状态转移的标准，为了确定寻优的导向，除了确定效应函数的表达，还要确定其趋向，如最大化、最小化。

3）分支定界算法。分支定界算法是一种处理整数规划问题的常用算法，考虑调度问题通常包含大量整数变量，其模型常常被刻画为整数规划或者混合整数规划模型，因此，分支定界算法是调度问题的一种常用算法。

其主要的求解思想描述如下："分支"是通过将变量取值范围进行分割成几个子集，从而将原问题的解空间划分为几个子集，每个分支对应一个子问题，这个子问题的可行域仅为原问题的子集。通过不断的分支，将分支树上节点对应的解空间不断缩小，从而寻找原问题的最优解。显然，仅仅通过分支有可能会造成整数解的枚举，为了加速最优解的搜索，还需要进行"定界"。定界是通过线性松弛、列生成等方法获得分支树上子节点的界，同时，设计算法获得子问题的可行解，通过比较新生成节点的界与当前最好解来判断这个节点是否存在获得更好可行解的可能性，如果新生成节点的界较当前最好解差，则进行剪枝，从而减少不必要的分支和节点枚举。

（2）智能优化算法　调度问题作为一种经典的组合优化问题，常常无法在合理时间内获得精确解。因此，可以快速获得大规模问题的智能优化算法常常用来求解调度问题。

粒子群算法（Particle Swarm Optimization，PSO）是一种模拟鸟群觅食行为的群体智能优化算法，广泛应用于大规模调度问题等复杂的整数优化问题。

在利用粒子群算法解决调度问题时，首先需要明确问题的数学模型和编码方式。例如，流水车间调度问题通常可以表示为一系列作业需要在多台机器上按照相同的顺序进行加工，每台机器在同一时刻只能处理一个作业。问题的目标是最小化所有作业完成的总时间，即最小化最大完工时间。编码方式则可以采用作业的顺序作为粒子的位置表示，每个粒子代表一个可能的作业调度方案。

其次，需要初始化粒子群。这包括设定粒子的数量、位置、速度和惯性权重等参数。粒子的位置随机生成，代表不同的作业调度方案；速度则初始化为零或较小的随机数；惯性权重用于控制粒子保持当前速度的趋势，通常设置为接近1的值。在算法的迭代过程中，粒子的速度和位置不断更新，从而探索解空间，寻找最优解。速度更新公式通常包括三个部分：①个体认知部分，表示粒子向自身历史最优位置逼近的趋势；②社会认知部分，表示粒子向群体历史最优位置逼近的趋势；③惯性部分，表示粒子保持当前速度的趋势。位置更新公式则是将当前位置与更新后的速度相加得到。

在流水车间调度问题的背景下，个体历史最优位置和群体历史最优位置分别对应着粒子所经历过的最小完工时间和整个粒子群所经历过的最小完工时间。通过不断更新这些最优位置，粒子群能够逐渐逼近问题的最优解。为了提高算法的求解效率和质量，还可以采用一些改进策略。例如，可以引入局部搜索算法来优化粒子的位置，提高解的精度，可以设计多种编码方式和邻域结构来丰富搜索空间，还可以采用多目标优化技术来处理具有多个冲突目标的流水车间调度问题。

最后，设定合理的停止准则来结束算法的搜索，常用的停止准则包括最大迭代次数、最大无改进迭代次数等。大多数情况下，算法停止搜索时粒子的位置就是问题的最优解或者近优解。不可避免的，粒子群算法也存在一定的局限性。例如，对于规模较大或约束条件较多的流水车间调度问题，算法可能陷入局部最优解而无法找到全局最优解。因此，在实际应用中需要结合具体问题的特点和需求，选择合适的算法参数和改进策略，以获得更好的求解效果。

差分进化（Differential Evolution，DE）是一种常见的群体智能优化算法，与粒子群算法不同，该算法是通过模拟自然进化过程，在解空间中搜索最优解。算法的基本原理是通过不断改进目标函数来优化群体中的个体。在流水车间调度问题的背景下，目标函数即为最大完工时间，即所有作业完成所需的总时间。算法通过初始化一定数量的个体（即作业调度方案），对这些个体进行变异、交叉和选择操作，以产生新的更优秀的个体。

在变异操作中，DE算法通过随机选择种群中的两个不同个体，计算它们的差向量，然后将这个差向量加到第三个个体上，从而生成一个新的变异个体。这个变异个体代表了对原有个体的一种扰动，有助于算法的广度搜索。DE算法的交叉操作则是将变异个体与原有个体进行混合，生成一个新的试验个体。交叉操作的具体方式可以根据问题的特点进行设计，以平衡算法的勘探与开发能力。在流水车间调度问题中，交叉操作需要确保新生成的试验个体仍然满足问题的约束条件，即每个作业在机器上的加工顺序不变。DE算法的选择操作则是根据目标函数值比较试验个体与原有个体的优劣，如果试验个体的目标函数值更优（即最大完工时间更短），则将其替换原有个体，否则保留原有个体。这一操作保证了算法在进化过程中总是朝着更好的方向进行。

通过不断地进行变异、交叉和选择操作，DE算法能够逐步逼近问题的最优解。在实际应用中，可以根据问题的规模和特点调整算法的控制参数，如种群规模、缩放因子和交叉率等，以优化算法的求解性能。此外，针对问题的特点，还可以对 DE 算法进行一些改进。例如，可以引入局部搜索算法来进一步提高解的质量，可以设计多种编码方式和邻域结构来丰富搜索空间，还可以采用多目标优化技术来处理具有多个冲突目标的调度问题。

3. 随机调度方法

根据调度的信息是否已知确定，将调度问题分为随机调度和确定性调度。

随机调度方法主要解决在不确定因素下，如何根据一定的调度策略或算法，将任务或数据处理需求随机地分配到不同的处理节点或资源上。这些不确定因素包括任务到达时间的不确定性、处理资源能力的不确定性、任务处理时间的不确定性等。随机调度的目标是在这些不确定因素下，实现任务处理的效率最大化、成本最小化或满足其他特定的优化目标。

考虑不确定性的经典调度问题，当存在一些特定分布时，最优调度规则修改成期望加工时间仍旧是最优调度策略。例如，单机加权完成时间之和最小化问题，当加工时间随机分布时，加权最短期望加工时间规则（Weighted Shortest Expected Processing Time，WSEPT）仍旧可以获得最优的调度方案；并行机完成时间之和最小化问题，如果加工时间呈指数分布，则需要使用最短期望加工时间规则（Shortest Expected Processing Time，SEPT）进行调度。

在随机调度中，如果不确定性因素分布具有一定的规律性或服从一定的分布，则可以通过一些预测性算法进行不确定调度参数的预测，根据预测的参数结果，将随机调度问题转化成确定性的调度问题，再运用前面给出的确定性调度方法进行解决。

把不确定因素考虑进调度问题的数学模型中的随机调度方法分为随机规划和鲁棒规划。

随机规划一般是已知不确定参数的分布函数，将不确定因素的数据利用场景树来表示，通过发生场景和概率集合来近似调度参数的随机性，建立两阶段随机规划模型，第一阶段决策与随机场景无关的调度任务排序，第二阶段决策与随机场景相关的调度任务的开始和结束时间。基于随机规划的随机调度方法的优点在于，通过不同场景来刻画调度可能的情况以及期望调度目标，比较容易求解；其缺点是场景树可能导致大规模整数优化问题，给求解带来困难，并且随机规划获得的最优调度的方案不容易理解和应用。

鲁棒规划适用于不确定参数的分布函数未知，其分布的基本信息是已知的，利用一个集合来限定调度问题的不确定参数。鲁棒规划的核心思想是寻找参数在最坏情况下的最优解。相对于随机规划，鲁棒规划方法适用范围更宽，但由于它是最坏情况下的结果，因此相对保守。

制造循环工业系统中的调度问题往往是随机调度，随机调度的应用领域也在不断拓展，除了在传统的机械工程和信息技术领域外，随机调度在供应链管理、云计算、物联网等新兴领域也得到了广泛的应用。这些领域中的任务和资源都具有高度的不确定性，因此随机调度具有重要的应用价值。同时，随机调度仍存在一些研究挑战：①复杂的不确定因素建模，目前的研究主要集中在单一或简单的不确定因素下的随机调度问题，在实际应用中，往往存在多种复杂的不确定因素相互作用。②大规模调度问题的优化，随着大数据和云计算技术的发展，需要处理的任务规模越来越大，如何在这种情况下实现高效的随机调度是一个具有挑战性的问题。③多目标随机优化调度，在实际应用中，随机调度问题往往涉及多个相互冲突的目标（如时间、成本、质量等），如何实现多目标随机优化调度也是一个重要的研究方向。

4. 博弈调度方法

制造循环工业系统多目标调度的博弈决策的总体效果依赖于一些有自我考虑的主体的策略。因此，大多数情况下，制造循环工业系统中每个主体调度的效果不仅依赖于自己的决策，也依赖于其他主体的决策。

调度博弈要解决的问题包括如何避免冲突、如何鼓励合作。考虑制造循环工业系统中的两个主体 A 和 B，如果 A 在系统中比 B 有更大的决策权，或者 A 在系统中的位置使其能够比乙方更早地做出在系统中出现的决策，那么 A 就能够限制 B 的决策，这种限制条件必然会影响 B 达到最佳决策，在这种场景中，调度博弈本质上是要解决如何避免冲突的问题。在系统中，博弈的任何一个主体本质上都是在做出利己决策，然而，通过寻求与其他主体的合作，有可能会找到一个共同商定的解决方案，这个解决方案可能会为各个主体提供更好的决策。根据博弈的类型不同，下面分合作博弈和非合作博弈分别介绍不同的调度博弈场景。

（1）合作博弈调度　合作博弈是指参与者以同盟、合作的方式进行的博弈。在这种博弈中，参与者未必会自然做出合作行为，但存在一种设计的机制会鼓励合作者、惩罚非合作者。合作博弈本质上是寻找到一种方案使得博弈双方的利益都不低于不合作获得的利益，因此，合作博弈也被称为正和博弈。调度问题的合作博弈大多是作业或者资源的竞争博弈，通过将调度问题转化为合作博弈模型进行决策，使得参与者通过合作增加收益或降低成本。下面介绍调度博弈中几种常见的场景。

1）排序博弈。考虑一组调度作业，每个作业属于不同的调度主体，最初这些作业被安排在一个任意顺序的队列中，在单个服务器或机器前等待加工。队列中的最后一个作业可能是某些主体的紧急需求，而队列中的第一个作业不是紧急需求，这样，第一个工件也不会反对等待更长的时间。在这种情况下，队列的重新排序可能会使客户受益。但是，如果第一个作业放弃它现在在队列中的位置，它应该得到补偿。这就提出了一个问题，即重新排序的总利益应该如何在作业之间分配。为了保证作业的参与，这种分配必须满足合作博弈的稳定性条件。理想情况下，补偿系统还应满足一些条件，从而保证不涉及交换的客户不受这种条件的不利影响。

2）调度博弈。调度博弈与排序博弈类似，一组具有不同紧急程度和资源占用需求的任务的作业同时在一个资源（可以是生产单元、设备、工作等）前等待被处理，在调度博弈中，所有的作业同时到达，不同于排序博弈场景，这些作业没有初始排序。因此，联盟的价值不是通过相对于初始排序进行调整节省的成本来衡量的，而是通过联盟的总调度成本来衡量的。当然，我们也可以构造一个初始排序，然后采取排序博弈相似的方法进行求解。在调度博弈中，我们同样讨论补偿策略以及惩罚措施，从而促进合作。

3）项目管理博弈。考虑项目管理是处于计划的初始阶段，资源的提供者通过竞争分享具体项目的回报，如果项目推进过程中出现相关问题，参与项目投资的资源提供者则同样要分担相应的惩罚成本，通过寻找博弈的核（Core），设计单点利润和回报分配，从而推动稳定的合作。

当资源具有能力限制的时候，稀缺资源的分配需要结合博弈决策和优化方法，假设制造商从多个分销商处接单，制造商需要决策如何分配自己的能力给不同的分销商，通过调节其调度成本和能力的限制获利，当分销商获得了新的信息，将重新确定订单的优先级并重新提交订单，博弈决策的主旨是确定制造商和分销商、分销商之间是否建立联盟，以及这些联盟的稳定性。在半导体制造等行业，将任务外包给其他制造商进行加工是一种常规操作模式，如果允许制造商外包任务，则制造商的资源能力就可以通过价格进行调节。在这种场景中，制造商和承担外包任务的企业之间、制造商之间、承担外包任务的企业之间就形成了合作博弈关系。

在制造循环工业系统中，微循环大多在宏观视角具有合作的动机，因此制造循环工业系统的微循环调度大多是合作博弈，针对制造循环工业系统微循环，考虑在信息对称的情况下，建立基于生产-物流-能源合作博弈优化调度模型。分析合作博弈调度解的存在性及充要条件，分析合作博弈调度解和博弈核分配关系。对于核非空的情况，设计最优联盟成本分摊机制。对于核为空的情况，基于拉格朗日松弛算法设计近优成本分配方法，在满足联盟个体利益得到保证的前提下，最小化微循环系统提供的费用补贴，引导生产、物流、能源维持稳定的合作，从而实现微循环协同优化调度。

（2）非合作博弈调度　非合作博弈是一种在策略环境下，参与者之间不存在任何具有约束力的协议或约定的博弈。在非合作博弈场景下，每个参与者主要基于个人理性进行决策，追求个人利益最大化或成本最小化的目标。然而，由于参与者之间的行为相互依赖，一个人的选择会对其他参与者的收益产生影响，从而构成了各参与者之间的博弈关系。非合作博弈的一个显著特点是，虽然每个参与者都试图通过自己的策略选择来实现最佳的个人收益，但最终的实际结果可能并不符合他们的预期。在现实生活中，非合作博弈是常见的现象。下面我们分别探讨机制设计方式。

1）信息对称场景。假设所有信息对所有参与者都公开，每个博弈的参与者虽然公开了所有用于制定自身策略的相关数据，但是均衡解的结果对于整个系统通常仍然不是最优的，因此，在这种场景中，评价调度博弈均衡解的性能不是用系统指标的最优性，而是解的质量，定义最坏均衡的成本和最优系统成本之间的比率被称为无政府状态的价格，它们之间的差异被称为无政府的绝对价格。然而，大多数情况下，无政府状态的价格或绝对价格都是很高的，导致均衡解是非常低效的。在完全信息情况下，大多数研究是制定参与者的交互规则，分析这些规则对解决方案质量的影响。

2）信息对称增强场景。如上所述，即使是信息完备的情况下，系统均衡解的质量相对于系统最优解而言并不是很理想，所以为了提升博弈决策的效果，常采用一些系统增强的策略，例如，允许参与者依次制定决策而不是同步决策；设立领导者对其中一些参与者进行集中调控，领导者会以系统的整体性能为依据首先做出决策，然后其他参与者将跟随决策，即Stackelberg博弈；此外，还有一些调度博弈会考虑个体的利他性。一般来说，通过设立一个中央调控者可以把较差的均衡解调整为系统性能质量较好的均衡解。

3）信息不完全对称场景。在实际情况中，大多数情况的信息都是不完全对称的，参与者可能会少提供一些信息，如缩短实际作业处理时间，保证它的作业尽早被加工，即只有参与者自己知道真实的信息。在这样的场景中，一种情况是通过设计激励机制促进参与者能够提供真实信息，达成博弈均衡，但这种激励机制不需要参与者额外投入；另外一种情况是参与者可以通过付费的方式获得部分真实信息，在这种场景中，机制设计包括设计基于参与者提供信息计算调度方案，以及保证参与者能够提供真实信息的定价策略。

在制造循环工业系统中，主循环包括多个具有独立核算机制的企业，因此，主循环生产调度大多属于非合作博弈。针对主循环多目标生产调度，分析制造循环工业系统主循环合作机制。对于不同企业构成的多主体博弈场景，考虑在信息对称的情况下，前后端企业的供需关系、运输配送等多种因素对生产成本分摊结果的影响，建立多目标博弈模型。设计多目标智能优化方法求解主循环生产调度中联盟激励机制，促进联盟中企业对生产成本、完工时间等信息的共享，使得在联盟的全体收益提升、主循环中各节点企业高效协同。

9.2 制造循环工业系统多目标调度方法及应用

无论是流程制造系统还是离散制造系统，通常都包含多个生产工序，前后工序常常受产品结构多样性的影响而难以有效衔接和匹配。如何实现多工序生产组织的高效管理，如何实现工序间节律化、协同化、紧凑化的物流衔接，是制造系统生产和物流调度面临的重要问题。此外，对制造系统而言，能源是维持设备正常运转、保证物质转换和生产稳定执行的必要前提。在生产过程中既存在一次能源的消耗，也存在二次能源的产出，如何对能源进行优化配置来满足生产需求，是制造系统能源调度面临的重要问题。与传统调度模式中将资源、物流和能源等要素分别独立优化决策不同，制造循环工业系统多目标调度从制造系统微循环的全新视角出发，同时考虑生产、物流与能源之间的作用机理和影响机制，对资源、物流和能源全要素进行系统优化调度，即在生产与物流调度编制时考虑能源的消耗情况，根据可供应能源量情况、工艺要求、产品需求和机组能力限制，同时决策出在给定计划展望期内各时间段产品的调度方案、物流调度方案和能源分配量，实现生产效率、物流效率和能源效率等多目标的系统优化。

基于不同制造业之间的循环主体、循环要素的关联关系，分别针对主循环和微循环的多目标调度问题进行研究，从而提升制造循环工业系统的整体生产效率和自组织能力。

制造集群的主循环是考虑制造集群内多个企业之间呈现网状关系，资源、能源、物流和信息等要素在不同制造企业间循环。在生产组织上，突破单一企业封闭运行的单线模式，联合网络上不同企业，分工协作，将串行制造变为网状并行制造，通过优化生产调度决策提高生产效率是促进制造业集群高质量发展的关键。制造集群的主循环生产调度是面向集群内多企业，针对集群内各企业间的网状关联特征，分析前后端企业间的供需平衡条件，综合考虑集群内不同企业的生产工艺、资源流动和能量传输等约束，优化制造业集群的主循环生产调度过程，实现资源和能源在时间、空间上的优化分布，提升各企业生产效率和产品质量，实现制造业集群总体上高效和高质量生产运行。

制造循环工业系统中微循环高质、高效的生产调度是促进主循环制造防卡和畅通防堵的关键。传统生产调度关注单工序、单一环节或单一场景下的高效运行，忽略了各工序间的循环关系和相互冲突的目标，难以达到制造微循环系统整体最优。从微循环系统中前后工序间的资源、能源和物流要素关联关系出发，同时考虑各环节的优化指标，对基于优化决策的微循环多目标生产调度进行研究。针对多要素耦合特征，分析工序间调度决策的关联性，综合考虑微循环内复杂的工艺约束和界面连接关系，以前后工序的生产、物流效率和资源、能源利用率为优化目标，从微循环全局视角出发对工序间的资源、能源和物流进行优化调度，解决传统生产调度方法目标单一、与多工序大规模生产制造循环特征脱节等问题，实现微循环系统的多目标协调优化。

9.2.1 钢铁微循环多目标调度

钢铁企业生产过程涉及多个生产阶段，包含多个生产线，供料关系错综复杂。以典型的大型冷轧厂为例，其生产过程包括酸洗、轧制、退火、镀锌等生产阶段，原料主要是热轧钢卷。其中，酸洗工序是通过对钢卷表面的氧化铁皮进行清理，提升表面的光洁度；轧制工序是对钢卷的厚度等规格进行进一步调整；退火是对冷轧卷进行退火处理，调整晶粒结构，改变钢卷的韧性和硬度；镀锌工序是在钢卷表面涂抹一定厚度的锌层，提高钢卷的耐腐蚀性。

实际调度过程中，为了制定符合生产流程、工艺限制、过程管理等多个维度上约束的生产调度方案，大多采用分层决策的协调方式，首先由平衡计划员根据各生产线的产能信息、库存信息、订单分布情况、定检修信息，对未来的日生产品种、生产量进行规划；然后，各生产线的调度员根据已有规划，从在库物料中选择符合规划类型的钢卷，基于生产线的具体加工要求编制生产调度方案，并将每日实际的生产情况进行汇总并反馈给平衡计划员，平衡计划员再基于动态信息对长期的生产规划进行调整，指导各生产线的调度方案编制。通过这种协调机制，虽然促进了各个机组之间的协同调度，但是由于各个生产线的计划编制是从产线自身的评价标准出发的，因此，各机组的协同调度仍然存在较大的改进空间。

在钢铁企业的实际生产过程中，由于质量原因导致产品报废，将使得原来已经满足的客户需求进行再次加工，这些返回到前道工序的订单需求大多是难加工、容易出现产品质量问题的订单，因此加工成本较高。综合考虑订单需求和返回需求，钢铁冷轧调度构成了钢铁企业的冷轧微循环系统。

在涉及多个串行工序的计划决策过程中，准确给出相邻工序之间的物料周转时间对于协调各生产线的生产节奏具有重要作用。计划编制人员常常将工序之间的物流周转时间设为常数，在实际生产中，不同订单、物料在相邻工序之间的周转时间存在较大差异，因此，将这个时间设置为定值是不合理的。各相邻工序之间的物料周转时间依赖于物流搬运方案，因此，冷轧微循环系统的生产调度决策应该考虑物流环节，通过将物流决策所导致的物料处理时间差异、物料搬运成本等评价指标引入目标函数，可以有效提升冷轧微循环系统的整体运作水平。当然，在基础数据完备的钢厂，还可以根据历史生产实绩，对各个主要库区之间物料的平均周转时间进行分析，通过数据解析的方法分析不同加工路径、不同属性物料在不同工序之间的物料周转时间，并基于预测结果制定冷轧微循环系统的生产调度方案。

钢铁生产是典型的高能耗生产过程，酸轧工序消耗大量的电能，而不同种类的钢材轧制所需的单位能耗不同，结合峰谷电价制订轧制计划将从能源角度提升系统的整体效能。连续退火的加工工艺需要上千摄氏度的炉温环境，加工过程中将钢卷焊接成连续的钢带进行加工，因此，在加工过程中如果将加工属性要求差异较大的钢卷放在一起连续加工将造成钢卷加工环境的剧烈变化，对钢卷的加工质量产生较大的影响，即使可以通过提高炉温并调整拉动速度的方式进行变通，仍将产生不必要的能源损耗，从而增加加工成本。这种特殊的加工工艺造成生产调度对能源指标具有显著影响。

综上所述，钢铁冷轧微循环调度所考虑的优化目标不仅包括传统的生产调度目标，还将能源和物流等多种优化目标融入优化决策，通过协调本工序的生产指标与前后工序的物流衔接效率等相互冲突的优化目标，实现全局生产优化运行。通常情况下，针对钢铁冷轧工序自身循环及对产品质量的要求，建立融合资源、物流和能源等循环要素的多目标批调度模型，并结合问题结构特征，设计适合的精确算法或智能优化算法进行求解。

9.2.2 基于优化决策的钢铁～装备主循环多目标调度

伴随着汽车工业的发展，为了提升汽车的整体性能，汽车企业和大型钢铁生产企业开始建立稳定的合作关系，钢铁企业会考虑汽车制造对钢板的要求为其进行钢加工，通过将钢铁企业的末端工序——冷轧与其后的机械加工的冲压车间进行连接，构建钢铁～装备制造循环工业系统，构建及时的供料模式和高效的合作途径。近年来，宝马集团与河钢集团签订协议共同打造绿色低碳的钢铁供应体系，除了保障钢板本身质量，也致力于降低汽车用钢生产过程的能耗和二氧化碳排放；宝钢与奇瑞控股签署备忘录，共同研发绿色低碳汽车用钢，保障汽车用钢制造到使用的全链条的节能降碳。值得关注的是，汽车企业和大型钢铁企业的联合模式不仅仅是保证物料质量的稳定和供货的及时，也开始关注能耗等指标。因此，钢铁～装备制造循环工业系统的调度问题的优化决策考虑的不仅仅是某一个特定目标，涉及生产、能耗等多维优化目标。

在制造循环工业系统中，传统钢铁冷轧产线首先按照机械加工的要求，对钢卷进行轧制、退火和镀锌，形成所需的成品板卷，然后冲压车间将钢板加工成汽车所需的零件。在钢铁～装备制造循环工业系统中，为了组织生产，首先要对最终订单进行分析，按照加工属性将订单分为订单簇，其多目标调度是在给定产线布局（如系统包含哪些机组，各机组之间的连接关系）、不同加工机组的加工限制条件等基础条件，决策具体工件在不同生产阶段中分配到哪个具体的设备进行加工，以及工件在设备上的开始加工时间，使得制造成本、物流成本、能耗成本等多个维度的目标得到优化。

9.2.3 基于博弈决策的钢铁～装备主循环多目标调度

钢铁生产过程包括炼钢、热轧、冷轧及表面后处理等多个生产阶段。在炼钢阶段主要是通过化学反应来改变产品的成分，原料的状态为液态的钢水和少量的固态废钢，而在热轧之后的处理过程中，主要是通过挤压、退火、涂层等方式来改变产品的表面性能、韧度、强度、规格等属性，原料的状态为固态的板坯、板卷、钢板等。因此，钢铁生产是一个同时涉及连续、离散加工，兼具物理和化学变化的加工过程。同时，钢铁生产过程中单体设备大、设备启停和调整成本高，为了满足客户订单需求的同时降低生产成本，常常将具有相同加工要求的订单进行归并生产。

装备制造企业的生产包含机加工和装配两种类型，企业产品型号较多，系列化、族谱化特点明显，同系列产品的关键零件基本相同，最终的产品在零件准备完成的基础上通过装配实现，而各种自制的零件需要在相应的彼此独立的加工单元进行加工，各自的生产周期不同，其过程大多数把工件以指定的顺序在多台机器上加工，每一个工件的加工需要多道工序，每道工序可以在若干台机器上加工，所以在这种离散的生产过程中，保证零件在时间进度上的合理安排是装备制造调度的核心工作。

钢铁企业调度方案决策倾向于通过大集批降低设备调整费用，而装备制造企业的工件多样化，加工、装配的生产模式更倾向于原料供应的多样化。钢铁企业是装备制造企业的上游原料供应者，但是两个企业不同的生产组织模式导致了钢铁～装备制造的生产调度存在较大冲突。在具有供需关系的制造企业构成制造循环工业系统中，上游钢铁企业产出的钢材产品作为原料供应给下游机械制造企业，而机械制造企业对钢材产品需求的特点是具有丰富的定制属性，如何既不牺牲钢铁企业大规模、批量化生产的经济效益，又能满足定制化要求，大规模定制则是解决这一矛盾的有效手段。在大规模定制生产模式下，调度决策不仅要适应生产任务、设备、资源等生产要素的复杂约束，还要通过对企业内部生产管理的纵向集成和企业之间循环的横向集成来提升制造柔性。

考虑两个企业在工件调度方面的矛盾，我们将钢铁~装备主循环调度问题描述如下：给定一组工件 $N = \{1, 2, \cdots n\}$，机器 $M = \{1, 2, \cdots, m\}$，考虑工件需要在机器上进行无中断的加工，工件 j 的处理时间为 p_j，权重为 w_j，工件的交期为 d_j，可利用时间为 r_j。如果工件在不同机器上的加工速度不同，则工件的处理时间与机器相关。考虑钢铁企业和装备制造企业之间的非合作博弈，其中包含了多个从自身利益出发的参与者，每个参与者拥有一个或者多个工件，或者可以将工件或者机器构造成博弈的参与者，参与者的信息可以是公有的，也可以是私有的。每个博弈的参与者可以采取其可能的行动，例如，企业作为博弈参与者，它在某次迭代中所采取的行动可能是将某些工件分配到某些机器上进行加工。在博弈决策过程中，基于当时共用信息或者可获知信息，通常设计分配算法来计算所有博弈参与者的行动所带来的收益。设 $C_j (j \in N)$ 表示利用分配算法获得的调度方案的工件完成时间集合。通常，在博弈决策中，会设计一些高效的排序算法，如一些排序规则，例如最短加工时间原则（Shortest Processing Time，SPT），这样，一旦工件被分配到机器上，就能够通过这些简单高效的排序方法获得工件的调度方案。当然，不同机器上所采取的排序规则可以不一样。

虽然博弈的焦点大多数关注自我利益相关者的激励和决策，但是评估这些决策所产生的总体系统效果也很重要，因为不同博弈主体的评价体系和指标有较大差异，最常用的评价指标是成本。总体计划的决策和对其效用、成本或利润的评估都由中央管理部门、中央计划人员或中央调度程序执行。中央管理部门通常是优化整个系统的整体目标。在某些场景中，中央管理部门拥有设备资源，博弈的参与者在利用自身资源的同时，还可以利用中央管理部门的资源。同时，不同的博弈参与者可能对任何给定的调度方案给予不同的评价。例如，博弈参与者大多是利己主义者，通常只关心自己拥有的工件的成本（S），因此，通过支付成本来使用非自身拥有的设备，更方便构造博弈模型，更有利于鼓励博弈参与者做出提高系统整体解决方案质量的决定，达成系统整体效益优化。对于玩家的每一个动作，我们都会将策略联系起来。博弈是从一组策略映射到一组时间表。设 $u_k(x)$ 表示玩家 k 从 n 个玩家策略向量中获得的效用，$x = (x_1, x_2, \cdots, x_n)$。关于钢铁-装备调度的非合作博弈主要是研究纳什均衡、无政府状态的代价和无政府状态绝对价格。

在一个典型的非合作博弈中，可能存在许多纳什均衡解，其整体系统的利润或成本水平各不相同。从中央管理部门的角度来看，在这些解决方案中了解整个系统的最坏结果是很有价值的，因为通过不断的博弈迭代决策，系统很可能找到这个最坏结果的均衡解。在这种情况下，博弈决策需要分析无政府状态的代价（Price of Anarchy，PoA），从而衡量在参与者自由选择策略（没有中央协调者）的情况下，系统效率与全局最优解之间的差距。一般说，PoA 被定义为在博弈中，全局最优解与纳什均衡解中的最小值之间的比值。这里的全局最优解是指在所有参与者都合作并选择最佳策略时所能达到的最优解，而纳什均衡解则是指在没有中央协调者的情况下，所有参与者基于其他参与者的策略选择自己的最优策略时达到的稳定状态。

对于某些场景中的调度问题，可能最优解是 0 或者负数，在这种场景中，分析 PoA 就变得没有意义了，在这种情况下，一般是分析无政府状态绝对价格（Absolute Price of Anarchy，APoA），通过计算全局最优解与纳什均衡解偏差的最大值来评价博弈效果。

本 章 小 结

本章从基本的调度理论、调度建模及优化方法入手，首先介绍一般调度问题的基本调度理论、常规建模和优化方法，然后介绍制造循环工业系统中的多目标调度问题的概念，并分别给出钢铁微循环多目标调度、基于优化决策的钢铁~装备主循环多目标调度和基于博弈决策的钢铁~装备主循环多目标调度的应用案例。

💡 思考题

1. 制造循环工业系统的多目标生产调度都考虑哪些目标？
2. 制造循环工业系统的综合资源配置计划与供应链计划有什么差异？
3. 调度理论主要解决什么问题？
4. 确定性调度问题与随机调度问题的差别是什么？
5. 博弈调度有哪些类型？
6. 如何区分主循环多目标生产调度与微循环多目标生产调度？

参 考 文 献

［1］ TANG L, WANG G S, CHEN Z. Integrated charge batching and casting width selection at Baosteel ［J］. Operations research, 2014, 62（4）：772-787.

［2］ TANG L, MENG Y, CHEN Z, et al. Coil batching to improve productivity and energy utilization in steel production ［J］. Manufacturing & service operations management, 2015, 18（2）：262-279.

［3］ TANG L, ZHAO Y, LIU J. An improved differential evolution algorithm for practical dymamic scheduling in steelmaking-continuous casting production ［J］. IEEE transactions on evolutionary computation, 2014, 18（2）：205-225.

［4］ HOHN W, KÖNIG F, MOHING R, et al. Integrated sequencing and scheduling in coil coating ［J］. Management science, 2011, 57（4）：647-666.

［5］ JAHANDIDEH H, RAJARAM K, MCCARDLE K. Production campaign planning under learning and decay ［J］. Manufacturing & service operations management, 2020, 22（3）：615-632.

［6］ MOSTAFAEI H, HARJUNKOSKI I. Continuous-time scheduling formulation for multipupose batch plants

［J］. AIChE journal, 2020, 66（2）: e16804.

［7］ PAOLUCCI M, ANGHIMOLFI D, TONELLI F. Facing energy-aware scheduling: a multi-objective extension of a scheduling support system for improving energy efficiency in a moulding industry［J］. Soft computing, 2017, 21（13）: 3687-3698.

［8］ BNAUD B, PEREZ H, AMARAN S, et al. Batch scheduling with quality-based changeovers［J］. Computers & chemical engineering, 2019, 132: 106617.

［9］ CASTRO P, CUSTODIO B, MATOS H. Optimal scheduling of single stage batch plants with direct heat integration［J］. Computers & chemical engineering, 2015, 82: 172-185.

［10］ YUKSEL D, TAGETIREN M, KANDILER L, et al. An energy-efficient bi-objective no-wait permutation flowshop scheduling problem to minimize total tardiness and total energy consumption［J］. Computers & industrial engineering, 2020, 145: 106431.

［11］ XU W, TANG L, PISTIKOPOULOS E. Modeling and solution for steelmaking scheduling with batching decisions and energy constraints［J］. Computers & chemical engineering, 2018, 116（4）: 368-384.

［12］ FATTAHI P, HOSSEIMI S, JOLAI F. A mathematical model and extension algorithm for assembly flexible flowshop scheduling problem［J］. The international journal of advanced manufacturing technology, 2013, 65: 787-802.

［13］ YING K, POURHEJAZY P, CHENG C, et al. Supply chain-oriented permutation flowshop scheduling considering flexible assembly and setup times［J］. International journal of production research, 2020, 61（12）: 258-281.

［14］ KHODKE P, BHONGADE A. Real-time scheduling in manufacturing system with machining and assembly operations: a state of art［J］. International journal of production research, 2013, 51（16）: 4966-4978.

［15］ HATAMI S, RUIZ R, ANDRÉS-ROMANO C. The distributed assembly permutation flowshop scheduling problem［J］. International journal of production research, 2013, 51（17）: 5292-5308.

［16］ KOMAKI G, SHAYA S, BEHMAM M. Flow shop scheduling problems with assembly operations: a review and new trends［J］. International journal of production research, 2019, 57（10）: 2926-2955.

［17］ SHEILKH S, KOMAKI G, KAYVANFAR V. Multi objective two-stage assembly flow shop with release time［J］. Computers & industrial engineering, 2018, 124: 276-292.

［18］ WEIBO R, JINGGIAN W, YAN Y, et al. Multi-objective optimisation for energy-aware flexible job-shop scheduling problem with assembly operations［J］. International journal of production research, 2020, 59（23）: 7216-7231.

［19］ OSTERMEIER F. On the trade-offs between scheduling objectives for unpaced mixed-model assembly limes［J］. International journal of production research, 2020, 60（3）: 866-893.

［20］ RUSSELL A, TAGHIPOUR S. Multi-objective optimization of complex scheduling problems in low-volume low-variety production systems［J］. International journal of production economics, 2019, 208: 1-16.

［21］ TIS S, DRIESSEN T. Game theory and cost allocation problems［J］. Management science, 1986, 32（8）: 1015-1023.

［22］ CUIEL L, PEDERZOLI G, TIJS S. Sequencing games［J］. European journal of operational research, 1989, 40: 344-351.

［23］ HAMERS H, BOMM P, TIJS S. On games corresponding to sequencing situations with ready times［J］. Mathematica programming, 1995, 70: 1-13.

［24］ BOR P, FIESTRAS J, HAMERS H, et al. On the convexity of games corresponding to sequencing situations with due dates［J］. European journal of operational research, 2002, 136: 616-634.

［25］ ZHOU Y, GU X S. One machine sequencing game with lateness penalties［J］. International journal on information, 2012, 15 (11): 4429-4434.

[26] YANG G, SU H, UETZ I. Cooperative sequencing games with position-dependent learning effect [J]. Operations research letters, 2020, 48: 428-434.

[27] YANG G, SUN H, HOU D, et al. Games in sequencing situations with externalities [J]. European journal of operational research, 2019, 278: 699-708.

[28] CALLEJA P, BONM P, HANMERS H, et al. On a new class of parallel sequencing situations and related games [J]. Annals of operations research, 2002, 109: 265-276.

[29] SLILKKER M. Balancedness of sequencing games with multiple parallel machines [J]. Annals of operations research, 2005, 137: 177-189.

[30] ARANTZA E, MAMUEL A, BOM P, et al. Proportionate flow shop games [J]. Journal of scheduling, 2008, 11: 433-447.

[31] CWRIEL I. Compensation rules for multi-stage sequencing games [J]. Annals of operations research, 2015, 225: 65-82.

[32] HALL N, POTTS C. Supply chain scheduling: batching and delivery [J]. Operations research, 2003, 51 (4): 566-584.

[33] BENBOUZID-SI T F, BENATCHBA K, MESSIAID A. Game theory-based integration of scheduling with flexible and periodic maintenance planning in the permutation flowshop sequencing problem [J]. Operational research, 2018, 18 (1): 221-255.

[34] TEREDESAI T, RAMESH V. A multi-agent mixed initiative system for real-time scheduling [C]. 1998 IEEE International Conference on Systems, Man, and Cybernetics, 1998: 439-444.

[35] BEN-ARIEH D, CHOPRA M. Evolutionary game-theoretic approach for shop floor control [C]. 1998 IEEE International Conference on Systems, Man, and Cybernetics, 1998: 463-468.

[36] NONG Q, FAN G, FANG Q. A coordination mechanism for a scheduling game with parallel-batching machines [J]. Journal of combinatorial optimization, 2017, 33 (2): 567-579.

[37] LEENDERS L, BAHL B, HENNEN M, et al. Coordinating scheduling of production and utility system using a Stackelberg game [J]. Energy, 2019, 175: 1283-1295.

[38] LEENDERS L, KIRSTIN G, BJÖRN B, et al. Scheduling coordination of multiple production and utility systems in a multi-leader multi-follower Stackelberg game [J]. Computers & chemical engineering, 2021, 150: 107321.

[39] QI X. Production scheduling with subcontracting: the subcontractor's pricing game [J]. Journal of scheduling, 2012, 15 (6): 773-781.

[40] BRAMEL J, SIMCHI-LEVI D. The logic of logistics, theory, algorithms and applications for logistics management [M]. New York: Springer-Verlag, 1997.

[41] TANG L X, LIU J Y, RONG A Y, et al. A review of planning and scheduling systems and methods for integrated steel production [J]. European journal of operational research, 2001, 133 (1): 1-20.

[42] TANG L X, LIU J Y, RONG A Y, et al. A multiple traveling salesman problem model for hot rolling scheduling in Shanghai Baoshan Iron & Steel Complex [J]. European journal of operational research, 2000, 124 (2): 267-282.

[43] TANG L Y, LIU J Y, RONG A Y, et al. A mathematical programming model for scheduling steelmaking-continuous casting production [J]. European journal of operational research, 2000, 120 (2): 423-435.

[44] SUN D F, TANG L X, BALDACCI R. A decomposition method for the group-based quay crane scheduling problem [J]. INFORMS journal on computing, 2024, 36 (2): 543-570.

[45] TANG L X LI F, CHEN Z L. Integrated scheduling of production and two-stage delivery of make-to-order

products: offline and online algorithms [J]. INFORMS journal on computing, 2019, 31 (3): 493-514.

[46] SUN D F, TANG L X, BALDACCI R. A benders decomposition-based framework for solving quay crane scheduling problems [J]. European journal of operational research, 2019, 273 (2): 504-515.

[47] TANG L X, SUN D F, LIU J Y. Integrated storage space allocation and ship scheduling problem in bulk cargo terminals [J]. IIE transactions, 2016, 48 (5): 428-439.

[48] TANG L X, LIU J Y, YANG F, et al. Modeling and solution for the ship stowage planning problem of coils in the steel industry [J]. Naval research logistics, 2015, 62 (7): 564-581.

[49] TANG L X, JIANG W, LIU J Y, et al. Research into container reshuffling and stacking problems in container terminal yards [J]. IIE transactions, 2015, 47 (7): 751-766.

第10章

制造循环工业系统界面连接与物流优化管理

物流是构建现代化产业体系的核心纽带，作为制造工业的"筋络"，能将具有供需关系的分散化的制造企业通过协

章知识图谱

说课视频

调、优化资源配置等连接成无缝的产业链，从而实现制造工业生态系统的高效畅通运行。钢铁、装备等不同制造工业之间的界面连接，涉及大宗工业产品及原材料的采购、制造、存储与发运等多个物流环节，需要占用大量的物流资源和库存资源，由于企业间物流计划与调度缺乏有效协同，导致物流资源要素配置不合理、库存压力大，极大地限制了供应链的整体运转效率。在制造企业及物流企业内部，不同生产工序之间的界面连接涉及大量复杂且相互制约的物流作业环节，现有的物流设施和调度方法难以满足运输网络和物流作业的强耦合、多时变特征，导致大单重工业在制品和产品的跨作业环节和跨运输方式衔接转换效率较低。因此，需要进行有效的制造循环工业系统界面连接与物流优化管理，实现企业内部和跨企业物质的高效、有序和畅通流动，满足国家战略布局和制造工业高质量发展的重大需求。

本章首先讨论制造循环工业系统中的物流界面连接，分别从企业内跨生产工序物流界面和不同制造工业跨企业物流界面两个层面探讨了物流优化管理内容；针对钢铁制造企业，分别从原料、半成品、成品物流三个阶段讨论了典型物流优化调度等钢铁企业内部物流界面优化管理问题；接着以装备制造企业为背景，分别从生产线的设施布局规划、仓储物流优化、装备生产物流优化等方面，对装备企业内部物流的管理方法进行了分析和讨论；最后，从钢铁-装备界面连接物流设计与优化的角度，讨论了企业间物流问题，分析了制造循环工业系统背景下多环节协同和多式联运的重要性。

10.1 制造循环工业系统中的物流界面连接

制造业是国民经济的主体，是构建以国内大循环为主体、国内国际双循环相互促进的新发展格局的重要阵地；加快制造强国建设，实现制造业高质量发展，离不开制造业国内国际双循环的高效畅通。制造业和物流业的深度融合和创新发展是资源要素顺畅流动的基础。国家发展改革委等14部门联合印发的《推动物流业制造业深度融合创新发展实施方案》指出，进一步深入推动物流业、制造业深度融合、创新发展，保持产业链供应链稳定，推动形

成以国内大循环为主体、国内国际双循环相互促进的新发展格局。制造业和物流业的融合发展是制造业和物流业企业在双循环格局下的现实需求和内在要求。

制造业与物流业的融合，主要集中于不同制造主体之间的物流界面连接。"界面"（Interface）一词在计算机科学等领域得到了广泛应用，而在管理学中特指两个相互依赖并寻求相互作用以追求共同目标的自治组织之间的接触点。在制造循环工业系统中，从物质流通的角度，主要关注不同制造主体之间的物质流动和衔接，需要从企业内和企业间两个层面，从界面制造主体的合作与协调的角度来研究界面连接与管理的问题，通过提升企业内部和企业间物质传输效率和质量，有力支撑制造有序循环。

1. 微循环企业内物流界面连接

制造企业内生产过程包含多个生产工序，各生产工序之间存在频繁的物料转移过程，主要通过装卸、搬运、存储、运输等物流过程进行衔接。因此，企业内的物流界面管理主要考虑不同生产制造工序之间的物流衔接效率是否高效，能否保障前后生产工序之间物料转移过程的畅通，以及生产制造过程的连续。以钢铁制造为例，高炉炼铁和转炉炼钢生产工序之间，通常利用铁液罐（或鱼雷罐）承接高炉车间产出的高温铁液，沿一定的铁轨线路将其及时运输到转炉生产车间进行炼钢生产。但其铁液罐资源有限，需要循环反复利用，同时前后生产工序间具有较严格的生产时间要求和连续生产、铁液成分匹配、铁液温降水平等复杂生产工艺要求，并且需要在既定的铁轨线路网络中选择合理的运输路径，因此需要通过高效的铁液物流调度，在满足上述复杂生产要求的前提下，实现铁液物质及铁液罐等物流资源在炼铁和炼钢生产工序之间的高效流转和利用，降低生产物流成本，保障炼铁、炼钢连续生产。

对于企业内循环，在传统生产管理模式下，由于运行方式的差异，不同部门之间的多要素系统优化程度低，表现为上下游工序物料衔接不畅、生产瓶颈环节突出、库存成本增加、物流设备利用率低等问题。生产过程与物流作业的整体通畅需结合各工序实时生产节奏和库存水平进行物料或半成品的高效搬运。最终，在不同业务环节多源信息互通的基础上，以信息流带动物质流和能量流，充分挖掘数据的价值来指导生产，提高制造业产品质量和生产效率，降低成本，推动形成数据驱动的制造模式。

针对企业内物流界面管理优化，主要聚焦钢铁、装备等制造物流系统内部的物质传输衔接转换，应以提高工序间物流流通质量和效率为目标，需要从原材料、半成品、成品制造全过程的视角，实现物流计划调度的自适应优化决策，并且基于物流智能装备与物联感知获得的实时物流数据，对全流程物流链进行自适应系统优化，为上下游生产工序的高效衔接提供保障。

2. 主循环跨企业物流界面连接

制造工业生态系统包含钢铁工业、装备工业等，目前企业间缺乏系统布局和物流系统互通互联，分散体系中的运输对象和物流设备信息共享程度低，使整体物流效率不高。跨企业的物流网络可以实现所有物流资源数据信息、物流状态的实时共享，通过系统优化形成效率高、综合成本低的多企业联运，实现产品及物流资源精准调配，提升物流设备的使用率。

跨企业物流界面连接管理的重点集中于跨企业物流资源配置与供应链计划、上下游制造企业供需协同机制设计等方面。针对以钢铁、装备为核心的制造工业生态系统中运输、仓储、配送等物流环节，解析不同制造工业之间物流设备、设施等不同物流资源在时间和空间两个维度上的相互衔接和制约关系，进行综合配置和规划，决策物料在具有原材料和产品供需关系的制造企业之间转移过程中的库存量、运输量、所需物流资源配置量等，合理控制生态系统内各工业阶段库存量和供给量来保障不同制造工业之间的双向原材料和产品稳定供给，从全局优化的角度制定跨企业物流资源配置与供应链计划。同时，在制造工业生态系统中，多制造主体尤其上下游制造企业之间，可以通过联合制订库存计划与共享运输资源，提高供需网整体运营效率。因此，可以解析不同企业在时间和空间两个维度上的资源调配和制约关系，基于合作博弈等构建上下游企业协同库存计划与运输资源共享协同机制，科学决策多个制造企业间运输资源的合理控制和配置共享，并在各个制造环节中实现库存量和供给量的优化，灵活调整协同生产库存计划，从而保障制造企业之间的物料和产品供应稳定，提升整个制造工业生态系统的物质传输效率。通过科学合理地配置制造循环网络中的物流资源、制订库存计划和物流计划，协调资源、优化库存和平衡供需，促进制造企业之间物质的有序流动，保障制造工业的生产运行，降低库存和物流成本，实现整个制造工业生态系统的高效、有序和畅通运转。

10.2　钢铁制造工业物流优化管理

钢铁工业作为国民经济的重要支柱，其生产流程的高度连续性和复杂性对物流系统优化管理提出了极大的挑战。钢铁制造为了生产不同成分和规格的最终产品而包含复杂的物理锻造和化学反应等过程，具有生产流程长、连续生产环节多的特点。在炼铁、炼钢、连铸、热轧、冷轧等各个生产环节之间，存在大量的物料装卸、搬运和运输作业，物流对象包括以铁矿石为代表的原料、以铁液为代表的液态中间物料、以板坯料为代表的块状半成品、以板卷为代表的成品等。上述物料的物流过程承担着为后续生产工序或最终客户及时供料的重任，其效率是否高效对能否保证连续生产过程的安全和平滑、提高整个生产系统的综合效率、节省生产运营成本都至关重要。

钢铁企业生产全流程主要物流过程示意图如图 10-1 所示。通过水运或铁运等方式输入

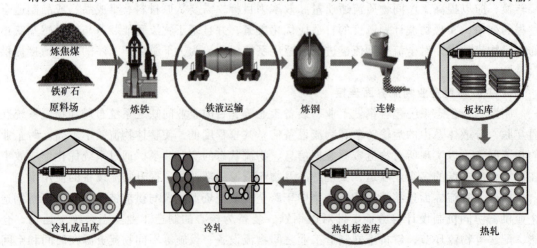

图 10-1　钢铁企业生产全流程主要物流过程示意图

的铁矿石，通常在原料场以料堆的形式进行存储，然后通过皮带运输机等物流设备运送到烧结、高炉等生产车间；高炉车间进行的是炼铁生产，通过复杂的化学反应将铁矿石等原料转化为高温铁液，然后通过机车和鱼雷罐等物流设备沿一定的铁轨线路将铁液运送至炼钢车间生产钢液，之后将钢液转入连铸机上，使之结晶，得到固体板坯半成品，送入板坯库进行暂时存储；板坯半成品经由热轧和冷轧等生产工序，生成钢卷成品，之后经由水运或铁运配送至客户端。

10.2.1　原料物流计划调度

钢铁工业是一个高资源消耗的原材料工业，生产前端需要消耗大宗原料资源，如铁矿石、煤等。钢铁企业原料物流主要负担两方面的职能，按时为高炉、烧结、球团等连续型生产单位供应铁矿石、煤等原燃料，并且从码头船舶及时地卸载原燃料并将之运输至原料场堆放和存储，是整个钢铁生产过程的咽喉。其具体过程可分为原料输入物流和原料输出物流两个阶段，如图10-2所示，将铁矿石、煤等原燃料从散装货物专用船（或火车）运输至原料码头（或卸车站），使用卸船机（或卸车机）等设备进行卸料，并同时将其经由连通的皮带运输机网络运送至原料场，通过堆料机以料堆的形式堆放到原料场中的某个存堆位置；当后续生产工序提出用料需求时，由原料场中的取料机到选定的料堆上取料并经由连通的皮带运输机网络将其运送至相应的生产车间。

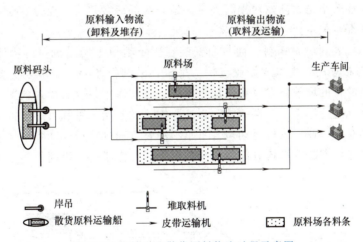

图 10-2　钢铁企业散货原料物流过程示意图

铁钢生产阶段作为整个钢铁生产过程的关键瓶颈阶段和耗能阶段，生产物流过程是否能够安全高效合理及低成本运行，直接受制于原燃料物流过程，因此针对钢铁原燃料物流的关键调度问题的优化理论方法研究尤为重要。由于钢铁原料物流（铁矿石等散料物流）在所涉及物品形态特性、运输方式、设备及优化目标等各方面的特殊性，对其相应的调度方法研究提出了很高的要求。钢铁原料物流为典型的散料物流过程，物流作业方式与其他物流过程有相当大的不同，主要特点在于：①所处理物料为块状或粉状散料，没有固定规格的容器进行标准化存储和运输；②物流作业过程具有时间及空间上的连续不间断特征；③运输模式为连续性皮带运输，涉及堆取料机等多种大型设备的联动作业及交叉作业；④作业过程存在频繁的冲突关系，并兼具选址与调度决策。最主要的特征为时空二维连续性作业特征，即连续性皮带运输及连续性堆放结构。上述新特征，不仅带来带有分段函数特征的混料损失等复杂问题结构，还使得其调度管理明显不同于传统调度主要表现为：①在时间上，多阶段物流作业存在串并行耦合结构，且具有严格的时间窗或时间间隔要求；②在空间上，物流设备受轨道或空间限制，存在时空耦合冲突；③所调度物件无固定形态，物流作业在时间及空间维度上均具有连续结构特征。上述特点是导致较严重的设备作业冲突关系的根本原因，在建模方面有很大挑战，难以使用现有调度理论方法解决，极大地增加了问题的计算复杂度。

以原料输入过程为例，由于原料在皮带运输系统进行运送时，需要从运料起点（如码头泊位或卸车站）到运料终点（如原料仓或原料场）连通一整条皮带线路并连续占用，通常需将运料起点处的卸船卸车调度、皮带路径选择、终点处的堆料机堆料作业调度集成起来考虑，这会进一步增加问题难度。针对此复杂问题，有学者创新性地提出将运料起点和运料终点连接成的多条可能的皮带线路作为整体进行建模，从而将不同皮带段的连接路径问题降维成离散时间段上的资源分配问题，并且引入模块化料位思想对无规则形状的散状原料存储空间进行空间离散化建模，降低了问题复杂度，从而开发基于 Benders 分解的高效算法进行快速求解，提高了原料物流作业效率及料场的空间利用率。

10.2.2 半成品物流计划调度

钢铁工业生产中，针对中间过程半成品物料，依赖搬运或运输作业为后续生产过程及时供料，其物流作业效率是否高效对提高整个制造系统的综合效率、充分发挥系统的潜能、节省生产运营成本都至关重要。

以板坯料为代表的块状物料，通常由安装在固定轨道上的吊机执行物流搬运作业，如图 10-3 所示。对板坯的一次搬运作业包括：吊机移动到板坯的起始堆放位置，吊起板坯后一同移动到板坯的目的堆放位置，将板坯下放。板坯在库中以叠放形式放置，堆放的空间位置可用垛位等坐标进行标定。对某一特定板坯，搬运的起始位置和目的位置给定；吊机顺序执行多个板坯的搬运作业，吊机运动包含吊爪沿吊臂方向的轨道移动和吊臂沿跨方向的轨道移动。当有多台吊机安装于沿跨方向的同一轨道上时，需避免吊机间的相互碰撞。

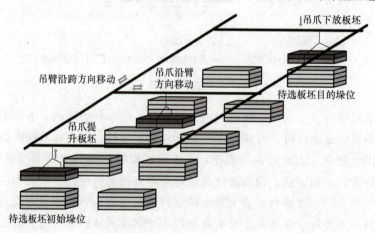

图 10-3　板坯库中吊机搬运作业示意图

钢铁生产中间过程涉及的半成品物料，通常可划分为以板坯料为代表的块状物料和以高温铁液为代表的液态物料等。在其搬运作业过程中，由于工艺限制，通常需通过大型物流设备（如吊机等装卸设备或鱼雷车、皮带机等特殊载具）的协助才能进行。

在钢铁生产过程中，炼铁及炼钢生产工序是资源和能源消耗最大的两个重要生产工序。炼铁、炼钢工序界面通常简称为"铁钢界面"，是最重要的工序界面之一，研究生产物流现状具有重大的现实意义。铁液物流过程是典型的高温热链物流过程，铁液温度在其调度管理中是一个极为重要的指标和决策要素，并且对过程中的生产匹配、资源分配、生产作业时间窗、物流作业次序等约束有着更为复杂的要求。如图 10-4 所示，高炉炼铁在生产过程中持续不断地产出高温铁液，所产出的铁液需要立即使用鱼雷罐进行装载，并且必须在一定时间内安全快速地运送至转炉车间进行炼钢生产，从而及时冶炼符合后续工序质量要求的钢液，否则会造成铁液冷却、鱼雷罐报废、炼钢生产延迟或中断等严重生产事故的发生。

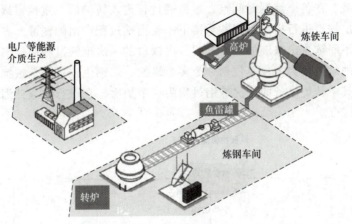

图 10-4　铁水热链物流过程示意图

以高温铁液为代表的液态物料，通常通过运行于固定铁轨网络上的机车牵引鱼雷罐进行运输。其物流过程为：机车牵引空载的鱼雷罐移动到高炉炼铁车间承接铁液，形成重载鱼雷罐后，由机车运输到炼钢车间，将鱼雷罐中的铁液倒入相应的炼钢设备中（炼钢倒铁）。对某罐铁液，运输的起始位置（出铁口）和目的位置（倒铁口）给定；机车顺序执行多罐铁液的运输作业，移动受到固定轨道的限制，铁轨网络上有一系列的关键枢纽位置，可能存在鱼雷车走行冲突。由于生产工艺要求，高炉出铁操作和炼钢倒罐操作均限定在一定时间窗内完成，从而保证连续生产。

上述物流过程涉及的大型物流设备通常安装于共用的固定轨道上进行移动，因此，其运动轨迹在空间受到限制。同时，由于物料的搬运任务涉及对其空间位置的移动，并且物流设备与物料一同移动，因此，在制定调度方案时，需要避免不同物流设备由于轨迹受限而发生在共用轨道上的空间冲突，即需要充分考虑物流设备的运动轨迹受限因素。这类问题可以归结为一类带有运动轨迹受限特征的物流调度问题。上述不同于传统调度问题的特点，使得轨迹受限物流调度问题很难应用现有的调度理论方法得到有效解决。

上述物流调度问题中的设备沿固定轨道运动时易发生时空碰撞，在数学建模上难以准确刻画。时空网络是近年来逐渐得到重视的建模方法，构建合理的时空节点及弧形成网络图结构来对问题进行新颖的刻画，已经成功运用于解决航班或车队排班问题、维修计划编排问题、公共汽车调度问题等。为克服传统调度建模方法因存在大 M 约束而导致模型的线性松弛问题过松的弊端，时空网络开始应用于物流调度问题。针对轨迹受限的半成品运输调度问题，可将关键空间节点（如库位、枢纽点）沿时间轴展开，建立时空网络，将吊机等物流设备的空间移动表述为时空节点之间的连接弧，从而将复杂的时空碰撞约束转变为简单的在各个时空节点处的流平衡约束，在此基础上，可以开发近似动态规划等算法在短时间内得到问题的高质量近优解，从而提升吊机和机车等物流设备的作业效率。

铁钢界面的铁液物流调度，除了上述机车运输调度，还需考虑与生产计划密切相关的鱼雷罐调度等优化管理。在炼铁和炼钢工序之间，铁液的运输、匹配和生产平衡主要通过鱼雷罐的循环利用实现的，如图10-5所示。首先，针对高炉的连续出铁过程，预先调度空鱼雷罐并配送至指定出铁口位置，空鱼雷罐承接铁液后变成重鱼雷罐，在被运送至预处理站对罐中铁液进行脱磷脱硫等预处理之后，重鱼雷罐被运送至指定炼钢车间等待炼钢生产；然后，重鱼雷罐中的铁液，在各个炼钢时间点，经倒罐过程进入转炉后，重鱼雷罐变成空罐，之后将被运送回高炉出铁口进行提前等待并承接下一轮出铁过程产出的铁液。高炉的出铁过程是多个出铁口交替不间歇流出铁液的连续过程，出铁口的一次出铁过程中流出的铁液重量，通常以单个鱼雷罐的承载量为衡量单位划分为多个罐次。炼钢生产过程是按批次进行的，生产计划通常给定，其中转炉设备的一次炼钢过程为一个炉次，在进行铁液计划与调度时需要将罐次与炉次进行匹配。

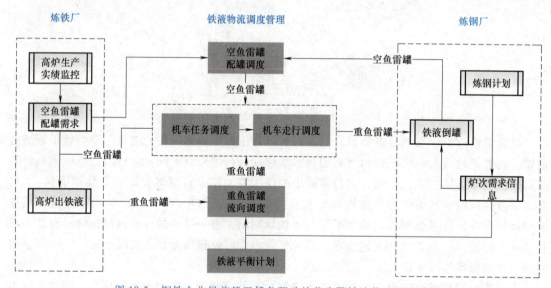

图 10-5　钢铁企业目前基于任务驱动的分步骤铁液物流调度流程

鱼雷罐调度的难点在于必须要从两个方面对生产匹配、资源整合和作业协调进行考虑，即保障铁钢生产平衡和降低转运过程中的铁液温降。在保障铁钢生产平衡方面，必须考虑到炼铁生产的连续、不按计划出铁的生产供应模式与炼钢生产的按批次、按时、按需的需求模式之间的平衡与匹配。此外，还必须从重量、质量、时间和温度四个维度上考虑铁液的供应和需求匹配。在重量上，由于受到炼钢设备能力等因素限制，一个罐次和一个炉次的铁液重量可能不是一一对应的；在质量上，不同品质钢液的炼钢生产对铁液质量及供给优先级有不同的需求；在时间上，鱼雷罐调度需要满足炼铁炼钢生产的安全时间窗，并尽可能将较早的铁液罐次分配给较早的炼钢炉次；在温度上，需要考虑不同钢种炼钢对铁液入炉温度的限定要求。在降低转运过程中的铁液温降方面，由于炼钢生产过程对进入转炉（简称入炉）的铁水的温度比较敏感，入炉铁液温度直接关系着炼钢过程中的废钢利用率，以及炼钢成本、能耗和质量，对节约资源消耗（如铁液入炉温度的提高可提升炼钢生产中的废钢利用率，从而减少炼铁的矿石及燃料资源需求量）和降低能源消耗（如铁液入转炉温度较低时，炼钢生产需要消耗更多能源介质以加热升温）极为重要。申请人的前期研究工作已经证明，任意罐次铁液在其进入转炉之前的温降，与其对应鱼雷罐的两段作业时间正相关，即重罐时间（高炉完成此罐出铁和转炉开始倒罐之间的时间段）及空罐时间（此鱼雷罐的上一轮倒罐完成时间与本轮出铁开始时间之间的时间段），这个特征进一步增加了问题的复杂度。

由于炼铁与炼钢工序之间的铁液物流调度的高复杂性，目前绝大多数钢铁企业仍停留在由任务驱动的分散分步骤、缺乏整体和全局优化的粗放调度管理模式（包含铁液平衡计划、空鱼雷罐配罐调度、重鱼雷罐流向调度、机车任务调度、机车走行调度等多个相互影响的业务单元），难以实现统筹各种资源从而适应新形势下铁钢界面生产组织方式的新要求，严重制约了铁钢界面物流设备系统的运行效率，使得生产物流运行成本巨大。以宝武集团为代表的国内大型钢铁企业，近几年均在积极寻求鱼雷罐全局整体调度等新的高效铁液物流调度方案，从而保障铁钢生产平衡，提高鱼雷罐周转率和铁液进入转炉炼钢的入炉温度，达到节约资源、降低能耗和优化生产结构的目的。

10.2.3　成品物流计划调度

钢铁企业的主要产品钢卷，作为建筑、交通和家电等行业的重要基础原材料，其物流运输具有显著特点。钢卷产品通常通过铁路、公路和水路等多种运输方式，由企业成品仓库向客户指定站点进行输送。其中，铁路运输凭借其大宗货物运输的经济性和高效性，成为内陆地区钢铁企业首选的运输方式。在铁路运输作业流程中，钢卷需要经历仓库装车、列车运输到站等关键环节，而铁运配载计划问题则是装车前必须解决的首要物流优化问题。

钢铁企业铁运配载计划的核心任务是从仓库中筛选符合发运条件的钢卷，并优化其在各节车皮中的空间配置。作为成品物流的关键环节，科学的配载方案不仅能显著提升火车装载率和仓库作业效率，更能有效降低单位运输能耗，其优化水平直接关系到企业物流系统的整体运营效益。

钢铁企业成品仓库通常采用多跨区布局结构，如图10-6所示，其空间配置包含上下四个跨区，每个跨区内设若干钢卷堆放区域，并配备一台可沿黑色轨道移动的龙门吊用于钢卷装卸作业，各作业区下方均设有专用铁路线供列车停靠。在铁路运输作业中，每日运输计划包含多趟配置各异的列车，涉及不同车厢数量、类型及目的站点。具体作业时，列车（如3#）按调度进入指定区域，配载计划员需要综合考虑载重限制、平衡要求、物流流向及装载布局等工艺约束，从存储区优选钢卷并制定装载方案；随后由龙门吊（如1#、2#）执行装车作业，最终由完成装载的列车（如4#）发往目的站点。这一流程实现了从仓储管理到运输配送的有序衔接。

典型的铁运配载计划流程包括：

1）运输计划编制：确定每日需要发运的列车数量、车厢类型（如敞车、平车等）、车厢数量及目的站点；根据客户需求及生产计划，匹配待发运的钢卷批次。

2）钢卷筛选与匹配：从成品仓库的存储区域筛选符合发运条件的钢卷，考虑重量、尺寸（宽度、直径）、目的地、客户等属性；确保钢卷属性（如规格、流向）相近，以满足安

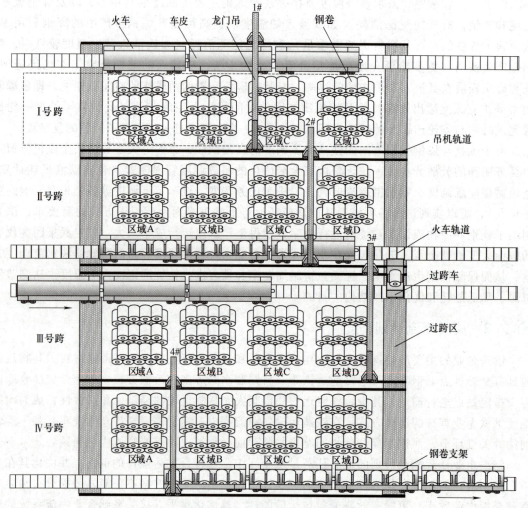

图 10-6 典型钢铁成品库的铁运配载物流示意图

全装载要求。

3）配载方案制定：结合车厢类型、载重能力及空间布局，优化钢卷在各车厢的装载位置。考虑装载平衡性，避免偏载或超载。

4）装车执行：龙门吊按配载计划将钢卷装载至指定车厢（如 1#、2#吊机作业），完成装载的列车（如 4#）发往目的站。

5）运输与交付：列车按计划驶离仓库，运输至客户指定站点。

这些钢卷具有与配载计划相关的多种属性，包括重量、宽度、直径、目的地和客户等。出于安全考虑，起重机只能将属性相同或相近的钢卷装载至同一节车厢。列车由多节类型和载重能力各异的车厢组成。列车配载规划的核心在于从存储区域选择合适的钢卷，并将其合理分配至各节车厢的适当位置。在实际操作中，列车配载计划主要依赖经验和规则制定，但要在短时间内手工制定出满足所有约束条件的优质方案十分困难。该问题是多数钢铁企业在产品运输过程中面临的重大挑战。

在制订铁运配载计划时，需考虑的约束条件包括：

1）钢卷属性约束：重量、宽度、直径等需要符合车厢承载规格。同一车厢内的钢卷应具有相同或相近的规格及目的地，以确保运输安全。

2）车厢承载约束：每节车厢的载重上限、空间尺寸限制。不同类型车厢（如敞车、平车）的适用钢卷规格不同。

3）装载工艺约束：钢卷分布需要均衡，避免重心偏移导致运输风险。同一车厢尽量装载同一目的地的钢卷，减少中途编组作业。

4）设备与作业约束：龙门吊作业效率影响装车速度，需要优化吊机调度。列车停靠时间有限，需要在较短时间内完成配载与装车。

5）安全与管理约束：严禁超载、偏载等违规装载行为。需要符合铁路运输部门的配载支架要求等行业规范。

从上述约束条件可以看出，铁运配载计划是衔接生产与运输的关键环节。在成品仓库作业中，需要合理调度数量有限的起重机，既要高效完成钢卷的仓储与装车作业，又要确保生产流程的连续性；在产品运输环节，则需要充分利用有限的车厢资源实现装载率最大化。铁运配载计划的决策过程本质上是一个涉及钢卷优选与空间配置的双重优化问题。在仓储管理层面，需要从存储区域筛选符合运输条件的钢卷；在装载作业层面，则需要科学确定钢卷在各节车厢的空间分布。这一优化过程面临两个相互制约的关键因素：从运输经济性角度，提高火车装载率，要求尽可能多地选择钢卷进行装载；从作业效率角度，钢卷在仓库中的空间分布直接影响龙门吊的取放效率，候选钢卷与车厢的作业距离越近，单位时间内的装载效率越高。因此，如何在装载率最大化与作业效率最优化之间寻求平衡，成为铁运配载计划制订过程中需解决的核心矛盾，这一矛盾的协调程度直接决定了企业物流系统的整体运营效能。

因为需要协同起重机装载效率与列车装载率这两个相互制约目标的平衡优化，因此，铁运配载计划属于典型的多目标优化问题，即多目标铁运配载计划问题。多目标进化算法是一类基于人工智能技术的求解多目标优化问题的高效算法，已广泛应用于计划与调度问题的求解。此外，多目标铁运配载计划问题涉及大量钢卷与车厢的基础数据，同时，多目标进化算法在求解过程中也会产生大量的历史方案数据。这些数据蕴含着可提升算法性能的宝贵信息。数据分析技术通过机器学习方法从数据中提取有效信息，将进化算法与机器学习相融合，能够突破传统单一方法的局限性，显著提升优化效率与分析精度。

基于上述分析，通过将机器学习与多目标进化算法相结合，开发了一种新型的多目标分析进化算法用于求解列车配载规划问题。该算法创新性地采用聚类算法对钢卷进行分组以缩减搜索空间，并利用代理模型预测目标函数值以加速迭代过程，从而实现了算法效率的显著提升，有效地提升了成品库吊机的装车效率，并提高了铁运列车的装载率。

10.3 装备制造工业物流优化管理

在智能制造技术快速发展的背景下，装备制造业正经历着从传统生产模式向柔性化、数字化制造模式转型的重要阶段。这一转型过程对制造企业的物流系统提出了新的挑战和要求，特别是提升物流支撑能力方面。合理的物流系统设计对装备制造企业具有多重价值：既能显著降低生产成本和缩短产品交付周期，又能有效支持精益化生产模式的实施。从具体实施层面看，车间设施布局的科学性直接影响物料流转的整体效率，而生产线零件配送方案的合理性则与装配作业的连续性和稳定性密切相关。本节将重点围绕设施布局优化和零件配送体系设计这两个关键问题，深入探讨基于科学方法的车间空间资源配置策略和高效物料配送机制，为装备制造企业提升运营效率提供系统的理论框架和实施参考。

10.3.1　装备制造物流系统规划设计

在现代装备制造行业中，设施布局规划是一项至关重要的任务。合理的设施布局能够显著提高生产效率、降低物流成本、优化资源利用，并最终提升企业的整体竞争力。无论是汽车制造厂的生产线排布，还是电子设备装配车间的工位设计，设施布局的合理性直接影响着产品的生产周期和质量。设施布局问题的核心在于如何科学地安排生产区域内各种设施（如机器设备、工作站、存储区等）的相对位置，以达到特定的优化目标。常见的优化目标包括最小化物料搬运成本、最大化空间利用率、缩短生产周期、提高生产线平衡性等。这些目标往往相互制约，需综合考虑。

单列设施布局问题（Single Row Facility Layout Problem，SRFLP）是设施布局中的一类典型问题。顾名思义，它研究的是如何将一系列设施沿一条直线（如走廊、生产线或墙面）进行排列，以达到最优的布局效果。这类问题在实际中有广泛的应用场景：

1）工厂车间布局：将机器设备沿生产线一字排开。

2）仓库货架设计：在单面墙上安排不同货物的存储位置。

3）零售店铺规划：沿墙面布置商品展示架。

4）办公室布局：沿走廊安排各部门办公室。

在单列布局中，每个设施都有两个关键属性：①物理长度（占据的空间大小）；②与其他设施之间的"流动成本"（可以理解为物料或人员在设施间移动的频率或成本）。优化的目标是找到一个设施排列顺序，使所有设施对之间的流动成本与距离的乘积总和最小。

单列设施布局规划过程中的关键要素包括：

1）设施数量（N）：需排列的设施总数，决定了问题的规模。当 N 较小时（如 $N < 20$），问题相对容易解决；但当 N 增大到几十甚至上百时（如汽车生产线可能有上百个工位），问题复杂度急剧上升。

2）设施长度（L）：每个设施在直线方向上占据的物理长度。不同设施长度可能各不相同，这增大了排列组合的复杂性。

3）流动成本（C）：设施之间的互动频率或物料搬运成本。例如，在汽车装配线上，前后工序的工位之间流动成本较高，因为它们需要频繁传递零部件。

4）距离计算：单列布局中，两个设施之间的距离是指它们之间所有设施长度的总和。例如，若设施 A 和 B 之间有设施 C，且 C 的长度为 5m，则 A 与 B 的距离至少为 5m。

求解单列设施布局规划问题的主要挑战在于：排列组合数量庞大，对于 N 个设施的布局规划，将有 $N!$ 种排列方式；目标函数计算复杂，规划过程中需要考虑所有设施对的交互影响，且实际约束条件多样，如某些设施必须相邻或不能相邻等。

针对单列设施布局问题，研究者们提出了多种解决方法，主要分为精确算法和启发式方法两大类。其中，精确算法能够保证找到最优解，但随着问题规模增大，计算时间会急剧增加。典型的精确算法包括分支定界法和动态规划算法。分支定界法是系统枚举可能的排列，通过剪枝策略减少计算量；动态规划算法是将问题分解为子问题，逐步构建最优解。这些方法在设施数量较少时（$N<30$）效果良好，但对于大规模问题（$N>100$）往往难以在合理时间内得到解。因此，针对大规模问题，研究者开发了各种启发式算法，它们不一定能找到最优解，但能在较短时间内找到高质量的解。典型的启发式算法包括以下几种：

1）贪心算法：每次选择当前最优的局部决策，逐步构建完整解。

2）模拟退火：模拟金属退火过程，允许偶尔接受"劣质"解，避免陷入局部最优。

3）遗传算法：模拟生物进化过程，通过选择、交叉和变异操作优化解的质量。

4）禁忌搜索：记录搜索历史，避免重复访问相同区域。

5）蚁群算法：模拟蚂蚁觅食行为，通过信息素引导搜索方向。

近年来，有学者提出一种结合数学群论和机器学习的新型智能优化方法——K均值模因置换群算法（KMPG），在解决单列设施布局问题上表现出色。这种方法的核心思想和技术特点如下：

1）解空间的对称性利用。研究发现，设施排列问题存在内在的对称性。例如，一个排列与其反向排列具有相同的目标函数值。KMPG算法是利用群论中的置换群概念，识别并利用这些对称性，有效缩小搜索空间，提高搜索效率。

2）K均值聚类引导的交叉操作。采用K均值聚类技术将当前解集分组，然后从同一组中选择父代解进行交叉操作。这种策略能更好地保留优质解的特征，产生更有潜力的后代解。

3）模拟退火局部优化。生成新解后，算法使用模拟退火技术进行局部精细调整。这一步骤平衡了全局探索和局部开发的能力，避免算法过早收敛到次优解。

4）种群多样性管理。算法采用基于距离和质量的策略管理解群体，既保证了解的多样性，又确保群体整体质量不断提高。

在实际应用与效果方面，通过在实际案例和标准测试问题上的验证，KMPG算法表现出求解质量高、规模适应性强和稳定性好等优势。在93个标准测试案例中，该算法刷新了33个案例的最优记录，成功解决了设施数量达2000的超大规模问题。多次运行结果波动小，可靠性高。相比传统方法，KMPG算法能在更短时间内找到优质解。特别是在处理装备制造中的实际布局问题时，如汽车生产线规划、飞机装配线设计等，这种方法能够有效考虑数百个工位之间的复杂交互关系，提供切实可行的优化方案。

单列设施布局问题是装备制造领域中的基础性优化问题，其解决方法直接影响生产系统的效率和成本。从传统的精确算法到现代的智能优化方法，解决方案不断演进。特别是结合群论和机器学习的KMPG算法，为解决大规模实际问题提供了新思路。随着智能制造的发展，设施布局优化将继续发挥重要作用，为制造业的提质增效提供技术支持。

10.3.2　装备制造物流系统优化调度

汽车装配制造是典型的装备制造业。研究表明，在众多汽车制造环节中，零部件从入库到装配前这一环节的厂内物流成本占生产总成本的15%~30%（Zhou & He，2020）。从制造视角看，这部分成本主要由非增值活动产生，管理者可通过在资源约束条件下调整零件族的配送策略来降低此项支出，由此构成了装配线配送问题。一方面，作为连接物流与生产的关键环节，装配线配送问题的决策质量直接关系到这两个方面的效率与成本；另一方面，由于零件族规模庞大、约束条件类型多样且优化目标复杂，因此，是目前汽车装备制造企业面临的亟须解决的问题之一。

在汽车制造物流系统中，供应商提供的零件族（PF）数量超千种，可采用多种配送策略，如线边库存（LS）、拆包配送（DS）、准时制（JIT）、排序配送（SQ）及成套配送（KT）等，如图10-7所示，各零件族通过不同的配送模式运送至生产线边界的工作站，每种配送模式均由接收仓库选择与后续配送策略组合构成。该模式选择以季度为单位进行，旨在同步优化人力配置、空间占用及库存水平。

具体而言，接收仓库包含厂内接收仓库和运输距离较长的外部存储区。五种典型配送策略各具特征：LS策略直接将原包装从接收仓库运至生产线；DS、JIT、SQ和KT策略均需要经过预处理区域完成存储、拆分、分类及整合等操作。值得注意的是，除JIT策略要求供应商将含不同子类型零件的子包装混合组成原包装外，其余策略均需要保持同一子类型零件存储于原包装。

在仓储配置方面，DS与JIT策略分别使用专用仓库WDS和WJT：WDS仓库以原包装形式存储零件，仅在配送至产线时拆包；WJT仓库则在零件入库时即按子类型分类，并以子包装形式存储直至配送。SQ和KT策略则需要利用特定地面区域（非实体仓库）实施预处理，将原包装零件按生产顺序分类，其中，SQ策略仅针对单一零件族排序，而KT策略则对装配位置相邻的多个零件族进行整合，并生成两种成套模板。分类后的零件与成套组件均被装入两种规格的容器。

空间约束方面，厂内接收仓库、WDS、WJT及所有工作站均存在严格的空间限制（图10-7中以实线标示），而无空间限制的区域则以虚线标示。各存储区可同时存在含不同零件族的原包装、子包装及容器，且一旦确定零件族分配方案，其在不同区域使用的容器类型、数

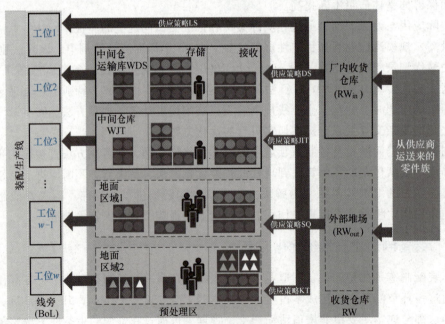

图 10-7　汽车装配制造过程中的零件配送流程示意图

量及空间占用即随之固定。

典型汽车装配零件配送流程的关键环节可系统归纳如下：

（1）入库接收环节

1）零件分类：超千种零件族 PF 由供应商送达，区分原包装与子包装。

2）仓库分配：根据策略选择厂内接收仓库或外部存储区（运输距离差异显著）。

3）包装处理：JIT 策略需要混合子包装，其他策略保持原包装完整性。

（2）预处理环节

1）存储操作：专用仓库（WDS/WJT）或指定地面区域的空间配置。

2）分拣加工：DS 策略执行原包装拆解，JIT 策略实施子类型分类存储，SQ 策略按生产序列排序，KT 策略进行多零件族成套整合。

3）容器标准化：使用两种规格容器装载分类后的零件。

（3）配送策略选择环节

1）模式决策：季度性选择 LS/DS/JIT/SQ/KT 五种策略组合。

2）路径规划：基于 K 种配送模式确定工作站输送方案。

3）资源优化：同步权衡人力、空间、库存三项目标。

（4）线边供给环节

1）空间管理：工作站边界严格执行空间限制标准。

2）动态调整：根据装配进度实时更新零件供给。

3）容器管理：确保不同类型容器按计划周转使用。

（5）策略优化环节

1）多目标平衡：持续优化人力配置、空间利用率和库存水平。

2）约束处理：应对零件族规模、包装类型、空间限制等复杂条件。

3）方案迭代：基于混合整数规划模型进行策略调整。

在装配线配送的策略优化环节研究中，不同目标项不仅需进行复杂计算，彼此之间往往还存在相互冲突的关系，这就要求决策者必须对配送调度方案进行协同和权衡。有研究指出，占用空间较少的配送方案通常伴随更高的成本支出；也有学者通过对比两种配送策略，发现了降低库存与减少人力需求之间的矛盾关系。近年来，虽然众多学者对装配线配送问题进行了研究和拓展，但多数研究仍集中于单目标优化模型，即人为设定权重系数，将不同类型、不同量纲的目标进行经验性统一。然而，在实践中，基于企业目标、物流设施条件和人员培训水平等信息来确定各目标的重要性程度是一个极其复杂的过程。特别是在面对波动的内外部环境时，现有先验知识往往不足以确定最优的权重分配方案。相较于预先设定系数并进行耗时的重复计算，管理者更倾向于根据实际情况在候选方案中进行选择。

基于此，逐渐有学者在原始问题的基础上提出并研究多目标装配线配送问题，旨在为每个零件族选择最优配送策略，并行地最小化人力投入、空间占用和库存水平这三个关键指标。这些目标的选取是基于它们对企业人员编制、设施配置和资金占用的显著影响。通过优化计算，管理者将获得适用于不同情境的最优解集合，而非仅针对特定条件的单一解。这使得决策者可以在各候选解之间进行权衡比较后选择实施方案，其余解则可作为应急调整的备用方案而无须重新计算。此外，通过对优质解集的分析，还能获得有助于决策制定的宝贵经验和启示。

围绕多目标装配线配送问题，研究人员通过引入三项新特征构建出了更具现实指导意义的数学模型。首要创新在于决策维度的拓展：传统研究中的配送策略通常仅指零件接收后的存储、运输及人工处理方式，而实践中，企业往往配置不同类型和区位的接收仓库，这些设施差异会显著影响配送过程的资源消耗。因此，将接收仓库选择与传统配送策略相结合，构建了新型"配送模式"决策体系。其次，考虑供应商技术更新与新车型季节性投放导致各季度车型及零件族需求波动，最优配送策略可能呈现时段性差异。本研究突破固定策略假设，允许各周期独立选择适用策略，同时将策略切换引发的人力成本增量作为"转换成本"纳入模型。第三项创新是库存策略的精细化建模——在传统双箱原则的基础上，结合两小时原则与设定点原则，构建了"双箱/两小时"混合库存控制机制，该机制对目标函数有显著影响。

这些新特征在提升模型现实解释力的同时，也大幅增加了求解复杂度。基础多目标装配线配送问题本身作为组合优化问题已具挑战性，改进后的模型更需要设计高效算法以兼顾决策质量与计算效率。差分进化算法作为一种简洁而强大的群体进化算法，通过动态进化过程中的多特性变异算子的协同作用保障搜索能力。研究者提出改进的多目标差分进化算法，引入擅长动态决策的强化学习机制，实现变异算子的动态选择与进化过程的智能引导，以制定高效的零件配送方案，帮助企业降低人力成本、减少空间占用和降低库存成本。

此外，基于多目标装配线配送问题优化结果还获得了以下生产实践启示：

1）线边库存策略（LS）具有普适性优势，适用于多数零件族及生产情境。

2）当零件族多样性指数超过13，宜优先采用成套配送（KT）或排序配送（SQ）等分类策略。

3）若以降低库存水平为主要目标，则应减少排序策略的使用频次，侧重其他配送策略组合。

4）实施阶段需要注意过度追求空间压缩将导致边际效益递减，不符合经济性原则。

对汽车装配线的零件配送计划问题进行研究，不仅实现了人力、空间和库存成本的协同优化，更通过解集分析提炼出可操作的配送策略选择规则。未来研究可探索与生产排程的联合优化，这将为智能制造环境下的物流决策提供更全面的理论支撑和实践指导。

10.4 钢铁～装备界面连接物流设计与优化

10.4.1 钢铁～装备界面连接物流规划设计

高质量的钢铁产品对我国装备制造业的产业结构调整和转型升级至关重要，它们不仅是生产过程中的原材料，更是产品质量和性能的基础保障。钢铁产品的质量水平直接影响着高端装备制造业的产品品质和竞争力。因此，从产品定位到配送网络的各个环节都要精心规划，确保高质量的钢铁产品能够及时、准确地供应到装备制造业的生产线上。同时，装备制造业也为钢铁工业提供了重要的市场需求和技术创新动力。装备制造业需求的不断升级促进了钢铁工业不断改进生产工艺和技术水平，从而提升了钢铁产品的质量和品种多样性。因此，钢铁工业和装备制造业之间的互动关系不仅体现在产品的供应与需求上，更体现在技术创新和产业升级的共同推动中。

在钢铁~装备界面连接物流方面，需要进行细致的物流规划设计。这不仅包括物流通道的建设和优化，还包括供应链管理和信息系统的整合。通过优化物流网络，可以实现钢铁产品与装备制造业的快速对接，提高供应链的效率和灵活性，从而降低生产成本，提升市场反应速度。

形成高端装备制造业与钢铁工业的产业集群是推动产业发展的重要路径之一。这种集群的形成不仅能促进产业间的技术交流和深度合作，还能实现资源的共享和优化配置，从而提高整个产业链的协同效率。此外，产业集群的形成还有助于构建一个良性的产业生态系统，进而推动钢铁-装备循环质量的持续提升，实现产业升级和可持续发展的战略目标。通过建立密集的产业网络和紧密的合作关系，产业集群能进一步激发创新活力，推动技术进步和产业结构优化，为整个经济体系注入活力与动力。因此，积极引导和支持高端装备制造业与钢铁工业形成产业集群，对于促进区域经济的健康发展和提升国家产业竞争力具有重要意义。

1. 钢铁~装备界面物流及拓扑结构仿真设计

钢铁~装备界面物流及拓扑结构仿真设计是针对产业集群的拓扑结构、连接机制和数字孪生等方面展开的重要研究。产业集群的形成是一个逐步演变的过程，在这个过程中，分工协调形式起关键作用。最初，产业链上的各个环节可能只是简单的分工协作，形成基本型的产业分工网络。随着经济的发展和技术的进步，这种分工协调形式逐渐演变为更加复杂和多样化的衍生型分工网络。在衍生型分工网络中，不同企业之间的合作关系更加紧密，产业链更加丰富和复杂，形成了更为复杂的产业集群网络。产业集群网络通常呈现出动态、复杂等特性。这是因为产业集群是由众多企业和机构组成的复杂系统，其中涉及各种不同类型的关系和相互作用。这些关系和作用随着时间和环境的变化而不断发生变化，导致产业集群网络呈现动态变化的特点。同时，产业集群网络中的各个节点之间存在着复杂的相互依存关系，这使得整个网络系统表现出复杂性。因此，对产业集群网络进行研究和分析，需要考虑到这种动态和复杂性，以便更好地理解和把握产业集群的演化规律和运行机制。

钢铁工业和装备制造业的拓扑结构及界面连接形式直接决定了产业集群的资源运输与配置的效率，并在规避系统性风险方面有举足轻重的影响力。拓扑结构的设计合理性直接关系到产业集群内部节点之间的联系紧密程度和资源运输路径的便捷性。一个紧密而高效的拓扑结构可以缩短资源运输路径，降低运输成本，提高资源利用率。相反，拓扑结构复杂或不合理可能导致资源运输路径过长、交通拥堵等问题，影响产业链的正常运转。界面连接形式决定了不同产业之间信息传递和协同合作的方式。有效的界面连接可以促进产业间资源共享和优化配置，提高整个产业集群的效率和竞争力。然而，若界面连接形式不够灵活或信息传递不畅，可能导致信息不对称、合作困难等问题，影响产业集群的协同运作。

因此，科学设计和优化钢铁工业和装备制造业的拓扑结构和界面连接形式是提高产业集群运行效率、降低系统性风险的重要措施。通过仿真建模，可以在虚拟环境中模拟产业集群的运行情况，探索不同拓扑结构和界面连接形式对系统性能的影响。针对集群中不同企业对制造业拓扑网络结构和物流体系的影响力差异，构建仿真模型必不可少。通过对仿真网络和实际网络的对比分析，可以深入了解网络的特性，如小世界特性、中介度特点及鲁棒性能。这些分析有助于发现网络中的薄弱环节和潜在风险，进而提出相应的改进措施。例如，通过识别并强化关键节点和路径，可以显著提升网络的整体稳定性和效率。此外，针对可能的风险情景制定应急预案，可以提高网络在突发情况下的恢复能力和应对能力，确保物流网络的持续高效运转。

在仿真模型中，可以进行适量增加冗余连接的实验，探究其对网络鲁棒性和资源运输效率的影响。通过模拟不同数量和位置的冗余连接，可以评估其对网络稳定性和性能的改善程度，为实际物流设计提供科学依据。同时，通过对仿真结果的分析，可以提炼出一些现实启示和建议，指导实际物流设计的优化和改进，这包括优化物流通道的布局、改进供应链管理系统、加强信息技术的应用等方面。通过不断优化和改进，可以提高钢铁工业和装备制造业的生产效率和竞争力，推动产业集群的健康发展和可持续增长。这种系统性优化不仅能降低成本，还能增强企业应对市场波动的能力，提升整个产业链的协同效应和竞争优势。

2. 基于制造循环的供应链网络设计

基于制造循环的供应链网络设计是一项至关重要的任务。它涉及供应链优化、仓储布局及运输网络的科学规划与实施。在该网络设计过程中，不仅需整合供应链管理和物流网络管理，更需要注重管理网络关系，将整体性与协作性作为核心特点。我们的目标是降低总成本、最大化收益，这是基于供应链的物流网络设计的核心理念。相较于传统的物流网络，它更强调整体性和协作观念，致力于优化整个供应链的运作效率和效益。此外，通过引入先进的信息技术和数据分析工具，可以实现对供应链各环节的实时监控和动态调整，从而进一步提升供应链的敏捷性和响应速度。这种基于制造循环的供应链网络设计不仅能有效应对市场需求的波动，还能推动整个产业链的可持续发展和创新能力的提升。

在网络设计阶段，需要对供应链中的物流、信息和关系网络的流动结构进行科学合理的规划、设计和建设，这包括节点布局、运输线路设计、容量配置等方面。物流设施选址是其中一个重要环节，目的在于通过确定配送中心、仓库及生产设施的地理位置，提高物流系统的有效性和效率。合理的物流设施选址可以缩短供应链的响应时间，降低运输成本，并提高客户满意度。在仓储布局方面，需要考虑物流设施的空间布局、设备配置及货物存放方式等因素。通过科学的仓储布局设计，可以最大限度地提高仓储效率，减少货物损耗和损坏，同时保证货物的快速存取和分拣。现代化的仓储管理系统和自动化设备的应用也在这一过程中起关键作用，通过数据驱动的决策，进一步优化库存管理和资源配置，提高整体运营效率。在运输网络方面，需要设计合理的运输线路和运输模式，以确保货物能够快速、安全地从供应商运输到客户的手中。这包括选择合适的运输方式（如公路运输、铁路运输、水运等）、优化运输路线、合理安排运输车辆和货物包装等。通过优化运输网络，可以降低运输成本，缩短交货周期，提高物流效率。此外，综合考虑绿色物流的理念，选择环保高效的运输工具和方式，可以在提升经济效益的同时，实现环境效益的最大化。

供应链的网络设计决策对整个供应链的绩效有长期的深远影响。一个优秀的供应链网络设计决策能够在保持较低成本的同时，赋予整个供应链良好的响应性和灵活性。在这个网络设计决策中，每一个节点的位置、每一条线路的走向，都承载着对供应链运作效率和成本的重要影响。一旦网络建立起来，后期的任何变动，如开仓、关仓、类目调整等，都会带来相当高的调整成本。因此，一个良好的供应链网络设计决策应综合考虑短期和长期的因素，以确保在日常运营中能够灵活应对各种变化，同时又不至于因为临时调整而造成成本的过度增加。这种设计决策不仅关乎企业运营的效率和成本，更关系到企业在市场竞争中的灵活性和竞争力。此外，供应链网络设计还需要预见未来的市场趋势和技术变革，以及时进行战略性调整。通过前瞻性和系统性的规划，企业不仅能够在当前市场环境中获得优势，还能在未来的发展中保持持续的竞争力和创新能力。一个全面而灵活的供应链网络设计，将成为企业应对不确定性和复杂市场环境的坚实基础。

　　仓储规划是物流管理中的重要环节，它包含库址选择、库内整体布局、库内储存空间布局及作业流程规划等方面。在整个供应链运作中，仓储规划扮演着基础性的角色，直接影响着作业效率、便利性、数据准确性、货物保管质量及未来功能的实现。库址选择是决定仓储设施位置的关键因素。合理的库址选择能够降低运输成本、缩短货物流通时间，提高供应链的响应速度，并确保未来发展的灵活性和可持续性。库内整体布局和储存空间布局直接影响着仓储设施的利用效率和作业效率。科学合理的布局设计可以最大限度地提高货物存储密度和作业通道的利用率，降低存储和作业成本，提高作业效率。作业流程规划是保障仓储作业高效运转的关键。合理规划的作业流程可以减少烦琐操作和不必要的移动，提高作业效率和准确度，降低作业错误率，确保数据的准确性和货物的保管质量。仓储规划对于企业的运作效率、成本控制及客户服务质量都具有重要意义。因此，对仓储规划的科学合理设计和持续优化是企业实现可持续发展和提升竞争力的关键。

　　在制造业物流中，优化运输网络是确保生产流程高效运转的关键。一个高效且可靠的运输网络可以大大提高制造业的生产效率和产品质量，降低成本并满足客户对及时交付的需求。然而，在优化制造业物流中的运输网络时，需要注意以下几个关键因素：

　　1）对于制造业物流中的运输网络优化，需考虑到物流环节的整体规划。运输网络的优化不仅涉及货物的运输路径选择，还需要充分考虑仓储和配送中心的位置和布局。这意味着在制造业物流中优化运输网络时，必须注意整体的规划和布局，以确保各个环节之间的协调和衔接。因为仓储和配送中心的位置和布局直接影响货物的存储和分发效率，如果布局不合理，可能导致物流延误和额外的成本。因此，综合考虑货物的运输路径和仓储配送中心的位置布局，是制造业物流中运输网络优化的重要环节。

　　2）在制造业物流中，需进一步考虑不同供应链节点之间的协调和合作。各个供应链节点之间存在错综复杂的物流关系和相互依赖，这直接影响着整个物流系统的运作效率和效果。因此，在优化运输网络时，必须全面考虑不同节点之间的协调和合作，以实现物流的高效运作。这种协调和合作包括货物的跨区域调度和分配。在现代制造业物流中，货物流动跨越多个地区和节点，因此需要确保货物能够在不同地区之间实现快速、安全地调度和分配。这意味着需要建立高效的物流调度系统和合理的货物分配机制，以确保货物能够及时到达目的地，并在不同节点之间实现无缝衔接和高效协作。在实践中，需要建立强大的信息系统支持，实现货物的实时监控和跟踪，以便及时调整运输计划和分配方案。同时，还需要加强不同供应链节点之间的沟通和合作，建立良好的合作关系和信任基础，以应对可能出现的问题和挑战。

　　3）制造业物流中的运输网络优化还需考虑到物流成本的控制。运输成本直接影响企业的盈利和竞争力，因此，在优化运输网络时，降低物流成本至关重要。为实现这一目标，需综合考虑多种措施。一方面，选择合适的运输工具和路径是降低成本的关键。根据货物特性、运输距离和时间要求等因素，选择经济实惠且高效的运输方式，如海运、铁路运输或公路运输。同时，优化运输路径、采用直达路线和合理的中转方案也能有效节约成本。另一方面，提高运输效率也是控制物流成本的重要途径。优化运输过程、减少装卸时间、加强运输调度和管理等方式，可提高运输效率，能够有效降低成本。同时，应用先进的物流技术和信息系统，实现运输过程的自动化和智能化，也能够有效提升运输效率，进而降低成本。此外，减少空运和运输中的损耗也是降低物流成本的重要手段。空运成本高昂，应尽量避免或减少空运情况的发生。在货物运输过程中，加强包装、提高装载效率等措施可以有效减少货物的损耗和损坏，进而降低运输成本。在制造业物流的运输网络优化中，控制物流成本是至关重要的。通过选择合适的运输方式和路径、提高运输效率、减少空运和损耗等措施，可以有效降低物流成本，提升企业的竞争力和盈利能力。

制造业物流中的运输网络优化还必须充分考虑物流安全和风险管理。运输过程中，货物的安全性和风险控制至关重要，直接关系到企业的声誉和利益。因此，在优化运输网络时，务必要全面考虑货物的安全和风险管理，并采取一系列有效措施来保障货物的安全。选择安全可靠的运输工具和方式是关键一步。企业应该优先选择经过认证和合规的运输服务提供商，确保货物在运输过程中得到充分保护。根据货物的性质和价值，合理选择适合的运输方式和装载方式，以最大限度地降低运输风险。加强货物的跟踪和监控也是确保物流安全的重要手段之一。应用先进的物流技术和监控系统，企业可以实时监测货物的运输状态，及时发现和解决可能出现的安全问题，确保货物安全到达目的地。建立完善的安全保障机制也是保障物流安全的关键。企业应该建立健全的安全管理体系和制度，明确各个环节的责任和义务，加强员工的安全意识培训，提高应对突发情况的应急能力，确保在发生意外事件时能够得到及时、有效地应对和处理。物流安全和风险管理是制造业物流中不可忽视的重要环节。通过选择安全可靠的运输工具和方式、加强货物的跟踪和监控，以及建立完善的安全保障机制，可以有效保障货物的安全，确保物流运输过程的顺利进行。

当考虑制造业物流的运输网络优化时，除了关注物流成本、安全管理和灵活性等方面，还需要特别考虑运输网络的适应性。在实践中，市场需求和供应链环境的变化频繁，因此，运输网络必须具备灵活适应的能力，以满足不断变化的需求。针对这一点，首先，应构建具备多样性的运输网络。这意味着企业应该建立多种运输渠道和节点，并根据不同情况选择最适合的运输方案。通过拥有多样性的运输方式和备用路径，企业能更好地应对不同市场需求和供应链环境的变化，确保货物能够及时到达目的地。其次，加强信息共享和通信也至关重要。及时获取和传递物流信息能够帮助企业做出迅速反应，并进行相应调整。因此，建立高效的信息共享平台，促进各环节之间的沟通和协作，有助于提升运输网络的灵活性和适应性。最后，及时调整运输计划和策略是确保运输网络灵活适应的关键。企业应密切关注市场变化和供应链动态，随时调整运输计划和策略，以确保货物的及时交付和供应链的顺畅运作。灵活适应的运输网络能够帮助企业在竞争激烈的市场环境中保持竞争优势，实现持续发展。

优化制造业物流的运输网络是一项综合性且极其关键的任务，它要求我们从多个维度进行细致入微的考量。这不仅涉及整体规划和布局的精准性，确保从原材料到最终产品的每一个环节都得到合理布局，也要求物流节点之间实现高效协调与密切合作，通过引入先进的物流管理系统和信息技术，确保物流流程的实时性和准确性。同时，还需严格控制物流成本，优化运输路线、提高车辆利用率、降低仓储成本等方式，实现成本的有效降低。此外，物流安全与风险管理也不容忽视，需要建立完善的物流安全体系，对潜在风险进行预测和防范，确保物流过程的安全可靠。最后，运输网络的灵活性和适应性也是至关重要的，我们必须构建一个能够快速响应市场变化、满足客户多样化需求的物流体系。通过这些综合性的优化策略，我们能够实现制造业物流的高效运转，提升其质量水平，同时降低成本开支，确保及时交付，为制造业的可持续发展提供有力保障。

10.4.2 钢铁~装备界面连接物流优化调度

在制造循环工业系统中，钢铁工业和装备制造业作为两个关键的组成部分，承担着密切的供需物流作业。钢铁作为装备制造业的重要原材料之一，其供应与需求之间的物流流程对于整个制造循环工业系统的运行至关重要。针对这一关键环节，提出钢铁~装备界面连接物流优化方法具有重要意义。这一方法不仅能够有效提升物流运输的效率，更可以促进资源的循环利用，实现生产过程的可持续发展。针对这些典型的物流作业，需要深入分析钢铁和装备制造业之间的物流流程，并结合供需情况和市场需求，提出科学合理的物流优化方案。通过整合供应链、优化运输网络、应用信息技术和推动绿色物流实践等手段，可以有效提升制造循环工业系统的循环效率，实现资源的最大化利用，推动整个制造业向着更加环保、高效的方向发展。

1. 钢铁~装备界面物流需求预测及仓储

钢铁~装备界面物流需求预测及仓储管理是确保供应链高效运作的关键环节。

物流需求预测是通过综合考量物流市场过去和当前的需求情况，以及影响物流市场需求变动的各种因素之间的关系，运用一系列经验判断、技术手段和预测模型，采用科学方法对市场需求指标的变化及发展趋势进行预测。这项工作涉及对市场需求的多方面分析，包括消费者行为、产业发展、供应链情况、经济政策、自然环境等方面的因素。通过对这些因素的深入研究和分析，可以帮助企业和政府部门做出更准确的决策，以适应市场的变化并提高物流效率。精确的需求预测不仅可以促进物流信息系统和生产设施能力的规划和协调，还可以在产品分配方面发挥关键作用，明确确定产品如何流向配送中心、仓库或零售商。这种预测不仅是对未来需求的猜测，更是一项精密的科学活动，需要建立一套完善的行政管理体制来支持其顺利开展。

在物流需求预测的过程中，建立一个全面的管理体制至关重要。这个体制应该包括组织结构、工作程序、激励机制及人员配置等方面。只有在这样一个完善的框架下，预测活动才能得以有效展开，并且在后续过程中实现良好的效果。合理的组织结构是物流需求预测的基础，需要明确各个预测环节的职责分工，确保数据收集、分析、预测及结果反馈等各个环节能够顺畅衔接，形成高效的预测工作链。同时，建立跨部门协作机制，加强物流、销售、生产等部门之间的沟通与合作，以获取更全面、准确的市场信息。衡量需求预测的效果也是至关重要的。只有通过监控和评估预测结果，才能了解预测的准确性和可靠性，并且不断改进预测模型和方法。因此，建立有效的监控机制是确保预测活动持续改进和优化的关键一步。

选择预测技术和实施预测过程时，必须细致分析具体情况，以确定最适合的方法。这通常涉及统计分析、机器学习和人工智能等多种技术手段的应用，以确保预测结果的精准性和可信度。统计分析作为物流需求预测的基础工具，对历史数据的整理和分析，可以识别出数据中的趋势、季节性波动及周期性变化等规律，为未来的预测提供有力的数据支持。这包括时间序列分析、回归分析、相关性分析等，可以根据数据的特性和预测目标的不同而灵活运用。随着技术的不断进步，机器学习和人工智能在物流需求预测中的应用也日益广泛。这些先进的技术手段能够处理更大规模、更复杂的数据集，并自动识别和提取数据中的模式和特征。例如，深度学习算法可以通过训练神经网络来模拟和预测复杂的物流系统行为；集成学习方法则可以结合多个预测模型的优点，提高预测结果的准确性和稳定性。

实施预测过程时，数据质量和完整性至关重要。我们需要对数据进行严格的清洗、校验和预处理，以确保数据的准确性和一致性。同时，还需要关注数据的完整性和时效性，确保所使用的数据能够全面反映市场的实际情况。此外，外部环境因素也是影响预测结果的重要因素。例如，宏观经济形势、政策变化、自然灾害等都可能对物流需求产生重大影响。因此，在预测过程中，需要密切关注这些外部因素的变化，并及时调整预测模型和方法，以应对这些变化带来的挑战。综合运用多种技术手段，并充分考虑数据的质量和外部环境因素，可以提高预测的准确性和实用性，为物流行业的可持续发展提供有力支持。

协同仓储是指通过整合和共享仓储资源，实现供应链各环节之间的紧密协作和信息共享。这种管理模式可以将多个环节的仓储需求整合起来，减少重复投资，提高仓储效率。例如，通过建立共享仓储中心，不仅能够减少库存积压和滞销风险，还能快速响应客户需求，提高供应链的灵活性和响应速度。同时，协同仓储还可以促进供应链各方之间的合作与共赢，推动整个产业链的协同发展。

在协同仓储模式下，各参与方可以共享实时库存数据和物流信息，优化库存水平和补货策略，减少供应链中的不确定性和波动。此外，协同仓储能够降低物流成本，通过集中管理和规模效应，实现资源的高效利用。企业还可以通过协同仓储进行需求的集中预测和计划，利用先进的预测算法和数据分析工具，准确把握市场需求的变化趋势，从而制订更加精准的生产和配送计划。

这种管理模式不仅适用于大型企业，也可以为中小型企业提供有力支持，帮助它们在竞争激烈的市场中获得更大的灵活性和优势。协同仓储的实施需要依托先进的信息技术和管理平台，通过构建透明、高效的物流信息系统，实现各方的无缝连接和高效协同。最终，协同仓储将显著提升整个供应链的响应速度和服务水平，为企业创造更大的价值和竞争优势。

2. 钢铁~装备界面物流运输调度

在钢铁工业和装备制造业之间的物流运输调度领域，多式联运、循环运输及公铁液资源调度等策略被广泛应用。这些行业通常需要进行大批量、频繁的物流运输，涉及各种运输形式的整合和协调。物流调度是指物品从供应地向接收地的实体流动过程中，通过运输、储存、装卸搬运、包装、流通加工、配送等物流作业，对物流设备、物件、人员等资源在时间和空间上进行合理的分配和安排，以降低物流成本，提高物流设备利用率、物流效率和经济效益。

在物流调度中，首先是运输工具的选择。根据货物属性和运输需求，选择适合的运输工具，比如汽车、火车、船舶等，确保运输过程的高效性和经济性。同时，还需要进行路线规划，选择最佳的行驶路线，考虑交通流量、道路状况和预期时间等因素，以最大限度地减少运输时间和成本。货物装载也是物流调度的重要环节之一。通过合理的货物装载方案，最大限度地利用运输工具的空间，并确保货物安全和稳定地运输。在这个过程中，需要考虑到货物的特性、数量、重量分布及装载顺序等因素，以避免发生货物损坏或运输不稳定的情况。物流调度还包括运输时间的安排。根据货物的紧急程度和目的地的距离，合理安排运输时间表，确保货物能够及时送达目的地，以满足客户的需求，并提高客户满意度。通过良好的物流调度，可以保证货物及时、安全、完整地送达目的地，不仅提高了物流运输的效率和经济性，还能增强物流公司的竞争力，赢得客户的信任和支持。

多式联运、循环运输及公铁水资源调度，是物流运输领域中的重要策略，旨在提高物流运输的效率、降低成本、优化资源利用，从而提升整体运输服务水平。

多式联运是一种综合利用不同运输方式的策略，通过将铁路、公路和水路运输等多种运输方式相结合，充分发挥各种运输方式的优势，实现运输环节的高效衔接和协同。例如，在运输长距离、大批量货物时，可以选择铁路和水路作为主要的运输方式，而在最后的配送环节则转为公路运输，以减少运输成本和时间，并降低对环境的影响。这种多式联运的优势在于能够克服单一运输方式的局限性，提高运输的灵活性和适应性，从而更好地满足复杂多变的物流需求。

循环运输策略则注重优化车辆的路线规划和货物的装载，以实现运输过程的循环利用。这种策略的核心在于通过科学的方法和先进的技术手段，合理安排车辆的行驶路线和装载任务，减少空载率和运输距离。例如，利用先进的调度系统和算法，根据货物的分布和运输需求，优化车辆的行驶路径，确保车辆在完成一次配送任务后能够迅速安排下一次任务。同时，通过合理的货物装载和组合，可以最大限度地提高车辆的装载率，减少运输过程中的浪费和损耗。循环运输不仅能够降低运输成本，还能提高资源利用效率，实现物流运输的可持续发展。这种循环运输策略尤其适用于对环境友好型的运输方案，以实现物流运输的绿色发展目标。

公铁水资源调度则是针对公路、铁路和水路等不同运输资源的合理配置和调度。这种策略旨在通过科学的调度和管理，最大限度地发挥各种运输资源的作用，优化物流运输网络，提高整体运输效率和服务水平。在公铁水资源调度中，需要根据货物的特性和运输需求，选择最合适的运输方式，并合理安排运输时间和路线。例如，对于急需送达的货物，可以选择公路运输确保快速送达；对于长距离、大批量的货物，可以选择铁路运输以降低成本和时间。同时，还需要关注不同运输方式之间的衔接和协同，确保货物能够顺畅地从起点运输到目的地。通过公铁水资源调度，可以实现运输资源的最大化利用，提高物流运输的效率和可靠性。

钢铁工业和装备制造业之间的物流运输调度不仅需要考虑货物的特性和客户的需求，还需要充分利用各种运输方式和资源，通过科学的调度和管理，实现物流运输过程的优化和协调，从而提高物流运输的效率和服务质量。在这个过程中，还需要密切关注运输路径的选择和运输时间的安排，以最大限度地满足客户的及时交付需求。同时，利用先进的信息技术和物流管理系统，实现对物流运输过程的实时监控和调整，应对突发情况和提升运输效率。

💡 思考题

1. 制造工业系统中的物流界面连接包括哪两个层面？请分别简述其内容。

2. 钢铁制造过程中，按物流对象的性质，物流可分为哪三个物流过程？分别涉及哪些生产工序之间的连接界面？

3. 请举例说明，钢铁物流界面连接管理优化中物流调度与生产调度的耦合性。

4. 钢铁企业典型的铁运配载计划流程包括哪些环节？

5. 在制定钢铁成品铁运配载计划时，需要考虑的约束条件有哪些？

6. 装备制造业中的单列设施布局规划过程中的关键要素包括哪些？

7. 典型的汽车装配零件配送流程的关键环节包括哪几个部分？

8. 在求解物流计划与调度优化问题过程中，除了传统的优化算法，还可以借助哪些技术来帮助改进和提升算法的求解效果？

9. 在钢铁~装备产业集群的拓扑结构设计中，如何平衡资源运输效率与系统复杂性的关系？

10. 在钢铁~装备界面连接机制的仿真设计中，如何有效模拟和评估不同界面连接形式对产业集群效率和稳定性的影响？请提出一个详细的仿真设计框架，并说明其关键步骤。

11. 简述实施协同仓储时，面临哪些主要挑战，并给出相应的解决方案。

12. 在物流需求预测中，如何有效结合机器学习和传统统计分析方法以提高预测精度？

参 考 文 献

［1］ 国家发展和改革委员会. 中共中央关于制定国民经济和社会发展第十四个五年规划和二〇三五年远景目标的建议 ［R］. 2021.

［2］ WREN D. Interface and interorganizational coordination ［J］. Academy of management journal, 1967, 10 (1)：69-81.

［3］ TANG L, SUN D, LIU J. Integrated storage space allocation and ship scheduling problem in bulk cargo terminals ［J］. IIE transactions, 2016, 48 (5)：428-439.

［4］ YUAN Y, TANG L. Novel time-space network flow formulation and approximate dynamic programming approach for the crane scheduling in a coil warehouse ［J］. European journal of operational research, 2017, 262 (2)：424-437.

［5］ YANG F, TANG L X, YUAN Y, et al. Mixed Integer Linear Programming and solution for the multi-tank train stowage, planning problem of coils in steel industry ［J］. ISIJ international, 2014, 54 (3)：634-643.

［6］ DONG Y, ZHAO X. Multiobjective analytical evolutionary algorithm for train stowage planning problem of steel industry ［J］. International journal of production research, 2024, 2024 (11)：4122-4142.

［7］ LONG J Y, ZHENG Z, GAO X Q, et al. A hybrid multi-objective evolutionary algorithm based on NSGA-II for practical scheduling with release times in steel plants ［J］. Journal of the operational research society, 2016, 67 (9)：1184-1199.

［8］ JIANG E D, WANG L. An improved multi-objective evolutionary algorithm based on decomposition for energy-efficient permutation flow shop scheduling problem with sequence-dependent setup time ［J］. International journal of production research, 2019, 57 (6)：1756-1771.

［9］ ZHANG B, PAN Q K, MENG L L, et al. A decomposition-based multi-objective evolutionary algorithm for hybrid flowshop rescheduling problem with consistent sublots ［J］. International journal of production research，2023，61（3）：1013-1038.

［10］ TANG L，MENG Y. Data analytics and optimization for smart industry ［J］. Frontiers of engineering management，2021，8（2）：157-171.

［11］ TANG L，LI Z，HAO J-K. Solving the single row facility layout problem by K-Medoids memetic permutation group ［J］. IEEE transactions on evolutionary computation，2023，27（2）：251-265.

［12］ LUE T L，DONG Y，CHEN W，et al. A differential evolution with reinforcement learning for multi-objective assembly line feeding problem ［J］. Computers & industrial engineering，2022，174：108714.

［13］ SCHMID N A，LIMÈRE V，RAA B. Mixed model assembly line feeding with discrete location assignments and variable station space ［J］. OMEGA，2021，102：102286.

［14］ CAPUTO，A C，Pelagagge P M，SALINI P. A decision model for selecting parts feeding policies in assembly lines ［J］. Industrial management & data systems，2015，115（6）：974-1003.

［15］ BALLER R，HAGE S，FONTAINE P，et al. The assembly line feeding problem：an extended formulation with multiple line feeding policies and a case study ［J］. International journal of production economics，2020，222：107489.

［16］ STORN R，PRICE K. Differential evolution：a simple and efficient heuristic for global optimization over continuous spaces ［J］. Journal of global optimization，1997，11：341-359.

第11章

制造循环工业系统能源
高效利用与低碳管理

章知识图谱　　　说课视频

在工业领域，能源管理与碳排放问题日益受到关注。钢铁产业与装备制造业作为能源消耗大户，其能源发生与消耗协同管理成为重中之重。钢铁生产流程工序多、流程长，能源介质消耗种类多，且各工序对能源介质的消耗存在显著差异。钢铁生产与装备制造过程中的协同管理是实现工业绿色发展的重要途径。装备制造生产过程的能源消耗主要集中在电力和压缩空气等方面，而电力等能源的解析与优化成为提升能源管理效率的关键。通过协同管理，可以实现能源的优化配置，降低碳排放强度，实现能效和碳排放的双重目标。制造循环工业系统从更高层次上提出有组织制造的制造业集群运行模式，其内涵也包括了提高资源、能源综合利用率的生态目标。加强钢铁产业与装备制造业的能源协同管理，优化能源消耗结构，实现能源的高效利用与低碳排放，是推动工业可持续发展的关键途径。

首先，本章通过分析钢铁与装备企业内部能源管理的现状，梳理出制造循环工业能源管理的循环路径。其次，本章介绍了钢铁企业内部能源微循环的解析与优化，从能源计量、诊断和预测角度介绍了能源解析的内容和方法，从多能源耦合、多目标调度角度介绍了能源优化的研究内容和技术手段。最后，本章以钢铁~装备制造循环为例从能效解析、能源共用和碳排放解析方面介绍了制造循环工业系统中的能源解析，从跨企业能源配置和多目标协同优化角度介绍了制造循环工业系统中的能源优化。

11.1 制造循环工业能源管理现状与循环路径

11.1.1 能源背景与管理现状

1. 工业能源管理现状

随着全球工业化步伐的加速和能源资源日趋紧张，工业能源管理正逐渐成为制造业转型升级的核心问题。钢铁工业是重工业的基础，其能源产生和消耗的协同管理不仅关系到经济效益，还影响着环境保护和可持续发展。通过有效管理能源的使用，企业可以减少浪费，提高生产效率，同时降低对环境的影响，促进绿色发展。尽管当前钢铁企业在能源管理方面已取得一定进展，但如何更高效地协同管理能源发生与消耗，仍是摆在行业面前的重大挑战。装备制造企业，同样作为能耗大户，其能源消耗主要集中在机械加工、组装等重点工序，这些工序的能效水平直接决定了企业的生产成本与市场竞争力。因此，对于装备制造企业而言，如何优化这些关键工序的能源消耗，已成为其转型升级的必由之路。然而，更为复杂的问题在于钢铁与装备制造两大行业之间的能源协同管理。长期以来，由于行业间信息壁垒和技术差异，钢铁与装备制造企业在能源管理方面各自为战，缺乏有效的协同机制。这种局面不仅导致能源利用效率低下，还阻碍了整个产业链的绿色发展。因此，打破行业界限，推动钢铁与装备制造企业之间的能源协同管理，已成为当前工业能源管理领域的重要问题。

(1) 钢铁工业能源发生和消耗协同管理　随着全球工业化的深入推进，钢铁工业作为国民经济的支柱性产业，其能源管理效率直接关系到企业的竞争力和可持续发展，其能源发生与消耗的协同管理一直是业界关注的焦点。随着全球能源结构的转变和环保要求的日益严格，钢铁产业的能源管理也面临着前所未有的挑战和机遇。

在能源发生方面，钢铁产业的能源主要来源于煤炭、电力和天然气等化石能源。这些能源在钢铁生产过程中发挥着至关重要的作用，但同时也带来了环境污染和能源消耗等问题。为了降低能源发生过程中的环境影响，钢铁企业开始积极探索新能源和可再生能源的利用。目前，一些先进的钢铁企业已经开始采用太阳能、风能等可再生能源，用于补充或替代部分化石能源。然而，由于技术、经济等多方面的原因，这些新能源在钢铁工业中的应用比例仍然较低。同时，钢铁企业也在努力提高能源转换效率，减少能源在生产过程中的损耗。例如，可以通过采用先进的燃烧技术和优化热力系统，提高燃煤锅炉和热力发电系统的效率。这样的方法不仅能减少能源浪费，还能增加能源的利用率，从而降低生产成本和减少对环境的污染。

在能源消耗方面，钢铁工业的能源消耗主要集中在炼铁、炼钢、轧钢等生产环节。这些环节的能源消耗量巨大，且能源利用效率直接影响企业的生产成本和环保指标。为了降低能源消耗，钢铁企业采取了一系列节能措施。首先，优化生产工艺，通过改进生产流程、减少加工程序等方式降低能源消耗。其次，提高设备效率，采用高效节能的设备替代传统的高能耗设备。此外，实施能源定额管理，对各个生产环节的能源消耗进行定额控制，确保能源消耗的合理性。在能源消耗的管理过程中，钢铁企业也面临着一些挑战。例如，能源消耗数据的采集和分析存在一定的难度，能源管理系统的智能化水平有待提高，这些问题制约了钢铁企业能源管理水平的提升。

在能源协同管理方面，钢铁工业的能源发生和消耗协同管理是一个复杂的系统工程。目前，有些钢铁企业已经开始构建能源互联网，通过信息化手段实现能源的智能化管理和优化调度。这些企业利用物联网、大数据等技术，对能源数据进行实时监控、分析和优化，以提高能源利用效率和降低生产成本。然而，钢铁工业的能源协同管理仍存在一些问题。首先，能源管理系统的智能化水平有待提高，无法满足日益复杂的能源管理需求。其次，能源数据采集和分析的实时性不强，无法为决策提供及时准确的数据支持。最后，能源调度和优化的决策支持不足，无法实现能源的最优配置和利用。

综上所述，钢铁工业的能源发生和消耗协同管理取得了一定的进展，但仍存在诸多问题和挑战。未来，钢铁企业需要继续加强技术研发和创新，提高能源管理系统的智能化水平，加强能源数据采集和分析的实时性，优化能源调度和决策支持，以推动钢铁工业的绿色、低碳、可持续发展。

（2）装备制造企业能源消耗重点工序　作为现代工业体系的重要组成部分，装备制造企业承担着为国民经济各部门提供技术装备的关键任务。然而，在其生产过程中，能源消耗量大、能效水平参差不齐的问题一直较为突出，尤其是在一些重点工序中，如机械加工、焊接、涂装、组装等，能源消耗更是占据了企业总能耗的大部分比重。因此，对这些重点工序的能源管理现状进行深入分析和总结，对于推动装备制造企业的节能降耗、提升市场竞争力具有重要意义。

机械加工工序是装备制造企业中能源消耗较大的环节之一，该工序涉及的能源消耗主要包括电力和润滑油等。在机械加工过程中，数控机床、铣床、磨床等设备需要消耗大量电力来驱动。目前能源管理方面的主要问题有：①设备能效参差不齐。部分机械加工设备存在能效较低的问题，导致能源消耗过高。这可能是由设备老化、选型不当或维护不当造成的。②能源数据监测不足。一些企业对于机械加工设备的能源消耗缺乏实时监测和数据分析，难以准确掌握能源消耗情况，也无法及时发现和解决能源浪费问题。③能源管理意识薄弱。部分企业对机械加工工序的能源管理重视不够，缺乏专门的能源管理人员和有效的能源管理制度，导致能源管理效果不佳。

焊接工序是装备制造企业中的高能耗环节之一，该工序主要涉及的能源消耗是电力和焊接材料。在焊接过程中，焊接设备如电焊机、激光焊接机等需要消耗大量电力。目前能源管理方面的主要问题有：①焊接工艺落后。一些企业仍采用传统的焊接工艺和设备，能源利用效率低下，导致能源消耗较高。②焊接材料管理不善。焊接材料的采购、存储和使用环节存在管理漏洞，如采购过量、存储不当、使用浪费等，都增加了能源消耗。③能源回收利用率低。焊接过程中产生的热量和废气没有得到有效的回收利用，造成了能源浪费。

涂装工序是装备制造企业中能源消耗较为集中的环节，该工序涉及的能源消耗主要包括电力和涂料等。在涂装过程中，烘干设备、喷涂设备等需要消耗大量电力。目前的能源管理主要问题有：①涂装工艺不合理。部分企业的涂装工艺设计不合理，导致涂料浪费和能源消耗过高。②涂装设备能效低。一些涂装设备能效较低，运行效率低下，增加了能源消耗。③废气处理不当。涂装过程中产生的废气没有得到妥善处理，既造成了环境污染，也浪费了潜在的能源资源。

组装工序是装备制造过程中的关键环节，其能源管理现状也备受关注。该工序涉及的能源消耗主要包括电力和气动工具消耗的压缩空气等。在组装过程中，电动螺丝刀、气动扳手等工具的使用需要消耗电力或压缩空气。组装工序能源管理的问题主要有：①电动工具能效低。部分电动工具能效较低，使用过程中消耗大量电力，增加了能源消耗。②压缩空气管理不善。气动工具使用的压缩空气存在泄漏、压力不稳定等问题，导致能源浪费。③员工节能意识不强。一些员工缺乏节能意识，操作不规范，导致不必要的能源消耗。

综上所述，装备制造企业在重点工序的能源管理方面已经取得了一定的进展，如采用节能技术和设备、优化生产工艺等。但整体来看，仍存在能源消耗量大、能效水平参差不齐的问题。未来，随着能源价格的上涨和环保要求的提高，装备制造企业将面临更大的节能降耗压力。因此，加强重点工序的能源管理、推广节能技术和设备、提高能源利用效率将是装备制造企业转型升级的重要方向。

（3）钢铁与装备能源协同管理现状　随着全球能源结构的转变和环保要求的日益提高，

钢铁产业与装备制造业作为能源消耗的重点领域，其能源协同管理的重要性日益凸显。然而，由于历史原因、技术壁垒和行业差异等，钢铁与装备制造企业在能源协同管理方面仍存在诸多问题，亟须进行深入的分析与总结。

1) 钢铁与装备制造企业在能源管理体系上存在一定的脱节。钢铁产业作为上游产业，其能源发生与消耗主要集中在炼铁、炼钢、轧钢等生产环节，而装备制造业则更侧重于产品的加工与组装。这种产业链上下游的差异导致两者在能源管理上存在天然的隔阂，缺乏有效的协同机制。尽管一些企业已经开始尝试构建能源管理系统，但由于缺乏统一的标准和规范，这些系统往往只能满足单一企业的需求，难以实现跨行业的能源协同管理。

2) 钢铁与装备制造企业在能源数据采集与分析方面存在不足。能源数据的实时采集、准确分析和有效利用是实现能源协同管理的基础。然而，目前钢铁与装备制造企业在能源数据采集方面仍存在诸多困难，如数据孤岛、采集设备老化、数据传输不稳定等。这些问题导致企业无法及时获取准确的能源数据，难以进行有效的能源分析和优化。同时，由于行业间数据标准存在差异，钢铁与装备制造企业在数据共享和交换方面也面临一定的障碍。

3) 钢铁与装备制造企业在能源技术应用方面存在差距。随着科技的进步，新能源和可再生能源技术、节能技术、智能化技术等在钢铁与装备制造领域得到了广泛的应用。然而，由于技术投入、研发能力等方面的差异，钢铁与装备制造企业在能源技术应用上存在一定的不平衡。一些先进的企业已经开始采用高效的能源管理系统和节能技术，实现了能源消耗的显著降低；一些落后的企业仍在使用过时的设备和技术，导致能源消耗居高不下。这种技术应用上的差距不仅影响了企业的经济效益，还制约了钢铁与装备制造行业的整体能源协同管理水平。

4) 钢铁与装备制造企业在能源政策与标准方面缺乏统一。能源政策和标准是实现能源协同管理的重要保障。然而，目前钢铁与装备制造企业在能源政策和标准上存在一定的差异和冲突。有些地区和企业为了追求经济利益而忽视环保要求，导致能源消耗和污染排放超标；有些地区和企业则过于强调环保而忽视经济效益，导致能源利用效率低下。这种政策与标准的不统一不仅影响了钢铁与装备制造企业的公平竞争，还制约了行业的可持续发展。

综上所述，钢铁与装备制造企业在能源协同管理方面仍存在诸多问题，如管理体系脱节、数据采集不足、技术应用差距以及政策标准不统一等。这些问题制约了钢铁与装备制造行业的整体能源利用效率和市场竞争力。因此，加强钢铁与装备制造企业的能源协同管理、推动跨行业的能源合作与交流、促进新能源和节能技术的应用以及制定统一的能源政策和标准，将是未来钢铁与装备制造行业发展的重要方向。

2. 工业碳排放特征

工业碳排放是全球气候变化的主要驱动因素之一。其中，钢铁产业和装备制造业作为重工业的代表，其碳排放特征尤为显著。这两个行业的碳排放不但量大，而且集中在特定的生产环节，对全球碳减排工作造成了巨大挑战。

钢铁产业的碳排放主要集中在炼铁、炼钢和轧钢等环节。炼铁过程中，大量的焦炭和铁矿石在高温下发生还原反应，产生大量的二氧化碳。炼钢环节则需要消耗大量的电能和氧气，其中电能的消耗也伴随着大量的间接碳排放。轧钢环节虽然碳排放强度相对较低，但由于其是钢铁生产的必经环节，因此总体碳排放量也不容忽视。

钢铁产业的碳排放强度极高，这主要源于其生产过程中对化石能源的高度依赖。钢铁生产需要大量的煤炭、焦炭等化石能源作为还原剂和热源，这些化石能源在燃烧过程中会产生大量的二氧化碳。此外，钢铁生产过程中还需要消耗大量的电能，而电能的产生也往往依赖于化石能源的燃烧，从而进一步增加了钢铁工业的碳排放强度。

与钢铁产业相比，装备制造业的碳排放特征则相对复杂。装备制造业的产品种类繁多，生产工艺各异，因此其碳排放环节和强度也存在较大的差异。一般来说，装备制造业的碳排放主要集中在机械加工、装配等环节。其中，在机械加工环节，机床和其他设备的运行需要大量的电力驱动，而且切削工具和设备的制造、维护也涉及能源消耗和材料消耗，从而产生碳排放。此外，机械加工过程中可能会使用润滑油等辅助材料，这些材料的生产和处置过程也会产生一定的碳排放。装配环节涉及大量的零件组装和调试工作，需要使用各种电动工具、气动工具等设备。这些设备的运行同样需要消耗能源，而且装配过程中可能还需要进行调试和试运行，这也会增加碳排放。装备制造业的碳排放强度虽然较钢铁工业低，但也存在较大的减排空间。一方面，装备制造业可以通过优化生产工艺、提高能源利用效率来降低直接碳排放；另一方面，装备制造业可以通过采用低碳材料、推广清洁能源来降低间接碳排放。此外，装备制造业还可以通过加强废弃物的回收和利用、推广循环经济模式来进一步降低碳排放强度。

总体来看，钢铁产业和装备制造业作为重工业的代表，其碳排放特征具有显著的行业特点。这两个行业的碳排放量大、强度高，且集中在特定的生产环节。因此，在全球碳减排的大背景下，钢铁产业和装备制造业需要采取更加积极有效的措施来降低碳排放强度，推动行业的绿色低碳发展。这不仅有助于应对全球气候变化挑战，还有助于提升行业的国际竞争力和可持续发展能力。

钢铁产业可以通过以下措施来减少碳排放：首先，推广使用高效节能技术，如高炉喷吹煤粉技术、废气余热回收技术等，以降低能源消耗。其次，增加二次能源的利用，如高炉煤气、转炉煤气等，减少对外部能源的依赖。最后，推进绿色炼钢技术，如电炉炼钢等，减少碳排放。

装备制造业可以通过以下措施来减少碳排放：首先，优化生产工艺，采用更加高效的生产设备和技术，减少能源消耗。其次，推广使用低碳材料，如高强度轻质合金材料等，减少产品的碳足迹。再次，推动绿色设计和制造，通过产品全生命周期的优化设计，减少资源和能源的消耗。最后，推广可再生能源的应用，如太阳能、风能等，降低对化石能源的依赖，实现绿色制造。

通过以上措施，钢铁工业和装备制造业不仅能够减少自身的碳排放，还能够为其他行业提供绿色低碳发展的技术支持和示范作用，推动全社会的绿色低碳转型。

3. 工业能源协同管理目标

随着全球能源结构的转型和应对气候变化的紧迫性日益增强，工业能源协同管理成为制造业领域的重要议题。钢铁产业和装备制造业作为能源消耗和碳排放的重点行业，其能效目标和碳排放目标的设定与实现对于推动全球工业的绿色低碳发展具有重要意义。

钢铁产业的能效目标主要集中在提高能源利用效率和降低单位产品能耗上。通过采用先进的节能技术、优化生产工艺、提高余热余能回收利用率等措施，钢铁企业可以显著降低能源消耗，提高能源利用效率。同时，推广使用高效节能设备、加强能源管理体系建设、实施能源审计和能效对标等活动，也是实现钢铁工业能效目标的重要手段。这些措施的实施，不仅有助于降低钢铁企业的生产成本、提高其市场竞争力，还有助于减少能源浪费、缓解能源供应压力。

装备制造业的能效目标则更加注重提高设备的能效水平和优化产品的能耗结构。作为钢铁工业的下游产业，装备制造业通过研发和应用高效节能技术、推广使用节能型产品、加强设备的运行维护管理等措施，装备制造企业可以显著提高设备的能效水平，降低产品的能耗。同时，优化产品设计、改进生产工艺、提高材料的利用率等，也是实现装备制造业能效目标的有效途径。不仅有助于提升装备制造企业的技术水平和产品质量，还有助于推动整个产业链的绿色低碳发展。在碳排放目标方面，钢铁产业和装备制造业都面临着减少二氧化碳排放、实现低碳转型的紧迫任务。钢铁产业需要通过采用低碳冶炼技术、提高废钢利用率、推广清洁能源等措施，降低生产过程中的碳排放。同时，加强碳排放监测和管理、实施碳捕集和利用技术、参与碳排放权交易等，也是实现钢铁产业碳排放目标的重要手段。不仅有助于减少钢铁企业的碳排放量，还有助于推动钢铁产业的绿色转型和可持续发展。

工业能源协同管理的目标是提升钢铁产业和装备制造业的能源效率，并减少碳排放。通过设定合理的能效目标和碳排放目标，并采取有效措施，钢铁产业和装备制造企业不仅可以降低生产成本、提高市场竞争力，还能为应对全球气候变化和推动绿色低碳发展做出积极贡献。这不仅有利于企业本身的发展，还对整个社会和环境有积极的影响。

11.1.2 能源循环管理路径

1. 能源解析

在能源循环管理的实践中，能源解析作为核心环节，旨在深入剖析能源的使用、消耗与转换过程，进而为能效提升和节能减排提供决策支持。随着技术的进步，基于大数据技术、能源机理与数据融合等方法的能源解析手段日益成熟，为能源管理带来了革命性的变革。

基于大数据技术的能源解析依赖于海量、多维的能源数据采集。这些数据来自各种传感器、智能仪表和监控系统，涵盖了能源的供应、需求、转换和存储等各个环节。企业需要这些数据进行清洗、整合和转换，从而以构建一个全面、准确的能源数据仓库。在此基础上，利用数据挖掘和机器学习等算法，可以深入探索能源使用的模式、趋势和异常，为能源管理提供有力支持。例如，在装备制造企业中，通过对生产线各环节的能源消耗数据进行分析，可以发现能源使用的高峰期和低谷期，进而优化生产计划和能源分配，提高能源利用效率。

大数据技术还能帮助实现能源消耗的预测和优化。通过对历史数据的分析，可以建立能源消耗与各种影响因素之间的关联模型，进而预测未来一段时间的能源需求。这有助于企业制订合理的能源采购和储备计划，减少能源浪费和成本支出。同时，基于大数据的优化算法还能帮助企业找到能源使用的最佳配置，实现能源的高效利用。例如，在装备制造企业中，可以根据不同设备的能效特点，优化生产调度和设备运行时间，最大限度地降低能源消耗。

能源机理研究则为能源解析提供了理论基础。通过对能源转换和利用过程中的物理原理、化学原理进行深入研究，可以揭示能源消耗的内在机制和影响因素。这有助于我们从根本上理解能源消耗的原因和方式，为后续的节能减排措施提供科学依据。例如，通过对装备制造过程中各类设备的能源转换效率和热能利用情况进行研究，可以发现哪些环节存在能源浪费，从而有针对性地进行技术改进和设备升级，提高整体能效。

数据融合技术则在能源解析中发挥了桥梁和纽带的作用。由于能源数据来源多样、格式各异，如何将这些数据有效地融合起来，是能源解析面临的一个重要挑战。数据融合技术通过对多源数据进行关联、匹配和整合，可以生成一个统一、完整的能源数据视图。这使得我们能够从一个更全面、更系统的角度来分析能源的使用和消耗情况，提高了能源解析的准确性和有效性。例如，在装备制造企业中，结合生产数据、设备运行数据和环境数据，企业可以更准确地评估能源使用效率和发现潜在的节能空间。

在实践中，基于大数据技术、能源机理研究与数据融合技术等方法的能源解析已经取得了显著的应用成果。例如，在钢铁和装备制造等重工业领域，通过对能源消耗数据的深入分析，企业不仅可以实时掌握能源的使用情况，还能及时发现能源浪费和异常消耗的问题，从而采取相应的节能措施。同时，基于能源机理的研究和数据融合技术的应用，企业还能够更准确地评估各种节能技术的潜力和效果，为制定合理的节能减排方案提供科学依据。例如，通过对生产线各个环节的能源数据进行实时监控和分析，企业可以快速识别出高能耗设备和工序，并采取技术改进或调整操作流程来降低能耗。

综上所述，基于大数据技术、能源机理研究与数据融合技术等方法的能源解析在能源循环管理中发挥着至关重要的作用。通过这些方法和技术的应用，我们可以更深入地了解能源的使用和消耗情况，为提升能源效率和实现节能减排目标提供有力支持。尤其在装备制造企业中，能源解析技术不仅有助于降低生产成本，还能提升企业的市场竞争力和可持续发展能力。

2. 能源计划

在钢铁行业中，能源作为核心驱动力，其高效、稳定和环保的管理对钢铁企业的竞争力至关重要。作为钢铁能源循环管理路径的核心，能源计划包括静态能源配置计划和动态能源配置计划，旨在确保能源供应的连续性、经济性和环境友好性。

静态能源配置计划，主要基于钢铁企业的长期生产规划、设备布局和工艺需求来制订。这一计划针对相对稳定的能源需求，通过详细分析钢铁生产各环节的能源消费特点，结合能源供应市场的长期趋势，为企业量身定制一套优化的能源使用策略。在制订过程中，需要考虑不同能源品种（如煤炭、电力、天然气等）的价格波动、供应稳定性以及环保政策的影响。此外，静态能源配置计划还需要关注能源转换效率，如高炉煤气、转炉煤气等二次能源的回收利用，确保能源在钢铁生产流程中的高效利用，这不仅可以降低初级能源的消耗，还可以减少温室气体的排放。

为了有效制订静态能源配置计划，企业需要深入了解生产工艺的能源需求。例如，在高炉炼铁过程中，大量的煤炭和焦炭作为还原剂使用，同时产生高炉煤气，这些煤气可以在后续的工序中加以利用。通过优化高炉煤气的回收和利用，企业不仅可以提升能源效率，还能显著减少碳排放。此外，炼钢过程中所产生的转炉煤气，也可以通过合理的收集和处理，转化为可利用的能源，从而提高整体能源利用效率。这些措施在制订静态能源配置计划时，都需要进行详细的规划和评估，以确保能源资源的最优配置。

与静态能源配置计划相比，动态能源配置计划更加注重实时性和灵活性。在钢铁生产过程中，由于订单变化、设备故障、原料波动等因素，能源需求经常发生变化。动态能源配置计划通过引入先进的能源管理系统和实时监测技术，能够实时获取能源使用数据和外部环境信息，如天气变化、电力负荷等，进而通过智能算法进行快速分析，为能源调度提供决策支持。例如：在电力负荷较低的时段增加高能耗工序的生产，或在原料质量波动时调整能源使用比例，以保持生产稳定并降低能源成本。在电力负荷高峰期，则可以减少高能耗工序的运行，避免高昂的电力费用。

动态能源配置计划的成功实施依赖于先进技术的支持。现代化的能源管理系统能够实时监测和分析生产过程中各个环节的能源消耗情况，并根据实际情况进行调整。例如，当生产设备发生故障时，系统可以迅速调整其他设备的运行状态，确保生产的连续性和稳定性。此外，动态能源配置计划还需要考虑外部环境的变化，如天气和市场条件的波动，通过实时调整能源使用策略，最大限度地优化能源利用效率和降低生产成本。

在钢铁能源循环管理路径中，能源计划的制订和执行还需要与其他管理环节紧密配合。首先，与生产管理相结合，确保能源计划与生产计划相协调，避免能源供应过剩或不足。其次，与设备管理相结合，通过定期维护和更新设备，提高能源利用效率，减少能源浪费。例如，定期检查和维护高效节能设备，确保其在最佳状态下运行，从而提高整体能效。

此外，能源计划还需要与环保管理相结合，确保能源使用过程中符合环保要求，降低污染物排放。例如，采用低硫煤炭和清洁燃烧技术，可以有效减少二氧化硫的排放；通过安装除尘设备，可以显著降低粉尘排放，从而改善环境质量。这些措施不仅有助于企业满足环保法规的要求，还能提升企业的社会形象和市场竞争力。

为了制订和实施有效的能源计划，钢铁企业还需要借助先进的技术和管理手段。例如，利用大数据和云计算技术对能源数据进行存储和分析，挖掘能源使用的潜在规律和优化空间。通过引入物联网技术，实现能源设备的智能监控和远程控制，提高能源管理的自动化和智能化水平。同时，建立完善的能源管理体系和绩效考核机制，确保能源计划的有效执行和持续改进。例如，通过在生产设备上安装传感器，实时监测设备的运行状态和能耗情况，并将数据上传至云端进行分析和处理，从而实现能源管理的精细化和智能化。例如，通过定期对各生产环节的能耗数据进行分析，识别能耗高的环节和工序，制定有针对性的改进措施，并对实施效果进行跟踪和评估，确保能源管理体系的持续改进和优化。

综上所述，在钢铁能源循环管理路径中，能源计划作为核心环节，对于提高能源利用效率、降低能源成本和减少环境污染具有重要意义。通过制订静态能源配置计划和动态能源配置计划，并与其他管理环节相结合，借助先进的技术和管理手段，钢铁企业可以实现能源的高效、稳定和环保管理，提升企业竞争力和可持续发展能力。具体而言，通过优化能源配置，提高能源利用效率，减少能源浪费，钢铁企业不仅可以降低生产成本，增强市场竞争力，还能有效减少碳排放和污染物排放，为全球应对气候变化和推动绿色低碳发展做出积极贡献。这一过程中，企业需要不断创新和应用新技术，完善能源管理体系和机制，以实现长期可持续发展目标。

3. 能源调度

钢铁能源调度作为钢铁企业生产管理中的核心环节，旨在通过科学、合理的能源配置与调控，确保生产过程的连续、稳定和高效。全能源链调度和生产与能源协调调度是钢铁能源调度的两大重要组成部分，它们共同作用于钢铁企业的能源管理体系，实现能源的最优利用。

全能源链调度是指从能源采购、转换、分配到消费的全过程中进行的统一调度。在钢铁企业中，全能源链调度需要综合考虑各种能源的特性、价格、供应稳定性以及环保要求等因素。调度中心根据生产计划和能源需求预测，结合能源市场的动态变化，制订出最优的能源采购和储备计划，确保能源的供应安全。例如，通过对煤炭、电力、天然气等能源资源的多样化采购，减少对单一能源的依赖，提高能源供应的稳定性和安全性。同时，全能源链调度还需要对能源转换过程进行精细管理，提高能源转换效率，减少能源损失。例如，通过优化高炉煤气、转炉煤气等二次能源的回收利用系统，实现能源的高效循环利用。

在能源分配环节，全能源链调度根据生产现场的实际情况，动态调整能源分配方案，确保各生产环节的能源需求得到满足。例如，在高能耗的炼铁、炼钢环节，通过科学调度和精准分配，确保能源的高效利用，减少浪费。在生产过程中，通过实时监控和数据分析，调度中心可以及时发现和解决能源使用中的问题，确保生产的连续和稳定。

生产与能源协调调度则是将能源调度与生产过程紧密结合，实现生产与能源的协同优化。在钢铁企业中，生产与能源之间存在着紧密的耦合关系。生产计划的调整、生产设备的运行状况以及原料质量的变化等都会对能源需求产生影响。因此，生产与能源协调调度需要实时获取生产现场的数据，包括设备运行状态、能源消耗情况以及产品质量等信息，通过智能算法进行分析和处理，为调度决策提供支持。

调度中心根据实时数据和分析结果，及时调整能源供应方案和生产计划，确保生产过程的连续和稳定。例如，当生产设备出现故障或需要进行维护时，调度中心可以及时调整能源供应方案，确保其他设备的正常运行，避免因能源供应不足导致的生产中断。同时，生产与能源协调调度还需要关注环保要求，通过优化能源使用结构，减少污染物排放，实现绿色生产。例如，通过使用清洁能源和高效节能设备，减少二氧化碳和其他污染物的排放，提高环保效益。

为了实现全能源链调度和生产与能源协调调度的高效运行，钢铁企业需要建立完善的能源调度体系。

首先，构建统一的能源调度平台，实现能源数据的实时采集、传输和处理，提高调度的及时性和准确性。通过引入物联网、大数据和云计算等先进技术，企业可以实现对能源使用的全方位监控和管理，及时发现和解决能源使用中的问题。

其次，加强调度人员的培训和管理，提高调度人员的专业素养和应急处理能力。调度人员需要掌握能源调度的基本原理和操作技能，能够根据实际情况灵活调整调度方案，确保能源的高效利用。同时，企业还需要建立完善的调度制度和流程，确保调度的规范化和制度化。通过制定明确的调度规章制度和操作流程，企业可以规范调度行为，提高调度工作的效率和质量。

在实践中，钢铁企业通过实施全能源链调度和生产与能源协调调度，可以实现能源的高效利用和生产的稳定运行。这不仅可以降低能源成本，提高生产效率，还可以减少环境污染，推动钢铁行业的绿色转型和可持续发展。例如，某些先进钢铁企业通过实施全能源链调度和生产与能源协调调度，实现了能源成本的大幅下降和生产效率的显著提升，同时减少了二氧化碳和其他污染物的排放，取得了良好的经济效益和社会效益。

通过引入人工智能和机器学习技术，企业可以实现能源调度的自动化和智能化，提高调度决策的科学性和准确性。例如，通过构建智能调度系统，企业可以实时监控生产过程中的能源使用情况，自动调整能源供应方案，提高能源利用效率。

同时，企业还可以通过引入区块链技术，构建透明、高效的能源交易平台，实现能源的高效流通和利用。例如，通过区块链技术，企业可以实现能源的点对点交易，提高能源利用效率，减少能源浪费。此外，企业还可以通过引入虚拟现实和增强现实技术，构建智能调度仿真系统，模拟不同调度方案下的能源使用情况，优化调度决策，提高能源管理水平。

综上所述，全能源链调度和生产与能源协调调度作为钢铁能源调度的两大重要组成部分，通过科学、合理的能源配置与调控，确保生产过程的连续、稳定和高效。钢铁企业通过构建完善的能源调度体系，实施全能源链调度和生产和能源协调调度，不仅可以实现能源的高效利用，降低能源成本，提高生产效率，还可以减少环境污染，推动钢铁行业的绿色转型和可持续发展。未来，随着技术的进步和管理理念的更新，钢铁能源调度将更加智能化、自动化和环保化，为钢铁行业的发展注入新的动力。

11.2　钢铁企业微循环能源解析与优化

钢铁企业是典型的高耗能工业，其能源系统的精细解析与深度优化是实现绿色低碳转型的核心课题。针对钢铁企业普遍存在的能耗大、生产成本高、生产过程工艺落后、劳动生产率及资源利用率低、环境污染严重等问题，结合统计学、运筹学、数据挖掘等技术对企业内生产和能源消耗过程中的数据进行解析，从数据中挖掘出能源消耗的机理，进而对能源消耗过程进行计量、诊断和预测；在能源数据解析的基础上，基于企业生产与物流环节的能源需求，以节能降耗、最大化企业经济利益为目标，决策能源的优化配置。

11.2.1　钢铁企业微循环能源解析

1. 能源计量

钢铁企业的生产过程特点为多工序、多产线和工艺复杂，同时各个工序对能源介质的消耗存在显著差异。具体而言，钢铁生产涉及焦化、烧结、炼铁、炼钢、连铸、热轧、冷轧等关键工序，这些过程对多种能源介质如煤气、电能、氧气、氮气、水资源、焦炭及蒸汽等的需求量大且不统一。此外，生产活动中还会产生诸如高炉煤气、焦炉煤气、转炉煤气、蒸汽和自发电等二次能源，这些能源在钢铁制造中起到了基础而关键的作用，是确保产品质量的基础。

对钢铁企业而言，能源介质的计量目的主要是量化各工序和产线的能源介质消耗量，通常采用吨钢能耗和具体工序能耗等指标进行衡量。通过对整个生产流程的能源消耗进行量化计算，可以更有效地分配能源资源。明确了各工序对能源介质的具体消耗量，便可利用工序能耗以及后续生产量来预估能源消耗，从而实现能源分配的优化。此外，企业之间可依据工序能源介质消耗量进行比较，以评估能源使用效率。

工序维度的能源计量分析是指对钢铁生产中某一工序的能源介质总消耗量与该工序产出的产品总量之间的关系进行量化。以焦化工序为例，对焦化工序的能源介质单耗进行计量，并运用统计方法求解具体的工序能耗。据此，卡尔曼滤波算法可被应用于对工序能源介质单耗数据进行滤波，最终获得经滤波处理的工序能源介质单耗值，为企业提供更准确的能源管理依据。

当前，钢铁企业正面临绿色、低碳、智能化转型，实施面向产品的能源精细化计量是一项关键举措，旨在实现能源管理的智能化、精准化，从而降低能耗、提高能源利用效率，并进一步推动碳中和目标的实现。为此，企业应安装能源计量仪器仪表，以实现对水、电、风、气等能源在各车间、工序、设备、产品的能耗监测。结合物联网（IoT）技术，实现能源数据的实时采集和传输，从而做到对能源的精准计量和管理。这些仪器仪表的智能化改造是关键一步，通过这种方式，企业可以更好地了解能源消耗的情况，有针对性地进行节能减排。基于安装的能源计量仪器仪表，企业可以实现能耗数据的实时采集、统计分析和用能情况的监控。建立用能指标体系，动态监测能耗指标，进行能源成本核算和能源绩效分析，以挖掘节能潜力，并及时调整生产运营策略。通过数据监控和分析，钢铁企业可以针对能源消耗的高峰时段或高耗能设备进行优化调整，例如优化氧气供应系统以降低电耗，或协调二次能源的利用以减少浪费和污染。这种优化可以通过智能化系统实现，以提高生产效率和降低能耗。基于所安装的能源计量设备，企业不仅能实现能耗数据的实时采集与分析，还能对整个生产过程的用能状态进行全面监控。表 11-1 列举了一系列常用的计量器具，包括电能表、燃气流量计、蒸汽流量计和水表等。这些设备是构建现代能源管理系统的基石，为企业提供了稳定且可靠的能源使用数据。

表 11-1　常见的计量器具

名称	用途
电能表	测量和记录电能的使用量
燃气流量计	记录煤气、天然气等燃料气体的流量
蒸汽流量计	测量生产过程中消耗的蒸汽量
水表	监测工业用水和冷却水等的用水量
氧气/氮气流量计	记录工序中使用的氧气、氮气等气体的流量
热能计量装置	测量生产中使用的热能量，如热水或热交换器的热量
高炉煤气/焦炉煤气计量装置	准确计量高炉和焦炉产生的煤气量

通过构建一套全面的能耗指标体系，企业能够动态监测能耗指标，这些指标不仅涉及当前的耗能状况，还包括长期的能源使用趋势和模式。这种体系允许企业进行深入的能源成本核算和能源绩效分析，使决策者能够洞悉如何更有效地利用能源，并确定节能减排的潜力。利用这些洞察，企业可以及时调整它们的生产与运营策略，从而实现更加精益的生产体系。进一步的数据监控和分析使企业能够识别出能耗高峰期和高耗能设备，并通过精确的数据支持进行优化。例如，对氧气供应系统的细微调整可以显著减少电能消耗，而更高效地利用由焦炉或转炉煤气等二次能源则可以减小对原始资源的依赖，同时减轻环境污染。这些优化措施可以通过智能化系统实现，这些系统可以根据实时数据自动调节和优化生产参数。

智能化系统不仅提高了能源使用的效率，还能通过预测性维护减少设备故障、延长设备寿命，并确保持续操作的稳定性。此外，通过集成先进的分析工具和人工智能算法，智能系统还能提供更深层次的见解，指导企业在日益复杂和竞争激烈的市场环境下做出更明智的战略规划。

最终，这种通过数据驱动的持续改进过程，不仅减少了企业的运行成本，还大大提高了整个生产链的可持续性。因此，数字化的能源计量和智能化的能源管理，在帮助企业实现绿色、节能、高效生产方面扮演着越来越重要的角色。

2. 能源诊断

在钢铁行业中，能源消耗对生产成本产生了重要影响，同时也给环境带来了负担。能源消耗的高低直接影响了企业的生产效率、经济效益以及环境可持续性。因此，钢铁企业需要通过开展能源诊断工作来有效管理和优化能源消耗。能源诊断是指通过对钢铁生产过程中能源利用情况的全面调查和分析，识别出影响能源消耗的各种因素，并进一步确定关键的能源消耗瓶颈。这一过程需要借助各种技术手段和方法，例如能源流程分析、能耗监测与评估等，以全面了解能源在生产过程中的利用情况。在进行能源诊断的过程中，根本原因探究是至关重要的一环。通过深入分析和探讨，可以找出导致能源消耗过高的根本原因，例如设备老化、生产工艺不合理、操作不规范等，从而有针对性地制订改进措施。同时，进行标杆对比和节能计划的制订也是能源诊断工作中的重要环节。通过与同行业企业或国际先进水平进行对比，可以发现自身的不足之处并找到改进的方向。制订节能计划则是将诊断结果转化为实际行动的重要步骤，需要结合企业实际情况和资源条件，制定具体的节能目标和措施，以实现能源消耗的降低和有效控制。

在进行能源诊断的初期阶段，确定能源消耗的关键环节成为工作的重中之重，这一步骤的主要目的是识别出在整个生产过程中能耗最高的部分。此过程涉及对生产流程的全面了解，综合分析能源消耗数据以及设备的运行状态等多方面的信息。特别是在钢铁行业，由于其生产过程能耗巨大，高炉冶炼、热轧生产线等环节通常是能耗较高的部分。然而，要精确地锁定具体的能耗瓶颈区域，还需要通过更深入和细致的分析评估。

当能耗的关键环节确定后，在此基础上展开的能源诊断工作更加可行和有针对性。此时，企业将进一步深化到更具体的细节分析中，目的在于揭示潜在的能源浪费问题。这一深入层次的分析聚焦于若干重点区域，包括设备运行效率、能源的输送与分配系统以及高耗能设备的使用与管理策略。以高炉冶炼环节为例，若发现存在着明显的能耗过高现象，进一步的诊断可能涉及炉温控制的精确性、原料配比的合理性，以及是否存在可优化的热量损失环节的详细检查。对于热轧生产线，诊断可能需要评估设备的具体工作状况，判断设备运行的效率是否达标，进而分析轧辊压力的大小和温度控制的合理性，找出影响能源有效利用的瓶颈区域，还需要通过更深层次、更细致的分析评估。在进行这些深层次分析时，应用先进的数据分析技术和能源管理系统成为提高分析准确性和效率的重要支撑。通过收集和分析实时数据，结合历史数据对比，可以更精准地识别能源消耗的特定问题区域，并为后续制定有效的节能措施和计划提供科学依据。这一系列的能源诊断过程有助于企业系统地识别和解决能耗问题，从而实现能源成本的降低和生产效率的提升。

此外，能源诊断也需要关注停机期间的能源消耗。尽管设备在非工作状态下的能耗相对较低，但由于停机时间长，所积累的能源消耗也不容忽视。因此，对停机期间的待机能耗或者停机后必要系统的能耗也需要进行跟踪分析。

能源诊断的另一个重要阶段是进行能源效率评估。这需要检查设备在其荷载下是否工作得最有效，设备的主要工作周期与能源使用间是否存在最佳匹配。该阶段通常需要大量工作和专业知识，但得出的结论对于降低能源消耗、优化能源使用至关重要。

最后，借助能源监控系统可以获得包括电力、煤气、煤炭在内的各类能源消耗数据，从而对不同环节的能耗进行初步比较，识别出能耗较高的环节。接下来，通过深入分析这些环节的生产流程和设备运行情况，进一步锁定能耗瓶颈所在。

在钢铁企业中，需要一个多维度、系统化的方法来探讨和解决能耗过高的问题。在明确能耗瓶颈的基础上，进行根因分析，不能限于直接观察的现象（如设备老化或操作不当），而是要深入挖掘导致这些现象的深层次原因。例如，设备老化可能是因为预算限制导致的维护不足，操作不当可能是由于员工培训不充分或标准作业程序（SOP）更新不及时。

此外，制定节能策略时需要综合考虑技术可行性、经济性以及环境影响。例如，采用先进的能源管理系统（EMS）能够实时监控能源消耗，并通过数据分析优化操作规程和设备配置，但企业在决策之前需要评估该系统的投资回报期。同样，引入新型节能技术如余热回收系统，能大幅降低能耗，但其技术复杂性和前置成本也是企业需要权衡的因素。

在对标过程中，除了参考行业内其他企业的先进经验，还可以考虑跨行业的成功案例。许多时候，不同行业之间可能存在可借鉴的节能解决方案。在其他重工业领域，如化工或水泥制造业中，其节能技术和策略可能对钢铁行业有启发。

具体到操作层面，钢铁企业可以实施的节能措施包括使用更高效的燃料、优化生产时序以减少等待时间和能源浪费、通过在线监控系统及时调整设备运行参数以达到最佳能耗状态等。在物流管理方面，改进原料和成品的运输与存储流程，也能显著减少能源消耗。综合来看，通过对能耗瓶颈和根本原因的深入分析，并在此基础上制定和实施有针对性的节能策略，钢铁企业不仅可以降低能耗，还能优化生产过程，提高整体效率，进而实现经济效益和环境效益的双重提升。

3. 能源预测

能源预测模型是运用统计方法和数学模型，对历史数据统计分析，用量化指标预测未来一段时间内的能源消耗情况。常见的预测模型包括时间序列模型（ARIMA、SARIMA）、回归模型（如线性回归、支持向量回归）、机器学习模型（如随机森林、神经网络）等，根据实际情况，可以选择单一模型或组合多个模型进行能源预测。使用历史数据对建立的模型进行训练，并使用验证数据进行模型的验证和评估。经过训练和验证的模型可用于未来能源消耗的预测。根据实际需求，可以进行不同时间尺度的预测。按照时间维度，能源预测问题可分为三类：短期能源预测、中期能源预测、长期能源预测。

二次能源，如蒸汽和电力，广泛用作企业的自制能源。然而，受钢铁生产变化性的影响，能源的供应和需求不断波动。因此，若钢铁公司能在制造其产品的过程中，对煤气等二次能源的供需状况做出准确预测，便能显著增进能源利用效率，促进能源多级利用的优化，避免不必要的能源浪费。目前，国内各钢厂的能源管理主要由能源监控、电话调度和能源计量组成，大多数是各种能源介质的事后管理，时效性上存在进一步提高的空间。

煤气等动力源涉及的生成和消耗是一个复杂性较高的工艺过程，影响其生成和消耗的元素众多并且变化复杂，极具挑战性。现在大部分的预测技术很难或者不能根据工况的信息来进行有效的动态预测，现在通常应用的基础模型有机理模型、智能模型（如时间序列模型、灰色模型和BP神经网络）等。短期动态预测则主要采用机理模型和智能模型相结合的方案。在正常情况下，能源介质波动有其自身的规律，波动范围相对稳定，运用智能模型基本可以达到较好的预测效果，而非正常情况下，由于外界因素（如工艺条件的变化、工况的改变）而打破能源介质本身的波动规律，此时需要结合工艺和工况用机理模型来解决。

钢铁企业的能源预测在长周期、短周期和在线实时预测方面都至关重要。这种预测不仅关乎企业的生产效率和能源利用率，还直接影响企业的成本和竞争力。

在长周期能源预测中，预测的对象主要是未来数月甚至数年内的能源需求趋势和规模。这种预测是全面而宏观的，需要综合考虑各种因素。比如宏观经济环境，包括总体经济增长速度、产业结构转型以及收入水平等因素的变化，都会对能源需求产生深远影响。同时，政策环境，包括能源政策、环境政策以及国际政策等，都会对能源市场格局产生影响，从而影响长期的能源需求。此外，还需要特别关注技术进步和能源替代的可能性。比如，新能源技术的发展可能会改变能源供求关系，使得一些传统能源的需求减少，而对新能源的需求增加。

短周期能源预测更加关注未来数天到数周内的能源需求和供给情况。这主要依赖于对企业内部生产数据和实时监测信息的深入理解和分析。需要对生产计划、订单情况以及季节性等因素进行考察。例如，生产计划和订单的多少可以直接导致能源需求的波动，季节性因素，如夏季和冬季的能源需求可能存在明显差异。在预测模型的选择上，一般可以利用时间序列模型、灰色模型等进行短期能源需求的预测。同时，通过对生产设备的运行状态和维护计划进行分析，可以更好地调整能源的使用计划，从而提高能源效率。短期预测建模理论示意图如图11-1所示。

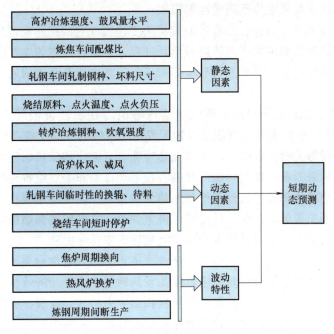

图 11-1　短期预测建模理论示意图

在线实时能源预测则更加注重当前生产过程中的能源消耗情况和供给状况。在互联网+、大数据和人工智能的助力下，企业可以利用实时监测数据和生产工艺信息，实现生产过程中的实时能源消耗预测。例如，可以运用先进的智能模型如神经网络等进行实时预测，通过对实时数据的分析和预测，可以及时调整生产计划和能源使用策略，以应对突发情况和优化能源利用效率。尤其是在当前能源成本不断上升、企业节能减排压力加剧的背景下，实时的能源预测有着非常重要的价值。

总的来说，能源预测是一个系统的工程，既需要有对宏观趋势的洞察，也需要对企业内部数据进行深入挖掘，同时还需要实时响应生产过程中的变化。在这个过程中，科技手段的引入无疑可以极大地提高预测的正确性和实用性。无论是长周期的宏观预测，还是短周期的微观预测，抑或是实时的在线预测，都需要紧密结合实际，选择最合适的模型和方法。

11.2.2　钢铁企业微循环能源优化调度

1. 多能源耦合

随着能源需求的不断增长及自然资源的有限性，现代社会对传统单一能源系统的依赖已日渐显示出其局限性，无法有效应对越来越复杂的能源需求。在此背景下，多能源耦合系统作为一种创新模式应运而生，标志着能源系统整合与优化的新阶段。通过在特定区域内实施电力、热力、气体等多种能源形态的集成与优化，构建一套高效的综合能源供应网，既提升了能源的综合利用效率，又促进了可再生能源的广泛接入与利用，为能源的可持续发展提供了可行路径。

多能源耦合系统的有效调度占据了系统运行的中心地位。这一过程确保了不同能源间的最优化配置与转换，平衡了能源供需关系，减少了在能源传输过程中的损耗，提升了系统整体的灵活性与稳定性。为达成此目标，调度机制的设计需要综合考虑多种能源特性、用户需求的动态变化及天然资源供应的不确定性等因素。

进一步，全厂能源中心的综合调度策略则扩大了能源配置的视角和范围。此策略通过集中监控及管理工厂层面的能源生产、转换与消耗过程，并结合具体的生产动态，有效实现能源供需间的精确匹配与优化。此举不仅显著提高了工厂整体能源利用的效率，还为企业节约了大量的能源成本。

在钢铁行业内，二次能源如副产煤气、蒸汽和电力在总能源消耗中的比重达 50% ~ 60%。通过钢铁企业系统收集的大量信息合理配置这三大能源，对于提高能源效率和推动钢铁业的可持续发展极为关键。近些年，钢铁业连续性、自动化和信息化程度的提升使得各个工序间的关联更加紧密，副产煤气、蒸汽和电力在生产计划和主要设备运行状况的影响下频繁波动，使得能源的转换和使用过程变得越来越复杂。另外，在实施碳达峰、碳中和战略背景下，钢铁行业正逐步采纳太阳能、风能等可再生资源，这促使能源结构发生转型，也提高了能源调度作业的复杂性，从而激励了相关研究领域向多样化发展。

钢铁生产流程的能源介质如副产煤气、蒸汽、电力，以及压缩空气、水和氧气等，扮演着至关重要的角色。这些介质的高效利用直接关系到钢铁企业的经济效益及能源利用效率的提升。副产煤气、蒸汽及电力由于其在能量转换和供应中的核心地位，成为优先考虑的能源介质，而其他介质大部分可通过这三种主要介质完成转换。在整个钢铁生产过程中，为了实现能量与热量平衡，多种能源介质的储存、转换、发电及消耗过程被精心设计并执行，例如，利用副产煤气在锅炉中生成蒸汽，再通过蒸汽驱动汽轮机进行发电。此外，钢铁行业的综合多能系统融合了多个生产过程，包括锅炉、汽轮发电机以及废热利用装置等，为了实现副产煤气、蒸汽及电能的均衡配置，需要在煤气储罐与自备发电站之间进行储存、分配与能量转换。副产煤气的生成与各类能源介质的动态需求之间的波动，提高了实施优化分配战略的难度。

目前，能源调度模型在其目标函数、约束条件、优化范围以及采用的优化算法等方面表现出显著差异性，其可能追求单一或多重目标，如技术、经济和环境社会等，尽管绝大部分研究仍旨在实现经济目标，或者通过罚款或奖励将其他目标转化为经济目标。面对各能源介质的紧密耦合，优化调度的范围逐步由单一介质扩展至多介质系统。为求得最优调度方案，选择恰当的优化算法至关重要。在此领域中，典型数学规划方法如线性规划、非线性规划和整数规划方法被广泛应用。这些数学规划方法具有理论精度高和计算速度快的优势，但也面临由于整数变量导致问题非凸而难以求解的挑战。多介质能源调度模型求解算法分类如图 11-2 所示。

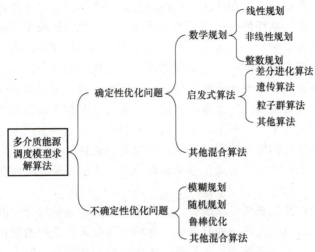

图 11-2　多介质能源调度模型求解算法分类

针对煤气-蒸汽-电力系统内部多元非线性关联及复杂约束的特性，模型求解往往异常困难，很可能只能得到局部的最优解。为此，研发其他如多目标进化算法、遗传算法等算法来解决明确的优化调度问题，被视为一个可行的解决思路。考虑到实际制造和能源系统中的不可预测性，运用模糊规划、随机规划或鲁棒优化等方法来处理具有不确定性的调度问题，也相当关键。这些进阶的优化技术，为处理复杂、动态且不确定的能源调度问题提供了有力的解决策略，为钢铁企业的能源管理与优化开辟了新的路径。

多介质协调调度概念如图 11-3 所示。多介质协调调度模型是针对钢铁企业能源管理中的一个关键问题而设计的一种策略性工具。它的核心思想是将多种能源介质的供应、转换和利用过程进行综合考虑，并通过数学规划方法建立相应的模型，以实现钢铁生产中能源的高效利用和优化配置，这种模型建立在分介质优化调控基础之上。钢铁生产过程中，涉及的能源介质不仅包括煤气、蒸汽和电力，还包括压缩空气、水和氧气等。这些能源介质之间存在复杂的相互关系，如煤气可以通过转化产生蒸汽，而蒸汽又可以驱动汽轮机发电等。

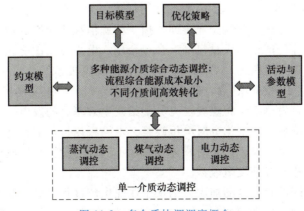

图 11-3　多介质协调调度概念

因此，通过分析不同介质之间的耦合关系，可以更好地理解钢铁生产中能源的流动和转化过程。采用数学规划方法建立模型的关键在于确定能耗目标函数。在这种模型中，能源的消耗和利用被视为一个优化问题，通过建立数学模型，可以将能源消耗与生产成本、供需变化以及安全约束等因素进行量化和优化。这样的目标函数不仅考虑了能源的数量，还考虑了其质量和可靠性等因素，从而使得模型更加全面和可靠。在求解模型的过程中，需要综合考虑以上各个方面的因素。例如，需要考虑生产过程中不同能源介质的供需情况，以及它们之间的转换效率和成本等因素。同时，还需要考虑生产过程中的安全约束，如对压力、温度等参数的限制，以及对环境污染的控制要求等。综合这些要素，可以得出模型的最优解，也就是对于煤气、蒸汽及电力的最优配置策略。最后，通过采取相应的措施和技术手段，可以将模型的结果用于指导实际生产。例如，可以通过调整生产计划和生产工艺，优化能源的利用方式，从而提高钢铁生产的能源效率和降低生产成本。这样的做法不仅可以实现对钢铁企业能源管理的全面优化和提升，还有助于推动钢铁行业向更加可持续的发展方向迈进。

2. 多目标调度

在钢铁企业的微循环能源调度系统中，首先面临的问题是能源介质的多样性、发生和转换设备的种类繁多，以及供应网络的复杂性。这些因素给调度系统的设计和管理带来了重大挑战，需要能够恰当地处理多能源、多设备、多网络的调度问题，制定出综合考虑各种限制和约束的调度策略。此外，从优化角度来看，能源调度的目标并非单一。随着环保和能源安全意识的提高，能源调度从单一的成本优化扩展到包括成本、排放、生产供应满足率及能源安全等多维度，大大增加了管理者管理的复杂度。要对各个目标进行全面考虑，既要提高经济效益，降低能源成本，又要降低碳排放，提高生产供应满足率，保障能源安全，这无疑提高了调度优化的难度。然而，这些优化目标通常是相互冲突的。例如，通过提高能源消耗来满足生产供应可能会增加能源成本、提高排放；反之，降低能源消耗可能会影响生产供应满足率，也可能影响能源的安全性。改善某一个目标，可能会对其他目标产生负面效果。因此，钢铁企业在进行微循环能源调度时，要在各个优化目标之间进行适当的权衡和折中，在尽可能满足所有目标的前提下，寻找到一个合适的平衡点。这是微循环能源调度的关键，在决策的过程中需要进行精细的、科学的考虑和设计。对此进行深入研究和探讨，对于提高钢铁企业的产业竞争力，促进绿色、低碳的工业发展有着十分重要的意义。

从能源成本优化的角度而言，产能过剩新常态促使钢铁企业重视降低能源成本。据统计，2015年中国钢铁工业协会主要会员企业平均吨钢能耗572kg标煤，吨钢二氧化硫排放量0.74kg，国内粗钢产量为8.04亿t，而实际消耗量仅为6.64亿t，显示出产能与产量均出现了明显的过剩情况，大中型钢铁企业全面亏损。能源消耗成为决定钢铁生产成本和利润的重要因素。在生产过程中产生的大量煤气、余热余压、电力等二次能源，占钢铁企业总能耗的50%~60%，加强二次能源的充分利用，可以有效降低能源成本。一方面，通过建设燃气-蒸汽联合发电机组（CCPP）、热电联产发电（CHP）、干熄焦发电机组（CDQ）、饱和蒸汽发电机组等，提高自发电率，将煤气优先分配给发电效率高的发电；另一方面，通过降低单位电价也能降低能源成本，根据分时电价政策，电网根据负荷变化情况，将每天24h分为高峰、平段、低谷等多个时段，对各时段分别制定不同的电价。自发电可以采取高峰期多发电、低谷期少发电的策略提高发电收益。

随着环境污染治理监管力度的加大，钢铁企业在生产过程中更加注重减少二氧化硫、碳等排放。从能源排放优化的角度而言，就是将高碳排放的能源转换为低碳排放的能源。例如，天然气替代煤炭作为能源供应，可再生能源如风能和太阳能来满足一部分能源需求。通过能源回收体系，实现能源的循环利用，提高能源利用效率。例如，余热回收再发电等。采用碳捕捉、利用和封存（CCUS）技术，将钢铁企业的碳排放捕捉并储存，转换为其他能源。参与碳排放交易市场，购买和销售碳排放配额，以实现某区域共同减少碳排放的目标。

钢铁企业微循环中能源的生产、运输、供应等多个环节中涉及的设备种类较多，其设备的安全运行尤为重要。在满足能源需求和生产要求的前提下，通过考虑设备的安全限制、工艺流程的安全要求等，最小化设备的安全风险，这确保了生成的优化方案不仅具有高效能源利用和生产效率，还符合设备的安全运行要求。除此之外，钢铁企业能源调度中建立能源风险预警机制，在优化模型中采用设备的可靠性和预防性维护策略。通过对设备的故障率、维修时间和维修成本等进行建模，可以确定最佳的维护计划，以最大限度地减少设备故障对生产过程的影响。此外，还可以通过制定能源管理应急预案，确保在突发情况下能够迅速响应并采取有效能源供应措施。

钢铁企业在应对当前市场环境和挑战时，不仅需要关注生产效率和产品质量，还需要兼顾能源成本、能源排放和能源安全等方面的考量。这些目标之间存在着相互制约和平衡的关系，因此采取多目标调度策略是必要的。一种常见的多目标调度策略是加权和法。这种方法将多个目标函数线性组合为一个综合目标函数，通过调整不同目标的权重来实现不同目标之间的平衡。例如，当钢铁企业在一定程度上愿意牺牲一定的能源成本以降低能源排放时，可以调整能源成本和能源排放两个目标的权重，以达到更好的平衡。通过尝试不同的权重组合，可以得到一系列的解决方案，管理者可以根据实际情况和偏好进行决策。另外，基于进化算法的多目标优化方法也是应用广泛的一种策略。例如，遗传算法和粒子群优化等方法通过模拟自然进化的过程，在解空间中搜索并逐步改进解，生成一组非劣解（Pareto 最优前沿）来解决多目标问题。这些非劣解代表了在一个目标得到改善的同时，其他目标可能会被牺牲的情况。通过分析非劣解集合，决策者可以根据具体的工况、生产偏好以及优化偏好等因素来确定最合适的解决方案。例如，在考虑钢铁企业生产需求和环境保护等多方面因素时，可以通过进化算法等方法得到一组可行的解决方案，并根据具体情况进行进一步的评估和选择。综合而言，钢铁企业在面对复杂的市场环境和挑战时，采取多目标调度策略是必要的。加权线性求和法和基于进化算法的多目标优化方法是两种常见的策略，它们能够帮助企业在不同的目标之间实现平衡，提高生产效率、降低成本，最大限度地满足企业的多方面需求。多目标优化流程如图 11-4 所示。

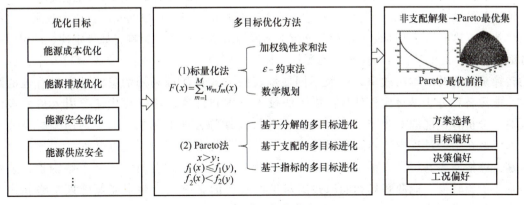

图 11-4　多目标优化流程

11.3 钢铁～装备制造循环能源解析与优化

11.3.1 钢铁～装备制造循环能源解析

1. 能效解析

钢铁和装备生产中重点耗能设备的能效直接影响企业能源管理和优化，设备能效诊断与预报的主要目的是识别设备能效瓶颈，预测未来能效趋势，为采取相应的改进措施提供支撑。

在设备能效诊断与预报方面，基于对整个生产流程的全面分析，首先明确需要诊断的重点设备，这些设备通常是能耗高、对生产影响大的关键设备。结合设备的类型、运行状态、负载情况、环境参数、历史能耗数据等，通过统计分析，对比设备的实际能耗与标准能耗或行业平均能耗，得出设备能效低的原因。以此为基础，基于历史能耗数据、设备运行状态、生产负荷等因素，建立预测模型，预测未来一段时间内设备的能效趋势，包括能耗量、能效比等指标。通过重点设备能效诊断与预报，企业可以更加准确地了解设备的能效状况，预测未来的能效趋势，企业可以根据能效诊断和预报结果，调整生产过程中的工艺参数，合理安排生产计划和生产调度，以提高能效。

在高耗能生产过程能效诊断与预报方面，基于历史累积的生产数据、能源消耗数据、资源消耗数据，采用统计方法、机器学习方法，建立数学模型来刻画生产能效与生产负荷、设备利用率、环境条件等因素之间的关系，对当前的生产能效进行评估，对未来的生产能效进行预测，发现生产能效的规律和趋势，同时制定相应的应对方案。获得准确的高耗能生产过程能效预报模型，可以实现对生产过程能效的有效管理和优化。

2. 能源共用

在考虑能源转换、能源替代和能源共用的背景下，进行能源投入成本分析和能源价值分析有助于企业识别能源使用中的经济性和效率性，以及在不同能源选项之间的权衡。能源投入成本包括采购成本、运输成本、存储成本等，分析不同能源的成本构成和变化趋势，比较各种能源的成本效益。能源价值分析是评估各种能源在生产过程中的实际价值和效用，包括燃烧效率、热值、可再生性等指标，分析不同能源对生产过程的影响，如稳定性、环保性等方面的价值。能源转换分析是分析能源从一种形式转换为另一种形式的成本和效率，如电能转换成热能的成本与效率，以及不同能源转换方式对能源利用的灵活性和经济性的影响。能源替代分析是对比各种替代能源的投入成本和价值，评估替代能源引入后的经济效益，分析替代能源对生产过程稳定性、可持续性等方面的影响。能源共用分析是分析多种能源在生产过程中的协同利用情况，考虑能源共用带来的系统复杂性、管理难度等因素，评估能源共用带来的成本节约和效率提升。通过上述分析，全面了解钢铁、装备等企业能源转换、能源替代和能源共用对生产过程的影响，为制定能源管理策略和优化生产过程提供有力支持。

3. 碳排放解析

钢铁~装备制造循环碳足迹分析和碳排放强度解析是评估钢铁和装备制造行业在生产、使用和循环利用过程中对环境的影响。通过该分析可以全面了解钢铁和装备制造业的碳排放情况，并为减少碳排放、改进生产方式提供科学依据，从而实现可持续发展目标。碳足迹是指产品在其全生命周期内产生的温室气体（主要是 CO_2）排放的总和。这包括了从原料提取、生产、运输、使用到废弃或回收的所有阶段。钢铁-装备制造循环中，收集钢铁和装备制造过程中各个环节的温室气体排放数据，包括直接排放（如燃烧过程）和间接排放（如电力消耗），同时考虑上游供应链的碳排放。可以使用国际通用的碳足迹分析方法，如生命周期评估（LCA）分析各个生产阶段对总碳足迹的贡献，识别主要的排放源，并与行业平均水平或国际标准进行比较，评估企业的碳排放表现。根据碳足迹解析结果，制定有针对性的减排措施，如改进生产工艺、提高能源效率、使用低碳原料等。

11.3.2　钢铁~装备制造循环能源优化

1. 跨企业能源配置

电力是保障钢铁、装备等制造业正常生产的重要能源。制造业跨企业优化配置是指多家企业共同考虑各自用电需求，通过协作和技术手段，实现对电力资源的共享和优化配置，在不同企业之间实现电力的有效分配和优化利用，以提高整个电力系统的效率和可靠性，有助于减少能源浪费、降低运营成本。通过分析各企业的电力需求模式和趋势，评估各企业当前的电力来源、设备效率、能源使用效率等，分析可用的电力供应选项，包括可再生能源、传统能源、分布式能源等。建立跨企业的合作机制，通过信息共享、资源互补，根据各企业的需求和供应情况，通过能源管理系统、能源存储技术、负荷管理，实现资源优化配置，确保电力供应的稳定性和可持续性。

钢铁~装备之间跨企业多能源优化配置是指在企业之间实现多种能源（如电力、热能、燃气等）的有效分配和优化利用。这种配置方式不仅关注单一能源的使用，还综合考虑多种能源之间的互补性和转换效率，以提高能源利用效率、减少能源浪费，并促进企业的可持续发展。跨企业多能源优化配置需要集成各种能源的供应和需求数据，实现对多种能源资源的统一监控、计划和管理；企业之间建立能源交叉利用机制，部署智能能源转换设备（如余热、发电机组）及数字化管理技术，实现多种能源之间的高效转换和协同利用，减少能源浪费；企业共同利用可再生能源设施，如太阳能发电、风力发电等，实现各种能源资源的共享和最大化利用。因此，进行跨企业的系统级能源规划，包括多种能源的整体利用规划、储备规划和紧急调度预案等，可以确保能源的充分利用和安全供应。

2. 多目标协同优化

在多主体多能源协同优化方面，钢铁~装备界多主体多能源协同优化是指多个参与主体在能源（如电力、天然气、燃料等）使用过程中，通过协同合作，实现多种能源的有效整合和优化利用。协同优化旨在提高能源系统的整体效率、可靠性和可持续性，同时满足各参与主体的需求和利益。各主体之间共享能源需求、生产计划和能源消耗数据，建立统一的数据平台；针对涉及的多种能源类型，进行跨领域的协同规划，考虑不同能源之间的替代关系和互补关系，实现在多种能源之间的灵活转换和利用；采用人工智能和大数据分析技术，建立多主体多能源的智能调度系统，实现动态的能源资源配置和协同优化，以适应不同主体的需求变化。通过多主体多能源协同优化，可以实现能源系统的整体优化和高效运行，提高能源利用效率，降低能源成本和环境影响，促进可持续发展。

在跨企业能源管理多目标优化方面，跨企业能源管理多目标优化是指多个企业在共同管理能源时，考虑多个目标（如成本、环境、可靠性等）的优化问题。企业间通过能源协同、资源共享以及决策协调，以实现整体能源系统的效率和可持续性提升。钢铁产业和装备制造业的协同发展可以形成良好的产业联动效应，促进制造业的整体提升和优化。两者之间的能源多目标管理是综合考虑跨企业能源管理的多个可能存在冲突的目标，如降低能源成本、减少碳排放、提高能源利用效率等；跨企业整合各自的能源使用数据、生产计划以及设备状态等信息，构建统一的能源管理数据平台；建立多变量、多限制的优化模型，考虑不同目标之间的权衡和协调，寻找满意的能源配置方案，实现多目标之间的平衡和协同。通过跨企业能源管理多目标优化，可以实现多个企业在能源使用上的协同和互补，提高能源利用效率，降低成本和碳排放，增强能源供应的可靠性。

本 章 小 结

本章深入探讨了钢铁和装备制造构成的制造循环工业的能源管理现状与循环路径。能源解析通过大数据技术、能源机理与数据融合等手段，深入剖析能源使用过程，为节能减排提供决策支持。能源优化配置和调度是通过全能源链调度和生产与能源协调调度，实现能源的最优利用，确保生产过程的连续、稳定和高效。钢铁产业为装备制造业提供重要的原料，而装备制造业产出的冶金装备又服务于钢铁产业，构成典型的制造循环工业系统。制造循环工业系统通过有组织制造的集群运行模式，从能效解析、能源共用和碳排放解析方面研究制造循环工业系统中的能源解析，从跨企业能源配置和多目标协同优化角度研究制造循环工业系统中的能源优化，从而优化能源消耗结构，实现能源的高效利用与低碳排放，是推动工业可持续发展的关键途径。

💡 思考题

1. 如何在钢铁与装备制造企业之间建立有效的能源协同管理机制，以提高整体能源利用效率？

2. 装备制造企业在实现低碳转型过程中，可以采取哪些具体措施来优化生产工艺和提高能源利用效率？

3. 传统管理模式下，钢铁能量流基本无序，且运行效率低、耗散损失大，从能量计量、诊断、预测、优化和执行角度考虑，如何提高能量流系统的能效？

4. 双碳背景下，钢铁企业面临用能结构的调整现状，多能互补的目的是在不同条件下按照不同方式对能源进行合理利用，思考新能源是如何在钢铁企业中应用的。

参 考 文 献

［1］ ASHOK, S. Peak-load management in steel plants ［J］. Applied energy, 2006, 83（5）: 413-424.

［2］ YU J, XU R, ZHANG J, et al. A review on reduction technology of air pollutant in current China's iron and steel industry ［J］. Journal of cleaner production, 2023, 414: 137659.

［3］ PAOLUCCI M, ANGHINOLFI D, TONELLI F. Facing energy-aware scheduling: a multi-objective extension of a scheduling support system for improving energy efficiency in a moulding industry ［J］. Soft computing, 2017, 21（13）: 3687-3698.

［4］ ZHANG L, ZHENG Z, XU Z, et al. Optimal scheduling of oxygen system in steel enterprises considering uncertain demand by decreasing pipeline network pressure fluctuation ［J］. Computers&chemical engineering, 2022, 160: 107692.

［5］ CHE G, ZHANG Y, TANG L, et al. A deep reinforcement learning based multi-objective optimization for the scheduling of oxygen production system in integrated iron and steel plants ［J］. Applied energy, 2023, 345: 121332.

［6］ RAY S, LAMA A, MISHRA P, et al. An ARIMA-LSTM model for predicting volatile agricultural price series with random forest technique ［J］. Applied soft computing, 2023, 149: 110939.

［7］ PETRUSEVA S, ZILESKA-PANCOVSKA V, ŽUJO V, et al. Construction costs forecasting: comparison of the accuracy of linear regression and support vector machine models ［J］. Technical gazette, 2017, 24（5）: 1431-1438.

［8］ RAJU S M T U, SARKER A, DAS A, et al. An approach for demand forecasting in steel industries using ensemble learning ［J］. Complexity, 2022, 2022: 1-19.

［9］ XU W, TANG L, PISTIKOPOULOS E. Modeling and solution for steelmaking scheduling with batching decisions and energy constraints ［J］. Computers&chemical engineering, 2018, 116（4）: 368-384.

［10］ LAIB O, KHADIR M T, MIHAYLOVA L. Toward efficient energy systems based on natural gas consumption prediction with LSTM Recurrent Neural Networks ［J］. Energy, 2019, 177: 530-542.

［11］ LI J, YANG A, DAI W. Modeling mechanism of grey neural network and its application ［C］ //2007 IEEE International Conference on Grey Systems and Intelligent Services. IEEE, 2007: 404-408.

［12］ TANG L, MENG Y, CHEN Z L, et al. Coil batching to improve productivity and energy utilization in steel production ［J］. Manufacturing&service operations management, 2016, 18（2）: 262-279.

［13］ ZHANG Y, YEN G G, TANG L. Soft constraint handling for a real-world multiobjectiveenergy distribution problem ［J］. International journal of production research, 2020, 58（19）: 6061-6077.

［14］ FENG L, PENG J, HUANG Z. Gas system scheduling strategy for steel metallurgical process based on multi-objective differential evolution ［J］. Information sciences, 2024, 654: 119817.

［15］ COCHRAN J K, HORNG S M, FOWLER J W. A multi-population genetic algorithm to solve multi-objective scheduling problems for parallel machines ［J］. Computers & operations research, 2003, 30（7）: 1087-1102.

［16］ VERDECHO M, ALFARO-SAIZ J, RODRIGUEZ-RODRIGUEZ R, et al. A multi-criteria approach for managing inter-enterprise collaborative relationships ［J］. OMEGA-international journal of management science, 2012, 40（3）: 249-263.

［17］ CASTRO P, CUSTODIO B, MATOS H. Optimal scheduling of single stage batch plants with direct heat integration ［J］. Computers & chemical engineering, 2015, 82: 172-185.

［18］ LEENDERS L, et al, Scheduling coordination of multiple production and utility systems in a multi-leader multi-follower Stackelberg game ［J］. Computers & chemical engineering, 2021, 150：107321.

［19］ YUKSEL D, TAGETIREN M, KANDILLER L, et al. An energy-efficient bi-objective no-wait permutation flowshop scheduling problem to minimize total tardiness and total energy consumption ［J］. Computers & industrial engineering, 2020, 145：106431.

［20］ REN W B, WEN J Q, YAN Y, et al. Multi-objective optimisation for energy-aware flexible job-shop scheduling problem with assembly operations ［J］. International journal of production research, 2021, 59 （23）：7216-7231.

［21］ HE X, LIU Y, REHMAN A, et al. A novel air separation unit with energy storage and generation and its energy efficiency and economy analysis ［J］. Applied energy, 2021, 281：115976.

第 12 章

面向制造循环的工业互联网平台与技术

工业互联网是新一代信息技术与制造业深度融合的新型基础设施、应用模式和工业生态，通过对人、机、物、系统

章知识图谱　　　说课视频

的全面连接，构建起覆盖全产业链、全价值链的全新制造和服务体系，为工业数字化、智能化发展提供了实现途径，是第四次工业革命的重要基石。对于制造循环工业系统而言，工业互联网是连接全要素的关键基础设施，是实现制造业转型升级的核心载体，突破了传统制造管理的空间和属地制约，将不断推动制造业发展质量变革、效率变革、动力变革。以工业互联网为载体通过横向集成打通供给侧和需求侧的数据流，为资源、能源、产能、运能等数据的精准对接提供了信息载体，为不同制造企业的循环畅通和协同生产提供了基础设施保障。企业内部工业互联网平台可以打通不同部门和业务之间的信息壁垒，构建覆盖生产制造、物流运作、能源管控、企业运营等不同管理业务的数据贯通体系，实现企业内部原料、设备、产品、能源等实体生产要素的集成优化。

本章将围绕面向制造循环的工业互联网，首先介绍工业互联网如何驱动制造循环，然后探讨面向制造循环的工业互联网平台架构，最后介绍"端-边-云"协同技术。

12.1 工业互联网驱动制造循环

制造循环工业系统主要强调资源、能源、物流等要素在物理空间的循环畅通。工业互联网通过数字技术将制造循环工业系统的实体信息虚拟化，将物理空间映射为数字空间，通过数字空间的循环畅通促进物理空间的循环畅通。工业互联网一方面通过弥合企业内不同环节的信息鸿沟实现企业内微循环的高效畅通；另一方面通过驱动跨企业的要素连接关系动态演化，推动制造业集群的高质量发展。

以钢铁和装备制造业为代表的传统制造业在企业内生产、物流和能源等环节面临多重困境，亟须智能化生产的转型升级。在生产环节，企业普遍依赖手工操作和传统机械设备，导致生产效率低下、成本高，难以快速响应市场需求变化。生产过程中的信息孤岛问题尤为严重，各部门和系统间缺乏数据共享与协同工作，导致决策效率低下，生产管理困难，资源无法得到有效优化配置。此外，质量控制方面也存在诸多问题，主要表现是检测依赖人工，标

准不一，存在人为误差，导致产品质量不稳定，客户满意度低。在物流环节，大量原料、半成品和产成品在不同工序间的储存和搬运是确保生产连续性和效率的关键，但由于物流装备的智能化程度低，大量物流作业依靠手工操作，物流相关的信息系统相互独立，需要依赖人工沟通和管理，难以进行深度分析与优化，导致物流效率低和物流成本高。在能源环境方面，传统制造业普遍面临能源消耗高、浪费严重、环境污染等问题，缺乏有效的能源管理和环境保护措施。

工业互联网是新一代信息技术与制造业深度融合的产物，其特征在于以数字化、网络化、智能化等技术手段为核心，通过连接全要素、贯通全流程、聚合全生态来提升生产效率，实现资源优化配置，推进制造业高质量发展。传统制造业转型升级和快速发展离不开工业互联网的支持。工业互联网平台基于基础设施层（IaaS）、平台层（PaaS）、软件应用层（SaaS）将生产流程连接起来，实现设备的智能化、数据的实时化和决策的自动化，实时追踪客户需求，提升预测的准确度，提高生产效率和管理水平。工业互联网平台能够实现供需信息的高效对接，有效打破各行业信息孤岛，实现资源高效配置。智能化生产模式利用工业互联网打通企业内部不同部门、不同环节的信息壁垒，通过数据跨层级、跨系统的采集、传输、分析与优化，实现信息深度感知、智能优化决策、精准控制执行、自主学习提升。在钢铁生产中，基于工业互联网平台实时采集大型设备的运行数据，结合设备故障诊断模型，自动预警设备故障并确定最优设备维护方案，实现设备预测性维护。在制造业转型升级过程中，制造企业对物流体系性能的要求也越来越高，基于工业互联网技术对制造业物流各环节进行实时状态监测，通过大数据进行解析和优化，制定最优的运输、仓储和配送方案，可以实现物流资源的优化配置。

工业互联网环境下的制造循环工业系统高质、高效循环需要深层次挖掘数据赋能潜力。从技术角度看，工业互联网的本质就是构建一套数据采集、存储、管理、计算、分析和应用的工业大数据体系，将正确的数据在正确的时间传递给正确的人和设备，进而不断优化制造资源的配置效率，因此数据是工业互联网的核心要素。从数据管理的角度来看，为充分发挥数据连接物理世界和信息世界的桥梁和纽带作用，挖掘数据中所蕴含的规律，形成新动能，为制造循环工业系统优化提供更加精准高效的服务，需要对制造相关数据进行深度解析。从循环数据的功能上看，挖掘企业间循环规律和设计循环机制是系统优化的前提，因此需要分析跨企业多要素数据的关联规律，挖掘上下游制造业的融合与联动关系；从数据精准服务的角度来看，以制造循环优化对象为视角，保障数据服务质量，实现资源、能源、物流计量数据与生产数据的精准匹配与表征，可以更好地为调度、管理优化服务；从数据高效赋能的角度来看，应对有效数据进行进一步挖掘和特征刻画，为保障制造网络的循环韧性、分析循环效能、提升循环质量提供决策支持，只有这样才能真正体现基于工业互联网的共享数据的智慧能力和核心价值。

对于跨企业主循环，工业互联网平台可以实现资源、能源、物流等多要素数据的互通共享，为企业间协同优化提供重要支撑。对于高端制造业，传统管理模式由于信息不对称或信息传递偏差导致供需不平衡而难以有效协调。基于信息互通和数据循环的制造循环工业系统，可以根据制造业上下游供给和需求之间生产运营管理方式的协作，形成客户需求驱动的协同生产制造机制。对于高能耗制造企业，以各企业能源中心为核心的管理方式，通过对企业内部的能源供需管控，可以在一定程度上实现企业内部的能源优化，但由于信息壁垒的存在，无法从全局视角对区域内具有能源供需和共用关系的制造企业之间进行整体优化。制造循环工业系统内能源发生、消耗、存储和转换等数据的互联互通，可以将企业内部的能源网络拓展到具有能源供需关联关系的制造企业之间，形成更大范围内的能源循环，通过能源互供和梯级利用，以最低的能耗保障循环系统制造流程顺畅运行，同时减少制造集群内企业总体碳排放，也为全社会的绿色制造、可持续发展助力。对于重物流制造业，缺乏系统布局和物流系统互通互联，分散体系中的运输对象和物流设备信息共享程度低，导致物流设备利用率低、整体物流效率不高。跨企业的物流网络可以实现物流资源数据信息、物流状态的实时共享，通过系统优化，形成效率高、综合成本低的多企业联运，实现产品及物流资源精准调配，提升物流设备的使用率。

对于企业微循环，传统生产管理模式下，生产、物流和能源等环节的管理归不同部门，由于运行方式存在差异，不同部门之间的多要素系统优化程度低，表现为上下游工序物料衔接不畅、生产环节瓶颈突出、库存成本增加、物流设备利用率低、能源瞬时供需不平衡导致的能耗增加。对于全流程生产，只有将流程相关的工艺、设备、运行、管理等工序数据融合到一个全面的、可交互的管理平台上，才具备通过多工序、多维度数据对齐，实现产品制造全流程的生产管理系统优化的基础条件。对于能源管理优化，由于生产与能源的伴生、耦合特性，其供应、需求、转换和存储环节与各节点的运行节奏联动，为达到生产过程中能源供应的精准匹配，需要在供需动态预测的基础上进行能源预判、预控，实现能源事前管控优化。对于物流管理，微循环生产过程与物流作业的整体通畅，需要结合各工序实时生产节奏和库存水平进行物料或半成品的高效搬运。最终，在不同业务环节多源信息互通的基础上，以信息流带动物质流和能量流，形成企业内部"三传一反"，充分挖掘数据价值，用于指导生产，提高制造业产品质量、生产效率，降低成本，推动形成数据驱动的制造模式。

12.2　面向制造循环的工业互联网平台

12.2.1　互联网络技术发展历程

互联网络技术的发展促进了数字化程度的提升，企业生产方式和管理模式的变化催生了各种新的软件系统和数字化应用。互联网络的发展经历了多个阶段，从最初的局域网到现在的工业互联网，每个阶段都有其特点。

1. 局域网

计算机网络的发展可以追溯至 20 世纪 60 年代，在此之前计算机仅具备独立运行的能力，无法相互连接。在这个时期，计算机网络初具雏形，主要体现为一些局域网，其主要目的是连接同一机房内的计算机，实现资源共享的基本需求。局域网在这个时代主要采用总线拓扑结构，虽然这种结构能够实现基本的连接，但其数据传输速度相对较慢，同时网络规模也较为有限。局域网的特征之一是以文档和信息共享为核心，形成了以文档共享为中心的协同工作模式。这种协同模式不仅满足了资源共享的需求，还促进了文档和信息在局域网内的高效流通。然而，受限于当时的技术水平，局域网的规模较小，其应用主要集中在局部网络环境中。这个时期的局域网在资源共享和信息协同方面起到了重要的推动作用，为后来计算机网络的进一步发展奠定了基础。

2. 广域网

20世纪90年代，广域网得到了迅猛发展。广域网覆盖的范围比局域网更广，可以跨越城市、国家，甚至覆盖全球范围。为了实现长距离的连接，广域网采用了多种连接技术，包括光纤、卫星、微波链路等。这些技术使得广域网能够适应不同的地理和环境条件，提供稳定和高效的数据传输。与局域网相比，广域网通常拥有更高的带宽和更快的传输速度，以满足大范围通信的需求。这种高带宽和快速传输为远距离通信提供了更好的性能。广域网通常需要整合不同网络和通信技术，形成一个统一的网络结构。这包括整合不同厂商的设备、不同协议的通信方式等，以确保在广域范围内的互联互通性。由于能够将世界各地的计算机、服务器、设备以及用户连接在一起，广域网实现了全球性的信息交流和资源共享，其不仅是文档和信息的共享平台，还支持多样化的服务和应用，如电子邮件、即时通信等应用。广域网在功能上的一个显著特点是其支持以在线办公为中心的协同工作。

3. 移动互联网

移动互联网的概念最早可追溯至20世纪80年代末至90年代初，彼时移动通信技术与互联网技术开始迅速发展。随着移动网络的持续完善和智能终端的大规模普及，人们逐渐意识到移动通信与互联网融合所蕴藏的巨大潜力。1999年，日本NTT DoCoMo率先推出全球首个商用3G移动通信服务，标志着移动互联网时代的正式开启。这一具有里程碑意义的事件加速了移动通信技术的演进，使移动互联网逐步发展为全球信息基础设施的重要组成部分。移动互联网的兴起背景主要包括以下几个方面：

1）移动设备的普及和性能提升，如智能终端、平板计算机等的广泛应用，为移动互联网的演变奠定了硬件支撑。

2）移动通信技术的迭代升级，如3G、4G、5G等移动通信标准的推出和应用，显著提升了网络传输性能。

3）互联网应用的多样化和普及，如移动应用商店、社交软件和流媒体平台等的广泛兴起，不仅丰富了内容生态，也拓展了移动互联网的应用场景。

4）用户对信息获取与交流的需求日益增加。随着移动设备和通信技术的普及，用户对随时随地访问信息、进行社交互动和参与在线服务的期望不断提升，进一步推动了移动互联网的快速发展和深入渗透。

4. 工业互联网

2012年11月26日，美国通用电气公司（GE）发布白皮书《工业互联网：打破智慧与机器的边界》，首次提出"工业互联网"（Industrial Internet）的概念。工业互联网本质上是构建人与机器、系统之间的数字化连接体系。它通过对工业各类要素数据的智能感知与深度分析，打造覆盖"数据采集—传输—计算—应用"的全价值链数字化解决方案，推动生产流程优化、组织方式变革和新型产业生态的形成。为实现人、机、物、系统的全面互联互通，工业互联网对相关技术提出了更高要求。

1）异构连接支持。构建支持多协议转换的泛在连接体系，实现异构设备的无缝接入。

2）通信网络保障。建设低时延、高可靠的实时通信网络，以满足工业精准控制需求。

3）数据处理能力。具备大规模工业数据的高效采集、存储与分析能力，为智能决策提供数据支撑。

4）安全防护体系：需要建立符合工业等级标准的安全防护机制，保障系统在全生命周期内的安全与稳定运行。

12.2.2　面向制造循环的工业互联网架构

工业互联网作为支撑制造工业循环系统的关键技术，通过构建全要素连接、全流程协同和全生态融合的数字化架构，有效提升资源配置效率并推动制造业转型升级。该体系具备立体化网络特征，既实现跨企业的横向供需协同，又打通企业内部各部门的纵向业务集成。基于智能感知与新一代通信技术，将制造系统中的物质流（资源、能源）、信息流（生产数据）和服务流（物流）转化为数字化连接，为制造循环模式提供基础设施支撑。针对制造循环工业系统，根据网络连接的主体和平台实现的功能，从体系架构的角度，自下而上设计工业互联网的层级结构，包含设备层、车间层、企业层与产业层，如图 12-1 所示。

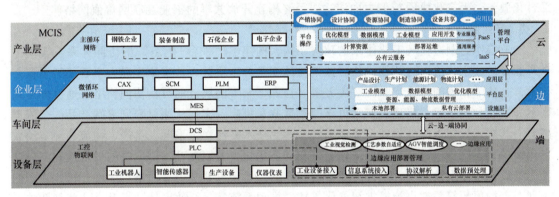

图 12-1　制造循环工业系统的工业互联网架构

注：CAX 为计算机辅助技术的统称，PLM 为产品生命周期管理，DCS 为集散式控制系统。

1. 设备层

设备层作为工业互联网体系架构的基础支撑层，主要由智能生产装备和分布式感知网络构成，其核心功能是实现生产现场的数据实时采集和指令精准执行。传统工业生产模式下，设备层普遍存在"信息孤岛"现象，各生产单元缺乏有效的协同机制。随着工业互联网技术的成熟，设备层逐步实现了智能化转型。在工业互联网的设备层中，通过部署智能传感器和边缘计算节点，不仅能够实时采集温度、压力等关键工艺参数，还能在本地完成数据预处理，大幅提升系统响应速度。基于 OPC UA、Modbus 等标准化工业协议，实现了跨厂商设备的无缝互联与数据可靠交互。更值得关注的是，现代设备层通过集成智能诊断算法和预测性维护模型，构建了"监测—分析—预警—优化"的闭环运维体系，使设备可靠性和生产效率得到显著提升。这些技术创新共同推动设备层从被动执行单元向自主决策终端的转型升级。

2. 车间层

车间层作为工业互联网架构的中间枢纽，通过边缘计算等技术实现数据的就近处理与智能分析。该层由边缘网关、服务器等计算服务设备构成，主要承担的任务首先是对来自设备层的大量原始数据进行实时清洗、压缩和特征提取，显著降低网络传输负载。然后依托本地化计算能力实现产线状态监测、异常预警等实时服务。最后采用加密存储机制对关键工艺数据进行本地备份，保障数据安全。其中，边缘网关作为关键组件，负责将设备层的数据协议转换为企业层的数据格式，从而实现不同层级系统之间的数据互通。边缘服务器则运行智能算法，实时优化生产流程。这一架构设计有效平衡了实时性、安全性与系统负载，为智能制造提供了关键的中间层支撑。

3. 企业层

企业层作为工业互联网架构的中枢系统，集成了数据中心、云平台和智能应用等核心组件，主要承担着数据价值挖掘和智能决策的核心功能。在基础设施层面，基于云计算平台实现计算、存储资源的弹性调度；在数据治理层面，通过大数据中台完成多源异构数据的汇聚、清洗与价值挖掘；在智能应用层面，依托 AI 算法和数字孪生技术开发预测性维护、智能排产等工业级应用。这一架构推动企业运营模式实现三大范式转变：决策方式由经验驱动升级为数据驱动、响应机制从被动处置演进为主动预测、优化范围从单点突破扩展到全局协同。展望未来，随着 5G、区块链等新兴技术的深度集成，企业层将加速向"智能化决策、平台化服务、生态化协同"的方向演进，最终构建开放共享的工业互联网价值网络。

4. 产业层

产业层作为制造循环工业体系的顶层架构，构建了"平台+生态"的协同体系，实现了全产业链的数字化协同与智能优化。该架构深度融合区块链、数字孪生和人工智能三大核心技术，打造了完整的产业互联网解决方案。首先，基于区块链的可信协同网络，通过分布式账本和智能合约技术，构建了安全可靠的数据共享机制，实现从原材料到终端产品的全流程溯源。其次，智能供应链管理系统运用数字孪生技术，建立了采购、生产、物流等环节的数字化镜像，支持供应链全链路可视化监控和动态优化，大幅提升了供应链的敏捷性和响应速度。最后，产业大数据平台整合产业链运营数据，运用机器学习算法进行深度分析，为产能规划、市场预测等关键决策提供智能化支持，推动系统链运行效率持续提升。这些创新技术的融合应用正在推动传统系统链的运行模式，主要体现在协作模式从封闭线性向开放网络演进，决策机制从经验主导向数据驱动转型，优化范围从局部改善向全局协同升级。这些转变不仅提升了系统链的运行效率，更重塑了产业协同的价值创造方式。

12.3 工业互联网"端-边-云"协同技术

随着信息技术的飞速发展，制造业正处于全面数字化转型的浪潮之中，面向制造循环的工业互联网"端-边-云"协同技术正逐渐成为引领产业智能化升级的重要驱动力，通过资源、数据、应用和服务等维度的紧密协同，"端-边-云"协同技术能够实现制造环节的智能化管理和优化。

12.3.1 "端-边-云"协同概念

"端-边-云"协同技术作为一种新兴的计算模式，正日益受到各个行业的关注和应用。这种技术模式通过将计算任务在端设备、边缘节点和云端之间合理分配和协同处理，为实现高效生产和管理提供了新的思路和方法。对于制造循环工业来说，资源、数据、应用和服务的协同是实现高效生产和管理的重要引擎，工业互联网的"端-边-云"协同架构是实现这种协同的关键。

资源协同是"端-边-云"系统中各个计算节点之间合作利用资源的过程，包括计算资源、存储资源、网络带宽等。资源协同的核心目标是实现资源的高效利用和平衡分配，以满足不同任务的需求。例如，在一条工厂生产线上，通过资源协同技术可以将一些计算密集型的任务分配给资源充足的边缘节点处理，而将一些数据存储任务分配给云端，以实现整体资源的合理利用和优化。

数据协同是指"端-边-云"系统中数据的共享、传输和处理过程。数据协同能够实现实时数据采集、数据处理、数据分析等功能。例如，在一个智能工厂中，各个设备通过传感器采集到的数据可以通过边缘节点进行初步处理，提取出关键信息，然后传输到云端进行进一步的数据分析和挖掘，以实现对生产过程的实时监控和优化。

应用协同是指"端-边-云"系统中各个应用之间的协同工作。这种协同工作可以通过多种方式实现，包括算法模型的共享、应用服务的协同部署等。例如，基于"端-边-云"协同的流程工艺参数自适应实时优化模型，通过在边缘端实现工艺参数的实时优化，并通过云端部署自更新机制以实现边缘端算法模型的自感知更新，形成了集算法训练-更新-调用的"端-边-云"高效协同自动化闭环网络。

"端-边-云"协同技术在制造循环工业中的应用，不仅能够提高资源的利用效率，还能够实现数据的实时处理和应用的高效协同，从而推动制造业向智能化、自动化方向发展。

12.3.2　"端-边-云"协同技术架构

"端-边-云"协同技术架构是一种使端设备、边缘计算节点和云平台相互协作的系统设计，旨在实现高效的数据处理与应用部署。本节将详细探讨"端-边-云"协同技术的架构，包括端设备层、边缘计算层、云平台层，以及它们之间的协同与集成机制。

1. 端设备层

端设备层是"端-边-云"协同技术架构的底层支撑，包括各种智能终端、传感器、执行器等，主要承担数据的采集和传输。这一层通常直接与用户或现场环境交互，持续产生涵盖环境参数、空间坐标及多媒体内容等多元异构数据，对于不同的应用场景具有重要的信息价值。在性能要求方面，端设备层表现出三个显著特征：首先，在工业控制和智能交通等实时性要求严格的场景中，设备需要具备高效的数据采集与传输能力，确保系统响应的时效性和准确性；其次，考虑到设备长期运行的需求，低功耗设计成为关键因素，需要通过优化硬件架构和电源管理策略来延长设备使用寿命；最后，面对结构化与非结构化数据的混合处理需求，端设备需要具备较强的数据预处理能力，为上层系统提供高质量的数据支撑。这些特性使得端设备层在整体架构中扮演着至关重要的基础性角色。

2. 边缘计算层

边缘计算层在端-边-云协同架构中扮演着承上启下的关键角色，负责接收从端设备传来的数据，并进行初步的处理和分析。其通常部署在距离数据产生源头比较近的位置，可以是位于网络边缘的服务器、网关、路由器等。边缘计算层的主要任务是对接收到的数据进行过滤、聚合、加工等处理，以减少传输到云端的数据量，并提取出有价值的信息。

边缘计算层的特点在于其在数据处理和应用部署方面具有独特的优势。

首先，边缘计算节点位于数据产生的源头附近，能够实现更低延迟的数据处理和响应。这使得边缘计算层能够满足对实时性要求较高的应用场景，提供更快速的数据处理和反馈，确保系统的及时性和灵活性。

其次，边缘计算节点具备一定的数据存储能力，能够在本地缓存部分数据。这种数据缓存功能有助于应对网络断连或云端不可达等突发情况，提高了系统的可靠性和稳定性。即使在网络连接不稳定的环境下，边缘计算层也能够保证部分数据的处理和存储，保障系统的正常运行。

最后，边缘计算节点还具备一定的计算资源，具备部署轻量级 AI 模型的能力，可在边缘侧实现初步的数据分析与决策，减轻云端计算负担，降低数据传输量，提高系统的整体性能。通过在边缘计算层进行部分数据处理和决策，有效地降低对云端资源的依赖，提高系统的可扩展性和稳定性。

3. 云平台层

云平台层是"端-边-云"协同技术架构的中枢系统，包括远程的服务器、数据中心等云端资源，承担着全局数据处理与智能分析的核心职能。云平台层通常部署了大规模的计算资源和存储资源，具有较强的计算能力和数据处理能力。在大规模存储方面，云平台层拥有丰富的存储资源，足以应对海量数据的存储需求，并能够长期有效地管理这些数据。在高性能计算方面，云平台层通常配置了大规模的计算资源，能够实现高效的数据处理和分析，支持运行复杂的算法和模型。在弹性扩展方面，云平台层具备灵活的资源扩展能力，可以根据具体的应用需求实时调整资源配置，实现系统的灵活扩展和资源的动态分配。

此外，云平台层与边缘计算层之间建立了稳定的数据传输通道，将经过初步处理的数据传输到云端进行更深入的数据处理和分析，为应用部署提供了必要的支持。

4. 协同与集成机制

协同与集成机制在"端-边-云"协同技术的实现中扮演着至关重要的角色。通过端、边、云之间的协同与集成，可以实现数据的高效处理和应用部署，从而提升系统的性能和效率。具体而言，"端-边-云"协同技术可以分为"端-边"协同、"端-云"协同和"端-边-云"协同三种模式。

"端-边"协同是指端设备与边缘计算节点之间的协同工作。在这种模式下，端设备负责数据的采集和初步处理，而边缘计算节点则负责接收这些数据，进行进一步的处理和分析。端设备可以将采集到的数据通过网络传输到边缘计算节点，边缘计算节点利用其较强的计算和存储能力，对数据进行更加深入的分析和处理，然后将结果返回给端设备或传输到云端。在"端-边"协同模式下，需要设计合适的通信协议和数据传输机制，以确保数据能够顺利地从端设备传输到边缘计算节点，并能够在边缘计算节点上进行高效的处理和分析。同时，还需要考虑边缘计算节点的资源限制和性能特点，以便更好地利用这些资源，提升系统的整体性能和效率。

"端-云"协同是指端设备与云平台之间的协同工作。在这种模式下，端设备负责数据的采集和传输，而云平台则负责接收、存储和处理这些数据。与"端-边"协同不同的是，在"端-云"协同模式下，数据的处理和分析主要由云平台完成，而端设备主要承担数据的采集和传输任务。在"端-云"协同模式下，端设备需要具备一定的数据处理和预处理能力，以便将采集到的数据进行初步的处理和分析，减少传输到云端的数据量。同时，还需要设计合适的数据传输机制和安全机制，以确保数据能够安全、稳定地传输到云平台，并且能够在云平台上得到及时、有效的处理和分析。

"端-边-云"协同是指端设备、边缘计算节点和云平台之间的协同工作。在这种模式下，端设备负责数据的采集和初步处理，边缘计算节点负责接收并进一步处理这些数据，而云平台则负责接收、存储和处理边缘计算节点传输过来的数据。通过"端-边-云"协同，可以实现数据在端、边和云之间的无缝传输和处理，从而提升系统的整体性能和效率。在"端-边-云"协同模式下，需要设计合适的数据传输机制和协议，以确保数据能够顺利地从端设备传输到边缘计算节点，并能够在边缘计算节点上得到高效的处理和分析。同时，还需要考虑边缘计算节点和云平台之间的通信和协同机制，以确保数据能够及时、安全地传输到云平台，并能够在云平台上得到及时、有效的处理和分析。

12.3.3　"端-边-云"协同优化技术

随着 5G 和互联网时代的到来，"端-边-云"协同技术逐渐兴起，它通过集成终端设备、边缘计算节点和云端数据中心，实现了三者之间的紧密协作和资源共享，从而提高了数据处理和计算任务的效率。此外，为了进一步挖掘和利用该系统中的计算资源，"端-边-云"算力技术应运而生。"端-边-云"算力是通过整合终端设备、边缘计算设备和云计算中心，形成的一种协同工作的算力体系。它旨在通过优化算力资源的分配和利用，缓解云端的压力，提高数据处理效率和实时性，以满足日益增长的计算需求。

"端-边-云"算力的提供为计算平台带来了巨大的可能性，借助"端-边-云"协同网络的整合，构建起高效且灵活的计算资源调度体系。然而，要充分释放这一模式的潜力，还需多项关键支撑技术的配合，其中具体如图 12-2 所示。

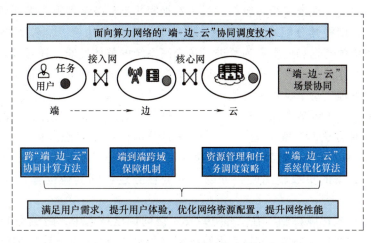

图 12-2　"端-边-云"协同调度关键技术

其中，协同网络的优化与调度策略是提升"端-边-云"资源利用效率的核心环节，实现这一目标需要依赖精细化的管理与调度能力，而这正需要"端-边-云"协同调度的核心技术作为支撑，包括跨"端-边-云"的协同计算方法、端到端跨域保障机制、资源管理与任务调度策略、"端-云"协同的多目标优化算法等。在这些关键技术的驱动下，协同网络能够应对多变复杂的业务需求，优化资源配置，提升整体网络性能。此类优化不仅能提升算力资源的使用效率，还增强了网络系统的稳定性和适应能力，从而为多种应用场景提供可靠、高效的支撑服务。

（1）跨"端-边-云"协同计算方法　在面对多源异构的复杂场景时，任务卸载策略的优化是一项多维度且极具挑战性的任务，不仅需要全面考虑任务的计算量、数据传输量，还需要精准评估各节点的计算能力，以及确保资源的最大化利用。在决策过程中，需要仔细权衡不同因素之间的关系，如任务的紧急程度、节点的负载状态以及网络带宽的可用性，从而确保任务能够在最合适的节点上高效完成，同时减少资源的浪费和等待时间。因此，制定一个全面、细致且有效的卸载决策对于确保整个系统的高效运行至关重要。

随着云计算和边缘计算的日益普及和广泛应用，传统的协同计算方法在"端-边-云"协同场景中逐渐展现出其局限性，难以满足日益增长的计算需求。传统的云计算或边缘计算设计的协同计算方法往往基于单一的计算环境或架构，而"端-边-云"协同场景则涉及更为复杂和异构的计算环境。因此，不仅要考虑计算资源的分布和配置，还要考虑不同设备之间的通信成本、数据同步等问题。"端-边-云"设备的异构性也是一个不可忽视的挑战，不同的设备具有不同的计算能力、存储能力和通信能力，这就要求计算方法必须能够灵活地适应各种设备的需求，并能够在异构设备间进行有效协同。现有的计算方法在处理多任务、多终端的复杂场景时，往往缺乏足够的智能化和动态性，无法根据任务的特性和计算节点的资源情况进行动态调整，从而导致处理效率的低下和资源的浪费。

针对"端-边-云"设备的异构性，需要根据异构设备需求，采用定制化的协同计算策略，以下是两种主要方法，它们均致力于优化资源分配和提高计算效率。一种是基于设备特性的任务分配，即在"端-边-云"协同计算中，任务分配策略需要基于设备性能特征进行优化设计。对于计算资源较多的云节点，可以优先分配计算密集型任务，这些任务通常需要大量计算资源，但对实时性要求相对较低。对于数据密集型任务，即那些需要频繁访问和传输大量数据的任务，则将其分配给边缘节点，由于其位于网络边缘，能够直接与用户设备交互，减少数据传输的延迟和成本。为了进一步提高系统的整体性能，还可以采用任务切分和协同执行的方法。这种方法将复杂的任务拆分成多个独立的子任务，并将这些子任务分配给不同的设备并行处理。每个设备独立执行自己的子任务，最后将结果汇总以得到最终结果。该方法不仅充分利用了各节点的计算能力，还通过并行处理减少了整体任务的处理时间。

在实施这两种方法时，需要密切关注设备的异构性和动态性。由于不同设备的计算能力和资源利用率可能存在差异，应根据实时的设备状态和任务需求来动态调整任务分配策略。当某个设备的负载较高时，可以将部分任务迁移到其他设备，以平衡负载并优化整体性能。

（2）端到端跨域保障机制　在"端-边-云"协同调度技术中，跨域保障机制是维持系统高效与稳定运行的核心支撑，其核心由时延控制与服务质量（QoS）管理两部分组成，两者密切协同、相辅相成。时延控制致力于通过多种手段提升系统响应效率，包括基于节点能力进行智能任务分配、优化传输协议与路由路径、部署边缘计算实现近源处理，以及优先调度关键任务以保障实时性。这些措施共同作用，有效压缩传输距离，增强系统的时效响应能力。与此同时，QoS 管理体系则通过关键资源预留、性能指标实时监测、故障检测与快速恢复机制，以及严格的 SLA 协议管理，为系统构建起稳定的运行保障环境。两者协同形成良性闭环：时延优化提升响应速度，QoS保障提供支撑基础。借助智能调度算法，系统能够灵活调整资源分配，实现计算任务的动态平衡，既满足实时处理需求，又维持服务质量稳定性。该机制尤其适用于对延迟敏感且稳定性要求高的场景，如工业控制和自动驾驶等，真正实现了系统性能与可靠性的融合统一。

(3) 资源管理和任务调度策略 "端-边-云"协同网络的核心运行机制依赖于资源管理与任务调度两项关键技术的协同作用，共同提升系统效能和服务水平。在资源优化方面，通过多维资源整合技术实现对计算、存储和网络等异构资源的统一管理，并结合动态分配机制，根据实时负载调整资源分配比例。此外，能效平衡策略在性能与能耗之间寻找最优解决方案，同时状态监控系统实时追踪各类资源的使用情况。智能任务分配技术则通过任务特征分析，评估计算量、时延要求等关键指标，采用分级调度策略区分实时任务与批处理任务，并通过负载均衡算法避免节点过载或闲置，配合容错迁移机制应对突发故障或性能波动。资源优化和任务分配两者的协同作用体现在：资源优化为任务分配提供基础支撑，智能任务分配促进资源的高效利用，二者共同确保系统满足多样化的服务需求，并持续优化整体性能与服务质量。通过这种动态平衡机制，系统能够灵活适应各类应用场景，在保证服务质量的同时最大化资源的利用率，成为"端-边-云"架构的核心竞争优势。

任务调度主要包括任务卸载策略和资源配置优化，其中任务卸载策略指的是根据任务特性和系统状态，将任务从一个处理节点卸载到另一个节点的策略。在"端-边-云"协同中，任务卸载策略有助于优化系统的数据处理性能和资源利用效率。常见的卸载策略包括基于负载均衡的卸载、基于能耗的卸载和基于数据局部性的卸载。基于负载均衡的卸载通过监测各节点负载动态调整任务分配，当某个节点负载过高时，任务会被卸载到负载较低的节点，避免性能下降，从而提升系统整体性能。基于能耗的卸载则考虑到节点的能耗特性，将任务从能耗较高的节点卸载到能耗较低的节点，以降低系统的能耗成本，同时保持性能。基于数据局部性的卸载根据任务对数据访问模式的需求，将任务卸载到能更快访问相关数据的节点，减少数据传输延迟，提高数据处理效率，特别适用于数据访问模式复杂的应用场景，有效提升数据处理性能。

资源配置优化通过合理调度和调整各节点资源，提升"端-边-云"协同系统的性能和效率。优化策略包括数据预处理与压缩、弹性资源调度，以及缓存与预取机制。数据预处理与压缩通过在端设备或边缘计算节点对数据进行初步处理，减少传输量和延迟，从而降低传输成本和网络负担。弹性资源调度根据系统负载和任务特性动态调整各节点的资源配置，轻负载时减少云平台资源以节省能源，重负载时增加边缘计算节点的计算资源，提高处理能力。缓存与预取机制则通过提前将可能需要的数据缓存到本地存储，减少数据访问延迟，提高数据访问效率和系统整体性能。这些策略共同作用，确保"端-边-云"协同系统能够高效、灵活地响应不同的任务需求，优化资源利用。

通过任务卸载策略和资源配置优化等技术手段，可以有效地优化"端-边-云"协同系统的性能和效率，提高数据处理的速度和质量，为各种应用场景的实际需求提供更好的支持。

(4) "端-边-云"系统优化算法 在"端-边-云"协同架构中，计算和通信资源的优化是实现高效系统性能的关键。为了实现这一目标，可以采用多种先进的优化算法。负载均衡算法通过实时监测各节点的负载情况，智能地将任务分配到云端和边缘设备，以实现负载均衡，避免性能瓶颈。其次，强化学习算法通过模拟系统运行，学习并预测资源需求，自适应地调整资源分配策略，以最大化系统性能。遗传算法作为一种强大的智能优化算法，也在计算资源优化中发挥了重要作用。在资源分配场景中，该算法通过模拟生物进化过程，能够在合理时间内获得较优的资源调度方案，显著提升系统整体性能。其鲁棒性和适应性使其特别适合解决"端-边-云"环境下的复杂优化问题。

在"端-边-云"协同中，通信资源的优化是保障数据在各层级间高效传输的重要支撑。数据传输增强算法通过改进传输协议和智能数据压缩技术，显著降低传输时延，同时提升带宽利用率。动态路由优化算法实时感知网络拓扑变化，预测设备状态并支持多路径并行传输，将路径切换延迟控制在可接受范围内。自适应流量管控算法根据网络状态动态调整速率，实施差异化服务质量策略，以避免网络拥塞和数据丢失，提升数据传输的可靠性。这些算法协同作用，通过优化数据封装效率、确保最优传输路径和维持网络稳定性，使得"端-边-云"协同架构能够应对复杂网络环境，提供高可靠、低时延的数据传输服务，有效支持工业物联网、智能驾驶等对通信质量要求极高的应用场景。

12.4 工业互联网通信技术

工业互联网通信技术作为连接生产设备、数据和人员的桥梁，为制造循环提供了技术支持和实现路径。通过实时数据采集、分析和优化，工业互联网通信技术帮助企业实现对生产过程的精细化管理和优化，最大限度地减少资源的浪费和能源的消耗，从而实现制造循环的有组织运行。

12.4.1 通信技术概述

工业互联网通信技术将工业生产中的各种设备、系统、资源进行连接和通信，实现信息的获取、传输、处理和应用的过程，涵盖传统有线通信技术和新兴的无线通信技术，包括传感器网络、工业以太网、无线传输技术等，为工业生产提供了高效、智能的通信解决方案，实现了设备之间的互联互通，是工业生产数字化、智能化的基础。

近年来，工业互联网正在经历从信息化、网络化到智能化、数字化的转变。这一转变得以实现，部分归功于社会工业生产经济的革新、传感器技术的进步，以及智能工业通信服务的发展。这些进步使得工业互联网不仅能够深度融合工业感应技术和传输水平，还构建了智能化服务体系，实现了人、机、系统的协同连接。

传统工业通信技术由于信息采集速度慢、动态性不足、存储量小和传输不及时等特点，难以适应当前智能化工业革命的需求。相比之下，新型无线通信技术具备部署便捷、经济成本低和适用性强等优势。

无线通信技术是通过无线电波或红外线等介质进行信息传输的技术。其基本原理是利用无线电波将信息转换成电磁波信号，通过空气或其他介质传输至接收端，再将电磁波信号转换回信息，可以在不受地理位置限制的情况下进行通信，极大地提高了信息传输的便利性和灵活性。无线通信技术使得工业监控、无人值守等智能硬件设备（如传感器设备、数控工业设备）能够快速接入互联网管理平台。这种快速接入不仅实现了远程监控管理，还确保了工业感知层数据的稳定运行、统一管理和传输，从而提升了工业安全生产的潜力和实际应用价值。

12.4.2　工业互联网通信优化

面向工业互联网的通信技术需要满足低时延、高可靠、大规模连接和超高带宽的需求，面向不同的工业应用场景，需要满足不同的工作指标。但是，现有的 5G 设备和技术并不能良好地同时满足上述需要，因此对现有的频谱资源、通信设备等通信资源进行系统分析与优化设计是十分必要的。对于制造循环中的通信技术而言，需要处理的问题包括信道估计、通信感知一体化集成技术、通信资源分配、频谱管理等。在本节的后续过程中，将介绍几个应用系统优化的通信问题。

1. 信道估计

信道估计是在通信过程中，接收端根据接收到的信号推断信道模型参数的技术。该过程使接收机能够获取信道的冲激响应信息，为后续的相干解调提供必要的信道状态信息（Channel State Information，CSI）。信道估计是无线通信中的重要环节，由于无线通信系统的性能很大程度上受到信道的影响，并且信道具有随机性，因此信道估计的精度会影响后续信号的恢复，从而影响通信系统的性能。

信道优化是通信优化的重要一环，高质量的信道估计算法对于后续的信道资源分配有着重要作用，信道估计的精度影响通信资源分配的结果，精准的信道估计有助于降低通信系统的能量消耗，提高通信系统的能量效率。

目前的信道估计算法主要包括以下三种：基于导频的信道估计算法、盲估计算法和半盲估计算法。基于导频的信道估计算法的原理就是在通信过程中，发射机需要发送导频信号，接收机接收导频信号并应用最小二乘法（LSM）、最小均方误差法（LMSE）进行信道估计。这种方式的优点在于通过训练可以获得较好的信道估计性能，但由于导频信号的存在导致通信频谱效率降低。盲估计算法无须在发送机中发射导频信号，利用信号中固有的结构和统计信息中获取 CSI，资源开销少，但性能较差。相对于盲估计算法，半盲估计算法使用少量导频信号进行信道估计，但是受限于导频序列的长度，可能会出现相位模糊、收敛慢等问题。

随着无线技术的演进，无线通信的频段逐步转向毫米波频段，毫米波通信具有大带宽的优点，是 B5G 的发展方向之一。毫米波频段的频谱位于 30G~300GHz 之间，受限于毫米波波长，其自由空间路径损耗较高、穿透损耗大、传输距离受限，需要结合大规模 MIMO（多进多出）技术提高通信系统的性能。与此同时，获取毫米波的 CSI 变得更加困难，许多研究已经证明毫米波信道具有较强的稀疏性，由于存在大量的发射和接收天线以及较小的信噪比，毫米波大规模 MIMO 信道的信道估计（CE）面临着严峻的挑战。传统的基于导频的信道估计方法并不是最佳解决方案。目前存在几种可行的信道估计方案。一种方案是将 AoAs/AoDs 估计公式化为块稀疏信号恢复问题，并引入自适应角度估计算法来解决该问题。另一种方案是使用压缩感知技术，通过压缩信号表示来处理估计稀疏信号，应用正交匹配追踪算法（OMP）或近似消息传递算法（AMP）恢复稀疏信号。此外，随着深度学习技术的发展，使用深度学习方法结合压缩感知技术进行信道估计也是一种可行的方案。

2. 通信感知一体化技术

通信感知一体化技术（ISAC）是将通信系统和雷达传感系统集成的一种技术，在实现高质量通信的同时实现高精度的感知，可以解决现有通信功能和传感功能分离设计导致的高速数据传输和高精度传感的冲突，可以满足工业场景下大规模机器类通信（MTC）的需求。同时，通信感知一体化技术实现了无线通信和雷达传感，两者共用同一频谱，提高了频谱的利用效率。但是，将通信感知一体化技术集成到工业互联网通信中仍然需要平衡通信和雷达传感的性能，设计通信感知一体化的信号，并满足通信系统的高效可靠的数据传输需求和雷达系统的高分辨率的目标感知。面对这样一个复杂的系统，需要同时满足通信功能需求的高频谱效率和抗干扰能力，以及雷达系统需要的良好的自相关性、大信号带宽和大动态范围等，如何进行取舍，是可以探索的优化问题。

在应用通信感知一体化时，需要对通信感知一体化信号进行优化。通信感知一体化信号优化主要包括三类：峰值旁瓣比优化（PART）、干扰管理和自适应信号优化。峰值旁瓣比优化主要是解决高峰值旁瓣比导致 OFDM 的传输信号出现在频带外或者带内失真。干扰管理主要解决的是互干扰和自干扰。互干扰是指在多用户场景中，一个用户的发射信号会对其他用户造成严重干扰。自干扰是雷达系统的回波在通信系统传输完成之前返回到接收机，传输会干扰回波信号。自适应信号优化包括通信感知一体化信号参数优化和结构优化，在参数优化时，需要根据场景需求设计目标函数和约束条件，结构优化时主要考虑雷达和感知之间的性能权衡。

峰值旁瓣比优化主要包括三种方法：编码法、MUSIC 法和概率法。编码法主要通过编码续写生成具有低峰值旁瓣比的信号，但是需要同时生成多个编码候选序列，计算量大，对于编码序列较长、子载波多的情况需要较长的时间。MUSIC 法保留一些子载波用于调制 LFM 信号并生成峰值消除信号，其他子载波用于传输通信信号。该方法复杂度低、误码率低，但是造成了频谱资源利用率低。概率法是编码法的扩展，从序列集中选择峰值旁瓣比最低的序列作为传输序列。

自适应信号优化主要分为两类：信号参数优化和信号结构优化。信号参数优化主要是针对通信感知一体化信号的空间域、时域、频域参数进行优化，满足不同场景的通信和传感需求。空间域优化主要使用波束成形和预编码方法，时域、频域参数优化主要是应用传感和通信的互信息和 CRLB（Cramer-Rao Lower Bound）来优化信号。信号结构优化主要是优化导频信号结构和资源的分配。

3. 通信资源分配

在 5G 大规模设备连接的场景下，为了保证通信系统的服务质量，需要使用超密集网络（UDN）增强网络容量，提高网络的频谱利用率。受限于网络资源，需要设计高质量的资源分配算法，最大限度地提高资源利用率（频谱效率、能量效率等）。超密网络可以定义为活跃用户数量相对于小区密度较少的蜂窝网络，具体的实现路径包括长期演进-非授权（LTE-U）、认知无线电网络（CRN）、异构网络（HetNets）、云无线电接入网络（C-RAN）、设备到设备（D2D）网络和毫米波网络等。在工业互联网场景下，我们主要聚焦于超密集异构网络架构、设备到设备网络和毫米波网络。

超密集异构网络是指密集部署的各种高功率蜂窝网（Macro-Cell）、低功率小蜂窝网（Mircro-Cell）等异构网络设施，提高网络的容量和覆盖范围，充分利用频谱资源。在 5G 和更高容量的密集部署中，会存在较为严重的干扰问题和小区边缘效应。需要设计资源分配算法消除干扰并提高网络的速率，增加系统的能量效率。目前，一些研究考虑使用博弈论、强化学习、随机几何等方法解决小区间干扰问题，提高小区边缘吞吐量和通信系统的能量效率。

设备到设备网络是通过重复利用无线资源块提高超密集网络的频谱效率。一对设备到设备网络可以重复利用另一对设备的通信频率，减轻基站的负担并在没有干扰情况下提高频谱效率和系统容量。在超密集设备到设备网络场景中，一些研究先考虑设备到设备网络资源分配，再考虑其他用户的资源分配，从而提高无线资源块的利用率。此外，还有一些研究使用启发式算法对无线资源进行分配，从而满足不同场景下网络的资源需求。

毫米波网络的通信频率范围为 30G ~ 300GHz，频谱范围高，但是存在严重的路径损耗。此外，受限于毫米波网络的波长，需要使用 MIMO 技术来解决通信过程中的路径损耗和阴影问题。在超密集毫米波网络的资源分配中，需要设计波束成形、波束宽度选择、用户关联等，许多研究通过对上述内容进行分配，提高毫米波系统的吞吐量、减少小区间的干扰并利用凸优化、稀疏优化技术进行求解。

在通信资源分配中，优化问题的目标主要包括能量效率、频谱效率、公平性、干扰、吞吐量、计算复杂性等。这些优化目标主要为了实现节能通信、提高通信系统的吞吐率和服务质量（QoE）等。可以根据不同的网络场景设计不同的优化目标，以满足不同的网络需求，利用优化技术和学习方法进行求解，提高通信系统的资源利用率。

4. 频谱分配

频谱分配是无线通信的关键环节之一，旨在通过合理调配有限的频谱资源，确保各类通信业务高效、稳定、可靠的运行。频谱分配过程涵盖频谱感知、分配策略制定与频谱接入等关键步骤，通过多环节协同提升系统的通信能力。在频谱感知阶段，系统需要实时探测周围信道的占用情况，识别频谱空闲区域并评估其通信质量。基于感知信息，未授权的次级用户可选择最优信道进行接入，同时避免干扰主用户（PU）和邻近用户。为进一步提升频谱利用效率与通信性能，次用户还需要动态调整传输功率、载波频率及调制方式，以适配目标信道。这一系列机制的有机配合，有效提升了无线通信网络在复杂信道环境下的稳定性与资源利用效率。

在无线通信系统中，频谱分配策略的选择直接影响网络的性能与资源利用效率。根据控制方式的不同，频谱分配策略主要分为集中式与分布式两类。集中式策略依赖中央控制节点统一调度各个用户的频谱接入，虽然能够实现一定程度的全局优化，但往往伴随着较高的系统开销和资源浪费，特别在能源受限的认知无线传感器网络中，能效较低的集中式方式显得尤为不适用。相比之下，分布式策略具备更高的灵活性和适应性，节点可根据自身状态自主决策接入频谱，既避免了中心控制的开销，又能有效提升频谱的总体利用率。传统的静态分配机制已无法满足日益增长的通信需求，而动态频谱分配凭借对环境的高度适应性和策略的灵活调整能力，成为提升系统频谱效率的关键。因此，需要重点探讨马尔可夫决策模型与人工智能方法两种典型的动态频谱分配机制，为构建高效、智能的无线通信系统提供理论支撑与实践路径。

（1）马尔可夫决策的频谱分配模型　马尔可夫决策的频谱分配算法模型是通过将经典马尔可夫决策理论与无线通信场景的特殊性相结合而构建的。在频谱分配的模型中，马尔可夫的四元组 $(S, A, r, \{P_i\}, \gamma)$ 数学模型映射为：

状态空间 S：表示信道的使用状态，假设有 N 个授权信道，每个信道可以是占用（1）

或空闲（0）。因此，状态空间 S 为

$$S = \{s = (s_1, s_2, s_3, \cdots, s_N) | s_i = \{0, 1\}\}$$

动作空间 A：表示次用户可以选择的信道。假设有 M 个次用户，每个次用户可以选择接入 1 至 N 号信道，或者选择不接入信道。动作空间 A 为

$$A = \{a = (a_1, a_2, a_3, \cdots, a_M) | a_j = \{0, 1, 2, \cdots, N\}\}$$

状态转移概率：表示信道状态（占用或空闲）发生变化的概率，主要由主用户的通信行为决定，且不依赖于次用户的选择。每个信道的转移可以视为一个独立的马尔可夫链，如图 12-3 所示。

奖励函数 γ：表示次用户采取某个动作后获得的奖励，可能包括吞吐量、能量消耗等。

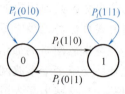

图 12-3　第 i 个信道的马尔可夫链

在频谱分配的目标是通过一系列决策获得最大的奖励。若已知信道转移概率，可以通过动态规划方法求解最优的频谱分配策略，优化每个状态下的决策，以最大化长期奖励。整个过程如图 12-4 所示。

（2）人工智能频谱分配模型　由于马尔科夫决策在频谱分配中的局限性，尤其是对于复杂和动态变化的信道环境，学者们近年来引入了遗传算法、强化学习等机器学习方法，提出了基于人工智能的频谱分配模型。该模型的基本思路是通过学习信道的历史数据，掌握其规律，从而优化次用户节点的决策，改进信道和参数选择，提高频谱利用率并降低干扰。具体而言，人工智能的频谱分配算法通常包括三个主要步骤：环境感知、学习训练和接入决策。在环境感知阶段，认知节点通过频谱感知技术与周围环境动态交互，获取频谱使用情况的观测数据；在学习训练阶段，利用机

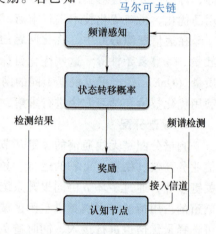

图 12-4　基于马尔可夫判决过程的动态频谱接入模型

器学习方法（如神经网络、深度强化学习等）基于历史和实时数据进行训练，以获取最优的接入策略；接入决策阶段则结合所有可用的知识和瞬时观测数据，优化参数并做出决策。该技术采用三层架构实现闭环优化，包括通过认知无线电进行实时环境感知、使用深度强化学习进行模型训练，并结合 LSTM 预测与 Q-learning 优化生成联合决策方案。

12.4.3　通信技术应用案例

得益于 5G 以及 B5G 技术的发展，目前，已经存在许多利用 5G 技术赋能工业互联网平台的案例，利用 5G 技术改造升级企业工厂网络，实现 IT（信息技术）、CT（通信技术）和 OT（运营技术）的融合部署，实现人、机、物、系统的全面连接。以钢铁制造业为例，通信技术的应用目标主要为数据采集、工业控制和视频、图像类信息传输等。

1. 5G 网络建设部署

5G 网络的建设部署主要分为三部分：车间层、企业层和产业层。

车间层网络主要是满足企业生产现场的状态感知、检测和过程控制，通过网络实现数据的上传和智能装备的控制。在车间层，通过部署 5G 网络和智能传感器，实现企业生产设备

的实时监控和远程控制。

企业层网络满足企业生产管理类的需求，例如生产过程中产品质量管理，企业经营中的采购营销等。这一网络可以通过 5G 虚拟专网技术将不同业务的网络进行隔离，不同工厂之间的网络数据交换需要通过防火墙以保证网络安全。

产业层网络主要是满足供应链中跨企业的业务协同的需求，例如产能供需对接等业务的通信需求，需要保证网络的安全可靠。对于企业间的网络通信，可以通过 5G 专线网络进行实时数据交互，以保证数据传输的安全可靠。

2. 5G 赋能钢铁生产

5G 技术在钢铁生产中的应用推动了工业自动化的深度变革，赋能钢铁企业实现更高效、智能的生产管理。钢铁企业的生产业务涵盖炼铁、炼钢、连铸和轧钢等环节，传统上依赖于生产网络、园区办公网和视频网等隔离的网络系统，而 5G 技术的引入打破了这一局限。通过 5G + OPC UA over TSN 的网络叠加，钢铁企业实现了从现场层到企业层的全覆盖网络，简化了层级结构，推动了网络扁平化和互联互通。

在此网络架构下，5G 网络通过网络分片技术，将生产、视频、办公等不同类型的网络统一承载，确保低时延、大带宽和大连接，满足钢铁企业在不同业务场景中的需求。此外，OPC UA 协议标准化了数据结构，使得现场设备、传感器和云端控制系统之间实现了无缝连接，提升了生产要素的智能互联和协同能力，确保了生产数据的高效流动和共享。

为了应对工业现场对低时延、高可靠性和确定性要求，IEEE 提出了时间敏感网络（TSN）标准，这一技术为钢铁企业提供了高实时需求业务的精确定时转发，确保数据的实时性与可靠性。随着大量传感器和 AGV（自动导引车）等智能设备在钢铁厂的部署，5G+ OPC UA over TSN 的融合网络技术解决了传统有线网络的局限，支持工业终端的无线接入和移动连接，极大地提高了智能工厂的数字化和智能化水平，助力钢铁企业实现更精准的决策分析与现场控制，最终推动钢铁企业向"智慧大脑"迈进。

3. 5G 赋能物流仓储存

传统的挂车运输钢卷存在极大安全隐患，转运效能低于产能，造成产品挤压，交货周期长。此外，由于仓库码头和车队管理之间无法进行实时的信息沟通，无法实现实时的精准调度。通过 5G 虚拟专网，打通了仓库码头和车队之间的信息流通，实现 5G 条件下的 AGV 车载高清监控视频实时查看，可以通过 5G 实时 24h 自动化和无人化的钢卷运输，实现物流运输过程的透明化和实时化，减少了作业时间，提高了作业效率。

4. 5G 赋能工业互联网的数据采集

钢铁产业生产现场通信需求具有高密度泛在连接的特点，此外，作业现场的环境较为恶劣，通常伴随着高温、灰尘、震动等环境，使用有线的方式部署存在较多的限制因素，但是 4G、WiFi 等无线通信技术并不能很好地满足高密度、大规模的连接。通过在工厂内部部署 5G 基站，实现作业现场数据传输的全覆盖，提高数据的传输效率。同时，通过 5G 专网，可以实现对钢铁生产过程中重点设备运行和状态数据的传输，通过远端或边缘服务器分析，实现设备的实时在线健康性检测、预测性维护和故障诊断。

此外，5G 专网也解决了复杂环境下的布线问题，通过无线网络覆盖，可以检测到以往的采集盲区，从而实现全面的数据采集和监控，帮助实现工艺优化和设备维护升级。

5. 5G 赋能工业互联网的工业控制

对于钢铁产业生产现场中的自动天车、机械臂等设备来说，这类设备通常应用于远程或移动场景，同时它们通常需要低时延、高可靠和高跟踪性的通信技术来满足远程控制的精准可靠。

通常，控制类设备的通信时间不应超过 1ms，传统的无线网络的稳定性和切换时延难以满足这类需求，而光纤连接又难以保证移动时的稳定性。通过在园区内部署 5G 专网，优化空口时延，可以满足高可靠和低时延的通信要求，为精确控制转炉出钢过程的转炉倾动和钢包停位等操作提供了有力的支撑。

将无人车、机器人等智能物流设备应用到钢铁行业也是未来发展的趋势。但是，对于无人驾驶或远程控制等操作，不仅需要满足网络的低时延和大带宽，还要保证网络在高移动性下的稳定。这对网络提出了极高的要求，即至少需要低于 20ms 的网络时延和高达 1Gbps 的传输速率，并保持其在移动过程中通信的稳定性。目前来看，5G 和 B5G 技术是这类应用的最佳解决方案，可以满足智能设备的高速数据传输能力。

6. 5G 赋能工业互联网的图像和视频传输

对于钢铁产业而言，在质量管理和作业现场的监控传输中，存在大量的数据传输需求。通过结合人工智能技术和边缘计算技术，可以对上述的图像视频信息进行分析处理，监控产品质量和生产安全。对于不同场景下的图像视频数据而言，其需要满足的处理时间并不相同，应用 5G 技术的大带宽以及资源分配技术可以较好地满足数据传输需求。

以质量检测为例，超高分辨率的工业相机产生的数据量较大，可以利用 5G 的大带宽能力并结合移动边缘计算实现低时延的视频图像传输处理，即钢铁企业通过部署工业相机采集高清的视频图像数据，通过 5G 专网将数据传输到边缘处理平台和控制室，通过边缘服务器部署的视觉识别系统对图像进行分析，从而实现产品的表面缺陷检测，提高检测效率。

在安全管理方面，通过 5G 专网可以实现园区内全场景的网络覆盖，可以结合移动设备对园区内进行安全监测，利用 5G 的大带宽实现多路高清视频信息的实时传输，从而高效直观地展示人员的工作状态和设备的工作情况。

12.5 工业互联网安全技术

工业系统的安全防护体系正在经历重要演进，其内涵已从传统的单一维度扩展为三大支柱：首先是功能安全（Functional Safety），着重保障设备在故障情况下的安全状态转换；其次是物理安全（Physical Safety），关注人员与设备的实体防护；最后是信息安全（Security），防范数字化带来的新型网络威胁。近年来，随着工业控制系统信息化水平的不断提升，信息带来的安全问题变得越来越严重，业界对信息安全重视程度也有实质性提升。

与传统的工业控制系统安全相比，工业互联网安全面临着新型的挑战，主要表现在边界泛化效应、责任主体模糊化和攻击影响扩散等方面，典型的风险聚焦于云平台架构、工业数据资产及终端设备接入的安全。随着系统复杂性的增加，多技术融合带来的安全隐患、实时性与安全性之间的矛盾，以及新旧系统共存中的漏洞问题也逐步浮现，此外，供应链安全依赖问题进一步加剧。在此背景下，体系化的安全建设显得尤为重要，要求在国家、产业及企业三个层面进行分层实施，并推动多维协同防护策略的落地，包括信息安全、功能安全和物理安全的整合。在此框架下，必须特别关注工业互联网统筹考虑全局安全，解决网络攻击等新型风险，同时评估信息安全防护措施对功能和物理安全的潜在影响，实现全局性、协调性的安全防护。

在工业互联网中，数据共享是核心业务应用之一，其安全保密性尤为关键。为防止敏感信息泄露，应以数据共享和交换为业务出发点，深入挖掘数据在共享过程中的安全与保密需求，强化顶层规划与体系设计。同时，需要聚焦关键防护技术的研发，从技术源头提升数据共享的安全保障能力，实现更高水平的保密防护。

12.5.1　安全理论概述

1. 安全基本概念

工业互联网安全体系采用多维度架构，从防护对象、技术措施和运营管理三个层面构建综合防御机制。该体系首先对关键防护对象进行分类保护，具体涵盖五大核心领域：在设备安全层面，重点保障智能终端设备的软硬件安全，包括工业控制器、传感器等关键组件的固件防护和系统完整性验证；控制安全领域着重确保工业协议的安全性、控制软件的可靠性及功能逻辑的确定性；网络安全防护覆盖工厂内外网络基础设施及工业标识解析系统，建立分域隔离机制；应用安全聚焦工业互联网平台及业务系统的漏洞管理和访问控制；数据安全则贯穿信息全生命周期，实施从采集、传输到存储、处理的端到端保护。基于这些防护对象的特性，系统通过实时监测、威胁感知和智能分析等技术手段，动态调整防护策略，实现安全风险的快速识别与响应。这种对象化、精细化的安全架构有效解决了工业互联网环境中的复杂防护需求。

工业互联网的安全防护需要建立明确的安全目标体系，其核心在于平衡三大关键要素——可用性（Availability）、完整性（Integrity）和保密性（Confidentiality），形成特有的AIC优先级排序。与传统 IT 系统侧重数据保密性（CIA）不同，工业互联网将系统可用性置于首位，这是由工业生产的本质特性决定的，任何可用性破坏都可能导致物理生产系统的异常甚至事故。具体而言，工业互联网安全目标体系包含三个维度：首先是确保生产系统的持续可靠运行，保障授权用户对关键资源的实时访问；其次维护数据和系统的完整性，防止未授权篡改并保持信息一致性；最后才是信息的保密性防护，控制敏感数据的知悉范围。这种AIC 优先级排序反映了工业场景的特殊需求。

此外，工业互联网的安全防护体系还需要扩展三个关键维度以形成更完善的防护能力：首先是可靠性保障，要求系统在全生命周期内持续稳定地执行预定功能，这需要通过设备冗余、故障预测等工程技术实现；其次是弹性恢复能力，确保系统在遭受攻击或故障后能快速重构并恢复正常运行，这依赖于灾备预案、自愈机制等设计；最后是隐私保护机制，针对工业场景中的用户身份信息、生产数据等敏感内容，采取匿名化、访问控制等技术手段。这三个维度与基础安全目标相互支撑。

2. 安全威胁与攻击类型

工业互联网推动了传统工业系统向数据化和智能化方向转型，显著增强了其与互联网的融合程度。然而，这种转变也使得原本封闭的运行环境变得开放，暴露出更多可能被利用的安全漏洞。在各类安全挑战中，最具破坏性的当属人为发起的恶意网络攻击。这类安全威胁根据攻击特征可分为两种基本范式：一是主动式攻击，通过直接干预系统运行破坏业务连续性；二是被动式攻击，采取隐蔽监听方式获取敏感信息。

主动攻击主要是指那些有明确攻击目标的行为，涉及修改数据流或创建错误的数据流。这些攻击通常包括假冒、重放、修改信息和拒绝服务等手段。主动攻击的目的是直接干扰或破坏系统的正常运行，以实现非法访问、篡改数据或干扰服务。例如，A 公司的一名员工可能通过篡改公司网络中的数据，以达到窃取敏感信息或破坏系统功能的目的。这种行为不仅侵犯了公司的合法权益，还可能导致严重的安全漏洞和数据泄露。

相比之下，被动攻击主要是指一切窃密的攻击行为。被动攻击者通常不会干扰网络信息系统的正常运行，而是通过截获、窃听或分析网络流量来获取敏感信息。被动攻击的目的是在不引起注意的情况下窃取数据，因此其行为通常更为隐蔽。例如，黑客可能会在网络中设置嗅探器，以截获用户的敏感信息，如用户名、密码和信用卡信息等。由于被动攻击不会直接干扰系统的正常运行，因此很难被监测和防范。

为了应对这些恶意攻击，需要采取一系列的安全措施，如采用强大的加密技术和安全协议来保护数据的传输和存储、定期进行安全审计和漏洞扫描、及时发现和修复潜在的安全风险等。同时，加强防火墙和入侵监测系统（IDS）等防护设备的配置和监控，以便及时监测和应对恶意攻击行为。

针对主动攻击和被动攻击的不同特点，需要采取不同的防范策略。对于主动攻击，需要关注系统安全漏洞的修复和升级，及时更新软件和操作系统，并加强对网络流量的监控和分析。对于被动攻击，需要加强数据加密和网络隔离措施，尽可能减少敏感信息的传输和存储。同时，定期进行安全审计和风险评估，以便及时发现和应对潜在的安全威胁。

3. 制造循环中安全挑战与风险

随着大数据技术和应用的迅猛发展，跨领域数据共享的需求变得愈发迫切。然而，安全问题成为影响数据共享发展的关键因素。世界各国，包括美国、欧盟和中国在内，越来越关注数据共享的安全性，并通过制定相关法律法规来推动数据共享的合法使用和安全保护。数据共享不仅要应对传统的数据安全与保密风险，还因其自身特性带来了诸多新的安全与保密挑战。

（1）共享交换平台的安全风险　首先，由于其集中存储大量高价值工业数据，极易成为高级持续性威胁（APT）组织的攻击目标，近年来针对该类平台的定向攻击呈快速增长趋势。其次，其分布式架构虽提升了灵活性，但也带来了更广的攻击面，整体安全性往往受到最薄弱节点的制约，攻击者常通过边缘节点突破，逐步横向渗透直至控制核心系统。此外，平台还面临来自硬件固件、软件漏洞及网络通信层的多层次复合型威胁，亟须构建覆盖终端、网络和云端的纵深安全防御体系。

（2）数据安全风险　首先是数据聚合风险，尽管单一数据可能不涉密，但在多源数据融合后，容易通过关联分析推断出敏感信息，进而增加信息泄露的可能性。其次是权责界定风险，由于数据血缘难以追溯，导致跨组织间一旦发生泄露，责任难以界定。最后是动态控制风险，传统静态权限策略难以适应数据的持续流动和实时访问场景。

（3）用户与管理终端的安全风险　终端安全是"最后一公里"的安全瓶颈，用户和管理终端的安全防护不足可能成为攻击共享交换平台的突破口。由于工业互联网平台的安全防护水平存在差异，一些部门已按照等级保护要求加强了终端安全防护，而其他部门则未采取足够的防护措施。防护不足的终端容易成为潜在的攻击途径，从而增加平台被攻击的风险。

12.5.2　安全关键技术

制造循环中的数据作为新型生产要素，其蕴含的巨大价值正在逐步释放，但数据隐私及安全问题却日益凸显，用户数据隐私如何保护的问题亟待解决。随着政策明确和法律法规完善，加之大环境条件逐渐完善，围绕数据要素流通市场，数据联合建模商业化需求提升，数据加密、隐私计算和博弈论在工业互联网隐私保护中发挥着不可或缺的作用，为解决数据安全和个人信息隐私提供了有效技术方案。

1. 数据加密

从底层关键技术的角度，数据加密可以在确保数据在传输和存储过程中的安全性、保护用户隐私、实现数据的细粒度访问控制，防止数据泄露、篡改等风险，同时支持跨域、跨平台的数据共享和访问。

（1）数据传输安全　为了防止数据在传输过程中被窃取或篡改，需要采用加密技术来保证数据的机密性和完整性。例如，基于区块链的动态节点密钥管理方案可以有效适应工业互联网的结构，保证通信安全可靠。

（2）用户隐私保护　在工业互联网中，大量的敏感数据需要被收集和分析，这就要求在数据共享和处理过程中保护个人隐私。使用差分隐私等技术可以在不泄露个体信息的前提下，发布有用的数据摘要。

（3）细粒度访问控制　为确保仅有授权用户能够访问特定数据，需要引入细粒度的访问控制机制。其中，属性基加密（ABE）作为实现精密权限管理的核心技术，通过将数据访问权限与用户属性动态关联，构建了灵活的访问控制体系，从而提升数据访问的安全性。

（4）跨域数据共享　在工业互联网中，不同组织之间需要共享数据以提高效率和创新。通过加密技术和区块链平台，可以在保护数据隐私的同时，实现安全的数据共享。

2. 隐私计算

基于隐私计算构建新型数据共享平台，通过可信第三方可以实现多信息系统之间的隐私信息交换，但交换后的隐私信息的删除权、延伸授权并未解决，采用去第三方的端到端数据流，数据不出本地库，其安全性上也更加容易证明，也有更好的安全感。实际场景中，隐私计算技术呈现出多层次、多维度的特点，可根据实际业务需求构建差异化的解决方案。在企业内部运营层面，该技术可有效支撑三大核心场景：首先，基于零知识证明的设备身份认证系统，能够实现高安全性的设备身份核验；其次，采用属性基加密的智能访问控制机制，可精确管理设备操作权限；最后，结合区块链的时间戳存证技术，为关键工业数据提供不可篡改的存证服务。

面向制造循环数据跨域共享的隐私计算关键技术主要包括安全多方计算、联邦学习和可信执行环境，能够在确保数据安全的同时，有效打破"数据孤岛"壁垒，实现数据开放共享，促进数据的深度挖掘使用和跨领域融合。

（1）多方安全计算　它是一种基于密码学原理的先进隐私计算技术，其核心在于实现"数据可用不可见"的计算范式。该技术通过同态加密、秘密分享、混淆电路等密码学方法，使得多个参与方能够在保持原始数据加密状态的前提下，协同完成既定的计算任务。在典型的应用场景中，各参与方将加密后的数据输入计算协议，系统在未解密的情况下直接对密文进行运算，最终仅输出计算结果而不会泄露任何原始数据。这种技术特别适用于产业链协同等需要跨组织数据融合的场景，例如在供应链优化分析中，既能整合上下游企业的销售、库存等敏感数据进行分析，又能确保各企业的商业机密不被泄露。

（2）联邦学习　这是一种分布式机器学习方法，允许多个参与者共同训练一个模型，而无须直接交换数据。这样可以在保护数据隐私的同时，实现数据的有效利用和模型的共同改进。联邦学习特别适用于工业人工智能领域，因为它能够解决数据稀缺问题，同时保护数据隐私、所有权和网络安全。

（3）可信执行环境（TEE）　这是一种硬件技术，提供了一个隔离的执行环境，其中代码和数据可以在安全的环境下运行，不会受到操作系统或其他软件的影响。TEE 可以用于保护数据共享平台中的隐私信息，增强平台的隐私保护能力。

3. 博弈理论

从机制设计角度来看，制造业数据的跨域共享是一个涉及多方参与的复杂博弈过程。在这一生态系统中，主要包括三类关键主体：一是数据提供方（如终端用户或制造企业），希望在隐私得到保障的前提下实现服务价值最大化；二是服务提供方，依赖高质量数据以提升服务性能；三是潜在攻击者，试图非法获取敏感信息以谋取不当利益。这一多方互动过程具有典型的非零和博弈特征。在工业互联网环境下，数据共享中的隐私保护问题呈现出高度复杂性和多维性，既涉及多方利益的权衡，也依赖技术手段的支撑与法律法规的规范。博弈论作为一种研究冲突与合作行为的有效分析工具，为构建面向制造环节的数据安全机制提供了有力的理论支撑。

基于博弈论的隐私保护机制为数据安全领域提供了创新性的解决方案。与传统的静态防护技术不同，该方法通过建立包含数据所有者、服务提供者和潜在攻击者在内的多方博弈模型，精确刻画各参与方的收益函数和策略空间。其核心机理在于：首先构建激励相容的机制设计框架，模拟理性参与者的决策过程；然后通过求解纳什均衡等博弈解概念，获得各方在策略互动下的最优行为模式。这种动态保护机制既能保障合法的数据访问需求，又可有效抑制非授权的隐私窃取行为。基于博弈论构建模型来解决工业互联网中数据共享的隐私保护问题的方法如下：

（1）定义参与者　工业互联网中需要明确参与者，包括数据持有者、数据请求者、潜在的攻击者等。每个参与者都有其自身的利益和目标，例如数据持有者可能希望保护个人隐私，而数据请求者则可能寻求访问特定数据以提高效率或做出更好的决策。

（2）构建博弈模型　根据参与者之间的互动关系和可能采取的策略，构建相应的博弈模型。这些模型可以是静态的，也可以是动态的，取决于参与者之间信息的透明度和可预测性。例如，可以使用安全博弈模型来描述数据窃取方和防护方之间的攻防博弈，或者使用动态博弈模型来分析互联网企业和用户在个人信息保护中的策略选择。

（3）确定收益函数和成本函数　为每个参与者定义收益函数和成本函数，以量化其在不同策略下的收益和代价。这包括数据共享带来的好处（如提高生产效率或服务质量）与隐私泄露的风险之间的权衡。

（4）求解纳什均衡　通过分析博弈模型，寻找使所有参与者都处于最优策略的状态，即纳什均衡。这要求平衡各方的利益，找到一个既能满足数据共享需求又能保护隐私的解决方案。

274

（5）实施和评估 在实际应用中实施所提出的博弈论模型，并通过实验和案例研究来评估其效果。这包括比较模型在不同条件下的表现，以及与其他传统隐私保护方法的效果对比。

（6）持续优化和调整 鉴于工业互联网环境的复杂性和动态性，所提出的博弈论模型需要不断地进行优化和调整。这可能涉及更新参与者之间的互动规则、调整收益和成本函数，或者引入新的参与者和技术。

在面向制造循环的工业互联网安全机制设计中，数据加密、隐私计算和博弈论各自扮演着至关重要的角色，它们共同构成了一个多层次、多维度的隐私保护体系。数据加密是保护数据隐私的基础手段之一，商用密码技术的发展也为工业互联网平台提供了强大的安全保障，从根本上保障密码应用的安全。隐私计算可以实现无中心计算模型的安全、可验证、高效的计算协议。博弈论则为攻防双方的策略分析和优化提供了理论基础。这些技术和方法的结合使用，不仅能够有效保护用户的隐私信息，还能够提升工业互联网的整体安全水平，对促进工业互联网的健康发展具有重要意义。

4. 安全监测与响应

在当今数字化时代，网络安全威胁越发复杂多样化。为了保护业务资产，安全监测与响应成为制造循环工业互联网的重要环节。安全监测与响应是指通过对网络系统和应用进行实时监测和分析，以及在发现安全事件后采取迅速、有效的应对措施，以最大限度地减少潜在风险并确保业务的持续运营。它通过实时监控和分析网络环境，及时发现安全事件并采取相应的应对措施，以确保网络的安全性和稳定性，主要包括安全事件监测、安全漏洞扫描和安全事件响应。

（1）安全事件监测 安全事件是指可能导致组织信息资产遭受威胁的任何事件。根据安全事件的性质和影响程度，可以将其分为以下几类：

1）恶意代码，包括病毒、蠕虫、木马等恶意软件的感染和传播。

2）网络攻击，如拒绝服务攻击（DDoS）、端口扫描、SQL 注入等。

3）数据泄露，包括用户数据、机密文件等敏感信息的泄露。

4）内部威胁，即员工、合作伙伴或供应商等内部人员对信息资产进行的未经授权的访问或操作。

安全事件监测（Security Event Monitoring，SEM）是指通过实时分析网络数据流来监测非法入侵活动，并根据监测结果实时报警、响应，以达到主动发现入侵活动、确保网络安全的目的。它是网络管理员和信息系统安全专家在面对日益复杂的网络威胁时，维护网络安全的重要工具之一。安全事件监测主要关注的是网络和信息系统中的安全事件，这些事件可能由内部或外部的攻击者引起，包括未授权访问、数据泄露、服务中断等。这些事件通常涉及大量的异构数据，包括文本、日志、协议记录等。

安全事件监测技术和方法涵盖了多个方面，基于机器学习的安全事件监测技术是一种利用机器学习算法来识别和预测网络安全威胁、入侵行为以及异常活动的技术。这种技术通过分析网络流量、系统日志、用户行为等数据，使用各种机器学习模型来学习正常与异常模式，从而实现对潜在威胁的早期检测和响应。

1）数据预处理。首先，需要对收集到的网络流量、系统日志等数据进行预处理，包括数据清洗、特征提取和降维处理。这一步骤是为了减少模型训练的复杂度，提高模型的训练效率和性能。

2）选择合适的机器学习模型。根据不同的监测需求，选择合适的机器学习模型，如支持向量机（SVM）、神经网络（NN）、决策树、K-最近邻（KNN）等。这些模型能够有效地进行分类和回归分析，帮助识别正常与异常模式。

3）模型训练与优化。使用标记好的数据集对选定的机器学习模型进行训练，并根据实际监测结果对模型进行调整和优化，以提高检测的准确性和效率。这可能包括调整模型参数、引入新的特征或采用更复杂的模型结构。

4）实时监测与警报生成。将训练好的模型部署到生产环境中，实时监控网络流量和系统活动。一旦检测到异常行为或潜在威胁，立即生成警报并通知安全团队进行进一步的分析和处理。

5）持续学习与更新。随着网络环境的不断变化和新型威胁的出现，需要定期更新训练数据和模型，以保持监测系统的高效性和准确性。这可能涉及新数据集的收集、旧数据集的淘汰，以及模型参数的重新调整。

机器学习在安全事件监测中的发展趋势显示出其技术的不断进步和应用领域的持续扩展。面对当前的挑战，未来的研究将更加注重提高模型的鲁棒性、效率和解释性，以应对日益复杂的网络安全威胁。

（2）安全漏洞扫描　漏洞是指存在于计算机系统或应用程序中的设计缺陷或实现瑕疵，使得数据的保密性、完整性、可用性、访问控制等面临威胁。犯罪黑客可以利用已知漏洞（如 SQL 注入、缓存区溢出、跨站脚本等），轻易攻击网络，可能带来不可估量的损失。所以，使用漏洞扫描工具定期扫描、发现并评估漏洞，尽早补救，以提升系统安全性，减少被攻击的风险，避免数据泄露等严重网络安全事件。

安全漏洞扫描是一种利用专用检测工具对目标系统进行自动化安全检测的技术手段。检测人员通过该技术可以及时发现系统中的潜在漏洞，并据此采取相应的修补措施，对于防止未经授权访问、降低安全风险具有重要意义。工业互联网环境下的漏洞挖掘技术研究表明，通过构建定制的测试畸形报文，可以深度挖掘工业设备可能存在的各类未知漏洞，从而实现对工业互联网控制系统安全风险的管控。此外，工业互联网安全渗透测试技术研究提出了工业互联网安全扫描和渗透测试平台框架，为推进工业互联网的安全风险评估和安全态势感知平台建设具有重要意义。

工业互联网安全漏洞扫描的最新技术和方法涵盖了多个方面，包括入侵检测框架、深度学习模型、模糊测试技术、网络攻击检测技术，以及基于机器学习的智能化方法。例如，SHARKS 是一种基于机器学习的智能化风险扫描方法，通过从现实世界中的已知 CPS/IoT 攻击中提取信息，并将其表示为正则表达式集合，然后使用机器学习技术对这些正则表达式集合进行处理，以生成新的攻击向量和安全漏洞。与传统的网络安全技术相比，SHARKS 提供了一种更为先进和自动化的方法来应对日益复杂的网络安全威胁，能够自动化地识别和响应潜在的安全威胁，旨在提高物联网（IoT）和网络物理系统（CPS）中未知系统漏洞的检测、管理，以及利用时的效率，提高安全性。

此外，轻量级工业互联网安全漏洞扫描技术是一种旨在减少对工业控制系统（ICS）连续性和健康性的影响的漏洞检测方法，通过将漏洞扫描融入正常业务流程中，实现了对工业系统的轻量化负担，从而避免了因传统漏洞扫描器频繁扫描带来的业务中断风险。随着工业互联网的发展，传统的封闭和安全的工业控制系统开始与开放的互联网技术紧密结合，这使得原本相对安全的系统面临更大的安全威胁。因此，开发和应用轻量级漏洞扫描技术对于保障工业控制系统的安全至关重要。

（3）安全事件响应　从生命周期管理和防御递进的角度出发，安全防护应实现动态化与高效化的响应机制。具体而言，防护措施可分为三个核心环节：一是威胁防护，围绕五类重点防护对象，采取主动与被动相结合的手段，构建安全运行环境，预防并降低潜在风险；二是监测感知，通过部署实时监控机制，全面感知来自内部与外部的安全威胁；三是处置恢复，建立完善的响应机制，快速应对安全事件，并持续优化防护策略，实现防御闭环。

安全事件响应涉及一旦检测到安全事件后，迅速采取措施以最小化损失并恢复正常运营的过程。这包括隔离受影响的系统、修复漏洞、通知受影响的用户，以及采取进一步的预防措施，以防止未来攻击。在工业互联网的背景下，安全事件的响应尤为复杂，因为这涉及多种类型的系统和技术，包括工业控制系统（ICS）、物联网设备，以及与之交互的信息通信技术（ICT）系统。这些系统的特点是高度集成、高度依赖性，以及对实时性有较高的要求。这使得传统的安全事件响应方法可能不再适用。

在应急响应的过程中，业务的持续运营至关重要，涉及恢复关键系统、系统和应用程序的测试和验证、通知和沟通，以及最后的总结和改进等多个方面。

1）恢复关键系统。优先恢复对业务至关重要的系统和应用程序，需要综合考虑多个因素，包括系统的重要性、业务流程的依赖关系、数据的敏感性，以及恢复过程中的成本效益。

2）测试和验证。对恢复的系统和应用程序进行测试和验证，确保其正常运行，没有引入新的错误或问题。

3）通知和沟通。向利益相关方、客户或合作伙伴通知事件的影响和恢复情况，对于维护企业声誉和客户信任至关重要。有效的沟通可以帮助减少误解和不必要的担忧，从而支持业务的平稳过渡。

4）总结和改进。对应急响应过程进行总结和评估，识别改进点，并更新安全策略和措施，有助于从过去的经验中学习，以便在未来更好地准备和响应潜在的危机。例如，通过对突发事件应急响应流程构建及预案评价的研究，可以发现预案的不足，为修订完善预案提供决策建议。

在安全事件发生时，确保相关事件组织能够及时了解并且方便快速决策和响应，可以直接参考应急响应流程 PDCERF 模型。PDCERF 模型的核心在于其结构化的方法论，它通过定义一系列的步骤和阶段来指导安全事件的响应过程，分别是 Prepare（准备）、Detection（监测）、Containment（抑制）、Eradication（根除）、Recovery（恢复）、Follow-up（跟踪）。基于以上的思路模型，应具备相关的应急事件处理手册，方便安全人员通过一定的流程规范排查和处置问题，并且不断优化形成内部的知识库，有效地降低安全事件所带来的风险。为了适应工业互联网的特点，PDCERF 模型还需要考虑以下几个方面：

1）自动化和智能化。随着人工智能和大数据技术的发展，自动化和智能化的安全事件响应成为可能。这包括利用机器学习算法进行威胁检测，以及使用大数据分析技术进行态势感知和预警。

2）数字孪生技术。数字孪生技术可以用于创建虚拟的工业互联网环境，使得安全专家能够在没有实际风险的情况下测试和优化应急响应策略。

3）**跨组织协作**。由于工业互联网通常涉及多个组织和部门，因此跨组织的协作对于有效响应安全事件至关重要。这需要建立有效的沟通机制和协调平台，以确保信息共享和资源整合。

4）**持续优化和学习**。安全事件响应是一个持续的过程，需要不断地评估和优化响应策略。这包括从每次事件中学习经验，更新和改进应急预案，以及采用新的技术和方法来提高响应效率和效果。

总之，PDCERF 模型为工业互联网安全事件响应提供了一个结构化和系统化的框架，通过考虑自动化、智能化、跨组织协作等关键因素，能够有效提高工业互联网环境下的安全事件响应能力。然而，随着技术的演进和环境的不断变化，该模型亦需要持续优化与迭代，以确保其持续适应实际需求并发挥有效作用。

12.5.3 应用案例

1. 态势感知应用方案

网络安全态势感知能力交付方案是围绕不同行业客户的特性，为用户量身定制的态势感知解决方案。方案特点是覆盖监管侧和非监管侧的态势感知建设需求，针对各种不同的目标网络环境，例如传统互联网、工业互联网、涉密网络、云计算环境、物联网等，适用的场景包括终端态势、网站态势、漏洞态势、威胁态势、资产态势、攻击态势等多类型。为保护对象的全方位态势感知，提升用户对态势监控、威胁分析、运维处置等安全能力的建设水平，在网络新常态下，实现网站整体运行态势监控、暴露或内部资产识别监控、内外部入侵行为定位、高级持续威胁判定、失陷主机态势分布、政企侧漏洞闭环管理、攻击链还原、威胁情报管理、终端管控等高价值业务和场景的管理能力。

2. 5G 专网安全评估方案

5G 专网安全评估服务旨在应对不同的网络安全风险并提供加固方案，协助建立 5G 专网安全防护体系，保障 5G 专网安全、稳定、可靠、持续运行。方案包括：①设备级安全检测，即供应链厂家在提供设备/软件时，必须满足 5G 系统自身应具备的安全要求，采用业界认同的安全基线对设备商提供产品的安全性进行评估和度量，确保 5G 基础设施的安全性；②网络级安全检测，通信运营商根据其自身安全要求，在 5G 网络规划、建设、运行阶段加强安全技术管控，保障整体网络结构和业务安全性。同时，在客户知情和授权的情况下，安全测试人员基于攻防技术测试，使用黑客的各种方法对目标信息系统进行渗透入侵，从单点上找到利用途径，尝试发现专网安全的薄弱环节。

本 章 小 结

本章综述了制造循环工业系统中的工业互联网驱动因素、架构设计以及关键技术应用。工业互联网将物理空间映射到数字空间，实现了生产、物流、能源等要素的循环畅通，从而推动制造业的高质量发展。工业互联网的核心是利用数字化、智能化技术提高资源配置效率。本章内容涵盖了面向制造循环的工业互联网架构、"端-边-云"协同技术，强调了实时数据采集、边缘计算及大数据处理等应用。通过连接全要素、贯通全流程，工业互联网支持制造业在多层次、多维度上的优化。安全技术方面，数据加密、隐私计算和博弈论等方法为工业数据共享提供了安全保障。

💡 思考题

1. 简述面向制造循环的工业互联网平台架构的基本组成。

2. 解释"端-边-云"协同技术中的资源协同、数据协同和应用协同的概念，并举例说明它们在智能制造中的具体应用。

3. 在"端-边-云"协同调度中，如何设计和实施有效的延迟优化和服务质量保证机制，以确保系统能够提供稳定、高效的服务，并满足各种应用场景的需求？

4. 如何利用人工智能技术（如机器学习、深度学习等）来优化"端-边-云"协同调度的决策过程，以提高调度的智能化水平和效率？

5. 解释信道估计在无线通信中的作用，并讨论基于导频的信道估计算法、盲估计算法和半盲估计算法的优缺点。

6. 通信感知一体化技术如何提高频谱利用效率？分析通信感知一体化技术在工业互联网中的应用潜力与挑战。

7. 阐述频谱资源分配的重要性，并讨论马尔可夫决策和人工智能模型在动态频谱分配中的应用及优势。

8. 信道估计是通信的重要环节，举例说明其重要性和在工业互联网中的作用。

9. 阐述频谱管理在工业互联网中的意义。

10. 分析通信功率分配对工业互联网的影响。

11. 阐述数据共享和隐私保护策略，并分析如何通过构建博弈模型来实现各企业间的合作，从而共同提升数据隐私保护水平。

参 考 文 献

［1］ TALLAT R, HAWBANI A, WANG X, et al. Navigating industry 5. 0: a survey of key enabling technologies, trends, challenges, and opportunities ［J］. IEEE communications surveys & tutorials, 2023, 26（2）: 1080-1126.

［2］ WALIA G K, KUMAR M, GILL S S. AI-empowered fog/edge resource management for IoT applications: a comprehensive review, research challenges, and future perspectives ［J］. IEEE communications surveys & tutorials, 2023, 26（1）: 619-669.

［3］ PEINADO-ASENSI I, MONTÉS N, IBAÑEZ D, et al. Industrializable industrial internet of things（I3oT）for a massive implementation of industry 4. 0 applications: a press shop case example ［J］. International journal of production research, 2025: 1-17.

［4］ KAR B, YAHYA W, LIN Y D, et al. Offloading using traditional optimization and machine learning in federated cloud-edge-fog systems: a survey ［J］. IEEE communications surveys & tutorials, 2023, 25（2）: 1199-1226.

［5］ FARHADI V, MEHMETI F, HE T, et al. Service placement and request scheduling for data-intensive applications in edge clouds [J]. IEEE/ACM transactions on networking, 2021, 29 (2): 779-792.

[6] ASHERALIEVA A, NIYATO D, WEI X. Efficient distributed edge computing for dependent delay-sensitive tasks in multi-operator multi-access networks [J]. IEEE transactions on parallel and distributed systems, 2024, 35 (12): 2559-2577.

[7] JAMIL B, IJAZ H, SHOJAFAR M, et al. Resource allocation and task scheduling in fog computing and internet of everything environments: a taxonomy, review, and future directions [J]. ACM computing surveys, 2022, 54 (11s): 1-38.

[8] RUIZ L, GARCIA-ESCARTIN J C. Routing and wavelength assignment in hybrid networks with classical and quantum signals [J]. IEEE journal on selected areas in communications, 2025, 43 (2): 412-421.

[9] CHANDRASEKARAN G, DE VECIANA G, RATNAM V V, et al. Measurement based delay and jitter constrained wireless scheduling with near-optimal spectral efficiency [J]. IEEE/ACM transactions on networking, 2024, 33 (1): 130-145.

[10] TRUONG T P, NGUYEN T M T, NGUYEN T V, et al. Energy efficiency in RSMA-enhanced active RIS-aided quantized downlink systems [J]. IEEE journal on selected areas in communications, 2025, 43 (3): 834-850.

[11] MIRETTI L, CAVALCANTE R L G, BJÖRNSON E, et al. UL-DL duality for cell-free massive MIMO with per-AP power and information constraints [J]. IEEE transactions on signal processing, 2024, 72: 1750-1765.

[12] MOHAJER A, DALIRI M S, MIRZAEI A, et al. Heterogeneous computational resource allocation for NOMA: toward green mobile edge-computing systems [J]. IEEE transactions on services computing, 2022, 16 (2): 1225-1238.

[13] ALAMEDDINE H A, SHARAFEDDINE S, SEBBAH S, et al. Dynamic task offloading and scheduling for low-latency IoT services in multi-access edge computing [J]. IEEE journal on selected areas in communications, 2019, 37 (3): 668-682.

[14] DE KEERSMAEKER F, CAO Y, NDONDA G K, et al. A survey of public IoT datasets for network security research [J]. IEEE communications surveys & tutorials, 2023, 25 (3): 1808-1840.

[15] SASIKUMAR A, VAIRAVASUNDARAM S, KOTECHA K, et al. Blockchain-based trust mechanism for digital twin empowered industrial internet of things [J]. Future generation computer systems, 2023, 141: 16-27.

[16] KEBANDE V R, AWAD A I. Industrial internet of things ecosystems security and digital forensics: achievements, open challenges, and future directions [J]. ACM computing surveys, 2024, 56 (5): 1-37.

[17] HAJLAOUI R, MOULAHI T, ZIDI S, et al. Towards smarter cyberthreats detection model for industrial internet of things (IIoT) 4.0 [J]. Journal of industrial information integration, 2024, 39: 100595.

[18] ABOU EL HOUDA Z, MOUDOUD H, BRIK B, et al. Blockchain-enabled federated learning for enhanced collaborative intrusion detection in vehicular edge computing [J]. IEEE transactions on intelligent transportation systems, 2024, 25 (7): 7661-7672.

第13章

制造循环工业系统数据循环机制与技术

制造循环工业系统的核心在于促进制造业集群中物质交换的通畅通达。工业互联网为制造循环工业系统的信息和数据连接提供了基础设施。尽管工业互联网为数据采集、存储和传输带来了便利，但跨企业数据的确权问题也给数据的共享和流通带来了挑战。为解决这一问题，可以构建一种基于标识解析、区块链和隐私计算技术的跨企业数据循环机制。具体而言，通过标识解析为物理实体和虚拟对象赋予唯一身份，确保制造循环工业系统中跨企业的资源、物流和能源等物质基础的数据身份信息可追溯性；利用区块链技术建立制造循环工业系统信息空间的数据循环秩序和信任机制；采用隐私计算技术保障企业间数据的安全性与隐私保护，实现数据的可用性与保密性并存。

章知识图谱

说课视频

13.1 数据循环机制

制造循环工业系统的核心是确保制造业集群内各环节之间物质交换的畅通与通达。数据流通作为支撑信息传递和资源优化配置的基础，承担着优化生产、提升资源利用率和加快决策过程的重任。工业互联网的出现为数据的采集、存储和传输提供了高效、灵活的基础设施，极大地推动了各类数据的交换与共享。尽管工业互联网为企业间的数据流通提供了技术保障，跨企业的数据共享依然面临诸多挑战。特别是，数据确权问题成为阻碍数据流动的重要障碍。不同企业对于数据的所有权、使用权及控制权有着不同的理解和需求，这导致数据的交换过程中经常会出现产权不明确、责任归属不清等问题，进而影响数据的共享与流通。这些挑战不仅制约了制造循环工业系统的协同效应，还影响了企业间的信任建设和信息共享的透明度。

对于制造循环工业系统而言，实现数据要素的安全高效流通，需要通过一系列技术手段和规则设计，我们称之为数据循环机制。数据循环机制的全流程主要包括原始数据的产生与收集、数据处理、数据标识及确权、数据隐私安全防护、数据流通管理、数据使用等关键环节。数据循环既要满足数据流通全流程安全与隐私保护的制度要求，也要满足市场流通全流程业务效率的要求。因此，数据循环机制作为一种专为实现多个企业间数据安全、高效交换与共享而设计的结构化系统，不仅要涉及数据的标准化整合，确保数据准确性和质量的一致性，还要强化数据的安全性与隐私保护措施。通过先进的技术支持和互操作性解决方案，如API（应用程序编程接口）和中间件，确保不同系统之间数据的无缝连接。

数据的流通和共享不仅是技术上的问题，它还涉及多方面的考虑和挑战。数据循环机制的建设必须解决效率问题，由于不同企业可能使用不同的数据标识规则、标准和存储系统，导致数据在传输和解析过程中出现障碍。标准化数据和通信协议便成为确保数据循环流通顺畅的关键步骤。通过制定统一的行业标准或采用通用的标识规则，降低数据交换的复杂性，提高数据循环流通的效率和速度。

数据循环机制的构建涉及安全性和隐私保护等重要问题。随着数据泄露和侵权事件的频发，跨企业数据共享的安全性成为企业关注的焦点。有效的数据安全措施包括数据加密、身份验证、访问控制和安全传输协议的应用。此外，隐私保护技术如数据匿名化和脱敏处理，能够有效地保护数据所有者的隐私信息，避免敏感数据在共享过程中被滥用或泄露。

建立数据循环机制还需要考虑数据所有权和确权的问题。企业拥有和管理各自的数据资产，如何在数据流通过程中明确和保护每个数据所有者的权益是关键。区块链技术提供了一种去中心化、不可篡改的数据记录方式，可以有效地管理和追踪数据的所有权转移和使用授权，增强数据流通的透明度和信任度。

数据循环机制的应用还需要建立信任和合作的框架。企业间的信任建立不仅依赖于技术手段，还需要考虑到商业利益的平衡、合作伙伴的信誉评估和长期合作关系的建立。通过建立有效的合作和治理机制，能够促进数据流通的顺利进行，降低合作过程中的风险和不确定性。

数据循环机制的建立需要持续的优化和管理。随着技术和市场环境的变化，数据循环机制需要不断地被评估和调整，确保其能够适应新的业务需求和技术发展。建立监控和反馈机制，定期审查数据流通的效果和成效，及时调整策略和技术应用，是保持数据循环机制持续有效运作的关键。

数据循环机制通过其数据获取、数据处理、数据存储、数据共享、数据反馈再利用的基本框架，系统化数据循环流通流程，将数据从各个孤立的源头集中到统一的管理平台，减少数据孤岛现象，提高数据的价值；通过标准化的规则和工具，确保数据在各个环节间的快速流动，减少数据处理和传输的时间，提升数据使用效率；通过数据清洗和转换，去除数据中的错误和冗余，确保数据的准确性和一致性；建立统一的数据共享平台，方便不同企业之间的数据交换和共享，促进跨企业协作；建立数据资产管理体系，规范数据的采集、存储、分析和共享流程，提升数据的整体价值。

数据循环机制的成功实施不仅依赖于其基本架构设计，还依赖于多个关键技术和机制的支持。其中，标识解析技术确保了不同数据源之间的数据映射和转换，区块链网络保障了数据的高效流通，隐私计算技术则为数据的安全提供了必要的保护。

1. 标识解析实现数据映射

在现代数据管理中，随着数据种类和来源的多样化，如何有效地标识和管理数据成为一项关键任务。标识解析等技术通过为物理实体和虚拟对象赋予唯一的标识码，使得数据可以被精确地识别和追踪，从而实现数据的高效管理和利用。这种技术不仅适用于物理物品的管理，还适用于虚拟数据的标识和追踪，为数据湖中的数据提供明确的"身份标签"。

2. 区块链网络确保数据流通

数据的流通是确保其价值得以最大化发挥的重要环节。传统的中心化数据流通模式往往面临数据孤岛、信任问题和安全威胁等挑战。区块链等技术通过其独特的分布式架构和密码学机制，为去中心化的数据流通和交易提供了一种新颖而高效的解决方案。这一技术的引入，不仅提升了数据流通的安全性和可信度，还为数据的管理和分享开辟了一条新的道路。

区块链等技术通过链式网络结构将数据块按时间顺序串联起来，形成不可篡改的记录。每个节点在网络中都拥有账本的副本，任何对数据的修改都需要得到网络中大多数节点的同意，从而实现数据的去中心化存储和管理，有效提升了数据流通的安全性和可信度，为企业实现高效的数据管理和创新奠定坚实的基础。

3. 隐私计算实现数据安全

在数据流通的过程中，数据安全和隐私保护至关重要，尤其是在制造循环工业系统中，企业之间的数据流通和共享面临着数据泄露和隐私侵犯的风险。密码加密等技术作为关键的安全手段，可以有效地保护数据的机密性、完整性和可用性。隐私计算则是在此基础上，进一步实现了数据的"可用不可见"，确保数据在使用过程中仍然可以得到保护，从而保障企业之间的数据安全与隐私。

密码加密等技术通过将明文数据转换为密文的方法，确保数据在传输和存储过程中不被非法访问和篡改。常见的密码加密技术包括对称加密、非对称加密和哈希算法等。通过合理地应用这些技术，制造循环工业系统中的企业可以实现数据的安全共享和高效利用，为工业系统的优化和创新提供有力的支持。

13.2　基于标识解析的数据映射

制造循环工业系统作为新一代信息技术与工业系统全方位深度融合的产业和系统生态，是实现生产制造领域全要素、全产业链、全价值链连接的关键支撑，是工业经济数字化、网络化、智能化的重要体现。

随着新型工业系统的发展，包括标识数据在内的工业数据量呈现爆发式增长，海量、多源、异构的数据难以关联整合，数据价值难以利用等问题。工业互联网和智能制造所涉及的各类割裂数据的共享是实现制造强国的关键制约因素，要理解数据，就要了解数据的来源、流动过程、用途等方面。但信息孤岛现象在企业内部、企业之间大量存在，标识解析技术是目前可见解决信息孤岛、完成工业大数据汇聚，以及在此基础上实现数据共享的关键技术之一。

标识解析是指为工业制造中的智能机器、生产设备、零件和存储系统等赋予唯一标识，并建立基于标识的通信网络，实现所有元素的全面互联，以及相关信息的获取、处理、传输和交换。标注解析为制造业深层次应用提供了重要的数据资源。标识解析技术的发展有效推动了工业数据的集成、共享和价值挖掘。以标识解析为切入点，加速数据资源的高效流通，激发标识数据的潜在价值，推动与制造业和标识解析相关的其他产业发展。这对于构建自主可控的标识解析体系、支持数字经济及其核心产业发展、持续提升我国工业创新能力具有重要意义。

标识解析体系是工业互联网网络体系的重要组成部分，是支撑工业互联网互联互通的核心。通过为物理和虚拟对象赋予唯一标识，标识解析体系能够查询目标对象的网络位置等相关信息，并在网络空间中建立对象参数、属性和业务过程的数据化描述方法，形成标准化、可管理、可互操作的标识数据模型，提供全产业链的信息互通和数据共享能力。未来，将以标识为入口，以解析为基础，以平台为载体，构建支持数据相互操作的新型基础设施。

13.2.1 标识解析体系架构

工业互联网标识解析体系由标识编码、标识载体、标识解析系统和标识数据服务四个核心组成部分构成，形成贯穿虚实融合与数据驱动的关键支撑体系。标识编码作为资源的数字身份，用于唯一标识设备、产品等物理实体及工序、算法等虚拟要素，具备类似身份证的功能属性。标识载体则负责承载和传递编码信息，可分为主动型与被动型两类，分别适用于不同应用环境和识读方式。标识解析系统实现基于编码的对象信息定位与检索，能够将标识映射至目标对象的网络地址或关联数据，是实现产品追溯、设备识别与供应链协同的核心基础设施。标识数据服务则基于上述基础能力，完成标识数据的统一管理、跨系统集成与高效流通，支撑跨企业、跨行业乃至跨国的工业数据共享与协同应用，推动制造体系智能化、网络化和全球化发展。

标识解析贯穿于工业互联网与制造系统的多个环节，涉及企业、平台和终端等多方主体。由于各方对标识解析概念、技术路径及应用方式的理解存在差异，易导致标准不一、系统割裂等问题。为此，构建了统一的工业互联网标识解析体系架构，作为引导节点部署与生态协同建设的重要参考框架，如图13-1所示。该架构由四个视图构成：一是业务视图，聚焦标识在不同参与方中的应用场景，界定了标识赋码、数据管理与共享等业务流程；二是功能视图，明晰了解析系统所应具备的核心能力，如解析调度、数据映射与访问服务；三是实施视图，强调企业端、平台端与应用端在软硬件资源配置上的协同，明确各模块间的技术接口与部署方式；四是安全视图，则从身份认证、数据保护和行为监控等维度提出系统安全保障要求，为标识服务的可靠运行提供支撑。该体系为推动标识解析标准化、规模化应用提供了结构性指导。其中，功能视图如图13-2所示。

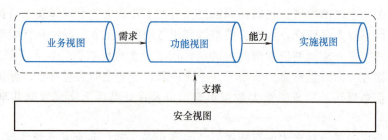

图 13-1 工业互联网标识解析体系架构

（1）标识编码层 标识编码层是支撑工业制造数字化转型的重要基础，旨在为生产体系中的各类要素建立唯一的数字身份，以实现精确识别和高效管理。该体系涵盖从标识资源规划到全流程运行的多个环节。通过统一的命名体系设计，对编码结构与层级进行系统布

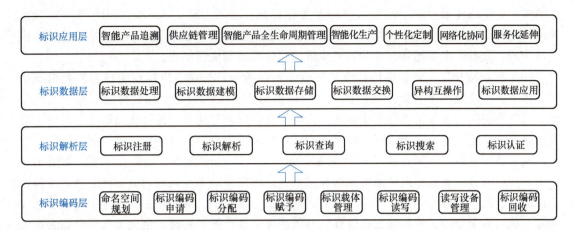

图 13-2　工业互联网标识解析体系的功能视图

局，确保资源的有序演进与兼容扩展。标识使用方可提出身份注册请求，经管理方依据既定标准完成编码生成与分配，并将其写入具备识别能力的载体之中，实现虚实对象之间的对应关系。标识载体种类多样，需要依据应用环境进行配置与监管，常见形式包括电子标签、视觉符号与雕刻信息等。在实际运行中，标识需要支持高速、可靠的信息读取与写入操作，读写装置作为关键接口，也应纳入统一的配置、维护与监控体系。为避免资源浪费，系统还设有过期或无效标识的注销与释放机制，使编码资源能够持续循环利用。通过对标识编码从顶层设计到落地执行、从赋码部署到设备协同的系统管理，该层为制造活动中的物理对象提供了稳定、高效、可追溯的识别基础，推动了设备互联、流程透明与数据共享的深入实现。

（2）标识解析层　标识解析层承担着实现对象信息网络化访问与交互的关键功能，旨在通过标识识别实现对物理对象的在线定位、信息获取和身份认证。该层构建了以标识为入口的网络寻址与信息解析机制，使每一个编码对象均可在网络空间中被精准识别和访问。其主要职能包括标识的注册、解析、查询、搜索与认证等。标识注册是将编码与产品数据或其网络存储地址建立映射关系，并在系统中完成登记；标识解析负责将接收到的标识请求转化为目标信息的访问路径，实现信息的获取与服务的调用；标识查询则面向已标识对象，提取其全生命周期内的运行状态、操作记录等动态数据；标识搜索支持面向多个数据源进行信息整合，提升产品信息可得性与完整性；标识认证通过外部可识别介质（如条码、二维码、RFID）或内部嵌入式元件（如芯片、SIM 模块）建立多维身份绑定，确保对象信息的安全可信。通过以上功能协同运行，标识解析层为制造对象提供了统一入口、动态寻址与多源验证的能力，构建起安全、高效的信息连接桥梁。

（3）标识数据层　标识数据层构建了围绕标识信息的读取、处理、建模、存储与交换的系统机制，是实现组织内部及跨企业间数据流通与协同的核心支撑。其功能涵盖从原始标识数据的采集加工，到模型构建与格式转换，再到数据在不同系统之间的共享与应用。数据处理环节负责将由标识解析层传递的信息进行归类、规整和结构化处理，为后续操作提供基础。数据建模通过抽象标识信息在存储、表达和交互中的结构特征，建立统一的逻辑与物理模型，以实现高效组织与表示。数据存储则负责将标准化后的标识信息长期保存在指定媒介中，确保其可持续访问与管理。为实现系统间的信息互联，数据交换机制支持不同结构与语义之间的转换，使标识信息能够在多种业务语境中被准确识别与使用。针对工业互联网环境中的多样化编码体系，该层还引入异构互操作机制，支持 GS1、Handle、OID、Ecode 等多种标准之间的协议映射与数据互认。最终，标识数据可在实际业务应用中支撑追溯管理、供应链协同、设备运维等场景，推动信息价值的高效释放与应用集成。

（4）标识应用层　标识应用层面向制造业实际场景，构建了以标识为核心的数据驱动服务体系，广泛应用于智能产品追溯、供应链协同、全生命周期管理、智能制造、柔性定制、网络化协同与服务延伸等多个领域，推动制造系统向智能化、柔性化与服务化转型。为支撑这些多样化应用，我国工业互联网标识解析体系采用分层分级架构，建立起由国际根节点、国家顶级节点、二级行业节点、企业节点和递归节点构成的多级服务网络，如图 13-3 所示。国际根节点提供面向全球的顶层标识服务，国家顶级节点在国内各区域部署，承担标识注册、认证与管理等职能，并为下级节点提供统一支撑。二级节点主要服务于行业或区域企业，负责标识分配、解析与数据管理，具备高可靠性与可扩展性；企业节点则聚焦企业内部标识管理，可嵌入企业信息系统实现本地服务；递归节点作为访问入口，通过缓存机制提升查询效率。标识解析可通过 MES（制造执行系统）、工业 App 或工业互联网平台触发调用，实现设备、产品与数据之间的高效关联。

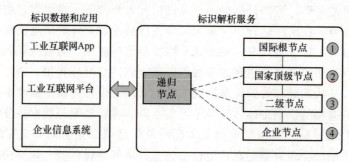

图 13-3　工业互联网标识解析部署架构

13.2.2　标识解析的关键技术

1. 多类型标识处理技术

多类型标识处理技术包括异构标识解析接收技术和标识解析服务技术。异构标识解析接收技术可利用多类型数据报文接收技术、标识预编码技术，接收 UDP、TCP、HTTPS 等含有标识信息相关的不同数据报文，从数据报文中提取关键请求编码信息，识别具体标识协议，保证末端接入的多类型标识识别需求。标识解析服务技术可嵌入递归解析与应急解析服务，在外界递归系统、二级节点系统、国家顶级节点系统发生无法访问的情况下，提供应急解析，保障解析成功率。

2. 高效标识路由技术

高效标识路由技术包括标识传输技术和智能选路技术。标识传输技术可通过标识检索、标识迭代、标识命中技术，减少与外部系统的交互次数，降低解析时延。智能选路技术可通过智能选路算法、实时节点管理与树状体系探测技术选择最优路径，在本地缓存无法解析的情况下，访问外部标识解析节点，获取标识解析结果。

3. 定制化标识管控技术

定制化标识管控技术包括标识监控技术和标识感知技术。标识监控技术可通过请求/应答监控、时延监控、解析量监控、服务器软硬件资源状态监控、每秒查询率监控（Queries Per Second，QPS），提供定制化服务，保障标识解析服务质量。标识感知技术可利用大数据、AI（人工智能）、递归分析等技术对相关的标识解析进行时延预判、递归预判与状态预判，及时调整访问路径，提升递归解析处理时效，实现标识准确感知。

以上三种工业互联网标识解析技术如图13-4所示。

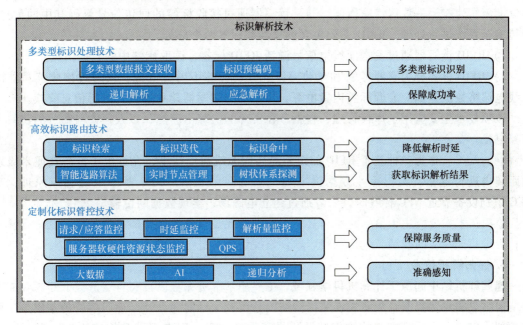

图13-4　工业互联网标识解析部分技术

4. 标识编码技术

标识编码技术的起源可以回溯到20世纪初期。然而，直到1948年，当美国的伯纳德·西尔弗（Bernard Silver）和诺曼·约瑟夫·伍德兰（Norman Joseph Woodland）共同发明了条码系统后，这项技术才真正开始被广泛应用。接着，在1994年，日本Denso Wave公司开发了二维码技术，为信息存储和传递提供了新的维度。随着时间的推移，伴随着电子和计算机技术的不断进步，更为先进的标识编码技术如射频识别（Radio Frequency Identification，RFID）和近场通信（Near Field Communication，NFC）等也相继被开发出来，进一步推动了自动识别和数据交换技术的发展。

标识编码是一种通过特定编码方式将信息转换为标准格式或符号，以实现机器读取和处理的技术。该技术包含信息编码、信息读取和信息处理三个阶段。例如，在工业自动化系统中，带有标识编码的生产物料可通过扫码枪、RFID读写器或其他读取设备，获取当前扫描物料的全部信息，并保存在企业的生产系统中。

目前，广泛应用于工业自动化系统的标识编码主要包含条码、二维码、RFID及NFC等技术。

（1）条码　用不同宽度的黑白条纹表示数字或字符，扫描器通过读取条纹的光学差异转换成数字或文本信息。典型的条码包含空白静区、起始和终止符、数据主体和校验四个部分。该项技术主要应用于制造业，如生产流程监控及产品跟踪，以及库存管理和物流领域，如物料追踪、物流分发与跟踪。

（2）二维码　通过在二维空间内的黑白色块排列组合存储信息，扫描器通过读取组合的色块对编码信息进行解码，获取二维码中的数字、文本或网址等信息。该项技术主要应用于身份共享与验证，以及物流跟踪。

（3）RFID　RFID 通过读写器发送和接收无线电波与标签进行通信连接，标签通过接收感应电流作为能源将数据传输回读写器。读写器通过接收标签的回传信号解码其中的信息，并传输至系统进行处理。RFID 主要包含读写器和标签两个部分。

1）RFID 读写器通过发送无线电信号激活 RFID 标签，读取标签中的数据信息。

2）RFID 标签分为有源标签和被动标签。被动标签不内置电源，仅通过接收读写器的无线电波将数据返回。有源标签内置电源，可主动与读写器建立连接，进行信息交换。

该项技术主要应用于库存管理，包括库存资源的追踪与溯源，以及运输与物流的物料跟踪与定位。

（4）NFC　作为一种基于 RFID 的短距离高频无线通信技术，允许电子设备在厘米级别的距离内进行通信，实现标签数据读取和写入的双向通信。NFC 基于电磁感应原理，当 NFC 识别设备靠近 NFC 标签时，二者通过建立电磁场，实现数据的传输。

该项技术主要应用于信息共享。其中，数据主要是指资源设备的参数信息以及运行状态等；身份验证与访问控制，包括物理、软件系统访问与身份验证。

5. 递归解析技术

递归解析结束起源于计算机科学领域，主要用于解析编程语言和自然语言中的嵌套或递归结构组成的复杂数据，从而实现数据结构的分析及编译器的设计。递归解析的本质是一种解析器，定义了语法规则和结构将其转化为函数的过程，用来识别和构造输入序列（数据或文本）的语法结构，并构建出对应的语法树或解析树，包含递归下降解析、LL 解析和 LR 解析等。

（1）递归下降解析　递归下降解析通过自顶向下的方法对输入字符串进行分析，以匹配语言的语法规则。编译器针对每个非终结符实现一组函数的过程，函数组负责解析语法的具体构造。当输入与期望的构造相匹配时，相关函数处理并移除已解析的输入部分，继而递归分析剩余部分。当输入与期望的构造不匹配时，解析过程会进行回溯。

（2）LL 解析　LL 解析采用自顶向下的策略，按照从左到右的顺序逐个扫描输入并实现最左派生。它依赖于一个预测分析表，该表结合当前的输入符号和栈顶的非终结符来确定解析的下一步操作。预测分析表的建立基于语法规则，指导整个解析过程。

（3）LR 解析　LR 解析采用自底向上的策略，通过从左到右阅读输入并执行最右派生的逆向操作。它能够处理比 LL 解析更广泛的语法范围，具备广泛的通用性。LR 解析依赖于状态栈来监控解析进度，通过当前状态和接下来的输入符号，决定是进行移入操作（读取并添加下一个符号到栈中）还是归约操作（将符号组合成更高层次的非终结符）。不仅如此，LR 解析器还覆盖了所有 LL 解析所能处理的语法，以及更复杂的上下文无关语法。

递归解析技术广泛应用于理解语句结构和语义关系的自然语言处理，以及数据结构为 JSON、XML 等标记语言的数据结构分析等领域。

6. 标识关联技术

随着工业互联网技术的发展，用户在多个设备和平台上的活动急剧增加，产生了大量的数据。企业面临如何从这些分散的数据中准确识别单一用户身份的挑战。标识关联技术（Identity Resolution Technology）是一种在多个数据源和平台中识别、关联和整合用户身份信息的技术。该技术通过分析和匹配来自不同渠道的数据，建立起独立用户的统一视图，使企业能够更加精确地识别和理解其客户。标识关联技术在数据管理、安全监测等领域发挥着关键作用。

标识关联技术具体包含数据匹配和融合、设备指纹技术和跨设备追踪和识别。

（1）数据匹配和融合　数据匹配和融合通过算法从不同数据源中识别、匹配，并整合用户及资源的信息。算法包含数据清洗、标准化、匹配算法和融合策略。通过比对数据的共有特征或模式，算法能够识别出指向同一实体的记录。融合后的数据提供了一个更完整、一致的用户及资源视图，这为数据管理及安全监测等应用场景提供了支持。

（2）设备指纹技术　设备指纹技术通过收集和分析用户设备的唯一配置信息，生成一个独特的标识符，即"设备指纹"。设备指纹可以在用户不登录或不使用 Cookie[⊖]的情况下，跟踪和识别用户的在线行为。设备指纹技术具备欺诈行为的识别和防范、网络安全，以及跨设备的用户行为分析等功能。

（3）跨设备追踪和识别　跨设备追踪和识别技术能够通过各种机制，实现对同一用户在不同设备上的行为进行识别和关联。这一技术的核心是通过一系列数据点连接用户的多端活动，构建一个连贯的用户行为轨迹。

13.2.3　标识解析的主要应用

目前，国内部分大中型企业已开始应用标识技术，并通过企业信息系统内的集中数据库对标识及其关联信息进行统一管理。然而，在实际应用中，仍有大量企业采用自定义的私有标识体系。这类标识通常局限于企业内部或其控制范围内的系统使用，缺乏标准化支撑，部分企业甚至在不同工厂、生产环节或信息系统中并行使用多套标识方案，导致标识体系割裂，信息难以贯通。这种分散化的做法不仅削弱了标识数据的协同能力，也造成了严重的数据孤岛问题，制约了企业间的信息互联与价值链协同。

标识解析技术的推广将有效破解当前企业间数据割裂的难题。通过构建统一的公共标识解析体系，打通各类产业链和价值链的信息壁垒，实现跨主体、跨系统的标识互认与数据共享。该体系不仅兼容国际主流标识标准，还提供统一的查询入口和标准化服务接口，支持标识信息在不同企业和环节之间自由流转。企业可通过使用国家规范的统一标识替代各自私有标识，实现对原材料、零部件、成品乃至订单的全流程识别和跟踪。类似于"身份证"的公共标识，将成为企业内外通用的数据索引工具，既便于信息集成，也增强了系统互操作性，从而支撑工业互联网生态在更广域、更深层次上的协同发展。

标识解析通过构建基础服务，推动产业链的协同发展。采用标准化的公共工业互联网标识解析系统（分布式、互联互通），替代企业原有的非标准化私有标识管理系统（集中、孤立），具有三大显著优势：首先，经济性，通过统一接口和数据规范，企业可以以标准化方式接入解析系统，减少重复建设与互通障碍，从而降低部署成本，提升信息流通效率；其次，安全性，在确保企业数据所有权的基础上，解析系统允许企业根据业务需求，与产业链

⊖　Cookie 是指一种由服务器发送到用户浏览器并保存在用户计算机上的小型文本文件。

合作伙伴共享和交换数据，保障数据隐私与安全；最后，兼容性，无须对现有标识系统进行大规模改造，企业可利用标识解析节点服务，实现异构标识的无缝映射与转换，减少转型过程中的成本与复杂度。

案例一：钢铁企业利用标识解析实现钢铁产品全生命周期追溯

钢材"质量保证书"是生产企业对出厂钢材质量的书面承诺，目前大部分钢铁企业已实现质保书的电子化与"随车质保"，但仍面临数据缺失、无法追溯的质量异议、伪造和盗用等问题，特别是在多级销售代理过程中，企业还需要处理质保书分拆的需求。

基于标识解析体系，结合数据分布式存储和一物一码的特性，钢铁企业可利用标识实现质保书与其他标识数据的多维关联、追溯与管理，从而优化售后服务模式。企业通过部署企业节点并与内部 ERP（企业资源计划）系统打通接口，在生产环节中，企业节点调用 ERP 系统获取钢板的原料、规格、质检等信息，注册钢板的工业互联网标识，并将标识附在钢板上。在发货环节，ERP 系统生成提单与质保单，企业节点获取质保书数据，注册并将质保书标识附在电子质保书上，确保产品、订单、发货单和物流单等信息的关联与追溯。

在售后服务中，企业可以为一级销售客户提供质保书分拆服务，将分拆后的质保书标识与原始质保书关联，并提供给下游客户。结合企业的工业互联网平台及 SaaS（软件运营服务）或追溯系统，用户可通过扫描质保书标识，借助解析体系实时获取准确的质量追溯信息，确保数据的实时性、真实性与可靠性。

案例二：汽车企业利用标识解析实现零部件一物一码

汽车行业零部件追溯业务依托于 QTS（质量追踪系统）和 MES 进行信息采集，但由于数据采集时效性差、准确率不足，以及赋码方式的局限性，质量码在流通环节经常损毁、丢失，无法全面反映零部件的全生命周期。因此，零部件的质量追溯、售后维修服务、质量问题及事故责任判定等方面无法提供有效支持。

基于标识解析技术的跨平台和企业内部互联互通特性，在整车生产环节，可以获取完整的整车装机档案；在配件管理环节，可以准确追溯配件流转过程，从而避免窜货问题；在维修环节，可以准确判断维修信息的真实性，防止虚假索赔。通过这种精准追溯，能够有效降低索赔争议并减少供应商抱怨。

目前，部分汽车企业基于标识解析技术构建了精益化管理平台，统一为供应商提供标识编码，并将编码打刻或打印至零部件本体。在生产过程中，通过实时采集零部件信息，进行订单一致性和产品一致性校验，及时避免零部件错装、漏装等问题。若出现质量问题，可以追溯至具体的安装工位和供应商，确保质量指标分析真实可靠，并为供应商绩效评价提供真实有效的参考数据。

案例三：机械制造企业间利用标识解析实现数据安全双向监控

在模具设计企业、零部件加工企业、模具代工企业及客户之间，设计数据、生产数据和安装信息难以共享，导致信息孤岛现象严重。同时，模具终端在上传数据时，终端 IP 暴露带来数据链路安全风险，且数据上报到 IoT 平台后，数据共识无法下沉至终端，反向控制也需二次唤醒，增加了运营复杂度。这一现状使得供应链运营过度依赖熟练操作人员，管控难度加大，且模具产能资源浪费，产品精度不足，导致材料成本上升。

通过标识解析技术，企业可以实现模具信息的统一管理，将设计开发系统与生产制造系统打通。结合主动标识载体的接入，模具与注塑机管理系统的数据互联互通，能够实现工艺参数下放及数据安全的双向监控。

装备制造企业利用标识解析技术为模具生产与加工企业提供数据安全的双向监控应用。传感器采集模具加工次数与地理位置数据，实现外发模具数据的透明管理，避免违规外放或调拨，通过主动标识采集的可信数据，平台上可实时查看模具履历、模次及日常生产信息，从而大幅降低运营成本。在产品质量加工环节，主动标识网关监控温度、噪声、振动等异常数据，结合 AI 技术（如机器学习与深度学习）实现模具设备的预测性维护。通过标识解析体系连接设计开发系统与生产制造系统，最终显著提高设备有效稼动率，缩短交货周期，减少返修工时和人力成本。

案例四：光缆产业链利用标识解析实现智能化协同生产制造

随着 5G 网络的建设推进和我国数字技术发展的需求，传统光纤光缆技术亟须创新，光缆产业链上下游的协同制造变得尤为迫切。然而，由于产业链中的"棒""纤"和"缆"生产企业无法理解对方的编码信息，导致无法使用彼此的产品条码，影响了产品流转速度；同时，由于信息系统无法互联，无法查询对方的生产数据，无法有效管理产品全生命周期。

通过标识解析技术，实现了从销售、采购、生产、仓储、运输到服务等环节的全面协同管控，打通了企业内部数据，也实现了跨企业的数据共享。同时，标识解析系统支持产品在各个环节的全流程追溯，包括材料、工业设备、人员、环境、物流和售后等。

在光缆产业链中，首先实现了光缆生产流程中标识载体的标准化设置，规范了标识的大小、位置和排版，以便于产品在上下游之间流通。随后，企业信息化系统（如 MES、WMS、ERP）和设备管理系统进行了改造，在原料、半成品和成品生产及出入库的各个环节，通过生成工业互联网标识并利用标识解析加速了整体流通进度。

在原材料入库时，仓库管理员通过扫描工业互联网标识码，一键填入 WMS 入库单；在投料环节，扫描原料标识码，自动填充 WMS 领料单；在半成品和产品入库时，通过 MES 和 ERP 中的数据，自动生成一物一码的标识并传输到打码设备，完成贴码后由管理员扫码填入 WMS 产品入库单；在半成品和产品出库时，标识信息和物流单号同步更新，进入物流环节后，物流公司基于物流单号生成标识，并不断更新标识，确保全程可追溯。

13.3 基于区块链的数据流通

新一代信息技术的快速发展为制造业转型升级提供了坚实的技术基础。随着信息技术与制造业的深度融合，生产效率和市场响应能力得到了显著提升。然而，在制造业由信息化和自动化向智能化转型的过程中，仍面临着许多困难和挑战，尤其是数据安全、信任缺失、数据共享困难及激励生态缺乏等问题，这些都在一定程度上制约了制造业的进一步发展。

数据作为制造业转型的核心要素之一，起着至关重要的作用。通过工业大数据的分析与应用，企业可以优化资源配置、提高生产效率、增强市场响应能力、促进供需匹配和创新，进一步推动企业的竞争力。数据能够帮助减少浪费、降低成本、提高透明度和产品质量，并提供个性化的产品和服务，这为制造业的持续创新和经济高质量发展奠定了基础。数据本身也是工业互联网的核心构成部分，正如"无数据不智能"和"无数据难互联"所言，数据正在推动制造方式的重塑，助力传统制造业向智能制造和工业互联网的迭代升级。

然而，尽管数据在制造业中发挥着如此重要的作用，跨企业、跨行业的数据共享和流通仍然面临巨大的挑战。首先，很多工业数据的权属不明，导致数据难以跨组织流通和共享。其次，企业间的信任问题使得数据交换变得复杂，且在一些敏感数据的流动中，安全性和隐私保护成为迫切需要解决的难题。

为了解决这些问题，探索建立互利共赢的工业数据共享机制显得尤为重要。区块链技术，作为解决数据安全和信任缺失的重要手段，已经成为推动数据流通和共享的关键技术。区块链技术自2008年首次提出以来，通过去中心化的点对点电子系统构建起了一个分布式、不可篡改且安全的数据存储与验证系统。通过密码学技术，区块链能够确保数据的不可篡改性和验证性，形成一个公开透明且可信的数据流通环境。每个数据块按照时间顺序依次排列，确保数据的完整性和安全性。

在工业数据共享和流通中，区块链技术能够确保数据在跨企业、跨行业间的流动时，仍然保持其安全性和隐私性。它不仅能为数据提供不可篡改的记录，还能通过智能合约实现自动化的数据交换和验证，减少了中介环节和交易成本。因此，区块链能够提供一个可信的环境，推动跨企业的协同和供应链的高效运作。随着区块链等新兴技术的不断应用，制造业中的数据流通和共享将变得更加高效、安全和透明，为企业间的协作与创新提供更加坚实的基础。

13.3.1 区块链概述

1. 区块链体系架构

（1）通用区块链体系架构　通用区块链架构通常包括数据层、网络层、共识层、激励层、合约层和应用层。这些层次分别负责处理区块链的底层数据、网络连接、共识算法、经济激励、智能合约以及具体应用。这种架构适用于多种场景，包括金融、供应链、身份验证等。通用区块链体系架构见表13-1。

表 13-1　通用区块链体系架构

层次	数据层	网络层	共识层	激励层	合约层	应用层
功能与技术	数据结构	P2P网络拓扑结构（对等网络）	共识算法	经济激励机制	智能合约	应用场景
	数据模型	数据传输	挖矿机制	分配机制	脚本语言	开发者工具
	数据存储加密技术	节点管理	验证机制	治理机制	虚拟环境	用户接口

数据层是区块链技术的基石，通过将数据组织为区块并以链条连接，确保信息不可篡改。每个区块内包含交易记录、哈希值和时间戳等信息，所有数据以去中心化的形式存储在分布式节点上，每个节点保有完整账本副本，从而确保数据的安全性与可靠性。哈希算法和公钥密码学等加密技术进一步保障数据的完整性和真实性。

网络层是区块链的核心部分，采用点对点（Peer-to-Peer，P2P）网络结构，允许节点之间通过传输控制协议/互联网协议（Transmission Control Protocol/Internet Protocol，TCP/IP）协议进行平等的通信。该层确保数据的高效传输与同步，通过广播机制和Gossip协议来传播数据，确保信息的准确性与时效性。此外，节点管理机制控制节点的加入、退出和惩罚，保障网络的稳定性并防止恶意攻击。

共识层确保区块链的去中心化和安全性，通过不同的共识算法［如工作量证明（Proof of Work，PoW）、权益证明（Proof of Stake，PoS）、委托权益证明（Delegated Proof of Stake，DPoS）等］达成对区块和交易有效性的统一。在工作量证明（Proof of Work，PoW）系统中，矿工通过计算问题争夺区块生成权，确保区块链的安全，同时推动去中心化的发展。

激励层通过经济激励机制，鼓励节点参与区块链的维护和交易。例如，在工作量证明（Proof of Work，PoW）中，矿工通过挖矿获得奖励；在权益证明（Proof of Stake，PoS）中，持币者通过质押获取收益。激励层通过合理的奖励分配机制确保参与者的积极性，并通过治理机制确保网络的民主和透明，保证区块链网络的长期稳定性。

合约层支持区块链的复杂业务逻辑，封装了智能合约和脚本。智能合约是根据预设规则自动执行的计算程序，合约层为这些合约提供编程语言和虚拟机环境，确保合约的正确性与安全性，推动智能合约的广泛应用。

应用层作为区块链与实际应用之间的连接，基于底层技术实现多种业务应用，如数字货币交易、供应链管理等。应用层为用户提供友好的界面和操作体验，开发者则可使用该层提供的工具和资源，推动区块链技术的普及与创新。

（2）工业区块链的体系架构　工业区块链架构则是在通用区块链架构的基础上，针对工业领域的特定需求进行优化和扩展。它强调与工业物联网（IIoT）的紧密集成，包括物理层的核心设备如传感器、执行器等，以及网络层对于工业数据的高效、可靠传输。此外，工业区块链架构还注重数据的安全性和隐私保护，以满足工业领域对于数据安全和隐私的严格要求。工业区块链的体系架构是一个复杂而精细的系统，它融合了物联网、区块链、云计算和大数据等多项先进技术，为工业领域的数字化转型提供了强有力的支持。

工业区块链架构与通用区块链架构的主要区别在于，工业区块链架构更加专注于工业领域的需求和特点，而通用区块链架构则更加通用和灵活，可以适应多种不同的应用场景。工业区块链体系架构见表13-2。

表13-2　工业区块链体系架构

层次	物理层	数据层	核心层	网络层	应用层
功能与技术	设备接入	数据结构	共识机制	P2P网络	应用场景
	数据采集	数据模型	加密算法	数据传输	开发者工具
	设备通信	数据存储	智能合约	数据验证	用户接口

物理层是整个工业区块链体系架构的基础，提供了必需的硬件设备和基础设施，包括服务器、存储设备、网络设备等。这些设备为上层架构提供可靠的支持，确保区块链系统的稳定运行。同时，物联网设备在物理层中发挥着关键作用，负责收集、传输和处理各种工业数据，为区块链系统提供真实可靠的数据来源。

核心层是工业区块链架构的核心所在，封装了区块链技术的核心组件和算法，包括共识机制、加密算法和智能合约等。共识机制是区块链网络中节点达成一致的关键，确保网络的安全性和分布式一致性。加密算法保障数据的传输和存储安全，防止数据被篡改或泄露。智能合约则根据预设的规则和条件自动执行操作，为各种业务场景提供灵活、高效的解决方案。

数据层是工业区块链架构的重要组成部分，涉及数据结构、数据模型和数据存储。数据结构由区块和链组成，每个区块包含交易记录、前一个区块的哈希值、时间戳、难度目标等信息，确保区块链的不可篡改性和可追溯性。数据模型定义了区块链中数据的表示方式，包括交易、账户、智能合约等。数据存储采用去中心化方式，每个节点保有完整的账本副本，确保数据的安全性和可靠性。

网络层负责实现数字资产交易类的金融应用，采用完全分布式且能够容忍单点故障的P2P协议。此协议保证了网络的可扩展性和稳定性，使任意两个节点之间都可以进行直接通信，且任何节点都可以自由加入或退出网络。去中心化的网络结构提高了系统的安全性，同时有效降低了单点故障的风险。

除了上述四个层级，应用层作为区块链技术与实际应用之间的桥梁，调用底层提供的接口和功能，实现了多种业务逻辑和场景应用。例如，在供应链管理中，应用层可以实现供应链的透明化、可追溯化和优化；在身份验证中，应用层可以提供安全、高效的身份认证和授权管理等功能。

综上所述，工业区块链架构是通用区块链架构在工业领域的应用与扩展，结合了工业领域的特定需求和特点，为工业数字化转型提供了强有力的支持。

2. 区块链技术架构

区块链技术架构目前已经趋于稳定，并在产业区块链场景中持续向"高效、安全、便捷"的方向发展，技术进展更加注重实际需求。联盟链作为面向企业级应用的技术架构，主要关注节点管控、监管合规、性能、安全等方面。虽然区块链的核心技术（如密码算法、对等网络、共识机制、智能合约和数据存储等）发展相对较慢，但运维管理、安全防护、跨链互通等扩展技术的进展较为迅速，并且与其他信息技术的融合趋势逐渐显现，行业关注点逐步从核心技术攻关转向场景优化和应用实施。

区块链的核心技术可分为五层技术架构，包括区块链数据结构、分布式存储、非对称加密、P2P网络和共识算法。

1）**区块链数据结构**。区块链中的数据以区块为单位存储，每个区块包含区块头和区块体（包含交易数据）两个部分。区块头包括前一个区块的哈希值（Hash）和用于计算挖矿难度的随机数（Nonce）。区块体则包含交易的加密信息。通过区块头的哈希值和时间戳，区块与区块之间相互连接，形成链状结构。

2）**分布式存储**。在区块链网络中，每个节点可以选择存储完整的数据，并根据区块链的共识机制实时更新节点本地的数据。去中心化的存储方式避免了中心化存储所带来的安全问题和单点故障风险，同时通过共识机制保障了数据的一致性。

3）**非对称加密**。非对称加密使用一对密钥，即公钥和私钥。公钥用于加密数据和验签，私钥用于解密数据和签名。公钥是公开的，而私钥由持有者保管。与传统的对称加密方式相比，非对称加密具有更高的安全性，常见的非对称加密算法包括 RSA 和 ECDSA 等。

4）**P2P 网络**。P2P 网络用于交易数据的传输、广播、节点发现和维护。在 P2P 网络中，节点之间是平等的，每个节点既是客户端也是服务端，不存在传统的客户端和服务端角色。信息从发起节点广播到邻近节点，并逐层传播，最终达到所有网络节点。

5）**共识算法**。共识算法用于确保区块链网络中各节点之间的数据一致性和有效性。通过共识算法，网络中的交易可以被验证并达成一致，确保数据的有效性。常见的共识算法包括 PoW、PoS、DPoS 和拜占庭容错算法（Practical Byzantine Fault Tolerance，PBFT）等。

13.3.2 区块链的关键技术

1. 智能合约技术

智能合约概念最早由密码学家尼克·萨博（Nick Szabo）于 1995 年提出。他认为，智能合约通过使用协议和用户接口来促进合约的执行。从本质上讲，智能合约是一个由事件驱动的、具备状态的计算机程序，部署在可共享的分布式数据库中。当前的智能合约工作原理类似于传统计算机程序中的 If-Then 语句，即当预定条件被触发时，智能合约自动执行相应的合同条款。

随着区块链技术的应用与普及，智能合约因其去中心化、无须信任第三方、自治和不可篡改等特点，逐步成为区块链技术的核心组成部分。智能合约能够在无须外部信任或监督的情况下进行自动化交易，并以数字形式将资产转化为智能化资产，这使得智能合约广泛适用于金融、管理、医疗、物联网等多个领域。

虽然智能合约概念早在区块链技术之前就已提出，并与互联网技术几乎同时发展，但由于当时技术发展尚不成熟，智能合约未能得到广泛应用。然而，比特币区块链技术的出现为智能合约的执行提供了基础，增强了它的可信性，因此吸引了学术界和产业界的关注。

区块链智能合约的执行原理通常包括以下三个步骤：

（1）创建与签署 参与方共同协商并制定智能合约，注册信息生成公钥和私钥，公钥公开，私钥由参与方保管。使用私钥进行电子签名后，智能合约进入可执行区块链环境。

（2）去中心化执行与共识机制 在执行过程中，智能合约不依赖任何第三方担保，降低了成本并提高了效率。区块链的共识机制确保各节点在无须相互信任的情况下完成交易验证，从而保障交易的透明性和可靠性。

（3）自动执行与验证 智能合约在区块链上根据程序代码自动执行，并在分布式网络中进行验证。每个区块包含时间戳、前一区块的哈希值及当前区块数据，确保合约自动执行且记录不可篡改，如图 13-5 所示。

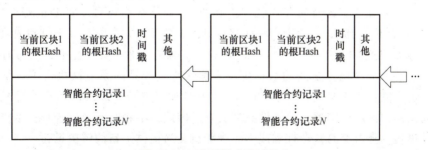

图 13-5 区块链技术演进趋势

智能合约是区块链技术的关键组成部分之一，尽管区块链技术还未完全成熟，智能合约与传统计算机程序之间仍有差距。为了确保智能合约在区块链中稳定运行，必须保障其安全性和稳定性。

智能合约作为技术创新的产物，具有改变传统流程和市场的潜力，也能够推动新应用程序、市场或服务的创建。尽管区块链技术还在发展，智能合约得到了区块链的技术支持，满足了不可篡改、去中心化、可追溯的需求，目前已经在多个行业得到应用，推动了技术的发展与创新。

2. 跨链通信技术

随着区块链技术的不断进步以及应用场景的拓展，跨链通信技术迎来了持续的创新和发展。区块链互联互通的需求日益增加，推动了相关技术的不断进步。以太坊创始人维塔利克·布特林（Vitalik Buterin）提出了区块链互操作性的重要问题，并总结了三类主要的跨链技术：公证人机制、侧链/中继机制和哈希锁定机制。

(1) 公证人机制 公证人机制是一种利用区块链技术连接链上和链下事件，并实现状态变更的机制。它依赖于一个或多个组织作为公证人，监控链A上的事件，并在特定事件发生后，在链B上执行相应操作，从而完成状态变更。公证人群体通过特定的共识算法对事件的发生达成一致，以确保操作的有效性和准确性。根据签名方式，公证人机制可分为单签名、多重签名和分布式签名公证人机制。多重签名机制通过密码学技术，在每次交易验证时，从公证人群体中随机选取一部分公证人共同完成签名，这样能够减少对单个公证人的依赖，提升系统的可靠性。此外，公证人机制还可以借助可信的第三方机构，搭建公证人与受众之间的信任桥梁，确保链上与链下之间的跨链交互服务的安全性与可靠性。

(2) 侧链/中链机制 侧链/中继是一种跨链通信技术，能够实现主链与侧链之间的资产转移，并具备可扩展性、高可用性和安全性等优势。侧链主要用于表达链间的主从关系，而中继则是一种技术方案，旨在实现高效的跨链数据传输和验证，减轻主链负担，扩展其功能和性能。侧链的核心原理是双向挂钩技术，包括单一托管模式、联盟模式、简单支付验证模式、驱动链模式和混合模式等，通过这些模式，侧链与主链之间可以实现双向资产流动，保证数据的一致性和完整性。中继作为跨链操作层，提供统一语言，收集并验证两条链的数据状态，从而实现跨链通信，连接异构或同构区块链，提升跨链通信效率。然而，中继的效率仍面临一定挑战，因为它需要等待信息上链，并存在一定的安全风险。

(3) 哈希锁定机制 哈希时间锁定合约是一种跨链通信技术方案，能够在无须可信公证人的情况下实现资产兑换。其实现过程如下：用户A生成一个随机数s，并计算该随机数的哈希值$h=\text{hash}(s)$，然后将哈希值h发送给用户B；随后，A和B通过智能合约锁定各自的资产。如果B在指定的时间X内收到正确的s，智能合约将自动将B的资产转移给A；如果A在$2X$时间内收到s，A的资产将转移给B；如果任一方未能在规定时间内收到正确的s，智能合约会将锁定的资产退回给该方。值得注意的是，除了资产兑换，哈希时间锁定合约还可用于支持多个区块链之间的数据传输，确保跨链交易的原子性执行等典型应用。例如，哈希锁定机制被用来实现以ETH与BTC之间的原子交换，改进后的哈希时间锁定机制也使得不同架构的区块链能够进行跨链数据交互。因此，哈希时间锁定合约技术能够显著简化跨链交易过程，降低交易复杂性和成本，为跨链交易提供了新的解决思路。

3. 分片技术

分片技术最早应用于数据库系统中，通过将庞大的数据集划分为多个片段，并将其分散存储在不同的服务器上。区块链中的分片技术涉及三个层次——网络分片、数据分片和状态分片，分别针对网络、计算和存储进行优化。

(1) 网络分片 网络分片是将整个区块链网络划分为若干个独立的组，每个组也称为"分片"，如图13-6所示。在公有链中，网络分片通常通过计算节点地址的前几位或后几位的哈希值，将节点映射到不同的分片中。这种方法能够确保网络中的各个分片在处理事务时具有相对均衡的负载，从而提高系统的整体吞吐量和处理效率。在联盟链中，节点的划分可以根据具体的应用场景进行调整。不同于公有链那样单纯依赖哈希值的随机性，联盟链中的节点划分更多考虑到场景的特点和需求。例如，基于不同的功能区、参与方的角色、数据处理量等因素，联盟链可以选择更加灵活的节点划分方式，以确保系统的高效性和特定需求的满足。

网络划分后，每个分片内的节点数量相较于整体网络有所减少，这意味着单个分片能够容纳的恶意节点数量也减少。因此，为了确保分片后的区块链网络稳定性，恶意节点的总体比例应该低于每个单独分片中的恶意节点比例。这样可以有效降低分片失效的风险，确保系统的安全性和可靠性。网络分片是实现数据分片和状态分片的基础，它为区块链网络的进一步扩展和优化提供了支撑。

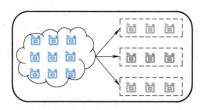

图 13-6　网络分片

（2）数据分片　数据分片是在网络分片的基础上进行的，它通过将区块链网络中的事务根据参与方的特点进行分发，确保每个分片处理相应的事务，如图 13-7 所示。通过这种方式，不同的分片能够并行处理事务，极大地提升了区块链的处理能力。理论上，随着分片数量的增加，区块链系统的吞吐量也将线性增长，因为每个分片都可以独立处理不同的事务而不受其他分片的影响。换言之，数据分片使得系统的扩展性得到了显著提升。

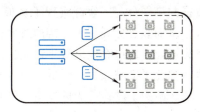

图 13-7　数据分片

在进行数据分发时，如果所有参与方都位于同一个分片内，那么该事务被视为片内事务，这类事务仅需由相应的分片进行处理，因而能够快速完成。当参与方分布在多个分片时，事务则为跨分片事务。跨分片事务相较于片内事务更加复杂，因为它涉及多个分片，需要在不同的分片之间进行协调，这使得一致性和原子性难以保证。为了确保跨分片事务的有效性，需要解决如何在多个分片间确保数据一致性和同步的问题，这也是分片技术面临的一大挑战。

跨分片事务处理的有效性决定了区块链系统的整体吞吐量和性能。如果不能高效处理跨分片事务，区块链系统将受到跨分片事务所带来的性能瓶颈的制约，无法充分发挥分片技术的优势。为了有效处理跨分片事务，通常采用异步共识或多阶段提交等机制。这些机制通过分阶段地进行事务处理，确保多个分片间的协调与一致性，并最终完成事务的确认。然而，这些机制通常需要经过多个区块时间的处理和验证，才能确保事务的最终确认。

（3）状态分片　状态分片是通过将全网的数据和状态信息拆分成多个分片，每个分片内的节点只存储与其相关的数据和状态信息，如图 13-8 所示。虽然从理论上讲，状态分片的思路相对简单，但其实现过程却相当复杂。这主要体现在：数据和状态拆分后，分片内的数据可用性降低，而跨分片事务的处理一致性更难以保证。

图 13-8　状态分片

因此，状态分片的实现难度较大，部分原因在于它引入了一些新问题或加剧了现有问题。

然而，随着区块链应用的广泛发展，网络中生成的数据量迅速增长，实施状态分片仍具有重要意义。通过状态分片，区块链系统可以有效减少节点需要存储的数据量，从而降低存储成本和提高网络性能。在实际应用中，很多节点只对特定的数据和状态信息感兴趣，存储全部数据对它们来说没有实际意义。因此，基于场景特性对网络进行分片，并在此基础上实施状态分片，可以使节点仅保留对其有用的数据，从而提高存储效率。

在实现状态分片的过程中，另一个关键研究点是如何提高分片数据的可用性。随着数据量的增加，确保每个分片内的数据能够高效且一致地访问，成为状态分片技术的一大挑战。通过合理的设计，状态分片可以有效降低节点存储数据所需的空间开销，同时提升网络的吞吐量和效率。

13.3.3　区块链的主要应用

1. 区块链在钢铁行业的主要应用

区块链技术的应用在钢铁行业加速了现代化和智能化的发展进程。通过建立一个透明的数据共享平台，区块链实现了从原材料采购到生产、质检、物流等各个环节的数据实时记录，从而显著提高了供应链的透明度。同时，得益于区块链的不可篡改特性，产品全程溯源成为可能，使得企业能够迅速响应质量问题并有效防止问题蔓延。此外，智能合约的自动化执行简化了交易流程，降低了成本和交易时间，同时，去中心化的信任机制增强了行业内的信任，减少了欺诈行为的发生。区块链技术不仅提升了供应链的效率和透明度，还加强了产品可靠性和行业的信任，为钢铁行业的持续发展奠定了坚实基础。凭借其分布式账本的特性，区块链为钢铁行业提供了一个前所未有的供应链管理平台，通过加密和哈希处理机制，确保了数据的准确性和完整性。

(1) 提高供应链透明度　在区块链技术的支持下，钢铁行业能够构建一个透明的数据共享网络，涵盖从原材料采购、生产过程、质量检测到仓储物流等各环节的数据。这种透明性使得企业可以实时掌握供应链的运行状态，及时识别潜在问题并进行相应调整。同时，客户也可以通过查询区块链中的数据，获得产品全生命周期的信息，从而增强对产品的信任度。

案例一：钢铁企业通过区块链技术提升供应链透明度

一些国内钢铁企业通过积极应用区块链技术，构建了一个"平台+生态、技术+场景、线上+线下"模式的钢铁共享服务生态圈，实现了从原材料采购到生产、质检、仓储物流等环节的数据实时追踪与共享，从而大幅提高了供应链的透明度。

企业通过建立统一的数据平台，集成并共享供应链各环节的数据。借助区块链的去中心化和不可篡改特性，确保数据的真实性和可信度，从而避免信息孤岛的出现，推动供应链的透明化。通过区块链技术，企业能够实时追踪从原材料采购到生产、质检、仓储物流等各个环节的数据，使得管理者能够全面掌握供应链的运行情况，及时发现并处理潜在问题。

此外，企业利用数据分析工具和仪表盘，将供应链的关键指标和数据可视化展示，使得管理层可以更直观地了解供应链的整体情况，快速发现问题并进行优化。通过这种高度透明的数据共享模式，企业促进了供应链各方的协同合作，提高了供应链的效率和可靠性。同时，企业还倡导信息共享文化，鼓励供应链参与方主动共享信息，进一步提升了供应链透明度。

(2) 增强供应链溯源能力 区块链技术通过其不可篡改的特性，为钢铁产品提供了全面的溯源能力。一旦数据被记录在区块链上，它将无法被修改或删除，这为产品的全程追溯提供了可靠的保障。无论是原材料的来源、生产过程中的关键环节，还是物流运输的详细信息，都可以通过区块链进行追溯和验证。这种溯源能力在解决质量问题时尤为重要，企业能够迅速定位问题的源头，并采取及时的纠正措施，从而有效防止问题的扩散。

案例二：钢铁企业通过区块链技术增强供应链溯源能力

某钢铁企业采用区块链技术，构建了一个基于区块链的全程溯源系统，涵盖了从原材料采购、生产过程、质量检测到物流运输等各个环节。通过这个系统，所有产品的关键数据，包括原材料来源、生产工艺、检验报告及物流运输信息，都被记录在区块链上，确保信息的不可篡改性和真实性。

在这个系统中，每个生产环节的数据都通过智能合约自动上传至区块链，生成产品的数字身份。客户和企业管理人员可以通过查询区块链上的数据，轻松获取每一批钢铁产品的详细溯源信息。例如，在质量问题发生时，企业可以迅速查询到具体问题所在的生产环节和原材料供应来源，及时采取纠正措施，防止问题的扩散。

此外，区块链技术的去中心化特性使得供应链中的各方无须依赖中心化的数据存储和管理，可以直接验证和追溯数据。这不仅增强了供应链的透明度，也提高了产品的可靠性和市场的信任度。客户通过访问区块链上的溯源信息，能够确认产品的质量和来源，从而增强了对品牌的信任。

(3) 优化交易流程 在传统的钢铁交易中，交易通常涉及多个中介环节，导致流程烦琐且效率低下。区块链技术通过智能合约的自动执行功能，简化了这一过程，显著降低了交易成本和时间成本。买卖双方只需在区块链上达成交易协议，智能合约将根据预设条件自动执行交易，无须人工干预。这样的自动化处理不仅提高了交易效率，还有效降低了交易风险。

案例三：钢铁企业通过区块链技术优化交易流程

在传统的钢铁交易中，买卖双方通常需要通过多个中间环节（如银行、物流、质检等）完成交易，导致流程复杂且效率低下。然而，通过区块链技术的引入，某钢铁企业与金融机构合作，成功建立了一个基于智能合约的平台，实现了交易的自动化和智能化。

在这个平台上，买卖双方可以直接在区块链上达成交易协议，并将协议条款嵌入智能合约。当满足预设条件时，智能合约自动执行交易，包括货款支付和货物转移等操作，无须人工干预。这种自动化处理不仅显著简化了交易流程，减少了交易成本和时间成本，还提高了交易的安全性和可靠性。

此外，区块链技术提供的不可篡改数据记录功能，确保了交易数据的真实性和可信度。这使得买卖双方能够更加放心地进行交易，进一步降低了交易风险。

(4) 建立信任机制 区块链的去中心化特性突破了传统中心化信任机制的限制，使钢铁行业能够建立一个去中心化的信任体系。在这一体系中，数据不再依赖单一的中心机构进行验证和维护，而是由所有参与方共同维护。这使得参与方能够在无须相互信任的前提下进行交易，降低了交易成本并减少了欺诈行为的发生。同时，区块链上所有数据都不可篡改，为企业提供了可靠的数据追溯和验证机制，增强了交易的透明度和安全性。

案例四：钢铁企业通过区块链技术建立信任机制

某钢铁企业通过区块链技术成功构建了一个去中心化的信任体系，显著提高了供应链的透明度和交易效率。该企业通过区块链平台，将从原材料采购、生产过程、质量检测、仓储物流等各个环节的数据实时记录并共享，所有参与方都能直接查看并验证数据，消除了传统模式下的信任空缺和信息壁垒。区块链技术的不可篡改性保证了数据的真实性和可靠性，任何交易信息一旦被记录，就无法被篡改或删除，从而大大提高了交易过程的透明度。

通过这一去中心化的信任体系，钢铁企业能够实时追踪和验证产品从生产到交付的每一个环节，确保产品质量和生产过程符合要求。当出现质量问题时，企业能够迅速通过区块链上的数据追溯功能定位问题源头，及时采取纠正措施，防止问题的蔓延和扩大。这种高效的溯源能力不仅提高了生产管理效率，还减少了由质量问题引发的成本和时间损失。

此外，区块链的去中心化特性使得钢铁企业能够减少对传统第三方机构的依赖，降低了交易成本。通过消除中介环节，区块链平台使得买卖双方能够在没有第三方干预的情况下直接进行交易，增强了交易的安全性与可靠性。企业不仅能够确保信息的透明性和不可篡改性，还能通过智能合约自动执行交易协议，减少了人工干预，进一步提高了交易效率。

2. 区块链在装备制造行业的主要应用

在装备制造业的广阔天地中，区块链技术的应用如同注入了一股清流，展现出其独特的价值和潜力，为行业的蓬勃发展带来了前所未有的创新和优化。

(1) 供应链管理优化 区块链技术如同一双"透视眼"，能够实时追踪和监控装备制造业供应链中的每一个细微环节。从原料的开采、加工，到生产线的运转、质检，再到物流的运输、分发，每一个环节的数据都被详尽地记录在区块链上。这种实时监控的能力不仅确保了供应链的透明度，使得每一笔交易、每一个流程都清晰可见，还增强了供应链的可追溯性，一旦出现问题，能够迅速定位并解决问题，从而极大地提高了供应链的可靠性和效率。

传统的供应链管理中，合同的执行往往依赖于人工操作，这不仅增加了操作的烦琐性，出错概率还高。区块链技术中的智能合约能够自动执行合同条款，如自动支付、物流跟踪等。这不仅极大地减少了人工操作的烦琐性和出错概率，还加快了交易的速度，降低了成本。更重要的是，智能合约的执行是基于预设条件的，不受人为干扰，确保了交易的公平和公正。

在装备制造业中，供应商的选择至关重要。然而，由于信息不对称和信任缺失等问题，选择合适的供应商往往是一项艰巨的任务。区块链技术通过分布式账本，确保了数据的不可篡改，使得每一个供应商的历史交易记录、产品质量数据等都得以永久保存并可供查询。这使得企业可以通过查询区块链上的数据来验证供应商的可信度和历史表现，从而选择更可靠的合作伙伴。这种基于数据的信任建立方式，不仅提高了供应链的稳定性和可靠性，还为装备制造业的可持续发展提供了有力保障。

案例一：家电企业通过区块链技术实现供应链管理优化

在装备制造业中，多家领军企业已经成功应用区块链技术，展现出其独特的价值和潜力。TCL电脑科技具体（深圳）有限公司在供应链管理方面积极引入区块链技术，通过构建一个去中心化的区块链平台，实现了供应链的实时数据追踪、共享和优化交易流程。该平台不仅使得从原料采购到生产、质检、仓储、物流等各环节的数据都能被透明地记录和验证，还通过智能合约的自动执行功能降低了交易成本和时间成本，提高了交易效率。

此外，区块链技术的引入还为TCL电脑科技（深圳）有限公司与其供应链伙伴建立了一个去中心化的信任体系。在这个体系中，数据不再依赖于单一的中心机构进行验证和维护，而是由所有参与方共同维护，从而降低了欺诈行为的风险。同时，区块链的不可篡改特性也为企业提供了可靠的数据追溯和验证机制，进一步增强了供应链的透明度和可信度。这些改进不仅提升了TCL电脑科技（深圳）有限公司在供应链管理方面的能力，还为其在竞争激烈的市场中保持领先地位提供了有力支撑。

区块链技术在装备制造业中的应用，不仅优化了供应链管理，提高了供应链的透明度和可追溯性，还通过智能合约自动执行和供应商信任建立等方式，降低了成本，提高了效率，为行业的蓬勃发展注入了新的活力。随着技术的不断发展和完善，区块链将在装备制造业中发挥更加重要的作用。

（2）资产管理创新　区块链技术的融入，为装备制造业的资产管理带来了全新的视角和模式。首先，在设备状态实时监控方面，区块链技术与物联网设备的结合，实现了对设备运行状态、维护记录和故障预警等信息的实时捕捉和记录。这种无缝对接使得企业能够及时了解设备的健康状况，提前预防潜在的故障风险，减少不必要的停机时间，进而提高生产效率和资源利用率。

在资产流转追溯方面，区块链技术的优势更是显而易见。通过构建一个去中心化、不可篡改的分布式账本，企业可以轻松地追溯资产的流转历史，包括资产的购买、租赁、维修等各个环节。这种全面的追溯功能不仅有助于企业更好地掌握资产的使用情况，防止资产流失和浪费，还能为企业的决策提供有力的数据支持。

此外，区块链技术还为装备制造业的租赁和共享经济模式提供了强大的支持。在传统的租赁模式中，往往存在着信息不对称、合同执行难等问题。区块链技术通过智能合约的自动执行和分布式账本的透明性，使得租赁合同、租金支付和设备归还等事务的管理变得简单而高效。企业可以方便地创建和管理租赁合同，智能合约将自动执行合同条款，确保租金的及时支付和设备的按时归还。这不仅降低了租赁成本，还提高了设备的利用率，推动了装备制造业向更加灵活、高效的方向发展。

在装备制造业的资产管理创新中，一些领军企业如西门子、卡特彼勒和沃尔沃已经成功应用区块链技术，取得了显著成效。西门子通过集成区块链与物联网设备，实现了对设备状态的实时监控，提高了生产效率。

案例二：装备制造企业通过区块链技术实现资产管理创新

西门子在资产管理方面的创新实践主要体现在与区块链和物联网技术的集成上。首先，利用区块链的去中心化、不可篡改和透明等特点，西门子将资产数据记录在区块链上，确保了数据的真实性和可信度。这使得企业能够基于可靠的数据进行决策，同时，区块链技术也使得数据追溯变得简单高效，降低了风险。

在物联网设备集成方面，西门子通过连接各种设备和传感器到区块链网络，实现了对资产的实时监控和智能管理。物联网设备能够实时收集、传输和处理数据，为资产管理提供了丰富的数据源。这使得企业能够更准确地了解资产的状态和健康情况，预测潜在的故障并提前采取措施。

在具体应用中，西门子通过集成区块链与物联网设备，实现了资产追踪与定位、资产状态监测、智能合约管理和数据共享与协作等创新功能。这些功能不仅提高了资产管理的效率和安全性，还促进了企业之间的协作和供应链的优化。随着技术的不断发展，西门子在资产管理领域的创新实践将继续引领行业发展，为企业创造更大的商业价值。

总的来说，区块链技术为装备制造业的资产管理带来了创新的可能性。通过实时监控设备状态、追溯资产流转历史，以及支持租赁和共享经济模式等方式，区块链技术不仅提高了企业的生产效率和资源利用率，还为企业的发展提供了强大的技术支撑。

（3）协同设计与研发　协同设计与研发是装备制造业创新发展的关键驱动力，区块链技术的应用为其带来了前所未有的安全与效率提升。

在设计文件的安全存储与共享方面，区块链技术展现出了巨大的潜力。传统的文件存储与共享方式存在数据泄露和篡改的风险，而区块链通过其独特的加密和分布式存储技术，为设计文件提供了一个安全、可靠的存储环境。在区块链平台上，设计文件将被加密存储，并通过多个节点进行备份，确保数据的安全性和完整性。同时，区块链技术还支持多个部门之间的实时同步和更新，使得设计团队可以更加高效地协作，缩短设计周期，提高设计质量。

在研发数据的管理与分析方面，区块链技术同样发挥了重要作用。研发过程中涉及大量的数据，包括实验数据、测试结果、用户反馈等。区块链技术可以实时记录这些数据，并通过分布式账本确保数据的真实性和完整性。这些数据可以通过数据分析工具进行挖掘和分析，帮助企业发现新的研发机会、优化产品设计以及提高研发效率。例如：通过分析用户反馈数据，企业可以了解产品的使用情况和改进方向；通过分析实验数据，企业可以优化产品设计和制造过程，提高产品的性能和可靠性。

汽车制造行业面临复杂的生产流程和严格的质量要求，区块链技术的应用可以确保设计文件的安全存储与共享，避免数据泄露和篡改的风险。同时，区块链技术还可以记录研发过程中的数据，为汽车制造企业提供了宝贵的决策支持。

案例三：装备制造企业通过区块链技术实现协同设计与研发

在装备制造业的协同设计与研发领域，区块链技术的应用正成为行业的新趋势。以西门子和通用电气（GE）为例，这些领军企业已经成功地将区块链技术融入研发流程中。

西门子和 GE 在协同设计与研发中运用了区块链技术，取得了显著成效。西门子借助区块链的去中心化和透明性，构建了一个协同设计平台。设计师和工程师们可以将设计数据上传至该平台，并通过智能合约实现数据的安全共享。这不仅确保了数据的安全和完整，还提高了设计过程的透明度和效率。

GE 通过区块链技术实现了全球研发资源的共享和协同。GE 的区块链平台汇集了全球的研发团队和资源，使得研发过程更加高效和灵活。此外，该平台还确保了研发数据的安全共享，为 GE 的快速创新提供了有力支持。

这两家公司的实践表明，区块链技术在协同设计与研发中具有巨大的潜力，能够提升研发效率、加强协同合作，并为企业带来更多商业机会。这种创新的做法值得其他行业学习和借鉴。

在装备制造业中，区块链技术已成为协同设计与研发领域的重要驱动力。通过确保设计文件的安全存储与实时共享，该技术有效降低了数据泄露和篡改的风险，并促进了多部门间的高效协作。同时，区块链记录研发全过程数据，并通过数据分析工具挖掘潜在价值，助力企业发现新机会、优化产品设计及提升研发效率。这些成功案例充分展现了区块链技术在推动装备制造业创新与发展中的巨大潜力和价值。

13.4　基于隐私计算的数据安全

随着数据量的激增及其潜在价值的不断增长，数据已成为各企业最重要的资产。在推动企业内各部门、跨企业数据循环的过程中，企业纷纷加速建设数据中台，以实现数据的业务化利用。然而，数据安全，特别是数据隐私保护，已经成为亟须重点解决的核心问题。只有在确保数据安全和可控共享的前提下，才能有效解决困扰数据共享发展的诸如数据质量低下、信息孤岛、数据安全管控不严、数据流通不畅等问题。

目前，很多数据拥有者由于安全性和保密的顾虑，往往不愿意共享数据，导致不同企业和机构之间难以充分利用对方的数据进行联合分析或建模，这种现象在大多数企业中普遍存在。随着数据要素市场的加速建设，如何平衡数据共享与隐私保护，打破数据烟囱与信息孤岛，挖掘数据的真正价值，成为亟待解决的课题。在此背景下，隐私计算技术在越来越多的场景中得到了广泛应用。隐私计算的核心理念是"原始数据不出域，数据可用不可见"，这一技术能够有效保障数据流通过程中的个人标识、用户隐私和数据安全，同时为数据的融合应用和价值释放提供了新的思路。

13.4.1　隐私计算的关键技术

隐私计算作为一个融合密码学、人工智能与计算机硬件的交叉学科方向，逐渐发展出较完善的技术框架。该体系以多方安全计算、联邦学习与可信执行环境为主要计算模式，底层则依托混淆电路、秘密共享、不经意传输等基础密码技术，并辅以全同态加密、零知识证明、差分隐私等增强手段，构建起多层次、模块化的支撑体系。在实际落地过程中，隐私计算通常采用多种技术组合应用，既保障数据隐私不泄露、不出域，又能高效完成联合分析与建模任务，为工业等关键领域实现数据要素合规流通和价值释放提供了重要技术支撑。

由于技术路径的不同，多方安全计算、可信执行环境、联邦学习均有其更加适用的场景：多方安全计算技术不依赖硬件且具备较高的安全性，但是仅支持一些相对简单的运算逻辑；可信执行环境技术具备更好的性能和算法适用性，但是对硬件有一定依赖；联邦学习技术则可以解决复杂的算法建模问题，但是性能存在一定瓶颈。三种技术对比见表13-3。

表 13-3　三种技术对比

技术	多方安全计算	可信执行环境	联邦学习
安全机制	基于密码学原理的数据加密	引入可信硬件	数据不动、模型变化
性能	低~中	高	高
通用性	高	中	低
高效性	中	中	低
准确性	高	高	中~高
可控性	高	中	高

（续）

技术	多方安全计算	可信执行环境	联邦学习
保密性	高	中~高	中
可信方	不需要	需要	不需要
整体描述	开发难度大，关注度高，性能提升迅速	易开发，性能好，需要依赖芯片厂商的支持	综合运用各类密码学方法，主要针对机器学习

1. 多方安全计算技术

安全多方计算（SMPC）是一种使两个及以上互不信任方在保障各自数据隐私的前提下，协同完成计算并获取公共输出结果的关键隐私保护技术。其核心优势在于，参与方在不泄露原始输入的情况下，可共同执行计算任务并获取相应输出，而无须交换敏感数据。

安全多方计算技术并不是一个单一的技术，而是由多个密码学工具和协议构成的复合体系。其底层支撑技术包括对称与非对称加密、哈希函数、密钥交换机制、同态加密和伪随机函数等基础组件，同时集成了秘密分享、不经意传输及不经意伪随机函数等专用于多方计算的密码原语。在协议设计方面，安全多方计算技术分为面向特定任务的专用算法和可覆盖通用逻辑的计算框架。专用算法根据实际应用进行定制和优化，涵盖基本的四则运算、比较、矩阵操作、隐私交集、数据查询及差分隐私机制等，具有高效、低开销的特点。通用框架多采用混淆电路实现，将计算逻辑转换为布尔电路并加密执行，适用于大多数计算任务，尽管在处理复杂逻辑时可能面临效率挑战。

多方安全计算的主要技术如下：

（1）同态加密　同态加密是一种能够在加密数据上直接进行运算，并保持加密状态的加密技术。例如，如果加密方案支持以下等式，则称为操作"$*$"上的同态：$E(m_1) * E(m_2) = E(m_1 * m_2)$，$\forall m_1$，$m_2 \in M$，其中 E 是加密算法，M 是所有可能消息的集合。这使得在不解密的情况下，就可以对加密数据进行复杂的运算。例如，全同态加密（Fully Homomorphic Encryption，FHE）方案利用密钥同态性质，可以实现门限解密，从而支持更复杂的计算操作。

同态加密技术按照其支持的运算能力可分为全同态加密和半同态加密两类。全同态加密具备支持无限次加法与乘法运算的能力，可实现任意函数的密文计算，是理想的数据加密计算模型。代表性方案包括 Gentry 框架、BFV/BGV 及 CKKS。然而，全同态加密目前仍面临计算复杂度高、密钥尺寸大和运算速度慢等挑战，限制了其在实际工程中的广泛应用。相比之下，半同态加密仅支持单一类型或有限次数的运算，但具有计算效率高、密文膨胀小和易于实现等优势，常用于对性能要求较高的场景。典型算法包括支持乘法同态的 RSA 和 ElGamal，以及支持加法同态的 Paillier 算法。

Paillier 和 EC-ElGamal 是隐私计算领域中应用较为广泛且典型的两种加法同态加密算法，尽管它们在接口设计上较为相似，但在加密原理和性能表现方面存在显著差异。Paillier 算法基于大整数因式分解难题，其加密机制与 RSA 类似；EC-ElGamal 则依托于椭圆曲线密码学理论，在安全性方面通常被认为优于 Paillier。性能方面，EC-ElGamal 在加密操作和密文加法处理上表现更优，计算效率较高；相对地，Paillier 在解密过程及密文与明文的标量乘法操作中更具优势，具有更高的稳定性。因此，二者各有适用场景，具体选择需要根据计算任务的侧重点进行权衡。

（2）秘密分享　秘密分享是一种分散存储和计算数据的方法，使得任何单一参与者无法从其持有的部分中获得任何有用信息，但所有参与者可以协作完成特定的计算任务，而无须共享原始数据。秘密共享的目的是阻止秘密过于集中，秘密共享能有效地防止系统外敌人的攻击和系统内用户的背叛。

目前的秘密共性方案有 Shamir 密钥分享算法、中国剩余定理（CRT）、Brickell 方案等。

Shamir 密钥分享算法最早是由阿迪·沙米尔和乔治·布莱克利在 1970 年基于 Lagrange 插值和矢量方法提出的。其基本思想是分发者通过多项式，将一个密文 s 分成 t 份共享单元，使得其中的任意 t 份共享单元可以组合重构出 s，但是其中任何的 $t-1$ 份共享单元都无法得到关于 s 的信息。首先，对于密文 s，构造一个 $t-1$ 阶多项式 $f(x) = a_{t-1}x_{t-1} + \cdots + a_2x_2 + a_1x_1 + s$。然后，随机生成 n 个非零数 x_i（$1 \leq i \leq n$）带入多项式中，求得（$x_i, f(x_i)$），并分别发送给 n 个用户。任意 t 个用户可以组合（$x_i, f(x_i)$），构造 t 阶线性方程组，求解关于 $a_{t-1}, \cdots, a_2, a_1$ 与密文 s 的方程组。

（3）混淆电路　混淆电路（Garbled Circuit，又称杂交电路、加密电路）是一种用于实现安全多方计算的技术，它通过将输入数据转换为一个不可逆的加密形式，然后在这个加密形式上执行计算，最终将结果解密回原始形式，以此来保护数据隐私。

具体来说，混淆电路是双方进行安全计算的布尔电路。对于布尔电路而言，通过与（AND）、或（OR）、非（NOT）这三种基本逻辑门的组合，即可实现逻辑完备性，可以模拟任意的函数。通过将计算电路中的每个门都加密并打乱，确保加密计算的过程中不会对外泄露计算的原始数据和中间数据。双方根据各自的输入依次进行计算，解密方可得到最终的正确结果，但无法得到除了结果以外的其他信息，从而实现双方的安全计算。

以两方安全计算为例，假设参与方为 A 和 B，则混淆电路执行过程主要为 A 将计算算法转为混淆电路，然后和 B 进行通信，B 对收到的混淆电路进行解密，最终 A 和 B 共享混淆电路处理结果。

（4）不经意传输　不经意传输也叫茫然传输，是一种保护隐私的两方通信协议，消息发送者持有两条待发送的消息，接收者选择一条进行接收，事后发送者对接收者获取哪一条消息毫不知情，接收者对于未选择的消息也无法获取任何信息。不经意传输是多方安全计算技术的关键模块之一，其效率优化可有效推动多方安全计算技术的应用落地，早期多用于构建公平秘密交换协议、抛币协议、零知识证明协议等，对于特殊的两方安全计算协议，如隐私集合交集计算尤为重要。

例如：1-out-of-2 不经意传输主要为了解决如下问题，即 A 拥有两个秘密（M_0，M_1），而 B 想要知道其中一个，在不经意传输执行完成之后，B 获得了其中一个秘密，但是不知道另外一个秘密，并且 A 也不知道 B 选择的是 M_0 还是 M_1。

（5）区块链　区块链技术通过集成分布式存储架构、点对点网络通信、共识算法及密码学机制，构建了一个去中心化的可信计算平台。其核心优势主要体现在三个方面：一是基于密码学手段确保数据在传输与访问过程中的完整性与保密性；二是依托共识机制实现全网范围内的数据一致性；三是通过链式结构设计确保数据记录不可被篡改。该技术范式在实现分布式信任方面展现出显著潜力，与安全多方计算在隐私保护与协同计算方面的能力形成高度互补。二者融合构建出兼具数据确权、隐私保护与协同分析能力的新型计算基础设施，为数据密集型应用提供安全可信的技术支撑。在工业互联网场景中，此类融合方案可广泛应用于安全数据共享、隐私感知计算、异构设备协同与网络空间安全防护等关键环节，进而实现从数据采集、传输、存储到分析处理的全生命周期安全闭环。

（1）数据共享与隐私保护　随着工业数据量的快速增长和工业物联网的发展，数据共享与隐私保护之间的矛盾成为一个障碍，多方安全计算通过分离数据所有权、数据使用和数据验证来避免隐私泄露和计算错误行为。

（2）设备管理与控制　在工业互联网环境中，用户可以直接通过网络访问智能设备而不是收集数据，引入了安全问题，通过多方安全计算协议可以一次性在用户和多个智能设备之间达成不同的会话密钥，从而减少了计算和通信成本。

（3）智能制造与边缘计算　针对工业互联网系统中终端设备计算、存储性能不足的问题，多方安全计算可以有效支持面向边缘计算的数据分布式智能计算方法。当终端设备在设备层产生计算需求时，由于其自身性能的限制，无法完成任务处理，将任务请求发送到边缘集群中，通过任务分配和资源调度算法，在集群中完成处理并返回结果给设备层，以提升终端设备的性能。

（4）跨平台安全通信　随着工业物联网平台如智能工厂和油田工业控制系统的普及，不同通信协议和交互模型使解决方案处于孤立和碎片化的状态。因此，构建一个通用的跨平台安全通信方案对于工业物联网平台至关重要，通过分析不同工业物联网场景的逻辑和要求，设计基于多方安全计算协议的安全通信方案，以确保数据不会被未授权用户访问。

以上这些应用领域展示了多方安全计算在保障工业互联网安全、可靠和高效方面的重要作用。

2. 可信执行环境技术

可信执行环境是（Global Platform，GP）提出的安全计算范式，其核心在于通过硬件级隔离技术构建受保护的安全计算空间。该技术在处理器内部创建独立的加密内存区域，确保敏感数据的全生命周期（存储、传输、计算）都处于严格的机密性和完整性保护之下。可信执行环境的实现依赖于特定的硬件架构，通过物理隔离和加密机制，使得除授权接口外，其他系统组件都无法访问安全区域内的数据。通过这种机制，可信执行环境能够保障特定计算任务在可信环境中按预期执行，全面提升其初始状态、运行过程及整个生命周期中的安全性，为数据隐私计算提供了关键的技术支撑。

作为隐私计算的三大方向之一，可信执行环境技术能够为数据要素的流通保驾护航，保障数据产业的安全合规发展。理论安全性方面，可信执行环境的隐私保护算法可以通过数学推导证明其理论的安全性。场景安全性方面，可信执行环境技术基于硬件进行沙盒式的隔离计算，可以保障通用场景的安全性，并且基于某些固定场景的定制化实现可以证明其场景的安全性。硬件依赖性方面，可信执行环境技术通常依赖于硬件隔离技术，例如 SGX 依赖 Intel，SEV 依赖 AMD，Trust Zone 依赖 ARM。计算性能方面，可信执行环境技术的性能没有瓶颈，可以匹敌明文计算。计算模式方面，可信执行环境技术的计算模式主要为集中式计算、分布式查询。

现有可信执行环境技术主要为如下三类：

（1）硬件隔离　可信执行环境通常依赖于硬件隔离技术，如特殊的处理器指令集（如 Intel 的 SGX、ARM 的 TrustZone）或者专用的安全芯片（如 TPM）。这些硬件隔离技术可以创建一个受保护的执行环境，使得在执行环境内的代码和数据对于操作系统和其他应用程序是不可见的，从而提供了一定程度的安全性。

（2）加密认证　可信执行环境采用高强度加密技术对敏感数据进行全生命周期保护，确保其在存储和传输过程中始终处于密文状态，有效防御未授权访问和中间人攻击，同时，可信执行环境可以提供认证机制，确保系统仅与经过严格授权的对象进行数据交互。

（3）安全启动与验证　可信执行环境通常采用安全启动流程，以确保环境中的软件和硬件组件是受信任的，并且没有受到未经授权的修改。这包括使用数字签名和认证技术对引导加载程序和关键系统组件进行验证，以防止恶意代码的注入和执行。基于可信执行环境技术的特点，其更适用于以下类型的应用场景：

1）涉及较为复杂的数据处理逻辑，对计算过程有较高精度与安全性要求的任务。

2）数据规模庞大，使得频繁的数据传输和加解密操作在其他隐私保护技术中成本高昂。

3）对系统响应速度和整体计算效率要求较高，需要在短时间内完成计算。

4）需要引入可信中介参与隐私计算，且允许可信方访问或推测部分原始数据。

5）数据需要在公网环境中传输或处理，系统需要具有抵御外部攻击和潜在威胁的能力。

6）参与数据协作的主体之间缺乏完全信任关系，存在个别方发起恶意行为的风险，需要保障计算行为可验证、结果可信。

因此，现落地的常见应用场景包括隐私身份信息的认证比对、大规模数据的跨机构联合建模分析、数据资产所有权保护、链上数据机密计算、智能合约的隐私保护等。

严格来讲，可信执行环境并不属于"可用不可见"，但其通用性高、开发难度低，在通用计算、复杂算法的实现上更为灵活，使得其在数据保护要求不是特别严苛的场景下仍有很多发挥价值的空间。总体而言，可信执行环境通过结合硬件和软件的安全机制，提供了一种强大的解决方案，可以帮助解决数据隐私和安全方面的问题，保护用户的敏感信息和关键资产。

3. 联邦学习技术

在当今数字化时代，数据隐私和安全已成为全球关注的焦点。随着人工智能和机器学习技术的飞速发展，数据已成为推动社会经济发展的关键资源，然而数据隐私保护与价值释放之间的矛盾日益突出，在数字经济快速发展的背景下，构建兼顾数据安全与高效流通的新型治理体系已成为行业发展的关键课题。我们需要在保护个人隐私的同时，充分利用这些海量数据来推动科学研究、商业创新及社会进步，这正是隐私计算、联邦计算技术和数据循环安全这三个概念所涉及的核心问题。隐私保护技术的发展经历了从单一技术到综合技术的过程。早期的隐私保护技术主要依赖于数据加密和匿名化处理。随着技术的发展，差分隐私、同态加密、安全多方计算等更为复杂的隐私保护技术被提出。这些技术在保护数据隐私的同时，允许对数据进行有限的计算和分析。

在这个背景下，联邦学习作为一种新兴的机器学习应运而生。联邦学习通常分为横向联邦学习、纵向联邦学习和联邦迁移学习三种类型，如图13-9所示。基于此，联邦学习与隐私保护技术的结合为解决数据隐私和安全问题提供了新的思路，其核心理念是通过结合隐私计算技术，联邦学习能够在保护用户隐私的同时，在不共享原始数据的情况下实现跨设备或跨组织的协同学习，提供了一种保护原始数据的情况下共同训练模型的解决方案。此外，它允许多个参与者（如移动设备、服务器或组织）在保持数据本地化的同时共同训练一个机器学习模型，但参与者之间仅共享模型更新，而无须将数据集中到一个中心服务器，参与者（如移动设备、边缘服务器等）仅在本地训练模型，并将模型更新（如梯度或参数）发送到中央服务器。这一方法的优势在于降低了数据泄露的风险，因为参与者仅共享模型参数或更新，而不是敏感的原始数据。基于此，将联邦学习作为隐私计算平台的关键技术，可以有效解决隐私计算跨平台互联互通问题，并确保隐私计算技术安全可证、性能可用、效率可控。

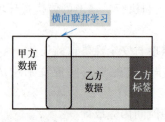  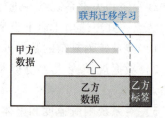

图 13-9　联邦学习的类型

　　虽然联邦学习为隐私保护提供了一种可行的解决方案，但在实际应用中仍然面临着诸多安全挑战。其中之一是数据循环安全，即确保模型在多个训练周期中持续保持安全性的能力。联邦学习的关键技术包括模型聚合算法、通信效率优化、参与者选择策略、模型更新加密等。模型聚合算法是联邦学习的核心，它决定了全局模型的收敛速度和最终性能。通信效率优化旨在减少模型更新传输的数据量，降低通信成本。参与者选择策略用于确定哪些参与者参与下一轮的模型训练，以提高训练效率和模型性能。模型更新加密则用于保护在传输过程中的模型参数不被泄露。基于此，许多学者开始探讨基于联邦学习的数据循环安全技术，旨在提出一种既保护数据隐私又确保模型安全的训练框架，为解决数据隐私和模型安全问题提供一种有效的解决方案。其通过结合多方安全计算、同态加密、差分隐私和可信执行环境等技术，可以在不泄露原始数据的情况下实现安全的模型训练。在实施数据循环安全的联邦学习框架中，参与者首先对本地数据进行预处理，并使用差分隐私技术添加噪声以保护个体隐私。然后，通过同态加密对数据进行加密，确保在传输过程中的安全性。在每个训练周期中，参与者使用本地加密的数据训练模型，并生成模型更新。这些更新通过多方安全计算协议在参与者之间安全聚合，同时引入额外的隐私保护措施，如随机化聚合或阈值聚合，以进一步提高安全性。为了提高模型的鲁棒性，可以在聚合后的全局模型中引入模型加固技术，如对抗训练或正则化，并使用验证数据集对模型进行验证。然而，随着攻击者技术的进步，我们也要面对不断变化的安全威胁。因此，基于联邦学习的数据循环安全技术框架需要能够动态调整安全策略，以应对新的攻击模式。这可能包括调整差分隐私的噪声水平、更换加密密钥或更新多方安全计算协议。

　　联邦学习作为一项创新性技术，正逐步展现出其在多个领域的广泛应用前景，包括医疗健康、金融服务、计算机视觉和新兴行业等领域，如图 13-10 所示。在医疗健康领域，联邦学习不仅限于跨机构的疾病诊断和治疗研究，还可在不泄露患者隐私的前提下促进医疗知识的共享，为全球卫生领域的科研进步提供强有力的支持。同时，在金融服务领域，联邦学习的应用进一步拓展至跨银行的信用评分和风险管理，其遵守数据保护法规的特性使得金融机构能够在合规的前提下更好地进行信息共享和分析。

图 13-10 联邦学习技术在多个领域的应用

然而，尽管基于联邦学习技术的数据循环安全框架为保护数据隐私和模型安全提供了一定保障，实际应用中仍需要应对多方面的挑战。例如：隐私计算技术可能会引入计算开销，从而影响模型训练的效率；在不同参与者之间实现有效的通信和协作仍需解决诸多技术和合作难题；制定统一的标准和协议以促进跨平台的数据流通也是一个亟待解决的问题。同时，随着攻击者技术的不断进步，现有的防御措施在确保模型在多个训练周期中保持安全性方面可能会面临新的挑战。展望未来，随着技术的不断进步和法规的完善，我们有望克服这些挑战，推动联邦学习在保护隐私的同时，更好地促进数据的自由流通和价值最大化。为了更好地应对不断变化的安全威胁，实现循环安全的联邦学习，我们需要进一步提高联邦学习的效率和适应性，同时深入研究解决隐私保护、通信协作和数据流通等方面的关键问题。随着技术的演进，联邦学习将在保护个人隐私的同时，为人工智能的发展提供强大的数据支持，推动企业迈向更安全、更可持续的数字化未来。

13.4.2 隐私计算的主要应用

1. 数据安全开放解决方案

数据安全开放解决方案基于"数据不动程序动、数据可用不可见"的隐私保护新技术理念，依照相关国家政策规范条例要求，建立了完善的数据安全保障机制，在保证数据隐私安全的同时，还可对数据进行更高价值挖掘，实现数据所有权与使用权分离。方案可帮助政企客户突破"不敢""不愿""不能"共享数据的困境，合法合规地对外开放数据，既能保证数据安全，又能充分发挥数据的最大价值，助推数据的生产要素化和数字化经济的快速发展。

该解决方案需要具备对多类型数据源进行置换处理的能力，借助自然语言处理和光学字符识别技术，实现敏感信息的精准识别与剥离。在有效消除数据敏感性的同时，保留原始数据的属性特征与关联结构，确保数据在脱敏后的可分析性与完整性，生成无法通过碰撞方式还原的非敏感数据集，进而实现数据隐私保护。在此基础上，构建一体化数据分析平台，集成数据预处理、特征筛选、模型训练、预测与评估等模块，打造完整的机器学习工作流程，最大限度地挖掘数据潜力。平台同时具备细致的访问控制机制，遵循最小权限原则，根据用户的具体业务角色，通过权限策略与用户管理系统灵活配置数据访问范围，实现精细化的身份认证与授权管理，从根本上减少越权访问风险，确保数据资源与用户权限的有效隔离与控制。此外，该平台建立了完善的操作审计机制，通过全链路日志采集系统完整记录数据访问、处理、分析等全生命周期操作轨迹，实现操作行为的可溯源、可审计与可追责，全面提升系统的安全合规性。

2. 零信任安全解决方案

为满足数字化转型背景下多场景的安全访问需求，以数据资产为中心，遵循"以身份为基石、业务安全访问、持续信任评估、动态访问控制"四大关键能力，覆盖身份、设备、网络、应用、数据等维度，通过动态访问控制机制，持续优化访问策略，有效缓解各类访问风险，构建零信任动态授权体系。

从身份安全的维度，支持用户、用户组、组织机构及用户生命周期管理，支持多种认证方式、自适应认证，确保用户身份可靠，灵活、动态地平衡安全与用户体验。从设备安全的维度，建立设备清单库统一管理终端设备信息与状态，通过用户身份绑定创建授信设备用于设备认证，多维度终端动态感知风险并实时响应控制，保障系统安全。从数据安全的维度，支持创建多个相互隔离的安全工作空间、安全水印、防截屏、打印管控等功能，实现存储、网络、应用、外设等隔离，形成端、网、业务、文件、数据的全周期访问控制闭环，解决数据落地泄漏问题，保障数据全生命周期安全。

3. 基于区块链技术的多方安全计算平台

通过基于区块链技术的多方安全计算平台实现供应链条上跨企业的数据共享，解决了从原料采购、核心零件生产、成品组装及质检、物流运输、安装售后等全链路产品质量跟踪问题，帮助核心企业和供应商跟踪产品和配件的质量数据，协同提升产品质量；通过共享销售数据，落地集团"一盘货"、去库存战略，及时感知市场和用户，避免盲目扩大产能；通过共享相关企业资金流数据，安全、可控地帮助中小企业解决了融资难、融资贵的问题。

13.4.3　隐私计算挑战与难题

当前，隐私计算技术正处于快速发展阶段，能够有效应对企业和机构面临的数据合规问题，并为数据安全制度的实施提供技术支持。然而，隐私计算在安全性、性能及数据互联互通等方面依然面临着一系列挑战。

算法协议的安全性无法做到绝对保证。隐私计算产品之间的算法协议差异较大，缺乏统一的安全标准，导致难以建立一致的安全基础。此外，许多隐私计算协议依赖于特定的安全假设，这使得它们存在一定的安全风险。

应用开发的安全性也存在挑战。尽管假定算法协议已确保安全，但在实际应用中，隐私计算产品在生产过程中可能出现新的安全问题。此外，第三方机构的介入也可能引发新的安全隐患，增加了系统的不确定性。

安全性共识的缺乏也是当前隐私计算面临的一个主要难题。由于隐私保护技术和算法种类繁多，其复杂度和性能差异较大，参与者很难通过直观的方式验证所使用产品的安全性。为了推动隐私计算技术的发展，行业需要制定一个系统性的安全分级标准，涵盖主流隐私计算技术产品，并促进安全性共识的建立。

性能瓶颈也是隐私计算面临的重要挑战之一。由于密文计算本身需要更高的计算和通信资源，隐私计算比明文计算具有更大的计算和存储代价，这要求参与方必须具备足够的计算和通信能力。虽然隐私计算可以保障参与节点的可用性，但它仍面临计算和网络性能的限制。

同步性和可用性要求高。隐私计算通常需要多个参与方共同完成，由于其多方协作的特性，这对同步性和可用性提出了更高要求。若某一方因资源不足无法继续参与计算，整个计算过程可能会中断，影响系统的正常运行。

算法差异性带来的互联互通难题也是隐私计算面临的一大挑战。隐私计算技术方案通常包括多种具体算法，这些算法的底层数据加密、计算逻辑和交互流程存在显著差异。这使得在理论层面或技术实现上，隐私计算的协议连接和技术方案的联通变得更加困难。

系统设计中的功能组件差异导致较高的互联互通成本。为了使隐私计算协议能够适应生产环境，技术服务厂商需要开发专门的通信模块、加密自检，以及数据、任务、模型、节点管理等功能组件。然而，这些组件往往是根据厂商的技术积累和应用场景定制的，导致不同厂商之间的隐私计算平台在功能组件层面难以实现无缝对接。

本 章 小 结

本章介绍了制造循环工业系统中的数据循环机制，强调其对数据流通与共享的重要性。数据循环机制涵盖数据生成、处理、标识、确权、安全防护等流程，确保跨企业间的数据安全高效流通。本章还介绍了标识解析、区块链和隐私计算等技术。标识解析技术通过赋予物理和虚拟对象唯一标识，解决了信息孤岛问题，促进工业数据的共享与集成。区块链技术通过去中心化的方式保障数据流通的透明性和安全性，而隐私计算技术则平衡了数据共享与隐私保护，确保数据在流通过程中"可用不可见"。这些技术共同推动制造业向智能化、数字化转型，提升企业间数据利用的效率和产业协同能力。

💡 思考题

1. 简述标识解析技术的含义及其在制造循环工业系统中的作用。

2. 解释标识解析系统的主要视图。

3. 描述国际根节点、国家顶级节点和二级节点的功能及其在标识解析体系中的地位。

4. 简述区块链技术的基本原理和特点。

5. 什么是智能合约？它在区块链系统中有什么作用？

6. 分析智能合约在执行过程中可能面临的安全风险，并提出防范措施。

7. 虽然联邦学习通过技术如差分隐私、同态加密和多方安全计算等保护数据和模型安全，但随着攻击技术的不断进步，安全威胁也在不断演变。如何调整安全策略以适应新的攻击模式？是否存在通用的方法来动态调整差分隐私的噪声水平或更新加密密钥？

8. 联邦学习旨在保护数据隐私，但同时也需要考虑模型的性能和效率。如何在保护数据的同时确保模型训练的高效性？是否存在优化通信效率的同时能保持数据隐私的新技术或算法？

9. 隐私计算技术能够在不暴露原始数据的前提下，实现数据的共享和协同计算，请分析隐私计算如何影响工业互联网中数据的采集、传输、存储和处理过程，如何权衡隐私计算的安全性与计算性能之间的矛盾？

10. 隐私计算技术旨在保护数据隐私的同时进行数据分析和计算。请解释隐私计算的主要目标和应用场景。

11. 加密技术是隐私计算的基础。请描述对称加密和非对称加密的基本原理，并解释它们在隐私计算中的应用。

12. 差分隐私是一种常用的隐私模型。请解释差分隐私的定义和作用，并给出一个实际应用差分隐私的例子。

13. 同态加密是一种允许在加密数据上进行计算的加密技术。请解释同态加密的基本原理，并讨论其在隐私计算中的潜在应用。

14. 联邦学习是一种在分布式网络环境下进行模型训练的方法，以保护数据隐私。请解释联邦学习的基本原理，并讨论其优缺点。

参 考 文 献

[1] AYEPAH-MENSAH D, SUN G, BOATENG G O, et al. Blockchain-enabled federated learning-based resource allocation and trading for network slicing in 5G [J]. IEEE/ACM transactions on networking, 2023, 32 (1): 654-669.

[2] SHAHBAZI N, LIN Y, ASUDEH A, et al. Representation bias in data: a survey on identification and resolution techniques [J]. ACM computing surveys, 2023, 55 (13s): 1-39.

[3] MASUDUZZAMAN M, RAHIM T, ISLAM A, et al. UAV-employed intelligent approach to identify injured soldier on blockchain-integrated internet of battlefield things [J]. IEEE transactions on network and service management, 2024, 21 (5): 5197-5214.

[4] FOSSATI F, ROVEDAKIS S, SECCI S. Distributed algorithms for multi-resource allocation [J]. IEEE transactions on parallel and distributed systems, 2022, 33 (10): 2524-2539.

[5] AYUB M, SALEEM T, JANJUA M, et al. Storage state analysis and extraction of ethereum blockchain smart contracts [J]. ACM transactions on software engineering and methodology, 2023, 32 (3): 1-32.

[6] FALAZI G, BREITENBÜCHER U, LEYMANN F, et al. Cross-chain smart contract invocations: a systematic multi-vocal literature review [J]. ACM computing surveys, 2024, 56 (6): 1-38.

[7] ISSA W, MOUSTAFA N, TURNBULL B, et al. Blockchain-based federated learning for securing internet of things: a comprehensive survey [J]. ACM computing surveys, 2023, 55 (9): 1-43.

[8] POURMAJIDI W, ZHANG L, STEINBACHER J, et al. Immutable log storage as a service on private and public blockchains [J]. IEEE transactions on services computing, 2021, 16 (1): 356-369.

[9] NGUYEN T L, NGUYEN L, HOANG T, et al. Blockchain-empowered trustworthy data sharing: fundamentals, applications, and challenges [J]. ACM computing surveys, 2025, 57 (8): 1-36.

[10] HAO X, REN W, FEI Y, et al. A blockchain-based cross-domain and autonomous access control scheme for internet of things [J]. IEEE transactions on services computing, 2022, 16 (2): 773-786.

[11] EBRAHIMI S, BOUALI F, HAAS O C. Resource management from single-domain 5G to end-to-end 6G network slicing: a survey [J]. IEEE communications surveys & tutorials, 2024, 26 (4): 2836-2866.

[12] OUYANG L, WANG F Y, TIAN Y, et al. Artificial identification: a novel privacy framework for federated learning based on blockchain [J]. IEEE transactions on computational social systems, 2023, 10 (6): 3576-3585.

[13] DEMELIUS L, KERN R, TRÜGLER A. Recent advances of differential privacy in centralized deep learn-

ing：a systematic survey ［J］. ACM computing surveys, 2025, 57 (6)：1-28.

［14］ MOORE E, IMTEAJ A, REZAPOUR S, et al. A survey on secure and private federated learning using blockchain：theory and application in resource-constrained computing ［J］. IEEE internet of things journal, 2023, 10 (24)：21942-21958.

［15］ SINGH S K, YANG L T, PARK J H. FusionFedBlock：fusion of blockchain and federated learning to preserve privacy in industry 5. 0 ［J］. Information fusion, 2023, 90：233-240.

［16］ DEEBAK B D, HWANG S O. Healthcare applications using blockchain with a cloud-assisted decentralized privacy-preserving framework ［J］. IEEE transactions on mobile computing, 2023, 23 (5)：5897-5916.

［17］ QURESHI K N, JEON G, HASSAN M M, et al. Blockchain-based privacy-preserving authentication model intelligent transportation systems ［J］. IEEE transactions on intelligent transportation systems, 2022, 24 (7)：7435-7443.

第 14 章

制造循环工业系统设计仿真平台

随着新一代信息技术与制造工业的加速融合，工业数字化、网络化演进趋势日益明显，以数字制造代替物理制造，实现理论技术的创新和验证，是工业数字化转型升级和智能工业高质量发展的必经之路。制造循环工业系统设计仿真平台基于系统工程思想，研究智能工业数字化设计

章知识图谱

说课视频

全新模式，通过多技术有机融合实现制造系统整体性能和产品质量的全局优化，并将复杂的工业过程映射到数字空间，从"时间-空间-要素"和全生命周期的立体视角，在数字空间对生产管理和质量管理前沿技术进行精准的性能分析和高效的优化迭代，实现工业设计制造一体化，从根本上变革制造工业生产组织管理创新模式，为制造循环工业系统管理提供中试基地。

制造工业生产过程的整个生命周期环节从规划、设计、制造到运维，紧密衔接，具有流程长、跨度大、多要素、强耦合的特征。优化的智能工业设计方案需要从时间、空间、要素的立体视角，在虚拟空间中完成对产品设计、制造、运维等全生命周期物理过程的映射，超越现实中时间和空间的限制，打破企业间壁垒，提供物理设备难以提供的测量结果、物理传感器无法到达的量级、物理世界较少发生的极端工况，拓宽生产管理和质量管理可靠性验证的边界，实现产品在全生命周期不同阶段和多场景叠加状态下的性能分析和迭代调优，加速设计、验证与优化过程，保证生产和质量的稳定、可靠。同时，通过将资源、能源、物流等全要素进行系统集成，实现技术性能的系统分析和综合评价，为制造系统生产组织管理的系统优化提供有力支撑。

制造循环工业系统设计仿真平台能够利用传感器收集现场感知的数据，通过数据解析技术对生产过程进行准确计量、诊断和预报，在此基础上实现生产计划、调度、操作和控制的优化决策。同时，按照基于"时间-空间-要素"的全生命周期设计与仿真集成方法，对制造全过程进行精准刻画与仿真，通过将同一企业同一对象不同时间的场景、不同企业同一对象的相应场景进行综合集成，系统考虑资源、物流、能源和信息等关键生产要素，为生产、物流与能源管理提供行业全场景数字化中试基地，能够满足复杂多变的外部不确定环境对系统适应性和鲁棒性的要求，有效提升企业层面的生产、物流、能源管理的应用验证效率，加速整个行业层面的智能化迭代升级进程。

14.1　设计仿真平台理论与技术

面向数字化的设计仿真平台是一种全新的工业设计理念和模式，它借助数字化和互联网技术的优势，将大数据、数字设计、自动设计等技术进行整合，通过仿真技术实现设计制造的一体化。该平台采用系统工程的思想，通过数字化技术和大数据分析，对制造循环工业系统的生产流程、产品设计、质量控制等方面进行全面优化。

14.1.1　系统建模与仿真理论

作为一种重要的技术手段，系统建模与仿真已在社会经济、环境生态、能源、生物医学及教育训练等诸多领域实现了广泛应用与深度融合。随着系统建模与仿真技术的迅猛发展，又出现了许多新的理论和方法，尤其是三维建模与视景仿真技术提供了更丰富的建模与仿真理论和方法。系统建模与仿真理论是一个涉及多个领域的复杂理论体系，它结合了数学、计算机科学、工程学等多个学科的知识，用于对实际系统进行描述、建立模型、模拟其行为和性能，从而进行系统的分析、验证和评估。以下从系统建模、仿真算法、仿真实验设计与实施三个方面对系统建模与仿真理论进行简述。

1. 系统建模

系统建模是对实际存在的系统进行描述与建立其模型的过程，旨在将系统的各种信息以数量与非数量的形式表达出来，以便对系统进行分析、验证及评估。系统建模的过程通常包括以下几个步骤：

1）需求分析。明确建模的目的、系统类型、目标、关注点和可见度等因素，为后续建模工作提供指导。

2）系统界定。划定系统的边界，明确系统与环境之间的交互关系，为后续建模提供明确的范围。

3）系统组成要素定义。识别并定义系统的组成要素，包括实体、属性、关系等，为后续建模提供基础。

4）构建关系网络。根据系统组成要素之间的相互作用和关系，构建系统的关系网络，以反映系统的整体结构和功能。

5）制定假设和模型参数。根据系统实际情况和建模需求，制定合理的假设和模型参数，以确保模型的准确性和可靠性。

在系统建模过程中，可以采用多种建模方式，如物理建模、面向对象建模、多领域统一建模等。其中，物理建模是与工程系统设计过程尽可能相近的建模方式，要求与工程师的设计习惯一致。面向对象建模则以对象作为建模的基本单元，通过定义对象的属性和行为来描述系统。多领域统一建模则旨在实现不同领域之间的模型集成和互操作。

2. 仿真算法

仿真算法是一种用来模拟复杂系统行为的计算机程序，它可以对实际系统进行虚拟测试，以预测其在不同情况下的运行效果。仿真算法的实现通常包括以下几个步骤：

1）**建立模型**。根据系统建模的结果，构建仿真模型。模型应该能够反映系统的实际结构和功能，并能够处理各种输入和输出。

2）**指定条件**。为仿真模型指定初始条件、边界条件、输入参数等，以便在仿真过程中模拟系统的实际运行情况。

3）**运行仿真模拟**。使用仿真算法对模型进行运行，模拟系统的行为和性能。在仿真过程中，系统会根据不同的输入和环境条件来模拟各种场景下的系统行为。

4）**分析结果**。对仿真结果进行处理和分析，以评估系统的性能和行为是否符合预期。如果仿真结果不符合预期，需要对模型进行调整和优化。仿真算法的实现可以采用多种方法和技术，如离散事件仿真、连续仿真、基于代理的仿真等。离散事件仿真适用于描述系统中离散事件的发生和演变过程，如物流系统、制造系统等。连续仿真则适用于描述系统中连续变化的过程，如物理系统、化学系统等。基于代理的仿真则通过模拟系统中的个体代理（如人、车辆、设备等）的行为和交互来模拟整个系统的行为。

近年来，虚拟现实技术开始逐渐进入钢铁冶炼领域，在新型钢铁产品研发、冶炼厂房设计和钢铁售后服务上成为一项关键性技术。虚拟现实技术不仅使得工程师对复杂概念设计的理解更为透彻、直观，还使得相应的人机交互变得更加高效，无形中降低了生产成本，也提高了产品质量。虚拟现实技术的快速发展和广泛应用，使得钢铁冶金工业的全流程三维仿真成为可能。通过实时数据解析和动态可视化，VR 系统能够精准模拟钢铁冶炼过程，直观展示生产流程和系统运行原理。此外，该技术可针对不同冶炼需求提供定制化工艺模拟，并用于操作人员及学生的技能培训，涵盖工艺流程、设备性能及安装维护等关键内容，有效优化生产效率和降低安全风险。这是实现钢铁工业向智能化转型的一个重要步骤。

3. 仿真实验设计与实施

仿真实验设计与实施是系统建模与仿真理论的重要组成部分，它涉及仿真实验的设计、实施和分析等方面。仿真实验设计与实施通常包括以下几个步骤：

1）**实验设计**。根据研究目的和仿真需求，设计合理的仿真实验方案。实验方案应该包括实验目标、实验场景、实验参数、实验步骤等内容。

2）**实验实施**。按照实验方案进行仿真实验的实施。在实验过程中，需要确保仿真模型的准确性、稳定性和可靠性，并根据实验需求进行模型的调整和优化。

3）**数据收集与处理**。在仿真实验过程中收集各种数据，包括系统的输入、输出、状态变量等。对收集到的数据进行处理和分析，以评估系统的性能和行为是否符合预期。

4）**结果分析与解释**。根据数据分析的结果，对系统的性能和行为进行解释和评估。如果系统性能不符合预期，需要分析原因并进行模型的调整和优化。同时，还需要针对实验结果进行可视化展示和撰写报告等。

在仿真实验设计与实施过程中，需要注意以下几点：首先，要确保实验方案的科学性和合理性；其次，要确保仿真模型的准确性和可靠性；最后，要对实验结果进行充分的分析和解释，以提供有价值的参考和指导。

系统建模与仿真理论是一个涉及多个领域的复杂理论体系，它通过对实际系统的描述、建模、模拟和分析等过程，为系统的设计、优化和评估提供有力的支持。在未来的发展中，随着计算机技术的不断进步和应用领域的不断拓展，系统建模与仿真理论将发挥越来越重要的作用。

14.1.2　计算机图形学

计算机图形学是一门研究通过计算机生成和操作图形的科学，它涵盖了图形生成、表示、处理、显示等多个方面。在计算机图形学中，三维建模、动态仿真和人机交互是三个重要的研究领域，它们在计算机图形学的应用中起着至关重要的作用。

虚拟现实（VR）、增强现实（AR）及虚拟仿真技术的可视化研究，已成为人工智能与智能人机交互领域的前沿方向。这些技术最初主要应用于游戏、医学等教学与科研场景，如今已逐步向工业领域延伸。一方面，VR/AR与虚拟仿真模型能够整合预处理后的实际生产数据，在低风险环境中实时模拟工业现场，使部分传统"黑盒"问题透明化；另一方面，这些模型还能在终端设备中实现虚拟生产与制造过程的仿真。从而纠正基于数据解析和优化的数学模型，形成闭环的控制与监测。此外，可视化技术的应用也为生产安全预防，提供了智能化的人机交互式体验。

1. 三维建模

三维建模是计算机图形学的核心领域之一，它涉及创建和表示三维物体和场景的技术。三维建模技术为电影、游戏、广告、产品设计等领域提供了强大的视觉表现工具。

（1）建模方法　三维建模主要依赖于几何形状的描述和数学公式的运用。常见的建模方法包括多边形网格、NURBS（非均匀有理B样条）曲面、体素等。多边形网格由顶点、边和面构成，可以表示复杂的物体形状。NURBS曲面则提供了更高的灵活性和精度，特别适用于表示曲线和曲面。

（2）建模软件　为了辅助三维建模，出现了许多专业的建模软件，如3ds Max、Maya、Blender等。这些软件提供了丰富的工具和功能，能够使用户轻松地创建和编辑三维模型。通过这些软件，艺术家可以将自己的创意转化为生动的三维作品。

（3）应用领域　三维建模技术在许多领域都有广泛应用。在电影和游戏制作中，三维模型被用来构建逼真的虚拟场景和角色。在广告行业中，精美的三维模型可以吸引观众的注意力。此外，在建筑设计、工业设计、医学成像等领域，三维建模也发挥着重要作用。

2. 动态仿真

动态仿真是指利用计算机图形学技术模拟真实世界中的动态过程和交互作用。通过动态仿真，我们可以更直观地了解物理现象、预测系统行为，以及优化设计方案。

（1）物理引擎　物理引擎是实现动态仿真的关键技术之一。它负责模拟现实世界中的物理规律，如重力、碰撞、摩擦等。通过物理引擎，我们可以实现逼真的物体运动和交互效果。例如，在游戏开发中，物理引擎可以让玩家体验到真实的碰撞和物理反应。

（2）粒子系统　粒子系统是实现自然现象仿真的重要工具。它可以模拟火、水、烟雾等复杂现象。通过调整粒子的属性（如位置、速度、颜色等），我们可以创建出各种逼真的动态效果。这在电影特效、游戏场景以及科学可视化等方面都有广泛应用。

（3）实时渲染　动态仿真通常需要实时渲染技术来呈现仿真结果。实时渲染要求图形系统能够在短时间内生成高质量的图像，以便用户能够实时观察仿真的进展。随着图形处理器（GPU）性能的不断提升，实时渲染已经成为可能，并且在游戏、虚拟现实等领域得到了广泛应用。

3. 人机交互

人机交互是研究人与计算机之间如何进行有效沟通和交互的科学。在计算机图形学中，人机交互涉及图形用户界面（GUI）设计、交互设备与技术，以及用户体验设计等多个方面。

（1）GUI　GUI是用户与计算机程序进行交互的主要界面。一个良好的GUI应该具备直观、易用和美观的特点。设计师需要运用色彩、布局和动画等视觉元素来创建一个用户友好的界面。此外，GUI还应该考虑用户的认知特点和操作习惯，以便提供更好的用户体验。

（2）交互设备与技术　为了实现更自然和直观的人机交互，人们开发了许多交互设备和技术。例如：触摸屏技术使用户可以通过手指直接触摸屏幕进行操作；虚拟现实和增强现实技术则为用户提供了沉浸式的交互体验。此外，还有语音识别、手势识别等先进技术正在不断发展并应用于各种场景中。

（3）用户体验设计　人机交互的核心是提供良好的用户体验。设计师应以用户需求为核心，深入洞察其使用场景与目标，从而构建符合用户认知与行为模式的交互方案。通过持续优化交互逻辑与界面体验，可显著提升用户满意度并增强产品黏性。

随着计算机图形学的不断发展，三维建模、动态仿真和人机交互等领域的技术也在不断进步。这些技术为我们的生活带来了许多便利和乐趣，同时也推动了相关行业的创新和发展。例如：在电影和游戏产业中，逼真的三维模型和动态仿真技术为观众带来了沉浸式的视觉体验；在广告行业中，精美的三维模型和人机交互设计吸引了观众的注意力并提高了品牌的知名度；在建筑设计领域，三维建模和动态仿真技术则帮助设计师更好地理解和优化设计方案。计算机图形学中的三维建模、动态仿真和人机交互是相互关联、相辅相成的技术领域。它们在许多行业中都有广泛应用，并且随着技术的不断发展，它们的潜力将得到进一步挖掘和利用。

4. 虚拟现实技术

虚拟现实技术的可视化研究已成为人工智能和智能人机交互领域的前沿方向。该技术最初应用于游戏、教育等领域，现已逐步渗透至工业应用。通过整合预处理后的实际生产数据，VR仿真模型能够在安全环境中实时模拟生产现场，使传统"黑箱"问题透明化。同时，终端设备上的虚拟生产仿真可优化数据驱动的数学模型，实现闭环控制与监测。此外，可视化技术的应用也为生产安全预防提供了智能化的人机交互式体验，是实现装备制造业向精细化生产方向转型的一个重要步骤。

当前VR技术发展呈现出明显的"高性价比"特征，在保持成本优势的同时持续提升性能指标，由此催生出诸多创新特性和发展方向。虚拟现实技术的核心内容是虚拟环境的建立这一过程，主要依赖于两大关键技术：动态环境建模技术和三维图形生成技术。动态环境建模技术是指通过采集真实场景的三维空间信息，并基于特定应用需求构建与之对应的数字化虚拟环境。三维图形生成技术是指通过计算机算法生成具有深度、宽度和高度的图像和场景，使其能够模拟现实世界中的三维物体，该技术的核心挑战在于实现"实时动态生成"，即在保持图形质量和场景复杂度的同时，如何有效提升系统刷新率。此外，虚拟现实技术的突破性发展仍需要依赖三大关键技术：立体显示技术、传感器技术及新型三维图形生成与显示技术。当前虚拟现实设备在深度交互体验方面仍存在明显局限，这使得新一代三维图形技术的研发成为未来重点攻关方向。

就虚拟现实技术而言，目前国内外的研究主要涉及三个领域：①通过计算图形方式建立实时的三维视觉效果；②建立对虚拟世界的虚拟场景；③将虚拟现实技术应用于传统科研领域。经过虚拟现实技术的不断沉淀和发展，其在社会的各个领域都得到了广泛的应用。现阶段欧美地区对虚拟现实技术的研究一直走在前沿，如美国在航空航天领域的虚拟现实技术应用处于全球领先地位。NASA 不仅开发了用于航空器维护、卫星操作和空间站训练的虚拟现实仿真系统，还构建了覆盖全国范围的虚拟现实教育平台。此外，该技术已深度应用于分子结构建模、外科手术模拟训练、建筑可视化仿真等多个重要领域。瑞典研发的 DIVE（分布式虚拟交互环境）是一套基于 Unix 系统的异构分布式架构，支持多节点协同工作，实现了复杂流程下的虚拟环境交互。日本在虚拟现实技术研究领域同样占据重要地位，其贡献主要体现在大规模虚拟现实知识库的构建及游戏产业的创新应用。例如，东京工业大学精密与智能实验室开发了面向三维建模的智能人机交互界面，并基于此设计了专用于 CAD 三维模型处理的虚拟现实系统。

中国虚拟现实技术研发与国际先进水平尚存阶段性差距，但在计算机图形处理、系统工程技术等基础学科快速迭代的驱动下，该技术已进入规模化应用阶段。其核心价值体现在多个战略领域：面向高端制造业的精密操作模拟训练、城市空间规划的数字化沙盘推演、军事战术的沉浸式对抗演练、文化遗产的三维数字化传承、旅游资源的全场景交互式展示等。北京航空航天大学依托虚拟现实与可视化新技术研究室，打造了分布式架构的虚拟现实开发平台，集成实时三维数据引擎、可视化仿真模块、航空模拟训练系统及开放 API（应用程序接口），同时在视觉交互硬件研发与底层算法优化方面取得突破性进展。清华大学国家光盘工程研究中心运用 QuickTime 全景技术构建的"布达拉宫"数字孪生项目，攻克了超大型复杂场景的实时渲染与多端适配技术难题。浙江大学自主研发的轻量化建筑场景实时漫游系统，通过桌面终端即可实现建筑空间的多维度交互验证，大幅提升设计效率。

相关应用利用虚拟现实技术对钢铁冶炼废料处理及检测车间物流系统进行仿真，优化等待时间和拖车配置方案，根据工厂的实际情况调配拖车数量，随着拖车数量的增减及时调整废料的等待时间，从而提高钢铁冶炼的效率，对钢铁生产的调整和调度具有重要意义。

虚拟现实技术在钢铁工业领域的应用必将为钢铁冶炼各环节所面临的传统问题提供全新的解决思路。尽管虚拟现实技术处于发展与应用的探索阶段且在钢铁工业领域的应用经验尚不充足，二者融合发展面临一系列问题，但随着虚拟现实技术的不断发展和成熟，其在钢铁工业参数矫正、技术支持决策、人员培训、流程可视化等方面将发挥举足轻重的作用。

5. 增强现实技术

增强现实技术可以将虚拟物体与真实环境融合，增强和丰富用户对现实场景的感知能力。按照显示方式的不同，增加现实技术可以分为光学透视式技术、视频透视式技术和投影式技术三类。其中，光学透视式技术的典型代表为微软 HoloLens，以头戴的形式使用户既可观察真实环境，又可在环境中叠加虚拟影像；视频透视式技术多采用手机、平板计算机等智能终端，利用集成的摄像头与显示器配合实现虚实融合效果；投影式技术可以将模型投影到物体表面，从而实现增强现实。

将虚拟影像与真实环境融合显示应用于安全与质量监控领域，可以显著提升操作人员对真实环境的感知能力，目前已被初步应用于建筑、施工等领域的安全监测与产品质量检测中。在隧道施工中，位移控制至关重要，采用基于增强现实的现场检测技术，通过将基线模型叠加在线段的边缘，可以直接判断出测量基线模型和实际设施视图之间的差异。针对基础设施修缮需求，增强现实技术可以辅助施工者直接观察埋在地下的线缆、管道等公用设施。利用虚实融合显示特性，基于增强现实的灾后建筑损害评估系统可以帮助人们快速判断出建筑物的损伤程度，从而估计损失。在产品质量实时检测领域，将产品的标准三维模型与实际产品叠加显示，可以直观判断出生产质量。由增强现实眼镜结合热成像相机构成的火灾救援系统，可以帮助消防员在黑暗、浓烟的环境中看到热源，使消防员在搜救时准确、高效。此外，电动汽车的普及也给现场急救人员带来了新的考验，由于电动车体内隐藏着高压线缆、电池组或者其他新型传动部件等，操作失误极易发生事故，在应用增强现实技术后，救援人员可以知道金属板下面藏着什么，从而知道切开是否安全。

随着钢铁、装备制造等行业的信息化发展，对生产过程危险因素快速响应与质量实时监控需求越来越高。由于工作人员对故障排查方案不熟悉，加上缺乏形象直观的辅助手段，导致安全与质量监控能力受限。基于增强现实的钢铁冶金工业全流程安全与质量监控可视化技术能够使工作人员通过佩戴的摄像跟踪装置捕捉到需要检查的设备，将捕获信息传输到计算机中进行处理，并将处理后形成的安全故障排查方法通过视频或者图像的形式传输到头部佩戴的透视显示装置。这不仅可以为操作人员提供直观的三维引导指令，还可以在场景中融合显示安全和质量问题的全部信息，帮助安全质量监管人员更好地理解任务，提升信息获取的实时性和完整性。

14.2 设计仿真平台构建

钢铁、装备等典型制造工业过程复杂、容错率低、在线实验风险大，传统的基于物理制造过程的技术验证过程需要耗费大量的时间、资源和成本，且生产工况的波动性进一步增加了技术验证和参数调优难度，因此需要打破传统制造先行的理念，通过建立全新的数字化中试基地。制造循环工业系统设计仿真平台将复杂的物理制造过程映射到数字空间，并将传感器感知到的物理世界数据传输到数字空间，通过多阶段、多层级、多维度技术的有机融合与系统协调，实现生产管理与质量管理的系统优化，并在数字空间完成高效的仿真、验证和调整，最后返回到物理世界，驱动制造过程的精准执行，达到提升制造系统整体性能和产品质量的目的。

仿真技术按照数据传输方式可以分为离线仿真和在线仿真两种方式。这两种方式的基础逻辑架构基本相似，但在线仿真对于数据的实时处理和实时传输的要求较高，工业现场尤其是钢铁冶金这种较为复杂的工业现场，生产数据需要通过科学处理才能用于可视仿真模型。

1）设计流体力学或者离散事件的仿真引擎。该引擎主要实现基本的逻辑层面的流体力学或者离散事件的仿真功能。例如，离散事件仿真引擎通过设立事件发生列表，对于复杂生产环境中的各项工作内容进行串行或并行作业处理。

2）建立三维可视仿真模型。在仿真引擎的基础上，建立符合实际生产情况的可视仿真模型。该模型应包含所有影响生产状况的相关资源、设备和人员。针对关键设备模型建立数据接口，嵌套基本仿真逻辑程序。

3）生产数据预处理。将现场的实际生产数据转换成可视仿真模型可以识别和使用的数据。例如，针对炼钢等流程工序生产，建立关键设备的多场耦合数学模型，计算得到相关传热、传质、气泡流动、渣层运动、凝固相变等信息。针对冷轧这种比较接近离散制造生产方式的工序，对生产设备的生产时间、输入与输出信息、故障时间等进行概率分布统计。

4）将经过预处理的生产数据导入可视仿真模型，模拟实际生产状况进行虚拟生产。通过仿真结果验证可视仿真模型的准确性。在此基础上不断改进和优化可视仿真模型，直到满足仿真条件为止。

14.2.1　钢铁制造全流程设计仿真平台

1. 钢铁制造全流程的描述与建模

钢铁制造全流程是一个涉及多个工序和设备的复杂生产过程，从原料的采集、加工到最终产品的形成，每个步骤都紧密相连，相互影响。因此，对钢铁制造全流程进行准确的描述和建模是设计仿真平台的基础。钢铁制造全流程主要包括原料准备、炼铁、炼钢、轧钢等关键步骤。在原料准备阶段，主要进行原料的采集、筛选和预处理；在炼铁阶段，通过高炉等设备将铁矿石还原为铁水；在炼钢阶段，利用转炉等设备将铁水转化为钢水；在轧钢阶段，通过轧机等设备将钢水加工成各种形状的钢材。为了准确描述和模拟这一过程，我们需要建立一个包含各个工序和设备、能够反映它们之间相互作用关系的全流程模型。这个模型需要能够处理大量的实时数据，包括设备状态、生产参数、产品质量等，并能够根据这些数据进行动态调整和优化。

2. 钢铁制造全流程仿真的基本原理和方法

钢铁制造全流程仿真的基本原理是利用计算机技术对实际生产过程进行模拟和预测。通过仿真，我们可以了解生产过程中的各种情况，如设备故障、生产瓶颈、产品质量问题等，并提前制定应对措施。钢铁制造全流程仿真的方法主要包括以下几种：

1）离散事件仿真。这种方法主要适用于描述生产过程中的离散事件，如设备故障、原料到货等。通过模拟这些事件的发生和处理过程，可以评估它们对生产的影响。

2）系统动力学仿真。这种方法主要用于模拟生产系统的动态行为，如库存水平、生产速度等。通过构建系统动力学模型，可以预测生产系统的性能并找出改进点。

3）虚拟现实仿真。这种方法利用虚拟现实技术创建一个逼真的生产环境，使用户能够身临其境地体验生产过程。通过虚拟现实仿真，可以更加直观地了解生产过程中的各种情况。

3. 钢铁制造全流程仿真模型的建立与验证

建立钢铁制造全流程仿真模型需要遵循一定的步骤和原则。首先，需要对实际生产过程进行深入了解和分析，明确各个工序和设备的功能和特点。其次，根据这些信息选择合适的仿真方法和工具进行建模。在建模过程中，需要注意模型的准确性和可靠性，确保它能够真实地反映实际生产过程。为了验证仿真模型的准确性和可靠性，需要进行一系列的实验和测试。这些实验和测试可以包括对比仿真结果与实际生产数据、分析仿真过程中的异常情况等。通过不断地实验和测试，可以对仿真模型进行修正和优化，提高其预测能力和应用价值。

（1）钢铁企业原料场物流调度仿真建模　钢铁企业的原料场是接受、储存、加工处理和混匀钢铁冶金原燃料等资源的大型物流调度场地。许多现代化大型钢铁企业原料场包括矿石场、煤场、辅助原料场和混匀料场；存储采购的铁矿石、铁精矿、焦煤、动力煤等，还存储一部分烧结矿、球团矿，以及钢铁厂内的循环物，如氧化铁皮、高炉灰、碎焦、烧结粉、匀矿端部料等。大部分钢铁企业的原料物流调度占企业流动资金的70%以上，因此，优化原料场的物流调度管理对于企业降低成本、提升效率有至关重要的作用。原料场常用的大型设备包括堆料机、取料机、堆取料机、带式输送机等。许多钢铁企业的原料场靠近码头，方便外来运输船只靠岸卸载原料，因此还包含岸吊等大型调度设备。原料场的布局通常包含条状料场和圆形料场两种，每种料场对应的存储方式存在许多差异。条状料场在各料条中间布置堆取料机进行原料的堆取操作，由于堆取料机的机械手臂较长，存在安全作业的距离限制，所以在场地条件有限的情况下，可能出现堆取料机作业冲突的矛盾问题，大大降低了堆取作业的效率，对连续稳定的下游生产形成隐患。

（2）钢铁企业板坯库物流调度的可视化建模　钢铁冶金生产工艺流程包括烧结、炼铁、炼钢、连铸（模铸）和轧钢等环节，生产工艺复杂，包括多种中间产品和最终产品的物流调度管理。例如，连铸和热轧两个上下游生产工艺，生产节奏差异大，无法把形成板坯的连铸直接送到热轧工艺，因此必须通过板坯库进行中间缓存，以存放不能直接送入热轧工艺的板坯产品。板坯库的物流调度对协调钢铁企业炼钢环境和轧制环节起到了至关重要的缓冲作用。此外，热轧生产过程中需要严格按照计划单元组织生产，因此板坯库必须进行优化且有效管理，保证板坯的及时准确供应，从而减少热轧加热炉空烧，对于保证热轧生产的产品质量、提高生产效率及实现加热炉的节能降耗都是非常重要的。钢铁企业板坯的物流调度管理中多使用吊机进行板坯的堆取操作，吊机是钢铁企业中的一种重要运载工具。吊机的设备成本不仅昂贵，运行成本也很高。如果不能很好地对吊机进行调度，会导致热轧生产不稳定、物流成本增加等问题。因此，板坯库物流调度中，板坯的位置摆放和吊机的调度管理都是重要的核心问题。

由于板坯库中堆放的板坯的类型和种类较多，因此对板坯的摆放位置设置了堆放的原则，根据该原则堆垛的板坯会产生不同的垛位类型，如空垛位、同类型板坯垛位、固定匹配板坯垛位、混合板坯垛位。实际操作时，为了方便板坯出库操作和归类管理，在板坯即将入库前，板坯库物流管理系统会提供目标垛位，行车根据目标垛位信息移动板坯。针对板坯库中规格各异的板坯物资，因其原料来源、运输载体及出库流向的差异性特征，需要依据科学分区原则进行存储规划。具体实施时应遵循两大核心准则：其一确保板坯存取作业的高效性；其二保障热轧生产流程的连续性。基于板坯物料在库内周转率极高的特点，该仓储系统必然面临密集型物流作业需求。在实际运作中，主要依托桥式起重机与自动输送辊道构成的复合运输体系，辅以智能化调度系统，共同完成物料的精准位移与动态管理。

（3）考虑上下游物流的热轧生产可视化仿真　热轧是将板坯轧制成板卷的重要工序。热轧制造系统包括板坯库、热轧生产、板卷库三个主要工序。根据轧制工艺要求，热轧制造需要将板坯按照宽度、厚度、硬度及温度属性组合成一个基本的轧制单元，这个轧制单元是一个典型的热轧工序的生产批。热轧工序的生产调度需要以板坯料为最小单位，在组批计划基础上根据订单的钢种、规格、交货期等要求制订批次生产计划，以及各个批次在生产设备上生产时序与操作顺序。由于可能受到随机事件或不确定因素影响，生产过程中还需要根据突发状况及时调整生产调度方案，保证生产的连续性。板坯库和板卷库是热轧生产连接炼钢和冷轧工艺的桥梁和接口，它们都需要根据热轧生产计划与调度进行物流调度。传统的热轧工艺生产调度的教学和研究主要结合数学模型和优化算法进行方法验证和知识表达，且通常只针对热轧工艺本身进行算法设计和仿真，较少涉及板坯库和板卷库的物流调度。

4. 钢铁制造设备模型与仿真

在钢铁制造全流程中，各种设备是完成生产任务的关键。因此，建立准确的设备模型并进行仿真对于提高生产效率和产品质量具有重要意义。根据实际设备与工艺流程，我们可以建立各种设备的模型实例，如高炉、转炉、轧机等。这些模型需要能够反映设备的结构、功能和运行特点，并能够与全流程模型进行无缝对接。在设备模型的仿真过程中，我们可以利用离散事件仿真、系统动力学仿真等常用仿真算法来模拟设备的运行过程和性能表现。通过仿真，我们可以了解设备的生产能力、故障率、维护周期等关键指标，并提前制定相应的应对措施。此外，我们还可以利用仿真技术对设备的设计和改进进行评估和优化。通过模拟不同设计方案和设备参数对生产过程的影响，我们可以选择最优的设计方案和设备参数，从而提高生产效率和产品质量。钢铁制造全流程设计仿真平台是一个涉及多个领域和技术的复杂系统。通过建立准确的模型并进行仿真分析，我们可以深入了解生产过程中的各种情况并提前制定应对措施，从而提高生产效率和产品质量。

14.2.2 装备制造设计仿真平台

面向传统工业制造领域的转型升级需求，针对人力成本攀升、项目周期不可控、设备协同效能低下等结构性矛盾，虚拟现实技术展现出突破性解决方案。该技术体系基于计算机图形学与多源感知技术，构建具备空间临场感的高拟真虚拟空间，实现客观实体与抽象概念的可视化重构。其技术内核——虚拟制造系统，通过数字孪生技术对生产制造全生命周期进行多维建模，涵盖产品设计迭代、工艺参数优化、智能装配流程、精益物流布局及资源动态配置等关键环节。在产品设计阶段同步生成三维动态模型，实现制造可行性验证与工艺参数预演，通过虚拟样机技术提前预判产品服役性能，构建"设计-仿真-优化"的闭环系统。配套开发的工业级虚拟仿真平台集成多体动力学仿真引擎，支持离散元分析与连续介质力学计算，具备毫米级物理特征还原能力。系统采用模块化架构设计，兼容触觉反馈、动作捕捉等多元交互模式，集成异构系统数据交互协议，创新性实现非接触式工艺验证替代传统物理碰撞试验。对于大多数工业仿真用户来说，它能够轻松地完美展现许多之前难以实现的出色交互式仿真创意，并且为国内工业仿真用户带来仿真方法和技术实现上的革命性进步。

装备制造全流程可视仿真模型的具体需求涉及以下方面：

1）设备模拟。模拟整个装备制造过程中使用的设备，包括机械设备、自动化设备等。需要准确地模拟设备的工作原理、运行状态和性能，包括启停、加工速度、质量控制等。可以通过3D模型或动画展示设备的外观和工作过程，以便用户清楚地了解设备的运行情况。

2）工艺流程模拟。模拟装备制造过程中的生产工艺流程，包括物料加工、装配、检测等环节。需要考虑到不同的产品类型和工艺要求，提供灵活的工艺调整和模拟功能。通过模拟工艺流程，可以确定合适的操作顺序和时长，并观察每个环节的效率和质量控制情况。

3）物料管理模拟。模拟物料在装备制造过程中的流动和管理，包括物料的供应、库存、调配等。可以通过可视化的方式展示物料的流动路径和数量，帮助用户了解物料的使用情况和供应链管理。

4）**人员控制模拟**。模拟装备制造过程中的人员分配和协作情况，包括操作人员的任务分配、协同工作等。可以根据实际情况模拟不同的人员组织结构和工作方式，评估人员利用率和生产效率。

5）**故障和维护模拟**。模拟装备制造过程中可能出现的故障和维护情况，包括设备故障、停机维修等。需要准确模拟故障的发生概率、故障处理流程和维护资源的调配，以评估其对生产计划和效率的影响。

6）**数据采集分析与决策支持**。根据仿真模型生成的数据进行分析，提供关键指标的汇总和趋势分析，为管理者提供决策支持。例如，生产效率、质量指标、能源消耗、成本控制等方面的分析，包括电力、水、气等资源的使用量和费用。通过可视化展示和统计分析，可以帮助用户对生产过程进行深入理解，并为优化装备制造流程和制订改进计划提供决策依据。

7）**可视化表示和交互界面**。提供直观的可视化表示，通过图表、动画或虚拟现实技术等形式展示装备制造全流程的模拟结果。设计友好的交互界面，允许用户进行参数调整、场景模拟和结果观察，以满足不同的模拟需求。

1. 装备制造设备模型与仿真

（1）**设备模型实例建模**　在装备制造全流程中，各种设备是完成生产任务的关键。因此，建立准确的设备模型并进行仿真对于提高生产效率和产品质量具有重要意义。根据实际设备和工艺流程，我们可以建立机床、加工中心、检测设备等各种设备模型实例。这些模型需要能够反映设备的结构、功能和运行特点，并能够与全流程仿真模型进行无缝对接。

（2）**设备仿真算法实现与应用**　在设备模型建立完成后，需要实现相应的仿真算法来模拟设备的运行过程和性能表现。常用的设备仿真算法包括离散事件仿真、系统动力学仿真等。这些算法可以根据设备的实际运行情况设置参数和条件，并模拟出设备在不同工况下的性能表现。通过设备仿真，我们可以深入了解设备的生产能力、故障率、维护周期等关键指标，并提前制定相应的应对措施。

此外，设备仿真还可以用于设备的设计和改进。通过模拟不同设计方案和设备参数对生产过程的影响，我们可以选择最优的设计方案和设备参数，从而提高生产效率和产品质量。同时，设备仿真还可以用于设备的故障预测和预防性维护，降低设备故障率并延长设备使用寿命。

装备制造设计仿真平台是一个涉及多个领域和技术的复杂系统。通过建立准确的全流程仿真模型和设备模型，并进行相应的仿真实验和分析优化，我们可以深入了解装备制造过程的各种情况并提前制定应对措施，从而提高生产效率和产品质量。

2. 装备制造全流程设计仿真

（1）**模块可视化**　设备模型是构建典型装备制造全流程可视仿真系统的基本要素，因此需要对全流程所包含的重要设备进行精细建模和材质制作，并且通过可视化仿真手段将模型分模块进行单一展示。模型是进行可视仿真的本质体现。由于所要制作的模型工艺要求较高，因此该系统中的模型采用专业的机械建模软件进行建模。建模完成以后，再进行模型贴图，使模型达到比较逼真的效果。不同的设备模型可以进行单独的展示，配有介绍文字对设备进行描述，让使用者对设备有基础的认知。

（2）**流程可视化**　典型装备制造全流程可视仿真系统以高精度三维建模技术为核心，

通过对制造工厂的厂区布局、生产设备、管道系统、作业区域及人员动线等进行1：1数字化重构，构建出高度真实的虚拟工厂环境。该系统首先运用专业建模软件创建三维模型并赋予精细材质纹理，实现对物理工厂的精准数字化映射。在此基础上，通过动态环境模拟技术真实再现天空光照、大气雾效等自然效果，并结合三维实时渲染、物理碰撞检测、实时光线追踪等先进技术，显著提升虚拟场景的真实性和沉浸感。该系统创新性地将生产工艺流程、设备运行参数、实时监控数据等关键信息与三维场景深度融合，为操作人员提供直观、立体的可视化监控平台，有效增强对生产现场的态势感知与过程管控能力。

（3）计划调度管理数据可视化 计划调度管理数据可视化是一种将计划调度和管理的相关数据以直观、图形化的方式呈现出来的方法。通过数据可视化，可以更清晰地理解和分析计划调度过程中的各个组成部分、相互关系和效果。数据可视化可以采用多种形式，如折线图、柱状图、散点图、饼图等。这些图表可以显示计划进度、资源分配、任务完成情况、效率指标等重要信息，帮助管理人迅速了解当前的状态和趋势，并做出相应的决策。通过可视化界面展示生产调度管理数据，一般包括制作车间每天作业计划数据、生产进度的数据、不良品的统计记录等，生产调度管理可视化可以帮助及时发现问题，实时掌握生产进度。协助典型装备制造企业进行生产调度和优化。根据实际情况，优化设备的使用率、工艺流程和人员分配，从而提高生产效率和降低成本。

（4）操作优化方案可视化 操作优化是装备制造全流程中的重要环节。数字孪生充分利用物理模型、传感器数据、运行历史状态等，集成多学科、多物理量、多尺度、多概率的仿真过程，在虚拟空间中完成映射，对装备制造生产过程进行操作优化。操作优化可视仿真基于装备流程中重要生产设备的三维模型进行实时仿真，对设备运行情况和磨损程度等相关数据进行评估，对数据进行解析优化。

（5）培训可视化 当前，装备制造行业的操作培训主要依赖设备进行，但部分实操环节存在安全风险，且难以全面记录和评估操作者的规范性动作。为解决这一问题，可结合交互式虚拟操作技术与装备制造仿真技术，构建高度仿真的虚拟设备操作环境。在该系统中，操作者能够自由选择不同设备进行交互式模拟训练，同时系统会完整记录其每一步操作行为，并以数据日志和视频回放的形式存档，便于后续的考核评估及教学示范。该虚拟教育培训系统的核心目标在于帮助学员熟练掌握装备制造设备的操作流程，确保其具备安全、规范的实际操作能力。在系统设计过程中，需要重点优化操作体验，通过高精度仿真模拟真实作业场景，并辅以直观的图形用户界面（GUI），使学员能够清晰地理解操作步骤，提升培训效率和效果。

14.2.3 基于"三传一反"的制造循环工业系统设计仿真平台

制造循环工业系统是具有供需关系的制造企业之间，通过资源、能源、物流和信息等载体要素连接与交换，构成具有立体网状结构特征的制造业集群。其中，资源、能源和物流循环对应质量、能量与动量传输，而信息是对物理系统的反馈映射，简称"三传一反"。制造循环工业系统在管理实践中包含企业间的主循环和企业内的微循环两个方面。其中，企业间的主循环是通过不同企业之间的物质、能量、物流和信息循环实现系统优化，企业内的微循环是企业内不同运作环节围绕资源、能源、设备等生产要素的系统优化。

对于主循环而言，以工业互联网为载体通过横向集成打通供给侧和需求侧的数据流，为资源、能源、产能、运能等数据的精准对接提供了信息载体，为不同制造企业的协同生产和循环畅通提供了基础设施的保障。

对于微循环而言，企业内部工业互联网平台可以打通不同部门和业务之间的信息壁垒，构建覆盖生产制造、物流运作、能源管控、企业运营等不同管理业务的数据贯通体系，实现企业内部原料、设备、产品、能源等实体生产要素的集成优化，从而达到充分发挥生产设备、制造工艺的潜能，提高生产效率的目的。

1. 制造循环工业系统主循环设计仿真平台

对于跨企业的主循环，设计仿真平台全面打通主循环的信息壁垒，实现制造企业的互联互通，将数据要素融入资源、能源和物流的循环管理，充分挖掘不同类型跨企业数据的潜能。在传统模式下，终端制造企业根据用户需求组织生产，向上游制造企业采购原材料和零件，导致上下游企业无法快速、柔性地响应客户需求并协调组织生产。建立在信息互通和数据循环基础上的制造循环工业系统，可以根据制造业上下游供给和需求之间生产运营管理方式的协作，形成客户需求驱动的协同生产制造机制。高能耗制造企业以企业能源中心为核心，通过对企业内部的能源供需管控，可以在一定程度上实现企业内部的能源优化，但由于信息壁垒的存在，无法从全局视角对区域内具有能源供需和共用关系的制造企业进行整体优化，从而无法在更大范围内达到节能减排的目的。在制造循环工业系统中，通过连接能源的产生、消耗、存储和转换的数据，可以把单个企业的能源网络扩展到整个制造集群中，让有能源供需关系的制造商之间形成更大的能源循环。这样就可以通过互相供应能源和能源的梯级利用，确保生产流程以最低的能耗顺畅运行。同时，这种方法还能减少制造集群的碳排放，推动全社会的绿色制造和可持续发展。重物流制造业缺乏系统布局和互通互联的物流系统，运输对象和物流设备在分散体系中运输，网络化程度低，导致物流设备利用率低、整体物流效率不高。跨企业的物流网络可以实现物流资源数据信息、物流状态的实时共享，通过系统优化形成效率高、综合成本低的多企业联运，实现产品及物流资源精准调配，提升物流设备的使用率。在以往的跨企业主循环管理中，不同制造企业的生产流程和运营管理机制存在差异，导致制造产业网络内不同节点间的数据传输和信息互通存在困难，进一步使得跨企业的协同生产管理决策难以实现。制造循环工业系统通过平台数据全局共享，将不同制造企业的资源、能源、物流等数据通过信息技术形成"三传一反"，达到制造业集群的高质、高效循环管理。

2. 制造循环工业系统微循环设计仿真平台

对于企业内循环，传统生产管理模式下，生产、物流、能源等要素的管理位于不同的管理层级，由于运行方式的差异，不同层级之间的多要素系统优化程度低，表现为上下游工序物料衔接不畅、生产瓶颈环节突出、库存成本增加、物流设备利用率低、能源瞬时供需不平衡导致的能耗增加。对于全流程生产，只有将流程相关的工艺、设备、运行、管理等工序数据融合到一个全面的、可交互的管理平台上，才具备通过多工序、多维度数据对齐实现产品制造全流程生产管理系统优化的基础条件。对于能源管理优化，由于生产与能源的伴生、耦合特性，其供应、需求、转换和存储环节与各节点的运行节奏联动，为达到生产过程中能源供应的精准匹配，需要在供需动态预测的基础上进行能源预判、预控，实现能源事前管控优化。对于物流管理，需要结合各工序实时生产节奏和库存水平进行物料或半成品的高效搬运。最终，在不同业务环节多源信息互通的基础上，以信息流带动物质流和能量流，形成企业内部"三传一反"，深度挖掘数据的价值，用于指导生产，提高制造业产品质量、生产效率、降低成本，推动形成数据驱动的制造模式。

3. 基于跨企业数据的主循环系统优化

设计仿真平台打通主循环的信息壁垒，实现制造企业的互联互通，将信息要素融入资源、能源和物流的循环管理，为主循环的系统优化奠定了重要的基础。充分挖掘不同类型跨企业数据的潜能，分别针对基于供需数据的高端制造循环协同生产管理、基于能耗数据的高能耗制造循环高效能源管理、基于资源数据的重物流制造循环的精准物流管理、基于跨企业"三传一反"的主循环系统优化管理开展研究，从而实现循环效能的提升。

（1）高端制造循环协同生产管理　在具有供需关系的高端制造企业间，库存是衔接前后端制造的重要环节，也是传统管理模式的重点和难点，信息不对称或信息传递偏差导致供需不平衡且难以有效协调，加大了科学采销决策的难度。传统管理模式仅以契约关系协调和控制前后端的供应、生产、库存等环节来实现收益共享，由于缺乏精准实时掌握物资供需数据的有效手段，物料信息难以实现跨环节的高效流通，增加了企业生产运营的难度。根据高端制造供给侧与需求侧生产流程和运营管理方式的不同，研究构建供需有机结合的协同生产管理体系，提出通过工业互联网平台实现跨企业数据共享机制，将原料供给、终端需求、物料库存、产能配置等信息动态共享，在此基础上提出协同生产管理方法，动态调整协同生产计划，以达到供需信息快速传播及时响应、资源快速精准对接、提高协同生产效率、减少库存积压的目的。

（2）高能耗制造循环高效能源管理　在区域制造循环网络内，高能耗制造企业生产过程中的二次能源的产生和消耗形成原燃料、能源循环互供、共用关系，由于能源供需与生产方式、生产节奏高度耦合，而企业间生产运行模式和能源管控机制存在差异，导致网络内多节点间的能源生产、传输和消纳等环节的统一协调难度极大，因此提出基于多源数据的高能耗制造循环高效能源管理方法。基于制造循环工业系统管理平台采集的多企业能源实时监控数据，以及循环网络节点间的关联分析结果，刻画能源介质在不同制造企业间的循环流通关系，建立跨企业能源循环利用综合优化模型，通过协调不同节点间的生产节奏，以梯级利用、互供共享的技术手段实现制造循环网络能源系统整体协调优化，在保障制造流程顺行的前提下，提高余热、余能的综合利用率，同时达到减少制造集群内企业总体碳排放的目的。

（3）重物流制造循环的精准物流管理　基于跨企业资源数据的重物流制造循环的系统优化管理过程中，利用工业互联网数据平台对各物流资源实施一体化指挥和控制，其核心是利用网络使物流资源实现数据信息、物流状态的实时共享，缩短决策时间，提高速度与精度。基于供需信息互通的制造循环工业系统物流数据，掌握关键实时物流状态信息，精准刻画物流过程的动态性、随机性、不确定性。基于制造循环工业系统工业互联网平台映射的资源、物流等信息，辨识制造循环网络拥堵点，研究动态环境下基于制造资源信息的物流精准管理方法，实现跨企业制造资源与物流资源的精准调配，提高物流资源利用率，提升制造循环网络高效畅通。

（4）基于跨企业"三传一反"的主循环系统优化管理　基于制造循环工业系统设计仿真平台，通过全局数据和信息共享，将不同制造企业的资源、能源、物流等数据要素通过制造循环网络畅享互通，映射到各网络节点间协调优化的信息空间上，为跨企业的协同生产优化提供可靠的依据。在以往的跨企业主循环管理中，不同制造企业生产流程特点和运营管理机制存在差异，导致制造企业网络内不同节点间的数据传输和信息互通的统一协调困难，进一步使得跨企业的协同生产管理决策难以实现。基于"三传一反"的主循环系统优化管理是通过全局数据和信息共享，反馈协调各网络节点间的资源、能源与物流的运行节奏，实现制造循环网络主循环的系统优化，达到跨企业主循环的高质、高效管理，推动具有立体网状结构特征的制造业集群循环的高质量发展。

4. 基于生产、物流、能源数据的微循环系统优化

制造循环工业系统的微循环运作过程包含资源、物流、能源等多要素的循环，如何消除企业内部信息壁垒，科学有效地利用这些数据，提升生产运行效率是微循环系统迫切需要解决的关键问题。基于资源、物流、能源数据的微循环系统优化，以工业互联网为载体，利用工业互联网共享的资源、物流、能源数据，研究微循环的系统优化管理方法。从微循环中不同种类数据要素之间的循环关系出发，分别针对基于多工序数据的全流程生产系统优化、基于能耗预测的生产与能源协同管理、基于物料数据的生产与物流协同管理、基于企业内"三传一反"的微循环系统优化进行研究，在生产、物流、能源数据的基础上实现微循环系统优化。

(1) **基于多工序数据的全流程生产系统优化** 制造循环工业系统中，基于工业互联网的管理平台为微循环生产要素资源的感知和配置提供了手段，通过将产品制造涉及的与制造全流程相关的工艺、设备、质量、管理等多个维度的多工序数据融合到一个全面的、可交互的工业互联网管理平台，为制造循环工业系统中的微循环实现生产要素高效流转和技术增值提供了条件。基于多工序数据的全流程制造系统优化，是基于工业互联网平台中的微循环生产过程数据对不同类型数据进行分层管理，并基于获取数据对微循环中的制造全流程制造管理进行异步响应优化，并通过多维度数据对齐，实现产品制造全流程的生产管理系统优化，获取工业互联网环境下的微循环全流程制造管理方案。

(2) **基于能耗预测的生产与能源协同管理** 高能耗企业的能源消耗与生产过程紧密耦合，工业互联网环境下，企业内部能源介质的供应、需求、转换和存储信息与生产信息互联互通。与传统的能源供需网络相比，由于二次能源与生产的伴生特点，其供应环节与生产之间的耦合性强，能源负荷、能源转换和存储都呈现出显著的多样性和动态性，因此对生产与能源系统的综合优化提出了动态决策的更高要求。为实现能源供需与生产高效互动，需要对未来计划期内的能源发生与消耗进行准确预报，因此提出基于能源预测的生产与能源协同管理方法，结合生产计划，实现多周期、多时间粒度的能耗预测，基于预测结果，对生产过程中的多种能源产生、转换、消费节点的输入、输出进行动态平衡，保障能源系统经济运行、生产需求高效匹配，实现生产与能源的协同优化。

(3) **基于物料数据的生产与物流协同管理** 制造企业内物流是链接企业微循环各生产环节的缓冲环节和输送纽带，为满足前后生产工序顺畅衔接而实施的物料储存和空间位置转移过程。制造企业生产加工过程具有多工序、时效性等制造工艺要求，上下游生产工序的衔接匹配依赖于高效及时的物流管理。以往的制造企业中，生产与物流管理是从各自角度单独进行的，往往由于生产部门缺乏物流设备状态信息导致运输对象与运输设备无法匹配，或者由于物流部门缺乏物料加工进度信息导致物流资源等待浪费、厂内物流拥堵等，忽略了生产和为生产服务的物流之间的关系，因生产和物流缺乏协调而难以保证生产与物流两个环节的全局优化。为了克服单独优化策略存在的缺点，从全局视角出发，基于制造企业互联网感知的生产与物流数据，研究生产与物流协同管理方法，实现在动态生产环境下的物流资源精准调配，以及满足当前物流资源水平限制下的生产计划调度调整和决策，从而实现制造企业内生产与物流过程资源高效畅通循环。

（4）基于企业内"三传一反"的微循环系统优化　依托制造循环工业系统管理平台，将微循环中资源、能源和物流等运作要素及要素相关的各类信息映射到数字空间，为各个运作部门及各种用户提供了决策保障，同时也对微循环系统优化提出了新问题。传统微循环中不同运作要素的管理业务之间既相互耦合又存在冲突，导致运行数据相互关联耦合。不同运作环节的时间采集粒度不同，也为不同业务环节在多源数据可知环境下的管理优化决策带来困难。基于企业内"三传一反"的微循环系统优化是考虑资源传递、物流传递、能量传递三者之间的关系，基于多个维度的数据信息反馈，打通企业内部壁垒，建立微循环制造系统中不同运作环节的管理体系，解决不同运行指标的微循环多工序生产管理系统优化。

本 章 小 结

本章主要围绕制造循环工业系统设计仿真平台展开，介绍了制造循环工业系统设计仿真平台的基本概念、背景和意义，深入探讨了设计仿真平台的理论与技术。系统建模是仿真的基础，它通过对实际系统的抽象和简化，建立起能够反映系统本质特性的数学模型。仿真则是利用这些模型，通过计算机等手段对系统进行模拟和分析，以预测系统的性能和行为。在制造循环工业系统设计仿真平台方面，本章分别探讨了钢铁制造全流程设计仿真平台、装备制造设计仿真平台和基于"三传一反"的制造循环工业系统设计仿真平台。

💡 思考题

1. 选取一个具体的循环工业系统作为案例，分析该系统中仿真平台如何被应用于系统设计、运行优化和故障预测等方面。讨论仿真结果如何指导实际生产改进，并指出可能的仿真误差来源及解决方法。

2. 结合当前科技发展趋势（如物联网、大数据、人工智能等），分析这些新技术如何改变循环工业系统的设计理念和仿真手段。讨论这些技术创新可能带来的机遇和挑战，并提出你对未来循环工业系统发展的展望。

3. 假设你负责领导一个跨学科的团队，共同开发一个复杂的循环工业系统仿真平台。请制订一个详细的项目管理计划，包括团队成员的角色分配、任务分解、时间规划、风险评估与应对措施等，并讨论如何确保团队成员之间的有效沟通与协作。

参 考 文 献

［1］　齐欢，王小平. 系统建模与仿真［M］. 北京：清华大学出版社，2004.

［2］ KAMAT V R, EL-TAWIL S. Evaluation of augmented reality for rapid assessment of earthquake-induced building damage ［J］. Journal of computing in civil engineering, 2007, 21 (5)：303-310.

［3］ WANG X, KIM M J, LOVE P E D, et al. Augmented reality in built environment：classification and implications for future research ［J］. Automation in construction, 2013, 32：1-13.

［4］ ZHOU Y, LUO H B, YANG Y H. Implementation of augmented reality for segment displacement inspection during tunneling construction ［J］. Automation in construction, 2017, 82：112-121.

［5］ MARTZ P. OpenSceneGraph quick start guide ［M］. New York：Skew Matrix, 2007.

［6］ BERGER M O. Resolving occlusion in augmented reality：a contour based approach without 3D reconstruction ［C］//Proceedings of IEEE Conference on Computer Vision and Pattern Recognition, June 17-19, 1997, San Juan, PR：IEEE, 2002.

［7］ BEHZADAN A H, DONG S Y, KAMAT V R. Augmented reality visualization：a review of civil infrastructure system applications ［J］. Advanced engineering informatics, 2015 (29)：252-267.

［8］ SEGOVIA D, MENDOZA M, MENDOZA E. Augmented reality as a tool for production and quality monitoring ［J］. Procedia computer science, 2015, 12：291-300.

［9］ 马艳平, 姜波. 虚拟现实技术在地质科学领域中的应用 ［J］. 能源技术与管理, 2005 (1)：24-25.

［10］ 张培红, 陈宝智, 刘丽珍. 虚拟现实技术与火灾时人员应急疏散行为研究 ［J］. 中国安全科学学报, 2002, 12 (1)：46-50.

［11］ 丁国富, 伯兴, 高照学. 虚拟制造环境中制造装备的三维建模及动作模拟 ［J］. 计算机仿真, 2003, 20 (11)：85-87.

［12］ 余庄, 高威. 基于突发事件的建筑设备实时虚拟系统研究 ［J］. 计算机仿真, 2007, 24 (2)：219-222；231.

1. 制造循环工业系统深刻影响现代化产业体系

现代化产业体系是实现经济现代化的关键标志，是全面建成社会主义现代化强国的物质基础。现代化产业体系的基本特征和要求是：把握人工智能等新科技革命浪潮，适应人与自然和谐共生的要求，保持并增强产业体系完备和配套能力强的优势，高效集聚全球创新要素，推进产业高端化、智能化、绿色化。

制造业是国民经济的主体，是立国之本、兴国之器、强国之基，是实现转型升级的国之重器。尽管我国制造业规模居全球首位，但在产业基础、产业链稳定性和抗冲击能力等方面仍存在不足。如何在新的形势下提升制造业的竞争力，迫切需要从制造业集群循环进行技术创新，赋能制造业高质高效发展。面向"双循环"新发展格局，迫切需要研究制造集群网络循环的系统优化，通过高端制造业战略布局，提升循环韧性与效能，有效应对制造业循环断链和高端制造受制于人的风险，解决高端制造"防卡"，畅通高质循环"防堵"，实现立体循环增效。

先进制造业是全球主要经济体竞争的制高点，也是科技创新的主战场，因此先进制造业是构建现代化产业体系的核心主体、技术引擎和安全支柱。为了加快建设以实体经济为支撑的现代化产业体系建设，未来需要重点关注以下几方面：

在战略层面，制造循环工业系统具有网络结构特征，亟须辨识网络风险节点和关键卡位环节，为管控风险提供前置布局策略，提升循环韧性，解决高端制造业"防卡"。尽管我国已经是全世界产业门类较齐全的国家，但在核心零部件、关键材料等方面进口依赖度仍然较高，相关产业链断链风险隐患依然较大。因此，在全球供应链加速重构的背景下，产业体系现代化需要做到不断突破供给约束堵点、卡点、脆弱点，在极端情况下能够有效运转，在关键时刻能够迅速恢复发展。

在运作层面，管理方式发生变革，需要将制造、资源、能源、物流等作为整体进行系统优化，解决高质循环畅通"防堵"。从管理视角出发，以制造企业之间形成的循环网络为对象，对制造循环工业系统的管理和方法进行研究，通过系统优化实现制造业高质量发展。

在平台层面，工业互联网和大数据等新一代信息技术为制造循环工业系统运行提供了重要的技术支撑，亟须通过数字化转型提升制造企业之间的循环效率，实现循环增效。深化"5G+工业互联网"融合创新及其在制造业的规模化应用，提升研发、设计、生产、管理和服务的综合集成能力和智能化水平，加快打造优势重点产业数据中心，支持具有产业链、供应链带动能力的企业打造产业数据平台，以数字化供应链为依托，推动产业强链补链固链。

2. 制造循环工业系统"三传一反"理论促进制造模式变革

制造循环工业系统"三传一反"理论促进制造方式变革，实现供需精准动态匹配。我国制造业面临的环境发生深刻的变化，在供给和需求方面面临结构性失衡。制造业循环的本质是要实现供给与需求的互联互通和通达通畅。制造循环工业系统"三传一反"理论要求供需双方不仅关注"量"的匹配，更要注重"质"的匹配。"量"的匹配确保生产的产品数量与市场需求相符，避免供过于求或供不应求的情况；"质"的匹配则要求供给的产品或服务在性能、功能、可靠性等方面能够精确满足需求的个性化、多样化要求。通过"三传一反"理论的应用，制造企业能够实现供需的精准对接和动态平衡，推动制造业向高端化、智能化、绿色化方向发展。

制造循环工业系统"三传一反"理论促进制造业和物流业深入融合，不仅能够促使物流业深入到制造业的各个生产环节，畅通制造业原材料与产品的供给和循环路径，并且能够发挥制造业装备升级的能动优势从硬件基础上提升物流业的变革和效率提升。通过全链物流管理，针对制造企业内全生产过程实现自适应物流计划调度，提高跨工序跨环节物流作业衔接转换效率；针对上下游制造企业解析协同生产与物流资源配置和库存的复杂耦合关系，基于区块链技术打通企业间物流资源配置和协同供应链计划，有效减少大宗工业品的物流资源占用和库存压力，实现跨企业间物质流动的高效、有序和畅通，有力支撑制造工业高质量发展。

能源系统作为典型的生产型服务业，其生产服务供给效率和效能会直接影响制造工业的高质量发展。制造循环工业系统"三传一反"理论将从系统角度极大地促进制造业和能源业的深度融合。通过基于工业互联网的多个主体的有组织的能源管理，打通企业内部、企业间生产与能源耦合的关键要素，使系统中上下游企业之间能源信息的均衡化、透明化发展。在此基础上，从制造企业能源消耗和碳排放全生命周期管理的视角，解析制造系统中生产与能源消耗、碳排放之间复杂耦合关系，聚焦全流程生产与能源链协同管理和多目标系统优化，可以显著提高制造工业循环系统中能源的综合效能，实现企业内部和跨企业协同减排，推动我国制造业现代化产业体系的高效、低碳发展。

信息技术的迅猛发展正深刻改变制造业的生产方式，推动其向网络化、数字化、智能化方向转型升级。网络化作为制造业转型升级的基础，依托工业互联网平台，将不同制造企业之间资源、能源、物流等数据要素映射到各企业节点的信息空间，以信息共享机制打破企业间的数据孤立，为协同生产提供精准的数据支撑，有效提升制造过程中的资源配置效率和整体运行效能。制造循环工业系统"三传一反"理论强调信息与生产、物流、能源等要素之间发生化学反应，通过信息综合，形成模型、算法等新的智能化元素，为制造循环工业系统的优化运行提供支撑。

3. 制造循环工业系统与大模型技术深度融合发展

大模型技术，也称为深度学习模型或基础模型技术，主要是指参数量巨大、具备深度神经网络结构的机器学习模型。这些模型通常由数十亿甚至数千亿个参数构成，能够从大量无标签的数据中自动学习到有用的特征表示，展现出强大的自然语言理解、意图识别、推理、内容生成等能力。工业大模型是基于工业环境的数据类型多样、场景复杂、决策过程长且复杂、对准确性和实时性的要求极高而专门设计的。它不是通用的人工智能模型，而是针对工业领域的特定需求进行优化的。工业大模型在制造业中的应用场景包括生产数据分析、智能需求分析、产品设计助手、智能排产与调度、设备监测与维护、智能故障诊断、质量控制、物流优化、能源管理等。

制造循环工业系统的核心理念是通过资源、物流、能源的高效协同提高生产效率和产品质量，它面对的不是单一企业，而是制造循环网络下所有企业的海量的资源、物流、能源数据，需要大模型技术强大的数据处理和分析能力，能够实时捕捉生产过程中的关键信息，实现精准预测和优化。通过融合大模型技术，制造循环工业系统一方面可以实现对生产线的实时监控和智能调度，减少生产延误和浪费，提高生产效率；另一方面，还能对产品质量进行精确预测和控制，提升产品质量。制造循环工业系统与大模型技术深度融合的发展方向包括以下三个方面：

1）在制造循环工业系统中，数据整合与标准化是实现大模型技术应用的基础。然而，由于不同企业之间的数据格式和标准存在差异，导致数据整合和标准化工作面临较大挑战。因此，需要加强数据管理和标准化工作，建立统一的数据标准和格式；同时，还需要加强数据共享和交换机制的建设，推动数据资源的互联互通和共享利用。

2）模型技术可以促进制造循环工业系统上下游企业之间的信息共享和协同工作。通过构建基于大模型的供应链协同平台，上下游企业可以实时共享物流信息、库存状况、生产计划等数据，实现信息共享和流程优化。这有助于上下游企业更好地协同工作，提高整个供应链的效率和响应速度。

3）大模型技术通过对历史能源数据的分析和学习，提供更准确的能源需求预测，帮助企业更好地规划能源生产、储存和分配。通过预测未来能源需求，企业可以及时调整能源供应策略，避免能源短缺或过剩的情况发生，从而降低能源成本并提高能源效率。

4. 制造循环工业系统的发展路径与工业实践

立足智能工业应用实际，面向国家重大需求，基于提出的数据解析与优化互补融合的原创性核心 DAO 理论，将制造循环工业系统演化推广到其他领域，大力推进钢铁工业～机械装备、有色工业～航空装备制造循环工业系统东北特色现代化产业体系建设，加快发展半导体业～电子制造、工业互联网～数据制造、生物～医疗健康制造循环工业系统等新质生产现代化产业体系，实现传统工业与新质工业协同联动与互补赋能。

1）钢铁工业～机械装备制造循环工业系统（MCIS～F 环）：钢铁工业为装备制造提供重要的原材料，而装备制造产出的冶金装备、物流装备、能源装备和高端装备既服务于钢铁工业又服务于装备制造业，构建钢铁装备制造循环工业系统东北特色的现代化产业体系。

2）有色工业～航空装备制造循环工业系统（MCIS～$\widetilde{f}$ 环）：面向国家重大装备对有色金属材料性能和质量的高端高质需求，按照以终为始的逆向设计，进行从冶炼到加工的全链条材料研发与工艺创新，打造有色金属材料制造循环工业系统，引领有色金属材料制造生态高质高效循环。

3）半导体业～电子制造循环工业系统（MCIS～S 环）：半导体工业为模拟芯片、通信机器、声光能源、传感芯片等电子制造提供重要的原材料支撑。立足半导体和芯片等制造业集群高质量发展的迫切需要，针对芯片、通信、声光、传感等电子材料，基于 DAO 理论、工业智能 AI 和大模型技术进行新材料研制、材料性能调控和工艺参数优化；研制适应工业复杂环境的工业智能芯片与智能传感器等器件，实现半导体制造业集群高质高效循环。

4）工业互联网～数据制造循环工业系统（MCIS～I 环）：针对基于工业互联网的数据制造循环工业系统，以信息流为循环对象，研究"端-边-云"协同（算力）、通信技术（运力）、安全技术（防力）等共性技术，以及 AI 芯片、操作系统、嵌入软件等底层技术；通过将区块链与隐私计算技术进行优势互补融合，增强数据存储、流通、计算与交易的安全性，打破数据壁垒，促进制造业集群高质高效循环畅通。

　　5）生物~医疗健康制造循环工业系统（MCIS~C 环）：以生物制造、医药制造和医疗健康为循环链条，将类脑智能与生物智能进行深度学科交叉，从宏观、介观、微观多维度探索人脑，研究决策智能、执行智能、发现智能与感知智能；按照全要素进行生命健康的基因诊断与药物设计。